犬猫疾病实验室检验与诊断手册

——附典型病例

第 二 版

周桂兰　高得仪　主编

中国农业出版社

图书在版编目（CIP）数据

犬猫疾病实验室检验与诊断手册：附典型病例/周
桂兰，高得仪主编．—2版．—北京：中国农业出版社，
2015.10（2023.12重印）
ISBN 978 - 7 - 109 - 19790 - 9

Ⅰ．①犬… Ⅱ．①周…②高… Ⅲ．①犬病－实验室
诊断－手册②猫病－实验室诊断－手册 Ⅳ．
①S858.2-62

中国版本图书馆 CIP 数据核字（2014）第 273856 号

中国农业出版社出版
（北京市朝阳区麦子店街 18 号楼）
（邮政编码 100125）
责任编辑 武旭峰

北京中兴印刷有限公司印刷 新华书店北京发行所发行
2015 年 10 月第 2 版 2023 年 12 月北京第 8 次印刷

开本：720mm×960mm 1/16 印张：27.25 插页：10
字数：440 千字
定价：60.00 元
（凡本版图书出现印刷、装订错误，请向出版社发行部调换）

第二版编委会

北京市动物疫病预防控制中心　组织编写

主　　任：韦海涛

副 主 任：李志军　宋彦军　刘晓冬

主　　编：周桂兰　高得仪

编写人员：周桂兰　张　弼　郭俊林

　　　　　刘庆斌

审　　校：高得仪

第一版编委会

北京市畜牧兽医总站　组织编写

主　　任：韦海涛

副 主 任：薛水玲

主　　编：周桂兰　高得仪

编写人员：周桂兰　薛水玲　王海良　饶　静

　　　　　张　帅　田海燕　郭迎春　郑晓玉

审　　校：高得仪

第 二 版 前 言

《犬猫疾病实验室检验与诊断手册》一书，自2010年4月出版以来，得到了小动物临床工作者的欢迎和喜爱。时过5年，犬猫实验室检验与诊断的病例有了新的积累，技术和方法也有些改进。鉴于此，不少读者要求再版。感谢大家的厚爱。

再版中我们结合临床经验和积累资料，对此书的内容进行了大量修改和补充，如增添犬猫疾病快速检测诊断试剂种类、人和犬猫共患病、犬猫糖尿病、难诊断的病例等，并对全书内容进行了多处修改和增补，其目的是想更加接近临床实际，增强其科学性和临床实用性，使大家获得此书后，对临床诊治犬猫疾病有所帮助。如果能达到此目的，我们会感到莫大的欣慰。

科学在日新月异地发展，虽有想编写好此书的愿望，但知识和能力有限，总还有疏漏和不妥之处，恳切希望大家多多批评和指正。

编　者

2015 年 6 月

第 一 版 前 言

常言说：动物疾病是七分诊断三分治疗。只有在正确诊断的情况下，才能做到最有效的治疗。在分子医学时代，实验室检验在临床上诊断疾病的作用，变得越来越重要了，许多人类和动物的疾病，最后的确诊往往都要靠实验室检验来实现，如人畜共患的传染性非典型肺炎、高致病性禽流感、狂犬病和甲型 H_1N_1 流感、犬瘟热、犬细小病毒病及猫泛白细胞减少症等。只有通过实验室检验确诊后，才能采取最有效的措施，去防治和控制疾病的进一步发展和蔓延，减少不必要的损失。实验室检验还能有效地指导疾病的治疗和预后判断。

动物医生在临床上诊断动物疾病时，如何选择实验室检验项目？这对临床兽医是个问题，本书能够给你提供一些如何选择动物疾病实验室检验项目的知识。

实验室检验结果出来后，如何进行分析诊断疾病？也是不少兽医头痛的问题。本书除了把实验室普遍的检验项目的临床意义，给予较详细阐述外，还搜集了多个发生在不同组织器官的病例，进行了较为详细的分析，其目的是让大家掌握如何分析动物病例的技巧。书中列举的多个临床上涉及犬猫不同系统、不同组织、多见的、又易诊断错的病例。在病例分析中，还阐述了一些有关分析疾病时容易出现的偏差，以及治疗中易出现的问题。

本书还增添了犬猫临床上常用的液体和电解质疗法、抗菌药物的临床应用，以及不久也将被广泛应用的犬猫输血医学。书后还增添了多个附录，这些附录对于临床兽医和实验室人员，是大有裨益的。

  本书编写人员，尽管搜集了国内外不少犬猫临床疾病资料，再加上多年来从事犬猫疾病临床工作的经验和体会，但仍会有疏漏或不妥之处，敬请各位同道批评和指正，以便再版时更正。

编　者

2010 年 4 月

目　　录

第一章

....

□□□□□□□□□□□□□□

兽医实验室检验常用项目

一、兽医实验室检验项目的选择

　　临床上有的患病犬猫，一时难以确定是哪个系统、哪个器官和哪个组织的疾病，或是为了更确切地诊断、治疗和预后，兽医就得对患病动物进行全血液项目和"犬猫（包括老年犬猫）全身健康综合生化检验项目（GHP，13 项）"检验了。所谓"犬猫（包括老年犬猫）全身健康综合生化检验项目"，是兽医科学家们经过研究，选择那些能反映全身不同系统、器官或组织功能的实验室检验项目。这些检验项目较科学、较正确地反映全身不同系统、器官或组织功能的正常或异常，从而帮助兽医诊断、预后和治疗疾病。这些检验项目一般操作简便、易掌握和较迅速，用样品少，成本低，检验数据也准确。

　　实验室检验获得的数据和参考值（旧称"正常值或正常范围"）对照，凡检验数值在参考值范围内的，即表示此项目所代表的系统、器官或组织功能正常。凡检验数值比参考值大或小的项目，则表示此项目所代表的系统、器官或组织功能有异常或损伤。通过"犬猫（包括老年犬猫）全身健康综合生化检验项目"检验，就能把功能异常或病变缩小到某系统、器官或组织上了。

　　临床上如果怀疑某系统、器官或组织功能异常或有病变发生，为了弄清楚其功能异常或病变发生的性质，常需做整个系统、器官或组织疾病的实验室检验项目检验。为了说明问题，以肝脏疾病实验室检验为例说明一下。肝脏疾病多种多样：

　　（1）急性肝炎或肝坏死　以血清肝细胞酶（ALT、ALP 和 GGT）活性升高和胆汁酸增多为特点。

　　（2）急性中毒性肝病　肝细胞酶（ALT）活性增大，继而 ALP 和 GGT 活性也缓慢增大。严重中毒，血清胆红素和胆汁酸增多。

　　（3）肝内或肝外胆管阻塞　血清 ALP 和 GGT 酶活性升高明显，血清胆红素和胆汁酸增多，凝血酶原时间延长。

（4）慢性肝病 肝细胞酶活性稍升高或正常，血清白蛋白、尿素氮和胆固醇减少，γ-球蛋白和血氨增多，凝血酶原时间延长。

（5）脂肪肝 肝细胞酶活性稍升高，严重时胆红素、胆汁酸和血氨增多。

（6）肝肿瘤 其实验室检验变化基本上与慢性肝病相同，再加上肝活组织检查。

在临床上为了节省时间和犬猫主人花费，有些疾病也不需要开列多种实验室检验项目，如怀疑肾衰竭时，实验室检验血液尿素氮、肌酐、无机磷和钙，再结合尿分析，即可诊断（病例十二、十三）。

二、实验室血液、生化和血气检验常用项目

（一）血液检验常用项目

红细胞（RBC）、血红蛋白（HGB，Hb）、红细胞比容（HCT，PCV）、平均红细胞体积（MCV）、平均红细胞血红蛋白量（MCH）、平均红细胞血红蛋白浓度（MCHC）、红细胞体积分布宽度（RDW-CV，RDW-SD）、白细胞（WBC）、白细胞三分类法或五分类法、血小板（PLT）、血小板比容（PCT）、平均血小板体积（MPV）、血小板体积分布宽度（PDW-CV，PDW-SD）、大血小板比率（P-LCR），还有红细胞体积分布直方图、白细胞体积分布直方图和血小板体积分布直方图等。

所谓白细胞三分类法，就是血液经溶血剂处理后，白细胞失水皱缩，按各细胞群体之间细胞大小来区分的。包括淋巴细胞类绝对值和百分比（LYM♯&.%）、中间细胞类绝对值和百分比（MID♯&.%）及颗粒细胞类绝对值和百分比（GRAN♯&.%）。可参见奥地利 Diatron 血液白细胞三分类检验仪检验项目和参考值，详见表1-1。

爱德士公司生产的多种动物（犬、猫、马、兔子、猴、豚鼠、大鼠、小鼠等）能用的 IDEXXLaserCyte 兽医专用全自动激光流式血细胞分析仪，除能检验5种白细胞外，还能检验多种异常白细胞。如白细胞异常散布图（WBC Abn. scattergram）、中性粒细胞减少（Neutropenia）、中性粒细胞增多（Neutrophilia）、淋巴细胞减少（Lymphopenia）、淋巴细胞增多（Lymphocytosis）、单核细胞增多（Monocytosis）、嗜酸性粒细胞增多（Eosinophilia）、嗜碱性粒细胞增多（Basophilia）、白细胞减

表 1-1 奥地利 Diatron 血液白细胞三分类检验仪检验项目和参考值

项 目	检验结果	单位	犬参考值	猫参考值
WBC（白细胞）		$10^9/L$	6.00～17.00	5.50～19.50
LYM（淋巴细胞类）		$10^9/L$	1.00～4.80	1.50～7.00
MID（中间细胞类）		$10^9/L$	0.20～1.50	＜1.50
GRA（颗粒细胞类）		$10^9/L$	3.00～12.00	2.50～14.00
LYM（淋巴细胞类）		％	12.0～30.00	20.00～55.00
MID（中间细胞类）		％	2.00～4.00	1.00～3.00
GRAN（颗粒细胞类）		％	62.00～87.00	35.00～80.00
RBC（红细胞）		$10^{12}/L$	5.50～8.50	5.00～10.00
HGB（血红蛋白）		g/L	120～180	80～150
HCT（红细胞比容）		％	37.00～55.00	24.00～45.00
MCV（平均红细胞容积）		fL	60～77	39～55
MCH（平均红细胞血红蛋白量）		pg	19.50～24.50	12.5～17.5
MCHC（平均红细胞血红蛋白浓度）		g/L	310～340	300～360
RDW-CV（红细胞体积分布宽度）		％	12～21	14～20
RDW-SD（红细胞体积分布宽度）		fL	20～70	25～80
PLT（血小板）		$10^9/L$	200～500	300～800
PCT（血小板比容）		％	0.10～0.30	0.08～10.0
MPV（平均血小板容积）		fL	3.9～11.1	7.5～17.00
PDW-CV（血小板体积分布宽度）		％	10～24	10～24
PDW-SD（血小板体积分布宽度）		fL	9.0～19.4	—

注：除上表所列项目外，还有 3 个红细胞、白细胞和血小板体积分布直方图。

少（leukocytopenia）、白细胞增多（Leukocytosis）等。异常红细胞有红细胞异常分布（RBC Abn. Distribution）、两形态红细胞群体（Dimorphicpopulation）、红细胞大小不均（Anisocytosis）、小红细胞增多（Microcytosis）、大红细胞增多（Macrocytosis）、低色素红细胞（Hypochromia）、贫血（Anemia）、红细胞增多（Erythrocytosis）等。异常血小板有血小板异常分布（PLT Abn. Distribution）、血小板减少（Thrombocytopenia）和血小板增多（Thrombocytosis）。血液白细胞五分类法是根据白细胞内部结构和所含成分不同来区分的。

血细胞检验主要用于反映犬猫身体状况，如贫血、感染、炎症、应急反应、凝血功能和血液疾病等，便于兽医对犬猫病患的诊断、治疗和做出预后，以及对潜在异常的防治。

（二）生化检验常用项目

1. 犬猫（包括老年犬猫）**全身健康综合生化检验项目**（GHP，13 项）总蛋白（TP）、白蛋白（ALB）、球蛋白（GLOB）、葡萄糖（GLU）、总胆固醇（TCHOL）、总胆红素（TBIL）、丙氨酸氨基转移酶（ALT）、碱性磷酸酶（ALP）、淀粉酶（AMY）、血液尿素氮（BUN）、肌酐（CRE）、钙（Ca^{2+}）、磷（PHOS）。

犬猫全身健康综合生化检验能反映犬猫全身主要器官，如心脏、肝胆、肾脏、胰腺和胃肠等生理机能是否正常，也可反映机体内各主要系统是否处于平衡和正常状态。最主要的是，能够尽早发现潜在的病患，能尽快做出及时处治和防止进一步向严重处发展。

2. 犬猫手术前常用检验项目（PRAP，6 项）总蛋白（TP）、葡萄糖（GLU）、丙氨酸氨基转移酶（ALT）、碱性磷酸酶（ALP）、血液尿素氮（BUN）、肌酐（CRE）。

手术使用的麻醉药一般是非常安全的，麻醉所产生的风险极轻微。但对年幼、年老及患病犬猫，尤其是动物主要器官损伤的，有可能在麻醉时或在手术后出现异常。为了降低全身麻醉带来的风险，需在麻醉前进行特定的血液生化和血细胞检验。检验所得数据，能反映动物当时健康状况，是否适合进行手术，以及手术中和术后注意事项，防止术后并发症发生。检验还能提高手术成功率，避免手术中或手术后引起不必要的伤亡。

3. 犬猫急重性疾病常用检验项目（DHP，16 项）总蛋白（TP）、白蛋白（ALB）、球蛋白（GLOB）、丙氨酸氨基转移酶（ALT）、碱性磷酸酶（ALP）、γ-谷氨酰转移酶（GGT）、淀粉酶（AMYL）、血液尿素氮（BUN）、肌酐（CRE）、总胆红素（TBIL）、葡萄糖（GLU）、二氧化碳总量或碳酸氢根（TCO_2 & HCO_3^-）、钙（Ca^{2+}）、钠（Na^+）、氯（Cl^-）、钾（K^+）。

4. 犬猫急救检验项目（7 项）钠、氯、钾、尿素氮、葡萄糖、血细胞比容、血红蛋白。此项目少，容易检验，出数据快，便于急救参考。

5. 犬猫肝脏疾病常用检验项目（8 项）白蛋白（ALB）、丙氨酸氨基转移酶（ALT）、碱性磷酸酶（ALP）、γ-谷氨酸转移酶（GGT）、总胆红素（TBIL）、胆汁酸（BA）、血液尿素氮（BUN）、总胆固醇（TCHOL）。

6. 犬猫肾脏疾病常用检验项目（8 项）血液尿素氮（BUN）、肌酐

(CRE)、碳酸氢根（HCO_3^-）、钾（K^+）、磷（PHOS）、钙（Ca^{2+}）。尿液检验项目：尿比重（比重 SP）、尿蛋白（PRO）。还应配上血液检验。

7. 犬猫心脏疾病常用检验项目（6 项） 白蛋白（ALB）、天门冬氨酸氨基转移酶（AST）、肌酸激酶（CK）、乳酸脱氢酶（LDH）、血液尿素氮（BUN）、总胆固醇（TCHOL）。

（三）血气检验常用项目

血气分析检验项目包括：血糖（GLU）mmol/L、尿素氮（BUN）mmol/L、肌酐（CREA）μmol/L、钠（Na^+）mmol/L、钾（K^+）mmol/L、氯（Cl）mmol/L、乳酸盐（LAC）mmol/L、二氧化碳总量（TCO_2）mmol/L、钙离子（Ca^{2+}）mmol/L、阴离子间隙（AG）mmol/L、血细胞比容（HCT）％、血红蛋白（HGB）g/dL、活化凝血时间（ACT）sec、动脉血气（Blood Gasses-Arterial）、酸碱度（pH）、二氧化碳分压（PCO_2）mmHg*、氧分压（PO_2）mmHg、碳酸氢根（HCO_3^-）mmol/L、细胞外液碱剩余（BEecf）mmol/L、氧饱和度（S_{O_2}）％；静脉血气（Blood Gasses-Venous）。

---

* mmHg：非法定计量单位。因临床上常用，本书暂用。

第二章

血 液 检 验

　　血液检验过去是手工操作，既费工准确性也差，现在多用血液检验仪器，既方便又准确。血液检验仪器种类颇多，不同种类的血液检验仪器，操作方法不完全相同、使用时按说明书操作即可。一般血液检验仪都附有检验项目的参考值，兽医可根据仪器检验值和参考值的对照，进行疾病诊断。

　　血液自动检验仪主要分四大类：光学型、电学型、激光型和干式细胞检验型。其中电学型中的电阻法和激光型两种检验法是比较成功的方法。

　　1. 光学型

　　（1）血细胞固定法　它是利用光散射计数或利用计数板扫描计数。

　　（2）血细胞移动法　它是利用流体力学原理计数。

　　2. 电学型

　　（1）电阻型　其工作原理是当不带电的血细胞通过一个充了电的圆孔时，会产生一个脉冲，在一定时间里所测到的一定量血液的脉冲数，即是细胞计数。检验时细胞导电性降低与细胞数量成正比。对细胞大小的识别力，以及对各种溶细胞素溶液的敏感性，区分开了基本细胞类型，如红细胞、白细胞和血小板。目前我国生产的血细胞计数仪多为此类型。其优点是价格便宜，应用和维修方便。

　　（2）电容型　它是利用电极间加高压，血细胞通过时，静电容量发生变化计数。

　　3. 激光型　应用流式细胞测量法进行细胞记数。此法是通过激光光散射来辨认和分类细胞。这种方法优点是可以辨析细胞内部，区分细胞的不同结构，如粒细胞等。现在多种染色方法的应用，能进一步识别出细胞的类型和鉴别细胞内结构内容物，如网织细胞。但此种仪器价格昂贵，维修也较困难。

　　4. 干式细胞检验仪　是近来研制的，它是由血液之父 Wintrobe 博士发明的。其特点是性能稳定可靠，无交叉污染，价格也便宜。其白细胞三分类是利用 Wintrobe 管血液离心后，扫描红细胞沉积层的上层淡黄层而得。

　　血液检验当前较先进的仪器，能够检验 38 个项目和 3 种细胞体积分布直方图。它们是红细胞（RBC）、血红蛋白（HGB，Hb）、红细胞比容（HCT，PCV）、血红蛋白分布宽度（HDW）、平均红细胞容积（MCV）、平均红细胞血红蛋白量（MCH）、平均红细胞血红蛋白浓度（MCHC）、红细胞体积分布宽度（RDW，有两种表示方法：一为用变异系数，即 RDW-CV 或 RDWc；另一种用标准差，即 RDW-SD）、白细胞（WBC）、中性粒细胞和百分比（也叫中性粒细胞绝对数和相对数，NEU # & NEU%）、分叶核中性粒细胞和百分比（Seg. Neu # & Seg. NEU%）、杆状核中性粒细胞和百分比（Band. NEU # & Band. NEU%）、淋巴细胞和百分比（LYM # & LYM%）、嗜酸性粒细胞和百分比（EOS # & EOS%）、嗜碱性粒细胞和百分比（BAS # & BAS%）、单核细胞和百分比（MONO # & MONO%）、网织红细胞和百分比（RETIC # & RETIC%）、有核红细胞和百分比（NRBC # & NRBC%）、血小板（PLT）、大血小板百分比（P-LCR%）、平均血小板容积（MPV）、血小板比容（PCT）、血小板体积分布宽度（PDW）、未成熟粒细胞和百分比（IG # & IG%）、异形淋巴细胞和百分比（VARL # & VARL%）、原细胞和百分比（BLST # & BLST%）、红细胞体积分布直方图、白细胞体积分布直方图和血小板体积分布直方图。现在用的血液检验仪多是检验血液 18 项和三个直方图，其中白细胞分类为三分类法，即淋巴细胞类、中间细胞类和颗粒细胞类。

　　但是，即使最好的细胞检验仪，也会受到不同动物血样特异性的影响。在犬猫最常见的问题是：①猫科动物的红细胞抗溶性；②猫科动物的大血小板和凝集血小板；③犬科动物的白细胞大小不均性（20%～25%）；④未成熟和病理细胞分类的混淆。

　　动物医院或诊所如果想购买一台较理想的血液检验仪，可从下面几方面考虑：动物专用、操作简便、用时少、需样品少、能检多项、数据准确、稳定性好、数据库量大、易于维修、价格便宜。

一、红细胞（RBC）

　　哺乳动物外周血液里的红细胞基本上无细胞核，禽类都有细胞核。犬的血液量为 84mL/kg(78～88mL/kg)，猫为 64mL/kg(62～66mL/kg)。

格雷猎犬（Greyhound）血液红细胞数目较多，其血液比容可达60%。红细胞存活时间，犬为100～120d，猫为66～78d。采血检验用抗凝剂，最多的是EDTA二钠或EDTA二钾，其次是肝素锂和枸橼酸钠。

（一）增多

1. 红细胞相对增多 血浆量减少所致，动物机体内红细胞绝对数不变。见于：

（1）脱水 水丢失（呕吐、腹泻、大出汗和多饮多尿）、水的摄取减少、子宫蓄脓。

（2）休克 外伤性的、过敏性的和急腹症性的等。

（3）兴奋性脾脏收缩 释放脾内的贮藏血细胞，能使红细胞比容增加10%～15%。

（4）大面积烧伤

2. 红细胞绝对增多 血浆量不变，红细胞数增多。

（1）原发性的 红细胞增多症（骨髓增殖性紊乱或肿瘤）、慢性肺心病、家族性和不明原因性异常增多等。

（2）继发性的 增加了红细胞生成素的水平，是非造血系统疾病。

①红细胞生成素代偿性增多：如慢性氧不足〔地势高、慢性心脏或肺脏疾病、心血管分路问题（如永久性动脉导管、法乐氏四联症）等〕。

②红细胞生成素非代偿性增多：见于肾肿瘤、肾盂积水、肾囊肿、一些内分泌紊乱如肾上腺皮质机能亢进。

（3）异常血红蛋白病 因血红蛋白携氧量少而造成。

（二）减少

1. 正常减少 正常幼年犬猫红细胞数较成年犬猫少（减少10%～20%），其血红蛋白和红细胞比容相对也少。妊娠、蛋白血症、老年犬猫也减少。

2. 加速红细胞丢失 一般为红细胞再生性贫血，通常是增加了红细胞丢失或增加了红细胞的破坏。临床上见于：

（1）出血或失血 分急性和慢性出血，内出血和外出血。

（2）溶血

①血管内溶血：细菌感染、红细胞内外寄生虫，如猫或犬血液支原体（巴尔通氏体）、犬巴贝斯虫；化学和植物毒物损伤、代谢紊乱、免疫介导性疾病（不相称的输血、新生幼犬溶血和自身免疫溶血性贫血）、

腔静脉（红细胞碎裂）综合征、低渗透压、铜和锌中毒、洋葱和大葱中毒、低磷血症、遗传性溶血性贫血（如丙酮酸激酶缺乏、果糖磷酸激酶缺乏）。

②血管外溶血：脾功能亢进、球蛋白合成异常。

红细胞再生性贫血外周血管里网织红细胞增多，血液检验时，其网织红细胞可达 $0.08 \times 10^{12} \sim 0.2 \times 10^{12} /L$（$0.8 \times 10^5 \sim 2 \times 10^5 /\mu L$）。

3. 红细胞生成减少　一般为非再生性贫血或骨髓机能不全性贫血，临床上见于：

（1）红细胞生成减少（降低增殖）　红细胞生成素缺乏（肾疾患引起）、慢性炎症（如肝脏）、恶性肿瘤、多种感染（如埃里克体病、猫泛白细胞减少症、猫白血病毒感染、猫免疫缺陷病毒感染、犬细小病毒病等）、细胞毒素性骨髓损伤、骨髓痨（Myelophthisis，骨髓被其他非造血组织替代、全骨髓萎缩、白血病或多发性骨髓肿瘤）、骨髓纤维化；营养不良性的，如缺乏铁、铜和维生素 B_{12} 及叶酸；甲状腺机能降低和肾上腺皮质机能降低。

（2）红细胞分化和成熟障碍　核酸合成障碍、血红素和珠蛋白合成缺陷综合征。

4. 药物引起的减少　雌激素、氯霉素、保泰松、磺胺嘧啶及苯基丁氮酮中毒。

5. 相对减少　见于肝硬化，脾肿大，体内滞钠保水，血浆量增多。

二、血细胞比容（HCT，PCV）

有时也叫红细胞压积（PCV）。HCT 是抗凝血在离心管内离心后获得的，其从上层向下依次是空管部分（E）、血浆（D）、淡黄层（C）、红细胞层（B）、废物层（A，putty）或叫黏土层，见图 2-1。

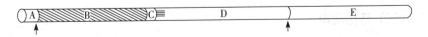

图 2-1　离心管里抗凝血离心后

（一）临床意义

基本上相同于红细胞计数。增多见于脱水、原发性红细胞增多症、大面积烧伤等；减少见于各种贫血。

（二）血浆层的颜色变化

1. 深黄色血浆

（1）正常草食兽的血浆　由于植物色素的影响，可呈现黄色。

①正常马的血浆是黄色，尤其是饲喂苜蓿和青草时。

②牛吃干草时，血浆色淡；饲喂青草时，血浆颜色变黄。

（2）浓血症　红细胞比容增加，如减少液体摄入，增加体液丢失，如大面积烧伤等。

（3）溶血　血浆中间接胆红素增多。

（4）肝细胞损伤　血浆中直接和间接胆红素都增多。

（5）胆道阻塞　血浆中直接胆红素增多。

2. 无色到淡色或乳白色血浆

（1）犬和猫的正常血浆清亮无色。

（2）正常驴的血浆为乳白色。

（3）骨髓功能降低。

（4）急性出血。

3. 脂血血浆　血浆内含有过多甘油三酯、胆固醇和脂蛋白，血浆呈乳白色。

（1）饮食原因　狗和猫饮食过多含脂肪的食物。但血清中胆固醇一般正常或稍升高。

（2）异常脂血　血清中胆固醇水平增加。

①糖尿病，有时产生脂血。

②急性胰腺炎，胰岛细胞和腺组织都受影响时。

③甲状腺机能降低时，血清中胆固醇从胆管排出减少。

④肾上腺皮质功能亢进（有时产生）。

⑤肝脏疾病或其他疾病影响了肝机能，如驴怀骡产前不吃和矮种马高血脂症。

（三）双相现象

血浆层呈红色云雾状，红细胞层与血浆没有明显的分界线。

1. 马的红细胞比容低于30%时，常看到此现象。红细胞比容在30%～38%时，很少看到。

2. 狗血液出现双相现象，说明有不成熟的红细胞存在，包括网织红细胞。或有大量异常红细胞存在。

（四）淡黄层（Buffy coat）

淡黄层也叫白细胞层，淡黄层内包含白细胞和血小板。血小板在上，其下的白细胞从上向下依次为单核细胞、淋巴细胞和颗粒细胞。淡黄层变红，表明此层含有薄红细胞或网织红细胞。检验犬恶丝虫微丝蚴时，可用淡黄层涂片，在显微镜下检验。

三、血红蛋白（HGB，Hb）

临床意义基本上相同于红细胞。但动物贫血时，血红蛋白和红细胞减少程度不一样。如严重低色素性贫血时，血红蛋白减少比红细胞更明显。而大红细胞性贫血时，红细胞减少比血红蛋白明显。在脂血症时，常引起血红蛋白值增加。犬猫吃洋葱或大葱引起的溶血，病初血红蛋白增多，几天后就减少了。临床上同时检验红细胞和血红蛋白，对贫血类型鉴别较有意义。

四、红细胞正常形态或异常红细胞

（一）红细胞正常形态

1. 狗的红细胞较大。出生时直径可达 $10\mu m$，6 月龄后直径 $6.9\sim7.3\mu m$，成年为 $6.0\sim7.0\mu m$。大小基本相同，细胞中心淡染，有时可看到钱串状红细胞、网织红细胞、晚幼红细胞、靶形红细胞和皱缩红细胞。犬红细胞生命周期为 $100\sim120d$。

2. 猫红细胞初生时大，以后逐渐变为直径 $5.4\sim6.5\mu m$。细胞中心有很轻的淡染，个体大小稍微不同，还可发现钱串状红细胞、皱缩红细胞、网织红细胞、晚幼红细胞。约 1％的红细胞含有豪-若氏小体，10％红细胞含有海恩茨小体。猫红细胞生命周期为 $66\sim78d$，有的认为是 90d。

（二）异常红细胞

抗凝血涂片染色，检验异常红细胞和异常白细胞，对犬猫某些疾病诊断有重要意义（图 2-2）。临床上血液常规检验时，都应进行血液涂片检验异常红细胞和异常白细胞。识别异常红细胞从数目、大小、形状、染色、有无包涵体、成熟程度、凝集和其他变化等八个方面着手。

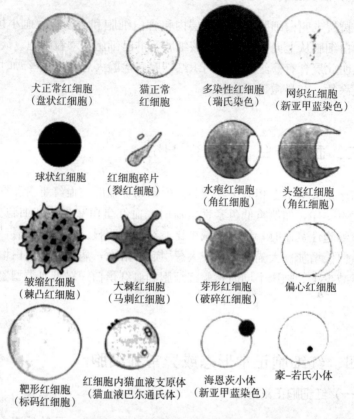

犬正常红细胞
（盘状红细胞）

猫正常
红细胞

多染性红细胞
（瑞氏染色）

网织红细胞
（新亚甲蓝染色）

球状红细胞

红细胞碎片
（裂红细胞）

水疱红细胞
（角红细胞）

头盔红细胞
（角红细胞）

皱缩红细胞
（棘凸红细胞）

大棘红细胞
（马刺红细胞）

芽形红细胞
（破碎红细胞）

偏心红细胞

靶形红细胞
（标码红细胞）

红细胞内猫血液支原体
（猫血液巴尔通氏体）

海恩茨小体
（新亚甲蓝染色）

豪-若氏小体

图 2-2　一些正常和异常红细胞形态

1. 大棘红细胞（Acanthocytes，Spur cell，彩图 72）　红细胞膜上具有许多不规则的、大于 10 倍红细胞膜厚度的大小不等突起。棘凸红细胞（Echinocytes，Burr cell）是红细胞膜上具有许多不规则的、大小不等类似刺状的突起。在脾脏血管瘤、弥散性肝脏疾病或门腔静脉堵塞时可以看到。

2. 红细胞大小不均（Anisocytosis，彩图 61）　红细胞的个体大小不一。正常多见于牛血涂片，尤其是青年犊牛，其他还有猫、绵羊和山羊。正常小型贵妇犬有时出现多染性红细胞或大红细胞增多，红细胞总数减少，红细胞比容和血红蛋白正常或稍增加，此情况少见，但常增加了对其他疾病诊断的难度。异常见于各种严重再生性（大红细胞增多）和某些非再生性贫血如维生素 B_{12} 和叶酸缺乏性贫血（大红细胞增多），铁、铜和维生素 B$_6$ 缺乏性贫血（小红细胞增多），猫白血病毒感染（大红细胞增多）。另外，还见于骨髓纤维变性。

3. 嗜碱性颗粒（Basophilic stippling，彩图 64）　　也叫嗜碱性点彩。灰色到蓝黑色嗜碱性颗粒（多核糖体）散布在红细胞内，属于未完全成熟的红细胞。正常犬有时可以看到。牛和绵羊增强了红细胞的生成。

（1）用 Romanowsky 法染色呈蓝色，用瑞氏染色呈蓝黑色。

（2）它们是血红蛋白合成未完全利用的多核糖体。

（3）所有类型的贫血都可看到，如再生性贫血、巨幼红细胞性贫血等。

（4）铅、铋、银、汞金属及硝基苯、苯胺等中毒时增多。尤其是铅中毒时增多明显，但其病例检出率小于 30％。铅中毒时常引起贫血，表现出明显的红细胞再生反应，血片上可看到多染性红细胞、有核红细胞和嗜碱性点彩。

（5）表示红细胞生成有缺陷。

4. 水疱红细胞（Blister cells 图 2-2 第二排 3）　　红细胞在血管里遇到纤维蛋白束构成的桥时，形成的单一偏心圆形空泡样结构的细胞。此细胞是完整红细胞变成裂红细胞的过渡阶段。其原因见角红细胞说明。

5. 碗状或杯状红细胞（湿片），**或中心穿孔状红细胞**（染色片）[Bowl or Cup-shaped erythrocytes（Wet film）or punched out centers（Stained smear），彩图 76]

（1）估计碗状红细胞是红细胞通过毛细血管时形成的，当它们进入大血管时，不能恢复到正常的两面凹的形状。

（2）原发性红细胞形成缺陷。

①不适当的红细胞基质架，使红细胞长久扭转。

②各种动物的急性疾病。

③慢性疾病，多见于犬，如犬甲状腺机能降低、糖尿病、库兴氏综合征（肾上腺皮质机能亢进）、铁缺乏。

（3）涂片时，人为造成，如使用不干净的载玻片。

6. 卡波特环（Cobot ring）　　红细胞中环行或 8 字形红色丝状物。是无核红细胞的核膜遗迹，常与豪-若氏小体同时出现。含于多染性红细胞中，见于胚胎早期和恶性贫血、溶血性贫血、脾切除和铅中毒。

7. 标码红细胞（Codocytes）　　类似于靶形红细胞（Target cells，彩图 73），见靶形红细胞的解释。

8. 皱缩红细胞（Crenation cells，Echinocyte，Burr cells，Shrink red cells，彩图 72 和图 2-2 第三排 1、2） 红细胞收缩，形成不规则的锯齿状。这不是红细胞的固有异常，它是由于不正确的技术操作造成的。

（1）脱水作用，常由于干燥慢或异常温度造成。有时见于慢性肾脏炎症。

（2）技术欠佳，不干净的器皿。

9. 泪滴样红细胞（Dacrocytes） 常与骨髓疾病有关。

10. 犬瘟热包涵体（Distemper inclusion Bodies） 大小不一的灰色到红色或蓝黑色小体。常常出现在年轻的红细胞内（巨大红细胞和多染性红细胞），有时出现在中性粒细胞、淋巴细胞和单核细胞浆内。用瑞氏-利什曼染色为红色，用 Diff Quick 染色为紫色。

（1）一般比豪-若氏小体大。

（2）犬瘟热病时也不常见。

小贴士 包涵体是某些微生物，如病毒和埃立克体在细胞内寄生后，所繁殖生成的异常结构新生体。它大小不一，形态也有差异，有圆形、卵圆形和不规则形等。有的存在于细胞核内，染色皆成嗜酸性；而存在于细胞浆中的，染色呈嗜酸性或嗜碱性。包涵体经一定的染色，可在显微镜下观察到。由于不同的包涵体有一定的特殊性，所以包涵体的检验，有助于某些疾病的诊断。

11. 偏心红细胞（Eccentrocytes，图 2-2 第三排 4） 红细胞胞浆浓染的同时，仍留有部分淡染区。见于外毒素引起的细胞氧化损伤，如对乙酰氨基酚、洋葱中丙基二硫化合物（Propyl disulfide）、卫生球中萘、局部或口服镇痛药（Cetocaine，Benzacaine）和锌等，引起的细胞氧化损伤。

12. 棘形红细胞（Echinoctyes，Burr red cell，彩图 72） 红细胞表面上具有钝的或尖的凸起，健康牛血片上可看到。由于技术或使用高渗溶液，损伤了红细胞膜，也可能出现。棘形红细胞具有钝的尖，多见于代谢性紊乱。大于 10 倍红细胞膜厚度的大小不等突起，称为大棘红细胞（Acanthocytes）。

棘形红细胞异常还见于其他疾病，如：

（1）自体免疫性疾病

①自体免疫溶血性贫血。

②血小板缺乏性紫癜。

（2）严重疾病

①肾性尿毒症或慢性肾病，肾小球性肾炎或慢性阿霉素中毒。

②脾脏血管肉瘤（尤其是脾脏里）、脾切除、脾肿瘤或脾肿大。

③犬的严重肝疾患（严重慢性被动性肝充血）。

（3）丙酮酸激酶缺乏

（4）遗传性 β-脂蛋白缺乏症

（5）淋巴瘤

13. 红细胞折光小体［Erythrocyte refractile（ER）bodies］　红细胞内变性的珠蛋白或血红蛋白，形状不规则，具有折射性的颗粒。

（1）形态

①未染色的湿片小体出现在红细胞外周，或有时突出细胞表面的高度折光小体。一个细胞内有 1 个或多个。

②瑞氏染色，小而圆的淡染小体，出现在细胞边缘，一般不易看到。

③新亚甲蓝染色，小体呈淡蓝色，直径 $1\sim4\mu m$，叫海恩茨小体（Heinz body，彩图 67）。

（2）正常猫血液中 10%红细胞含有此小体。

（3）由药物、化学物或植物等有毒物质引起的溶血性贫血，如洋葱（犬）、油菜、甘蓝、萝卜、亚甲蓝、萘中毒，还有维生素 K_1、DL-蛋氨酸、啡那吡啶、对乙酰氨基酚（扑热息痛）、灰黄霉素、乙酸吩噻嗪、氯霉素、丙硫尿嘧啶和甲巯嘧啶中毒等。中毒是由于猫缺乏葡萄糖-6-磷酸脱氢酶引起。

（4）慢性中毒时，数量增多，个体增大。

（5）急性出血、硒缺乏（红细胞谷胱甘肽过氧化物酶活性降低）。

（6）猫患糖尿病、肝病和甲状腺机能亢进时，可出现大个海恩茨氏小体。

14. 影细胞（Ghost cell）　红细胞里缺少血红蛋白，细胞着色极淡，仅能认出红细胞阴影。见于严重贫血，如免疫介导性溶血、血管内溶血。有时见于低渗尿沉渣中红细胞。

15. 豪-若氏小体（Howell-Jolly bodies，彩图 68）　成熟或晚幼红细胞内的核染色体残留物，呈现大小不一、圆而质密的小体，呈蓝黑色或黑色，每个红细胞里只有一个，直径约 $1\mu m$。在牛血片上注意与边缘微粒孢子虫（Anaplasma）相区别。后者大小不一，常出现在红细胞边缘上。

(1) 马和猫有 1‰ 的正常红细胞内含有豪-若氏小体，3 月龄以下幼猪血片上多见。瑞氏染色呈现紫红色。

(2) 增加红细胞的生成（再生性贫血），见于急性失血或红细胞破坏性溶血性贫血。

(3) 非再生性贫血、巨幼红细胞（Megalocytes）性贫血等。

(4) 脾机能降低，不能把残留物移出去。见于脾的机能差和脾摘除后，脾肿大时也多见。

16. 高血色素红细胞（Hyperchromic red cells，彩图 75）　整个红细胞均染成红色，血红蛋白含量多。常见于巨幼红细胞性贫血和球形红细胞。

17. 低血色素红细胞（Hypochromic red cells，彩图 61）　着色淡或没着色的红细胞，血红蛋白含量少。没着色的红细胞，叫影细胞（Ghost cell）。单纯红细胞中心淡染的细胞，叫环状红细胞（Torocytes），可能与缺铁有关。

(1) 由于代谢或慢性铅中毒影响了血红蛋白生成。

(2) 缺乏营养或其他原因。

①铁缺乏，铜缺乏，慢性血丢失。

②吡哆醇（维生素 B_6）缺乏。必须有维生素 B_6 参加，动物才能利用铁合成血红蛋白。

③维生素 B_{12} 缺乏，多见于狗。

④红细胞丙酮酸激酶缺乏，多见于 Basenji 犬。

18. 角红细胞（Keratocytes）　也叫头盔红细胞（Helmet cells，图 2-2 第二排 4）或咬合红细胞（Bite cells）。由于一边细胞膜缺损，有两个似角样突出物，见于心脏血流涡流（如房室孔狭窄、心丝虫病等）和毛细血管内纤维素广泛沉积（如弥散性血管内溶血、血管肉瘤）引起的溶血，以及氧化性损伤（见海恩茨小体发生原因）。以上原因还引起血涂片上出现裂红细胞和水疱细胞。

19. 薄红细胞（Leptocytes，Knizocytes，彩图 74）　红细胞变薄，相对体积也小，形状异常，大个多染性红细胞。

(1) 类型：类似靶形红细胞（细胞中心似杆状）、折叠细胞（通过细胞中心折叠）。

(2) 异常发生的原因：

①骨髓抑制性贫血。

②年龄老化，肾上腺皮质机能降低，甲状腺机能降低。

③慢性传染病，红细胞生成不足。

④遗传性或获得性代谢障碍影响了红细胞代谢。

⑤某些脾病或脾切除。

⑥高血脂和高胆固醇血症。

⑦胆道阻塞。

（3）薄红细胞沉降率变慢，倾向于形成钱串状红细胞。

（4）离心时，它们积聚在白细胞层的较下层，使其变成粉红到红色。

20. 大红细胞（Macrocytes） 正常见于小型贵妇犬血片上。另外多见于未成熟的低色素红细胞，个体比正常红细胞大，直径 $8\sim10\mu m$。巨幼红细胞（Megalocytes）直径 $11\mu m$ 以上，超巨红细胞（Gigantocytes）直径大于 $15\mu m$，多见于各种增生性贫血，如溶血性贫血和急性失血性贫血，叶酸缺乏（扑迷酮中毒等引起）。

（1）溶血性贫血时，如免疫介导性溶血性贫血，骨髓活性增强，出现大网织红细胞和多染性红细胞。红细胞大小不等，可见大红细胞、有核红细胞、大量球形红细胞和影细胞等。

（2）红细胞成熟有问题，如维生素 B_{12} 和叶酸缺乏时的巨幼红细胞性贫血。

（3）骨髓增殖性疾病，如猫白血病毒和免疫缺乏病毒感染，此时大红细胞色素正常。另外，还见于慢性感染、铅中毒和库兴氏综合征。

21. 小红细胞（Microcytes） 比正常红细胞个体小，有正常色素的或低色素的，直径为 $2\sim3\mu m$。有时在正常秋田犬和柴犬血液里也能看到，其含血钾水平也高。病态见于：

（1）缺铁性、缺铜性、缺维生素 B_6 和慢性失血性贫血，最终进展到小红细胞也是低色素。

（2）慢性肝衰竭，先天性静脉导管未闭，后天性静脉门腔静脉侧枝沟通，红细胞色素正常。

（3）红细胞老龄时变小，但仍含有正常的血红蛋白，表现嗜酸性深染色。

22. 有核红细胞（Nucleated erythrocytes，彩图 62） 多为晚幼红细胞（Metarrubricyte），是未成熟的红细胞。健康 3 月龄以下的仔猪血片上可看到，有时也见于非贫血的正常犬猫血涂片，尤其多见于小型雪纳瑞犬。异常见于再生性贫血（溶血性或失血性贫血），一些非再生性贫血，如严重缺氧、肿瘤（脾肿瘤、淋巴肉瘤、血管肉瘤、骨髓肿瘤等）、红细胞性骨髓增生、骨髓痨、红白血病、丙酮酸激酶减少、内毒素血症和铅中毒。皮质类固醇的应用，动物兴奋使脾脏收缩也能增多（特别是犬，此时一般每 100 个白细胞增多不超过 5 个）。血片上出现有核红细胞时，往往也会看到豪-若氏小体。

23. 椭圆形红细胞（Ovalocytes，Elliptocytes）

（1）正常情况。

①在正常血涂片上少见。

②驼动物家族中驼羊、驼马、骆驼、美洲驼等，都是椭圆形红细胞。

（2）大红细胞性贫血、猫脂肪肝病、肾炎。

（3）犬遗传性椭圆形红细胞增多症（Hereditary elliptocyyosis），多见于杂种犬，原因是缺乏红细胞细胞膜蛋白的 4.1 带。作者临床上曾见 4 岁波斯猫发生此病。

24. 异形红细胞（Poikilocytes） 红细胞呈异常形状，如梨形、星形、半月形、盔形红细胞（Helmet red cells）、镰刀形细胞（Sickle cell，Drepanocytes）、泪滴形细胞（Dacryocytes，Teardrop cell）、棘形、椭圆形、靶形等。异形红细胞症，一般指外周血液里异形红细胞大于红细胞总数的 10%。

（1）见于各种贫血。如老红细胞碎片（发现于脾脏把它们移出去前）、溶血性贫血、缺铁性贫血。

（2）小血管病变。如血管内新生瘤、弥散性血管内凝血、血管炎、血栓形成和有时见于犬恶丝虫病。

（3）慢性感染、慢性肾小球肾炎、尿毒症、犬淋巴肉瘤。

（4）猫胆管肝炎、肝病时血脂升高。

25. 多染性红细胞（Polychromatic red cells，彩图 61） 也叫嗜碱性红细胞，属于未成熟红细胞，红细胞被染成模糊的蓝色，这是由于血红蛋白的颜色和嗜碱性红细胞浆混合的原因。多染性红细胞多少与网织红细胞成正比，红细胞胞浆里含有足够多的 RNA 和核糖体的，在新亚甲蓝染色时，呈现成网织红细胞，较少的为多染性红细胞，较多的为网织红细胞。正常犬外周血液里含有 0.5%～1% 此细胞。

（1）增加了红细胞生成和年轻红细胞，见于库兴氏综合征和溶血再生性贫血，如免疫介导性溶血性贫血、丙酮酸激酶缺乏和果糖磷酸激酶缺乏。

（2）用新亚甲蓝染色，许多细胞呈网状。

（3）犬猫多染性红细胞增多的程度，见表2-1。由于猫多染性红细胞增多不如犬明显，因此其临床意义不如犬大。

表 2-1　犬猫多染性红细胞增多情况

	增多程度				
	正常	轻度	中度	明显增多	极明显增多
		1+	2+	3+	4+
犬（%）	<1	1~4	5~9	10~20	>20
猫（%）	<0.1	0.5~1	2~3	3~4	>5

26. 网织红细胞（Reticulocytes，彩图 65 和 66）　是晚幼红细胞到成熟红细胞之间，未完全成熟的红细胞。个体较大，无核而含有 RNA 的红细胞，用新亚甲蓝或煌焦油蓝染色时，胞浆内呈现颗粒状或扩散的纤维网状。正常犬网织红细胞不超过 1%，幼犬可达 2%~5%。猫网织红细胞分为两种，一是集聚状网织红细胞（Aggregate reticulocytes）为成熟红细胞的 0.1%；二是点状（Punctate form）形式的网织红细胞，其细胞内含有几个分散的大小不一的蓝黑色颗粒，但较难辨认，只能计数集聚状网织红细胞，其形态类似于犬的网织红细胞。猫集聚状网织红细胞经过半天，就变成了第二种点状网织红细胞，再经 3~10d 变成成熟红细胞了。一般犬猫患病后 72h，才见网织红细胞增多，在 5~7d 内达高峰。如果伴发多种疾病，需要的时间要增加，溶血比出血增多得更明显。猫集聚状网织红细胞达 0.5%~1% 为轻度再生性贫血，达 2%~3% 为中度再生性贫血，4% 以上为严重再生性贫血。一般网织红细胞计数超过 $8 \times 10^4 / \mu L$ 时，表示是再生性贫血；网织红细胞计数在 $0.08 \times 10^{12} \sim 0.2 \times 10^{12} / L$（$8 \times 10^4 \sim 2 \times 10^5 / \mu L$）时，表示是失血性贫血或是溶血性贫血；网织红细胞计数超过 $2 \times 10^5 / \mu L$ 时，应怀疑是溶血性贫血。网织红细胞增多见于大出血、慢性失血、溶血性贫血、丙酮酸激酶缺乏、果糖磷酸激酶缺乏、血液巴尔通氏体病、猫白血病毒感染、铅中毒和注射肾上腺素。马属动物即使贫血，也难看到网织红细胞。再生障碍性贫血时减少。

网织红细胞生产指数（RPI）可以估测再生性贫血的程度，其计算公式如下：

网织红细胞生产指数(RPI)＝患病动物 PCV(%)÷正常动物 PCV(%)×
网织红细胞（%）÷校正因数

正常犬 PCV 是 45%，猫是 35%。

校正因数如下：

PCV＞35％＝1

PCV25～35＝1.5

PCV15～25＝2

PCV＜15＝2.5

如果犬的 RPI＞1 以上，表示为再生性贫血；RPI＞3 或更大，表示更严重的再生性贫血。

举例：犬 PCV 是 22.5％，网织红细胞是 4％。

RPI＝22.5（％）÷45（％）×4（％）÷2＝1，此犬贫血为再生性贫血。

27. 钱串状红细胞的形成（Rouleaux formation，彩图 70）　红细胞在一个平面上排成卷状或柱状，像成串的硬币。

（1）正常情况。

①正常马的红细胞呈明显的钱串状。

②猪和猫呈中等程度。

③狗呈轻度钱串状。

④反刍动物没有此现象。

（2）骨髓中红细胞生成过程中有缺陷。

①营养缺乏，见于复合 B 族维生素、蛋白质、铁缺乏。

②代谢方面的原因，有内源性的和外源性的。

③见于患有炎症、肿瘤或糖尿病的狗、猫和牛，可能是血液里纤维蛋白原、球蛋白和副蛋白（Paraprotein）增多所致。

28. 裂红细胞或红细胞碎片（Schistocytes，Schizocytes，Red fragmentation cells）　无规则形状的红细胞碎片或不完整的红细胞。

（1）老龄红细胞。

（2）微血管内溶血性贫血，如弥散性血管内溶血、肾脏疾病和骨髓疾病（如骨髓纤维化）、脾脏肿瘤及严重烧伤。

（3）心脏内瓣膜变性，房室孔狭窄或心脏内寄生心丝虫等。

（4）锌中毒。

29. 高铁红细胞（Siderocytes）　红细胞内含有蓝色的非血红蛋白性的铁颗粒。

（1）用罗曼诺夫斯基（Romanowsky）染色时，可以看到这些蓝色铁颗粒，叫做帕彭海姆尔（Pappenheimer）小体。

（2）溶血性贫血时，有很多出现。

（3）脾切除后。

30. 球形红细胞（Spherocytes，彩图 69） 红细胞类似球形，相对个体小了，不足正常红细胞个体的 2/3。在显微镜下呈现出浓染的小红细胞。犬猫正常血片有时可以看到，但犬少见。一般见于：

（1）溶血性贫血。见于犬自体免疫介导性溶血性贫血、新生动物的溶血性贫血和红细胞酶缺乏性溶血性贫血。

（2）球形红细胞存在时，可能脾机能亢进。脾负责从血流中移去球形红细胞。

（3）脾机能降低偶尔也发生。当红细胞在脾内长期停留时，红细胞变得可渗透钠离子，然后形成了球形红细胞。

（4）细菌毒素作用。有时也见于低磷血症、锌中毒和微血管病。

31. 靶形红细胞（Target cells, Codocytes，彩图 73） 红细胞具有一个圆心色素物质区，环绕色素物质区是一圈很清亮的无色素带，在细胞浆外周有一浓环，状似靶标。这是红细胞膜向外膨胀引起的，可能是大红细胞。

（1）薄红细胞的一种。

（2）狗的造血机能加强，靶形红细胞表现多染性。

（3）骨髓抑制，见于严重肾病或肾病末期。

（4）甲状腺机能降低的高胆固醇血症、脾脏疾病或脾切除或脾肿大、缺铁性贫血、铅中毒和肝脏疾病时，胆汁淤积等多见。

（5）人为的高渗血浆造成。血片干燥太慢。

32. 染料沉淀物（Stain precipitate） 在载玻片上的血液染色涂片上的、大小不一的紫色染料颗粒。这些颗粒可能集聚在血涂片的边缘，或者散布在整个血片上。此是人为造成的，可通过提高染色技术而避免。

33. 水残余（Water residue） 是一种类似包涵体的可折射的水物体，大小和形状不一。它是人为造成的，是染色技术不当的结果。

34. 口形红细胞（Stomatocytes，彩图 75） 红细胞内有一条形似口状的淡染带，也可能是薄细胞的一种。见于各种溶血性贫血、弥散性血管内溶血和肝脏疾病。阿拉斯加犬和小型雪纳瑞犬的一种染色体隐性遗传性形态学病，表现为先天性软骨发育不良性侏儒。

35. 红细胞与微生物和寄生虫 血液里寄生虫和微生物可出现在红细胞内，如巴贝斯虫（彩图 20）和猫住细胞虫（Cytauxzoon felis）；细胞表面或细胞之间，如巴尔通氏体、犬恶心丝虫的微丝蚴、锥虫、弓形虫、边虫（微粒胞子虫）、鸡住白细胞原虫、变形原虫配子体和猪附红细胞体等。猫巴尔通体现在叫猫血液支原体（Mycoplasma hemofelis，彩图 35），是引起猫传染性贫血的病原。猫血液支原体附着在红细胞表面，呈现为嗜碱性的棒状（长 1μm）、球形、串状或环状物，能引起红细胞表面氧化损伤。另外，还有犬血液支原体。猫住细胞虫在细胞里呈梨状或针状，在吞噬细胞里是裂殖体。犬锥虫病时，在红细胞间有时可看到锥虫。

五、红细胞指数（Erythrocyte indices）

红细胞指数也叫红细胞平均值，常用于鉴别贫血的性质。

（一）平均红细胞容积（MCV）

每个红细胞的平均体积。

单位：10^{-15} L（fL）。

1. 增大 见于大红细胞性贫血。正常幼犬猫比成年犬猫相对较大，MCH 也相对较多。

（1）再生性贫血时，骨髓活性增加，外周血液中未成熟红细胞增多，见于急性出血和溶血性贫血。

（2）维生素$_{12}$和叶酸缺乏，引起巨红细胞性贫血。

（3）某些肝脏疾病、骨髓痨（全骨髓萎缩），一些骨髓增殖性疾病，以及猫白血病毒引起的非再生性贫血。

（4）某些观赏犬品种（如小型贵妇犬）。

（5）人为的（如凝血）。

2. 减少 见于小红细胞性贫血。

（1）铁缺乏和一些动物的铜缺乏。慢性失血引起的小红细胞低色素性贫血。

（2）尿毒症、慢性炎症或疾病（轻度减少）引起单纯性小红细胞性贫血。

（3）门腔静脉分流（Portosystemic shunts）。

（4）正常日本秋田犬和柴犬，其红细胞较其他品种犬小很多。

（二）平均红细胞血红蛋白量（MCH）

每个红细胞内所含血红蛋白的平均量。

单位：10^{-12} g（Pg）。

1. 增多 见于一些巨红细胞性贫血（维生素 B_{12} 和叶酸缺乏）和一些溶血，溶血性增多为假性增多。

2. 减少　小红细胞性贫血，见于铁、铜和维生素 B_6 缺乏，慢性失血、慢性炎症和尿毒症。

（三）平均红细胞血红蛋白浓度（MCHC）

每升或每分升红细胞中所含血红蛋白克数。

单位：克/升（g/L）或克/分升（g/dL）。

1. 增多　免疫介导性贫血（球形红细胞增多）和一些溶血，由于增加了细胞外血红蛋白，产生假性增多。脂血症和海恩茨小体增多时，以及人为溶血。

2. 减少　铁缺乏和网织红细胞增多，见于慢性失血性贫血。

（四）MCV、MCH 和 MCHC 的计算方法

MCV、MCH 和 MCHC 的计算方法有 2 种，其公式如下：

（1）血液以升（L）为单位的，如：红细胞 $=5.4 \times 10^{12}/L$，血红蛋白 $=124g/L$，血细胞比容 $=38\%$。其公式如下：

$$MCV（fL）= \frac{血细胞比容}{红细胞数} \times 10^{15}$$

$$MCH（pg）= \frac{血红蛋白}{红细胞数} \times 10^{12}$$

$$MCHC（g/L）= \frac{血红蛋白}{血细胞比容}$$

将数据代入公式计算如下：

$$MCV = \frac{0.38 \times 10^{15}}{5.4 \times 10^{12}} = 70.37fL（70.37 \times 10^{-15}L）$$

因 MCV 是以 fL 为单位，$1L = 10^{15}fL$，所以 $0.38L \times 10^{15}$，再除以每升中所含红细胞数。

$$MCH = \frac{124 \times 10^{12}}{5.4 \times 10^{12}} = 22.96pg（22.96 \times 10^{-12}g）$$

因 MCH 是以 pg 为单位，$1g = 10^{12}pg$，所以 $124g \times 10^{12}$，再除以每升中所含红细胞数。

$$MCHC = \frac{124}{0.38} = 326.3g/L$$

（2）血液以分升（dL）、微升（μL）和百分数（%）为单位的，如：红细胞 $=5.4 \times 10^6/\mu L$，血红蛋白 $=12.4g/dL$，血细胞比容 $=38\%$。其公式如下：

$$MCV（fL）= \frac{血细胞比容 \times 10}{红细胞数}$$

$$MCH（Pg）=\frac{血红蛋白×10}{红细胞数}$$

$$MCHC（g/L）=\frac{血红蛋白×100}{血细胞比容}$$

将数据代入公式计算如下：

$$MCV=\frac{38×10}{5.4}=70.37fL（70.37×10^{-15}L）$$

$$MCH=\frac{12.4×10}{5.4}=22.96pg（22.96×10^{-12}g）$$

$$MCHC=\frac{12.4×100}{38}=32.63g/dL，改成升为326.3g/L$$

（五）根据红细胞指数的贫血分类

按红细胞指数的贫血分类见表2-2。

表2-2　按红细胞指数的贫血分类

贫血分类	MCV	MCH	MCHC	病　因
正常 RBC 性贫血	正常	正常	正常	急性失血、急性溶血、再生造血机能低下
大 RBC 性贫血	>	>	正常	缺乏维生素 B_{12} 和叶酸，引起巨 RBC 性贫血
单纯小 RBC 性贫血	<	<	正常	尿毒症、慢性炎症、严重肿瘤
小 RBC 低色素性贫血	<	<	<	慢性失血性贫血、缺铁性贫血

六、再生性贫血和非再生性贫血的区别

再生性贫血和非再生性贫血的区别见表2-3。

表2-3　再生性贫血和非再生性贫血的区别

检验方法	检验项目	再生性贫血	非再生性贫血
罗曼诺夫斯基氏染色	多染性 RBC	增多	无
	RBC 大小不均	增多	正常或增多
	晚幼 RBC	常能看到	有时看到
	嗜碱性颗粒	有时看到	有时看到
新亚甲蓝染色	网织 RBC	增多	极少或没有
RBC 指数	MCV	增大	因病因而变化
	MCHC	正常到减少	因病因而变化

七、红细胞沉降速率（ESR）

（一）临床上应用

广泛应用在狗血液检验，猫用得较少。

（二）血沉增快

1. 一般情况下的增加 见于钱串状红细胞、白细胞、球蛋白、纤维蛋白原或胆固醇增多，白蛋白和血细胞比容减少、X射线照射、高温、妊娠等。疾病见于：

（1）感染：见于急性全身感染、急性局部浆膜感染（腹膜炎、胸膜炎和心外膜炎）、慢性局部感染（如局部化脓等）。

（2）炎症性疾病，因血液中多种蛋白增多引起。

（3）甲状腺机能降低，肾上腺皮质机能亢进。

（4）组织损伤或坏死，包括外科手术和各种损伤。

（5）恶性肿瘤导致周围组织破坏时增加，良性肿瘤血沉正常。

2. 特殊情况下增加 见于狗的犬瘟热、犬传染性肝炎、钩端螺旋体病、子宫蓄脓、慢性间质性肾炎、放射损伤、犬恶丝虫病、急性细菌性心内膜炎、心肌炎和心肌变性、肺炎、腹膜炎、沙门氏菌病、骨折、锥虫病等。

（三）血沉减慢

一般见于严重脱水（大出汗、腹泻、呕吐和多尿）、肠变位、肠阻塞、白蛋白增多、气温低、抗凝剂多、应用磺胺和糖皮质激素、异常红细胞等。

八、红细胞体积分布宽度（RDW）

RDW（Red blood cell distribution width）是反映外周血液中红细胞体积异质性的参数，也是反映红细胞体积大小不等程度的客观指标。总之，其值增大说明红细胞个体变化较大，如再生性贫血、缺铁性贫血等。缺铁性贫血时，有明显增大，RDW对贫血诊断有重要意义。实验室检验多采用所测红细胞体积大小的变异系数，即CV（Coefficient variability，CV＝标准差/平均值）来表示（RDW—CV，%）。也有用标准差表示的，即 SD（Standard deviation）报告方式的（RDW—SD，单位 fL）。RDW—CV 参考值，犬为 12.0%～21.0%，猫为 14.0%～20.0%；RDW—SD 参考值犬为 20～70fL，猫为 25～80fL。

RDW 的临床意义：

1. 用于贫血形态学分类（Bessman 分类法，表 2-4）　不同病因引起的贫血，其红细胞形态学特点不同。Bessman 按 MCV 和 RDW 两项参数将贫血分成六类，其分类法对贫血鉴别诊断有一定意义。

表 2-4　Bessman 贫血形态分类

MCV	RDW	贫血类型	多见疾病
正常	正常	正常红细胞均一性贫血	急性失血性贫血
	增大	正常红细胞非均一性贫血	再生障碍性贫血、葡萄糖-6-磷酸脱氢酶缺乏症
增大	正常	大红细胞均一性贫血	部分再生障碍性贫血
	增大	大红细胞非均一性贫血	巨幼红细胞性贫血、骨髓增生异常综合征
减小	正常	小红细胞均一性贫血	珠蛋白生成障碍性贫血、球形红细胞增多症等
	增大	小红细胞非均一性贫血	缺铁性贫血

2. 用于缺铁性贫血的诊断和疗效观察　缺铁性贫血，即使早期 MCV 仍在参考值范围，RDW 值就变大。当 MCV 变小时，RDW 值变得更大。给铁治疗有效后，RDW 值更增大，以后降到参考值范围。RDW 变得更大原因是补铁后网织红细胞和正常红细胞，以及给铁前小红细胞并存。随着正常红细胞增多，网织红细胞和小红细胞减少，逐渐变得正常了。

另外，缺铁性贫血与珠蛋白生成障碍性贫血的区别，前者 RDW 变大，后者 RDW 基本正常，但两者 MCV 值均变小。

九、白细胞（WBC）

白细胞包括中性粒细胞、淋巴细胞、单核细胞、嗜酸性粒细胞和嗜碱性粒细胞 5 种。用血液仪检验白细胞时，先用血液溶解剂溶解无核红细胞，再检验白细胞。但溶血剂不能溶解有核红细胞，因此血液检验仪就把它们作为白细胞计入白细胞总数内。此时应手工涂片染色，显微镜下计数 100 个有核细胞，并检查出 100 个有核细胞中的有核红细胞有多少个，并计算出占有核细胞的百分数（％），然后进行真正白细胞数的计算校正，其方法如下：

$$真正白细胞数＝有核细胞数×（1－有核红细胞的百分率）$$

另外，巨大血小板、血小板凝块和带海恩茨小体的红细胞，也可能引起白细胞增多。

（一）生理性增多

有时可达 $20.0×10^9 \sim 30.0×10^9/L$，但以中性粒细胞增多为主，核不左移或稍左移。有时淋巴细胞也稍增多。

1. 惧怕、强烈运动和劳动（引起肾上腺素增多）、采食后、妊娠和分娩。
2. 酷热、严寒、兴奋和疼痛等。

（二）病理性变化

1. 增多　主要受中性粒细胞数增多的影响。一般白细胞总数超过 $15.0×10^9/L$，便可认为是增多了。

（1）病原菌引起的局部或全身急性或慢性炎症和化脓性疾病，如肾炎、子宫炎、子宫蓄脓（可达 $100×10^9/L$）、胸膜炎、肺炎、心内膜炎、钩端螺旋体病、严重脓皮病等。

（2）中毒：代谢性中毒、尿毒症、酸中毒、癫痫、化学性中毒、昆虫毒汁、外来蛋白的反应。

（3）任何原因引起的组织坏死：梗塞、烧伤、坏疽、新生瘤（尤其是恶性肿瘤）。

（4）急性出血和急性溶血，胆红素增多时。

（5）肾上腺皮质类固醇作用，包括过量分泌或注射。属于应激性增多的，其特点为叶状中性粒细胞增多（血糖也增多），淋巴细胞和嗜酸性细胞减少，有时单核细胞也增多。

（6）骨髓增殖性疾病，如淋巴白血病、颗粒细胞白血病、红白血病、红细胞增多性骨髓组织瘤。

2. 减少

（1）感染

①病毒感染，一般发病开始白细胞减少，有的一直减少。有的有细菌继发感染时，白细胞又增多，如猫泛白细胞减少症、猫白血病、犬细小病毒病、犬瘟热、犬传染性肝炎、猫淋巴肉瘤、猫传染性腹膜炎、鹦鹉热等。

②细菌感染，细菌感染或严重局部感染的早期。一般为一时性的，等骨髓产生大量白细胞后又上升。另外，还有急性感染（如严重腹膜炎、急性化脓性子宫炎）、严重细菌感染（蜂窝织炎）。急性沙门氏菌病或细菌内毒素血症。

③立克次体病、犬埃立克体病。

④原生动物感染，弓形虫病、罗得西亚热。

⑤真菌的组织胞浆菌病。

（2）休克　内毒素性的、败血性的和过敏性的休克，这时白细胞停留在肺、肝和脾的毛细血管里。

（3）骨髓异常和淋巴肉瘤

①减少生成：A. 骨髓萎缩，见于代谢性紊乱的慢性肾炎和继发性营养性甲状旁腺机能亢进，离子辐射和 X 线照射；B. 骨髓发育不良：骨髓痨、骨髓增殖性紊乱、骨髓纤维变性、系统性红斑狼疮。

②白细胞成熟有缺陷：维生素 B_{12} 和叶酸缺乏，此时中性粒细胞个体变大。

（4）药物和化学因素作用

①抗生素和磺胺，如头孢菌素、四环素、链霉素、青霉素、磺胺类，以及治疗癌症药物。

②抗真菌药物：灰黄霉素。

③止痛药：阿司匹林、非纳西丁、安替比林、保泰松。

④金属毒物：铅、铊、汞和砷等。

（5）脾机能亢进或肿大，增加了血细胞的破坏和贮留。

（三）中性粒细胞（NEU）

1. 增多　其正常生活周期平均 8h（6～12h），全部中性粒细胞更新需要 2～2.5d。犬超过 $11.50\times10^9/L$，猫超过 $12.50\times10^9/L$ 为增多。

（1）生理性反应（肾上腺素导致），如害怕、疼痛、奔跑、打架等。是暂时从边缘池释放出来的细胞。核不左移，只维持 10～20min，淋巴细胞也增多，一般不超过 $1.5\times10^9/L$。

（2）应激（内源性皮质类固醇的释放），以分叶核中性粒细胞增多为主，单核细胞也增多；淋巴细胞和嗜酸性类细胞减少。

（3）组织损伤或坏死（需要中性粒细胞吞噬损伤组织）：烧伤、梗塞、栓塞、感染［细菌、个别病毒（如乙型脑炎病毒、狂犬病病毒）、真菌和寄生虫］、恶性肿瘤、免疫复合物疾病、内毒素血症、外来物体、尿毒症、雌激素中毒（早期阶段）、急性昆虫毒和蛇毒中毒。

（4）急性或慢性溶血反应和失血性紊乱。

（5）骨髓增殖性病，如红细胞真性增多症、骨髓纤维化症初期等。

（6）颗粒细胞白血病时，一般中性粒细胞超过 50.0×10^9/L。

（7）杆状核中性粒细胞增多：见于肝胆炎、出血性胃肠炎、急性大出血、脓胸、急性子宫炎、胆汁性腹膜炎和子宫蓄脓。炎症时，由于导致年幼的中性粒细胞从骨髓里释放出来，就出现了"核左移"。炎症严重程度不同，引起外周血液里杆状核中性粒细胞、晚幼中性粒细胞或中幼中性粒细胞增多的程度也不同。白细胞总数不增多，严重核左移（杆状核中性粒细胞多于叶状核中性粒细胞），表明疾病严重，可能预后不良。

（8）铁缺乏虽能引起非再生性贫血，但可引起红细胞生成素分泌增多，使血小板生成增多，出现大血小板。同时也使中性粒细胞生成增多，还可能出现"核左移"。

（9）有核红细胞增多时。

2. 减少　犬少于 3.00×10^9/L，猫少于 2.50×10^9/L 为减少，减少到 1.00×10^9/L 时，可引发皮肤、黏膜，甚至肺脏、尿路等感染。

（1）加速中性粒细胞丢失或使用。

①利用和死亡。

A. 过量使用，急性制止细菌感染或严重炎症。

B. 隐居在边缘中性粒细胞池中（伪中性粒细胞减少症，见下面 3.），过敏反应、内毒素血症、病毒血症。

C. 脾机能亢进和门脉性肝硬化。

②自身免疫性疾病，如系统性红斑狼疮。

（2）减少中性粒细胞的生成或再生障碍性贫血。中性粒细胞的生活周期约 8h，由于生命短，故易减少。

①感染。

A. 病毒：见于猫白血病毒病、猫免疫缺乏病、犬细小病毒病、猫泛白细胞减少病。

B. 细菌：沙门氏菌严重感染、埃立克体病、脓毒血症、年老体弱动物的感染。

C. 原生动物：弓形虫感染。

②化学损伤。欧洲蕨中毒、雌激素中毒（后阶段）、细胞毒素药物（癌症化学治疗）、氯霉素、灰黄霉素、头孢菌素、苯巴比妥、保泰松和磺胺类慢性中毒（引起杜宾犬的各种细胞减少）。

③放射性损伤。

④骨髓紊乱。发育不全性贫血、骨髓痨、骨髓增殖和反应性疾病（见于其他白血病）、骨髓中形成细胞机能减弱（骨髓纤维化）。

⑤遗传因素。周期性造血症（灰 Collie 狗的中性粒细胞减少症和维生素 B_{12} 吸收不足）。

3. 中性粒细胞有四个不同年龄的池子

（1）增殖池　在骨髓中心，包括原粒细胞、早幼粒细胞和中幼粒细胞。

（2）成熟池　在骨髓中，包括晚幼中性粒细胞、杆状核中性粒细胞和分叶核中性粒细胞。

（3）边缘中性粒细胞池　即毛细血管。主要是分叶核中性粒细胞，还有杆状核中性粒细胞。

（4）循环池　主要包括分叶核中性粒细胞和杆状核中性粒细胞，犬猫偶尔可见晚幼中性粒细胞。犬的边缘池和循环池的大小几乎相等，但猫的边缘池是循环池的 2～4 倍大。

4. 中性粒细胞的核右移和核左移　分叶核中性粒细胞所占中性粒细胞百分数增多或核的分叶细胞增多，称为"核右移"；杆状核中性粒细胞所占中性粒细胞百分数增多，称为"核左移"。核左移根据幼稚中性粒细胞种类，分为轻度（杆状核中性粒细胞增多）、中度（杆状核和晚幼中性粒细胞增多）和重度（杆状核、晚幼和中幼中性粒细胞增多）。中性粒细胞的严重"核右移"或"核左移"，都反映动物病情的危重或机体的高度衰竭。中性粒细胞的"核右移"或"核左移"的临床意义如下。

（1）白细胞数和中性粒细胞数增多的同时"核左移"　表示机体造血机能增强，动物机体在积极防病抗病，也是免疫介导性溶血性贫血的一个特征。

（2）中性粒细胞减少的同时"核左移"　表示骨髓造血机能在降低，动物抗病能力在减弱。

（3）中性粒细胞增多的同时"核右移"　表示骨髓造血机能经过调整，能满足患病机体的需要，是预后良好的表现。

（4）中性粒细胞减少的同时"核右移"　见于严重性疾病，一般预后不良。

（四）淋巴细胞（LYM）

在外周血液里循环的淋巴细胞，一部分来源于骨髓（占 30%，B 淋巴细胞），大部分来源于胸腺、脾和外周淋巴组织（占 70%，T 淋巴细胞）。牛正常淋巴细胞胞浆里，常见有红黑色（Azurophil）溶菌体颗粒，犬猫和马罕见。淋巴细胞在血液停留8～12h。

1. 增多 犬超过$5.0×10^9$/L为增多，猫超过$7.0×10^9$/L为增多。

（1）生理性淋巴细胞增生，见于正常的幼犬猫（可达$5.7～6.1×10^9$/L，比成年多）和疫苗免疫注射后或病愈后（如细小病毒感染愈后），以及恐惧活动、兴奋等释放肾上腺素引起。猫此时淋巴细胞增多可达$6.0×10^9～20.0×10^9$/L。

（2）慢性感染，见于结核病、埃立克体病、布鲁氏菌病、过敏、自体免疫性疾病（自身免疫性贫血、系统性红斑狼疮）等。慢性炎症时，中性粒细胞增多和核左移，淋巴细胞增生，单核细胞也增多，并有球蛋白和血纤维蛋白原增多。

（3）肾上腺皮质功能不足，但此时嗜酸性粒细胞增多。

（4）淋巴内皮系统瘤，如淋巴白血病（彩图59和60）、淋巴肉瘤。此时淋巴细胞增多，个体也大。

（5）某些血液寄生虫感染，如巴贝斯虫病、泰勒氏血细胞内原生虫病、锥虫病。

2. 减少 犬少于$1.00×10^9$/L，猫少于$1.50×10^9$/L为减少。

（1）内源性的皮质类固醇释放。

①应激：衰弱性疾病、外伤、外科手术、疼痛、捕捉、休克，此时淋巴细胞为$0.75×10^9～1.50×10^9$/L。

②肾上腺皮质功能亢进。

（2）外源性的皮质类固醇或促肾上腺皮质激素治疗。

（3）淋巴丢失，反复排出乳糜、蛋白质丢失性肠病、肠淋巴管扩张、营养不良。

（4）损伤了淋巴细胞生成，免疫抑制性细胞毒药物（包括皮质类固醇应用）、化学疗法、X射线照射和幼猫白血病时胸腺丧失功能，淋巴肉瘤。

（5）先天性缺陷，T细胞免疫缺乏。

（6）感染因素，病毒（犬瘟热、细小病毒病、猫传染性腹膜炎、猫白血病、免疫缺陷病毒病、狗传染性肝炎）、埃立克体、立克次体、原生动物病（弓形虫病）感染等。

（五）单核细胞（MONO，彩图44）

1. 增多 生理性增多，一般幼犬猫稍多些。犬超过$1.35×10^9$/L，猫超过$0.85×10^9$/L为增多。

（1）内源性的皮质类固醇释放。

①应激：见于各种应激。

②肾上腺皮质功能亢进。

(2) 急性和慢性炎症（子宫蓄脓、关节炎、膀胱炎、骨髓炎、前列腺炎）、慢性脓肿、贫血。尤其是急性感染后期增多明显。

(3) 体腔化脓性炎症。

(4) 坏死和恶性疾病、单核细胞白血病、免疫疾病。

(5) 内出血或溶血性疾病（网状内皮增殖）和免疫过程紊乱，如自身免疫溶血性贫血。

(6) 肉芽肿疾病（结核病）、真菌感染（组织胞浆菌病、隐球菌病等）、埃立克体病、布鲁氏菌病、绿脓杆菌感染、原生动物感染（巴尔通氏体病）和犬恶丝虫病。

2. 减少　无临床意义。

(六) 嗜酸性粒细胞 (EOS)

嗜酸性粒细胞具有调整迟发型和速发型过敏反应，杀灭寄生虫和有可能的吞噬细菌、支原体和酵母菌等作用。EOS在血液中游走时间为24～35h。

1. 增多　犬超过 $1.00×10^9/L$，猫超过 $1.50×10^9/L$ 为增多。但不同地区也有差别，在北美洲正常犬猫的参考范围，南部比北部大些。

(1) 过敏性紊乱，包括皮肤、呼吸道、消化道或雌性生殖道过敏等，表现为轻度或中度增多。抗凝血物敏感，如双香豆素类灭鼠药中毒，也可能增多。

(2) 体内外寄生虫病引起的动物反应，尤其是内寄生虫表现明显，可增多10%以上，如肺吸虫等。

(3) 嗜酸性粒细胞的肉芽肿复合物（天疱疮、湿疹）、嗜酸性粒细胞性肌炎、嗜酸性粒细胞肉芽肿、嗜酸性粒细胞性胃肠炎（德国牧羊犬多见）、狗嗜酸性粒细胞性肺炎、猫嗜酸性粒细胞气管炎。

(4) 肾上腺皮质功能减退、动情前期。

(5) 血液病、坏死、转移性新生瘤，尤其是弥散性肥大细胞瘤，有时可达 $20.00×10^9/L$ 以上。

(6) 细菌毒素、组胺释放、蛇毒、白细胞溶菌体、物理因素（热、紫外线和X射线）。

2. 减少　犬少于 $0.10×10^9/L$ 为减少，正常猫也缺少此细胞。完全消失，表示病情严重。

(1) 内源性皮质类固醇的释放。

①应激，疾病衰弱、中毒、外科、外科手术、疼痛、捕捉、休克等。应激只使下降4～8h，24h后恢复正常。

②肾上腺皮质功能亢进。

（2）外源性皮质类固醇或促肾上腺皮质激素治疗。

（3）淋巴肉瘤。

（七）嗜碱性粒细胞（BASO）

嗜碱性粒细胞具有调整迟发型和速发型过敏反应、释放肝素和组织胺（血浆脂蛋白酶的激活质）等作用。进入组织（包括血液）的BASO能生存10～12d。

1. 增加　犬猫超过0.20×10^9/L为多。

（1）心丝虫病（犬恶丝虫病）、骨髓增殖或纤维化、高血脂症。

（2）慢性呼吸道疾病、胃肠疾病、变态反应。

（3）肾上腺皮质功能亢进有时增多。

（4）甲状腺机能降低、黏液性水肿。

2. 减少　无有意义。

小贴士　嗜碱性粒细胞和肥大细胞有些相似，它们的胞浆颗粒内都包含有组胺和肝素。外周血液中肥大细胞增多，嗜碱性粒细胞减少。相反，嗜碱性粒细胞增多，肥大细胞则减少。两细胞区别，嗜碱性粒细胞成熟后有核分叶，肥大细胞只有一个圆核。

十、血小板（PLT）

猫血小板大小变化较大，大的和红细胞一样大小，形状有的拉长或呈纸烟状。一般每个高倍显微镜视野里，有3个以上血小板；或染色片上每20～30个红细胞空间，有1个以上血小板，可认为是正常的。通常每个油镜视野里一个血小板，表示每升血液里血小板数为15×10^9个。正常为每个油镜视野11～25个血小板，约为血液血小板数≥165×10^9/L。血小板一般5～7μm长，3μm宽。犬血小板平均体积为8fL，猫为15fL。犬猫血小板无核。禽类或鸟类血小板个体大，有胞核，一般称为"凝血细胞"。

格雷猎犬和其他视觉猎犬的血小板数少于其他品种犬约50%。犬猫血小板生活周期3～8d。采血后尽快进行血小板检验，用以获得最好结果。

（一）增多

血片上每个油镜视野里（1 000×）多于10个血小板，即为增多。

1. 生理性的（由于脾脏收缩）　见于犬猫兴奋或运动后。

2. 增加血小板的生成

（1）反应性或继发性的血小板增多　各种原因的急性大出血、溶血或再生性贫血、外伤、炎症、铁缺乏、脾切除后、吸血性寄生虫寄生。肿瘤（血源性或实质性的），骨髓细胞增殖性疾病、猫白血病。但在慢性肾病和甲状腺机能降低时，虽有贫血，血小板也不增多。

（2）原发性的血小板增多　见于血小板白血病、红细胞增多症、骨髓增殖和淋巴增多疾病等。

3. 血小板从组织贮藏处的释放（从脾脏中释放）　见于急性炎症、急性溶血等。

4. 溶血时，红细胞碎片增多，机器检验时也增多，为假性增多。

（二）减少

多见于猫。一般血小板低于50×10^9/L时，为血小板减少症。少于20×10^9/L时就有了出血表现，少于5×10^9/L时开始出血。有时血小板减少，可能是血小板凝集成堆引起，而不是减少，检验时注意区别。抗凝剂EDTA二钠，有时也不能防止血小板凝集。正常格雷猎犬的血小板一般比其他品种犬少。有人认为，血小板为90×10^9～150×10^9/L为轻度减少，50×10^9～90×10^9/L为中度减少，$<50 \times 10^9$/L为重度减少。

1. 加速血小板丢失或疾病

（1）利用和破坏增多、输血不当、出血、败血症、猫白血症、犬瘟热、犬细小病毒病、猫泛白细胞减少症、尿毒症、血管炎、弥散性血管内凝血、巴贝斯虫病、蜱热、立克次氏体病（埃立克体病）。免疫性或继发性血小板减少性紫癜。

（2）血小板过量破坏。自体免疫（溶血性贫血、系统性红斑狼疮）、异体免疫和半抗原药物诱导破坏，脾功能亢进，血管肉瘤。在弥散性血管内凝血或免疫介导性破坏时，由于血小板过量破坏或利用引起的血小板减少症，可能在血片上看到大血小板，或叫变更血小板（Shift platelets），这是骨髓反应性地增多了血小板的生成。在猫白血病毒感染、弥散性血管内凝血、免疫溶血性贫血时，血小板减少同时，还可看到变更血小板内颗粒减少和出现空泡。在猫骨髓增殖性病时，也可看到大血小板。在缺铁性贫血时，可看到小血小板增多。

2. 血小板的生成障碍

（1）生成器官萎缩，如骨髓萎缩、淋巴网状内皮细胞增生瘤、骨髓淀粉样变、淋巴肉瘤、骨髓纤维化（在纤维化发展中，血小板也可能增多）。

（2）血小板生成机能减退，如辐射性损伤，再生障碍性贫血。

3. 药物引发血小板减少　见于：

（1）原发性的　由药物直接引起（相对多见），见于①抗微生物药物，如青霉素、头孢霉素、氯霉素、瑞斯托菌素、磺胺嘧啶、灰黄霉素、利巴韦林等。②抗肿瘤药物，如环磷酰胺、苯丁酸氮芥等。③抗心律不齐药物，抗惊厥药物。④抗甲状腺亢进药物，如丙硫氧嘧啶、甲硫咪唑等。⑤活毒疫苗。

（2）继发性的　见于塞尔托利细胞瘤引发的过多雌激素。

4. 血小板的异常分布　见于脾肿大、肝病或肝硬化。

5. 稀释时血小板的丢失　见于血小板凝集时。

十一、血小板体积分布宽度（PDW）、平均血小板体积（MPV）、血小板比容（PCT）和大血小板几率（P-LCR）

1. PDW　PDW—SD 单位为 fL，PDW—CV 单位为％。参考值：PDW—SD：犬为 9～19.4fL；PDW—CV，犬猫为 10％～24％。PDW 值增大，表明血小板体积大小相差悬殊。从血小板体积分布直方图上可以显示是否有异常大小血小板存在。

2. MPV　单位 fL。参考值，犬猫均为 3.9～11.1fL，猫为 7.5～17fL。MPV 增大，见于：①在造血功能无抑制时，表示造血功能恢复或造血功能增强；②血小板破坏增多和甲状腺机能亢进时，表明骨髓代谢功能良好，生成血小板增多。MPV 减小，见于①骨髓造血功能不良，血小板生成减少；②MPV 和血小板同时减少，表明骨髓造血功能衰竭。

3. PCT　参考值：犬为0.10％～0.30％，猫为0.08％～10.0％。PCT 值

增大,说明血小板或大血小板增多;PCT 值减小,说明血小板减小了。

4. P-LCR 参考值犬为 14%～41%。P-LCR 增多,见于骨髓反应性增加了血小板的生成;减少见于缺铁性贫血。

十二、犬猫红细胞、白细胞和血小板体积分布直方图

犬猫血细胞和血小板体积分布直方图共有 3 个,分别称为红细胞体积分布直方图、白细胞体积分布直方图和血小板体积分布直方图。从其直方图上大致可以了解到:①从图形的高低,可大致了解其血细胞或血小板数多少。②从图形在横轴上延伸的长度,可大致了解其血细胞或血小板的平均容积和体积分布宽度,如图形在横轴上延长得长,其平均容积和体积分布宽度值就大。

(一)红细胞体积分布直方图

红细胞体积分布直方图显示的红细胞体积范围为 24～150fL。在正常典型的红细胞体积分布直方图上（图 2-3）,可以看到 2 个细胞群。①红细胞主群。一般从 30fL 开始,分布在 30～100fL 区域,有个近似两侧对称、基底较宽、顶部较窄的分布曲线,统称主峰。主峰左侧还有细胞碎片、大血小板或血小板凝块等。②小细胞群。位于主群右侧,分布在 100～150fL 区域,又称"足趾部"。这是幼年红细胞、二聚体、三聚体、多聚体细胞,小孔残留物和白细胞的表现。检测时仪器对主峰两侧的非红细胞部分进行了剪除。

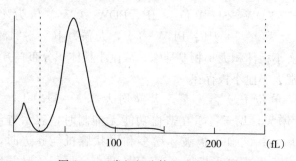

图 2-3 正常红细胞体积分布直方图

红细胞体积分布直方图左侧,也就是直立虚线左侧的小峰是血小板峰。红细胞体积分布直方图与平均红细胞容积（MCV）和红细胞体积分

布宽度（RDW）两个参数相关，MCV 增大，红细胞峰在横轴上位置右移；MCV 变小，红细胞峰左移。RDW 反映红细胞体积大小的变异性，变异性大，红细胞波峰基底增宽（图 2-4）；变异性变小，基底变窄。红细胞体积分布直方图峰的高低，表示红细胞数目的多少。直方图有时呈现"双峰"，说明外周血液中有两个红细胞群。所以在解释直方图时，要注意主峰的位置、峰基底宽度、峰顶形状及有无双峰出现。利用红细胞体积分布直方图的图形变化，再结合其他有关参数，进行综合分析，对一些贫血的诊断和鉴别诊断有一定意义，详解如下。

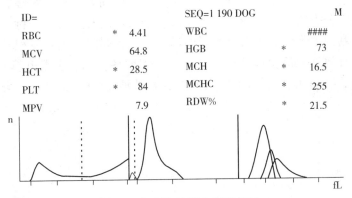

图 2-4　红细胞体积分布直方图

波峰基底增宽（中间图）；右图淋巴细胞峰增高，表示淋巴细胞增多。

####：表示白细胞过多，超过仪器计数最高限，或用英文 OVER 表示；

＊：表示此项检验异常，其项目值减少或增多。

1. 缺铁性贫血　表现为典型的小细胞性非均一性贫血，MCV 变小，主峰左移。红细胞大小不一，RDW 增大，波峰基底增宽，此为小细胞非均一性贫血特征。

2. 铁粒幼细胞性贫血　红细胞呈典型的"双形"变化，即低色素小红细胞和正常红细胞并存，出现波峰左移，逢底增宽性双峰。在缺铁性贫血治疗有效时，也可能出现峰底更宽的类似双峰图形。

3. 巨幼红细胞性贫血　由叶酸或维生素 B_{12} 缺乏引起，红细胞呈大红细胞非均一性，直方图波峰右移，峰底变宽。经治疗正常红细胞逐渐增多，并与巨幼红细胞同时存在时，也出现双峰现象。

4. 混合性营养缺乏性贫血　巨幼红细胞贫血同时缺铁时，视哪种占优势，前者 MCV 变大，缺铁时变小，因此直方图形也有相应变化。假若两者严重程度相同，MCV 显示正常，RDW 明显增大，其峰底宽度能显示出增宽异常。

5. β-珠蛋白生成障碍性贫血　为典型的小细胞均一性贫血，其直方图为波峰左移，基底变窄，RDW 较小。此特征可与缺铁性贫血鉴别。

（二）白细胞体积分布直方图

1. 白细胞正常三分类体积分布直方图　血液经溶血剂处理后，白细胞失水皱缩，各群细胞间体积差异增大。血细胞检验仪器中计算机根据其体积大小把白细胞分成 3 个群。在白细胞体积分布直方图上（图 2-5），表现为 3 个区或峰，即淋巴细胞峰、中间细胞峰和颗粒细胞峰，叫白细胞三分类法。但不同型号的血液检验仪，以及不同目、科、种动物之间，其白细胞体积分布直方图图形不完全相同。白细胞体积分布直方图的三分类细胞检验，反映的是三类白细胞各占的百分数和其绝对值。直方图的纵轴（n）表示细胞数的多少，横轴〔volume（fL）〕表示细胞体积大小。

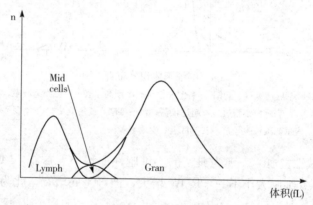

图 2-5　白细胞正常三分类体积分布直方图

（1）淋巴细胞峰（Lymph）　直方图上的左峰，反映的细胞体积为 35～90fL，主要是淋巴细胞，还有有核红细胞和成堆的血小板等。

参考值：其绝对值和百分比，分别为犬 $1.2 \times 10^9 \sim 5.0 \times 10^9$/L 和 12.0%～30.0%；猫 $1.8 \times 10^9 \sim 7.0 \times 10^9$/L 和 20%～50%。

（2）中间细胞峰（Mid cells）　在直方图淋巴细胞峰和颗粒细胞峰之间，反映的细胞体积为 70～110fL。主要是单核细胞，还有大淋巴细胞，可能还有异型淋巴细胞和原细胞（Blasts）。

参考值：其绝对值和百分比，分别为犬 $0.3 \times 10^9 \sim 1.0 \times 10^9$/L 和

5.0%～20.0%；猫 0.2×10⁹～2.3×10⁹/L 和 0～16%。

（3）颗粒细胞峰（Gran）　直方图上的右峰，反映的细胞体积为 80～200fL，主要是中性粒细胞。另外，还有晚幼粒细胞、中幼粒细胞、早幼粒细胞、原细胞、浆细胞、嗜酸性粒细胞、嗜碱性粒细胞等。

参考值：其绝对值和百分比分别为犬 3.5×10⁹～12.0×10⁹/L 和 60.0%～80.0%；猫 2.8×10⁹～13.0×10⁹/L 和 35.0%～78.0%。

白细胞体积分布直方图的图形变化并无特异性，每群中可能以某种细胞为主。但由于细胞体积之间有交叉（图 2-5），因此直方图的变化，只能粗略地判断细胞比例的变化，或有无明显异常细胞出现。如淋巴细胞白血病时，由于异常淋巴细胞、原淋巴细胞和幼稚淋巴细胞增多，淋巴细胞峰明显增高。提示需做进一步血液涂片，进行细胞分类计数和形态学检验，以便确诊。

2. 异常白细胞体积分布直方图　图 2-4 为一个患淋巴白血症的比格犬，白细胞数达 170.0×10⁹/L。通过涂片染色检验，发现主要为淋巴样细胞。

图 2-6 为 7 月龄鹿犬，在 4 月龄时曾患细小病毒病，治愈后 3 个月的

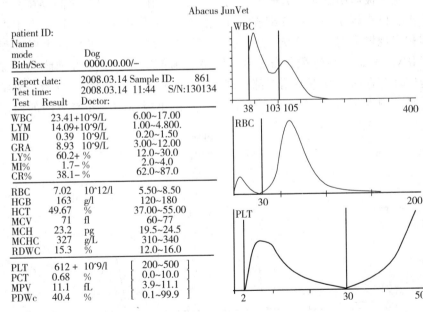

图 2-6　犬细小病毒病病愈后，白细胞体积分布直方图（上图），
淋巴细胞峰增高，表示淋巴细胞增多。下图血小板峰增高，
表示血小板数增多。图中＋表示增多，－表示减少

血液检验，白细胞增多达 $23.14\times10^9/L$，主要是淋巴细胞，达 $14.09\times10^9/L$。此为细小病毒感染的免疫反应，其淋巴细胞多为反应淋巴细胞（免疫细胞）。此例颗粒细胞数未增多。

图 2-7 犬血细胞直方图，图中淋巴细胞峰底向右延长，表示存在大个体淋巴细胞；血小板峰降低，表示血小板数较少，并出现拖尾和尾部抬高。

图 2-8 为一犬化脓性眼炎病，白细胞增多达 $32.40\times10^9/L$，主要是中性粒细胞增多，达 $25.92\times10^9/L$，表示是细菌感染，而且感染较严重，治疗时不但眼睛局部使用眼用抗菌药物，而且全身也得应用抗菌药物。单核细胞也增多，达 $4.21\times10^9/L$，表示病程较长。

图 2-9 为一藏獒幼犬，患细小病毒病已有 5~6d 了，呕吐又腹泻，未让吃食喝水。其白细胞体积分布直方图显示白细胞只剩下一个峰了。血液涂片染色观察，看到中性粒细胞个体变得和淋巴细胞大小基本一样了，所以只有一个峰。此犬经治疗痊愈。

（三）血小板体积分布直方图

血小板体积分布直方图范围为 2~20fL，在 20~30fL 之间存在大血小板、血小板凝块、小红细胞、细胞碎片和纤维蛋白（图 2-7）。血小板体积出现增大时，其直方图出现明显的拖尾现象。其平均血小板容积（MPV）和血小板体积分布宽度（PDW）值都增大。有小红细胞和红细胞碎片存在时，其直方图尾部抬高（图 2-4 和图 2-7）。图 2-10 为一成年母猫，刚生小猫 3~4d，不爱吃食物。其血小板体积分布直方图的拖尾

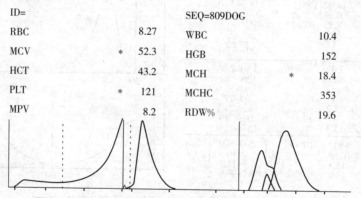

ID=			SEQ=809DOG		
RBC		8.27	WBC		10.4
MCV	*	52.3	HGB		152
HCT		43.2	MCH	*	18.4
PLT	*	121	MCHC		353
MPV		8.2	RDW%		19.6

图 2-7　犬血细胞直方图，右图中淋巴细胞峰底向右延长。左图血小板峰降低，并出现拖尾和尾部抬高现象。图中※表示此项异常，减少或增多

和尾部抬高的情况。以及颗粒细胞增多。猫特别大的血小板增多时，在机器计数时，往往把它们都计入了红细胞数内，使血小板直方图高度变低。

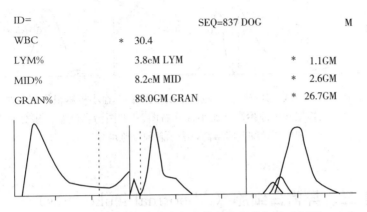

图 2-8　犬化脓性眼炎病白细胞体积分布直方图（右图），颗粒细胞峰增高，表示颗粒细胞增多；中图为红细胞体积分布直方图，其红细胞波峰基底增宽；左图血小板峰高大，表示血小板数目较多

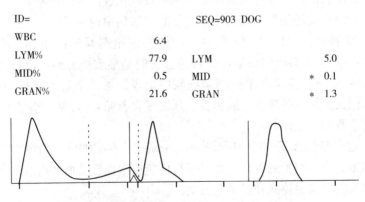

图 2-9　白细胞异常体积分布直方图，只一个单峰（右图）；中图为红细胞体积分布直方图，其红细胞波峰基底增宽；左图血小板峰高大，表示血小板数目较多

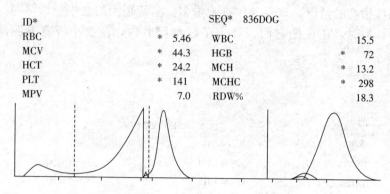

图 2-10　血小板减少其峰矮小（左侧虚线左侧峰），血小板体积分布直方图的拖尾和尾部抬高（血小板峰右图）；右图为白细胞体积分布直方，图中颗粒细胞峰增高，表示颗粒细胞增多

十三、异常白细胞（Abnormal leukocytes）

识别异常白细胞应从细胞大小和外形，细胞质和细胞核比例，细胞核的大小、核形、核位置、染色质、核膜和核仁，细胞质的量、着色、颗粒、空泡和包涵物，以及中毒变化。

1. 篮细胞（Basket Cells）　变性而破裂的淋巴细胞，细胞质消失，仅有一散乱的长圆形核或胞核破碎，染色质被推拉成散乱的扫帚索形，像竹篮筐。有时叫破碎细胞。在急性淋巴细胞白血病中较多见。

2. 窦勒小体（Döhle bodies）　中性粒细胞胞浆里的小体。小体小（1～2μm），呈圆形或椭圆形，蓝灰色。它们是细胞成熟后，没有完全利用变化的 RNA，亦可在单核细胞胞浆中出现。见于全身性疾病的中毒，如马沙门氏菌病（肠破裂性腹膜炎、严重子宫蓄脓）。常见于猫弓形虫病，有时见于狗和其他动物。

3. 噬红细胞作用（Erythrophagocytosis）　吞噬细胞，如单核细胞或巨噬细胞吞噬红细胞的现象。常见于自体免疫溶血性贫血和血液寄生虫寄生，如血液巴尔通体病和巴贝斯虫病。

4. 母畜中性粒细胞核上的性别染色质小叶或鼓槌样突起（Female sex chromatin lobe or drumstick lobe）　也叫巴尔小体（Barr body），在母狗和母猫的中性粒细胞分叶核上，有一个形状像鼓槌样突起。有时在母绵羊、母山羊和母马，甚至妇女的中性粒细胞核上也可以看到，男人有时也可看到。在肿瘤或白血病时，似有增多趋势。

5. 巨大中性粒细胞（Giant neutrophils）　中性粒细胞成熟过程中有缺陷，可能是在细胞核继续成熟过程中，细胞不能分裂的原因。见于猫的一些严重炎症疾病，如猫泛白细胞减少症，有时见于极端白细胞增多症。

6. 多分叶核中性粒细胞（Hypersegmented neutrophils，彩图52）中性粒细胞核多于正常数目的分叶，一般多于4个分叶，个体也大。这说明中性粒细胞在循环中大于它们正常生存时间。见于：①应激和/或应用皮质类固醇时，肾上腺皮质类固醇分泌增多，使老龄细胞继续循环在外周血液。②慢性疾病，如人为地在老龄血液中加入抗凝剂。③维生素B_{12}、叶酸或反刍动物钴缺乏。④骨髓痨及骨髓增殖性疾病。⑤自体免疫溶血性疾病。

7. 免疫细胞（反应淋巴细胞，病毒细胞）（Immunocytes，Reactive lymphocytes，Virocytes）　也称异形淋巴细胞或非典型淋巴细胞（Abnormal lymphocytes or Atypital lymphocytes），具有蓝黑色胞浆和成熟核的T淋巴细胞，产生于免疫反应。它们是淋巴细胞由于抗原作用转变而来的，可以合成免疫球蛋白。见于白血病、病毒病、布鲁氏菌病、组织胞浆菌病、弓形虫病、犬恶丝虫病、药物过敏、输血和免疫性疾病等。

8. 白细胞和血小板中的埃立希体（Leukocytes and platlets with Ehrlichia，彩图53）　动物患埃立希体病时，在外周血液中白细胞或血小板中，可检验到桑葚样包涵体。犬埃立希体和里氏埃立希体主要侵害单核细胞（实验室检验较少看到），也侵害中性粒细胞；马埃立希体侵害分叶核中性粒细胞；扁平埃立希体仅侵害血小板。

9. 白细胞等细胞里的病原体　在肝簇虫病（Hepatozoonosis）时，在外周血液中性粒细胞和单核细胞里，可看到肝簇虫的配子体（彩图21）。利什曼病时，在病变的肝脏和病变的皮肤处的巨噬细胞里或细胞外，可发现利什曼原虫。犬散播性组织胞浆菌时，外周血液里吞噬细胞吞噬荚膜组织胞浆菌。猫住细胞虫病（Cytauxzoonotis）时，肺、肝、脾和淋巴结里的巨噬细胞里可见裂殖体，红细胞里有梨形或针状的有机体。

10. 类白血症（Leukemoid）　明显白细胞增多和大量未成熟的白细胞在血流中，但没有相应的造血组织的变化。见于肺炎、败血症、烧伤、急性出血或溶血。

11. 红斑狼疮细胞［Lupus erythematosus（LE）cells］ 是红斑狼疮病动物血液和体腔液中的中性粒细胞或巨噬细胞，其胞浆里含有一个大的圆形、均质紫红色块体，它们的核叶常被这种块体压挤而环绕在块体周围。这种块体由核蛋白组成，来自死亡溶解的细胞附着的抗核抗体。见于犬猫和人心肌炎、心脏病、关节炎、多发性关节炎、皮炎、肝炎、胸膜炎、心外膜炎、肾小球性肾炎、自体免疫性溶血、系统性红斑狼疮、血小板缺乏性紫癜。这种细胞多存在于白细胞层，可用 Wright-leishman 染色看到。在一个载玻片上看到 4 个 LE 细胞为阳性，看到 8 个为强阳性。用皮质类固醇治疗过的患系统性红斑狼疮病的动物，将检验不到此种细胞。

12. 原淋巴细胞（Lymphoblasts） 圆形或椭圆形，胞核大，核仁淡蓝色或无色。胞质量少，不含颗粒，呈透明天蓝色，正常外周血液里没有，淋巴肉瘤时，可大量存在。

13. 肥大细胞（Mast cells） 也叫组织嗜碱细胞（Tissu basophilic cells），是结缔组织细胞，很类似血液中的嗜碱性粒细胞。肥大细胞圆形或椭圆形等，细胞核较小。细胞内的嗜碱性颗粒正常染得有些异常变色，呈深蓝紫色。胞浆内颗粒常常是大个，也可能呈现出从大到小的圆状体。在单个细胞内的颗粒倾向于大小一致。细胞内含有肝素、组织胺、5-羟色胺、蛋白酶、趋化因子、细胞因子等。血液中增多见于弥散性肥大细胞瘤，如猫肥大细胞肉瘤。呼吸道、消化道、泌尿生殖道等上皮组织受寄生虫或其他病原体 侵袭时，也引起此细胞在感染组织中聚集、增殖和活化。拳师犬、波士顿獚、狐狸獚、北京犬、斗牛犬、拉布拉多犬等易患肥大细胞瘤。

犬肥大细胞血症来源于骨髓是少见的，肥大细胞血症或肥大细胞增生症可能是继发于肥大细胞瘤或严重的炎症性疾病，尤其是细小病毒性肠炎。一般来说，血液中出现大量肥大细胞，特别是在无肠炎存在的情况下，更多见于患有全身性肥大细胞瘤。犬急性炎症时，每个血涂片上，可发现 2～9 个肥大细胞，而 30～90 个肥大细胞也可能看到。犬猫发生皮肤肥大细胞瘤时，很少看到血液中有转移肥大细胞。猫患内脏型肥大细胞瘤发生扩散时，常见外周血液中有肥大细胞出现，还有吞噬红细胞现象，并有中等到明显的脾脏肿大。肥大细胞还可能扩散到脾脏、肾脏、肝脏、远离的淋巴结或骨髓。

健康犬外周血液涂片看不到肥大细胞（可用离心血液的淡黄层涂片染色检验）。正常犬骨髓涂片检验，每 1 000 个有核细胞中，有 0～1 个肥大细胞；如果涂片超过 10 个肥大细胞，可认为是增多了，它是通过血流淋巴转移到骨髓的。肥大细胞白血病与嗜碱性粒细胞白血病的区别，可通过细胞形态和细胞化学成分来鉴别。

肥大细胞瘤的肥大细胞变异性较大，在显微镜下主要依据其形态学进行区别，Patnaik 等人将肥大细胞瘤中的肥大细胞分为三个阶段。第一阶段为单一圆形细胞，无有丝分裂，细胞核圆形和浓缩的染色质；第二阶段介于第一和第三阶段之间；第三阶段为多形态无规则细胞，细胞核内有空泡，核内有 1 个或多个明显的核仁。胞核常呈有丝分裂状的双核，胞浆内颗粒模糊不清、很小或不明显。在不同阶段手术后，其存活率不同，在 1、2、3 阶段手术后 4 年，其存活率分别为 93％、50％和 6％。

14. 浆细胞（Plasma cells, Plasmacytes） 具有一个偏心的圆形或椭圆形核，核内有极粗糙的染色质，染色质深染并排列成车轮辐状。胞浆丰富、蓝黑色，有一个特征性的核外周淡染区，常有空泡存在。慢性炎症的浆细胞胞浆内有的含有一种透明嗜伊红性 Russell 小体，它是一种免疫球蛋白，免疫球蛋白进入淋巴和血液成为抗体。浆细胞正常产生于淋巴结、骨髓和结缔组织，不常见于外周血液，偶尔可看到。浆细胞增多见于浆细胞血病、多发性骨髓瘤等。骨髓里浆细胞增多，见于免疫疾病、慢性中毒性疾病、慢性炎症（组织胞浆菌病和埃立希体病等）。

15. 质密核（Pyknotic nuclei） 核物质变得密集浓缩，是中性粒细胞核发生变性，出现了均质的黑灰色结构。白细胞在抗凝剂里保存时间太长，核发生了变性。

16. Ragocytes 也叫小红斑狼疮细胞。它是中性粒细胞浆里含有大量、圆形、黑色嗜碱性颗粒的细胞。见于红斑狼疮和类风湿关节炎等的免疫介导性疾病。

17. 拉塞尔小体（Russell bodies） 是慢性炎症渗出物里浆细胞胞浆里的一种透明嗜伊红性小球，直径 4～5μm。现在认为它们是抗体球蛋白颗粒，见于骨髓瘤、黑热病等。

18. 破碎细胞（Smudge cells） 也叫涂抹细胞，是破裂的白细胞，多见于禽类血液涂片上。

19. 双核细胞（Tart cells） 常常是单核细胞吞噬了淋巴细胞的核。被吞噬的核仍然保留核结构特征。在许多情况下可发现核被吞噬现象。但临床意义不清楚。

注意与 LE 细胞区别，LE 细胞内的块体是均质的，无任何核结构。

20. 中毒颗粒（Toxic granulation）　中性粒细胞中含有紫黑色粗糙颗粒，此时胞浆呈碱性含有空泡。见于涉及正常胞浆成熟的严重感染（如急性沙门氏菌病、化脓性感染等）和中毒，此时抑制了正常颗粒的转化，或是由于过染引起的。犬和猫溶酶体贮积病时，用瑞氏或姬姆萨染色，也可见紫红色颗粒，细胞浆里有空泡。注意区别两者。还有猫颗粒细胞综合征，主要发生于缅甸猫，它的中性粒细胞浆里也有淡紫色颗粒。

21. 中毒性细胞（Toxic cell）　胞浆里含有中毒颗粒（嗜苯胺蓝）及大小不等的空泡（表示异常溶酶体形成和自溶酶的释放）。胞浆嗜碱性（核糖体的增多），核染色质浓缩的中性粒细胞、吞噬细胞等。见于严重感染（马沙门氏菌病）、败血症毒血症、酸中毒和恶性肿瘤。

十四、骨髓细胞的生成和形态学检验

了解骨髓细胞的生成和形态学，对临床上检验骨髓细胞的正常和异常极有帮助，有助于兽医诊断多种疾病。犬采取骨髓的穿刺部位见图 2-11 和图 2-12。

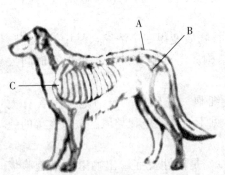

图 2-11　骨髓抽吸位置
A. 髂骨嵴　B. 转子窝　C. 肱骨头

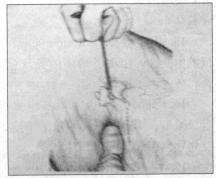

图 2-12　转子窝骨髓抽吸进针部位

（一）血细胞生成（彩图 37 和彩图 38）

血细胞生成是指多种细胞在骨髓里生成发育的过程，以及各种细胞成分所占比例。详见表 2-5 和表 2-6。

表 2-5 正常骨髓干细胞分化生成血细胞

干细胞→	原红细胞→早幼红细胞→中幼红细胞※→晚幼红细胞→网织红细胞（嗜碱性红细胞）→成熟红细胞	
	原粒细胞→早幼粒细胞→	中幼中性粒细胞→晚幼中性粒细胞→杆状核中性粒细胞→分叶核中性粒细胞
		中幼嗜酸性粒细胞→晚幼嗜酸性粒细胞→杆状核嗜酸性粒细胞→分叶核嗜酸性粒细胞
		中幼嗜碱性粒细胞→晚幼嗜碱性粒细胞→杆状核嗜碱性粒细胞→分叶核嗜碱性粒细胞
	原淋巴细胞→幼淋巴细胞→淋巴细胞	
	原单核细胞→幼单核细胞→单核细胞	
	原浆细胞→幼浆细胞→浆细胞	
	原巨核细胞→幼巨核细胞→巨核细胞→血小板	

表 2-6 犬猫正常骨髓各种细胞成分所占比例（％）

骨髓细胞类型	犬	猫
原红细胞	0.2	0.2
早幼红细胞	3.9	1.0
中幼红细胞*	27	21.6
晚幼红细胞	15.3	5.6
有核红细胞系统（E）	46.4	28.7
原粒细胞	0.0	0.8
早幼粒细胞	1.3	1.7
中幼粒细胞**	9.0	5.0
晚幼粒细胞	9.9	10.6
杆状核粒细胞	14.5	14.9
颗粒细胞（主要是分叶核的）	18.7	13.5
粒细胞系统（M）	53.4	45.9
M：E 比率	1.15：1.0	1.6：1.0

注：* 中幼红细胞包括嗜碱性红细胞和多染性红细胞。

　　 ** 从中幼粒细胞开始就分为中性、嗜酸性和嗜碱性三种粒细胞了。

（二）正常骨髓血细胞形态

经瑞氏或姬姆萨染色，在光学显微镜下的骨髓血细胞形态。

1. 干细胞（Stem cell） 造血干细胞是所有血细胞的祖先。造血干细胞是造血组织中目前尚无形态特征的一类功能细胞，其特点为具有高度自我更新或进行自我复制能力；具有多向分化能力，能分化发育成各系血细胞。

2. 红细胞系统（彩图 37）　本系统包括骨髓和外周血液里的所有有核红细胞和无核红细胞。

（1）原红细胞（Rubriblast，Pronormoblast）　也叫前成红细胞，一种大圆细胞。内含一个大而圆的细胞核。胞质量少，深蓝色，不透明。胞质和胞核分界明显淡染。胞核有 1～2 个核仁，清楚，呈暗蓝色，核染色质有明显的细粒彩点。此细胞在正常动物骨髓里，也可能有些不完全相同。

（2）早幼红细胞（Prorubricyte，Basophilic normoblast）　也叫嗜碱性成红细胞，类似于原红细胞，但个体较小。胞核圆形，没有核仁，核染色质较原红细胞稍粗糙一些。胞质着色更蓝染，核周围淡染呈现出一明亮带。

（3）中幼红细胞（Rubricyte，Polychromatic normoblast）　也叫嗜多染性成红细胞，此细胞较早幼红细胞小。胞核圆形，核染色质黑紫或蓝黑色，凝集成块团状或粗索状，呈车轮状排列。胞质在早期蓝染，以后随着细胞成熟，胞质量逐渐增大。因内含血红蛋白也逐渐增多，嗜酸性物质逐渐减少，可呈现出着色不均匀的不同程度的嗜多色性。

（4）晚幼红细胞（Metarubricyte，Orthochromatic normoblast）　也叫正染正成红细胞。细胞圆形，仍然有细胞核，核固缩成团，紫黑色或蓝黑色。胞质含有血红蛋白，染色呈现淡红色到淡灰紫色。

（5）嗜碱性红细胞（Basophilic erythrocyte）　也叫网织红细胞（Reticulocyte），是一种嗜碱性的无核红细胞，比红细胞稍大。用新亚甲蓝染色，胞质内可见成网状的嗜碱性蓝色纤维，所以也叫网织红细胞。此细胞在小动物外周血液里可以看到，但个体较小。

（6）红细胞（Erythrocyte，Red blood cell）　是成熟的细胞，多存在于外周血液里，染色为淡红色。

3. 粒细胞系统（彩图 38，彩图 39）　此系统包括从原粒细胞到分叶核粒细胞的各种粒细胞。因各种动物粒细胞的正常形态不完全相同，检验时应注意。下面根据猫粒细胞特点说明一下。

（1）原粒细胞（Myeloblast）　细胞圆形或椭圆形。核较大呈紫色，核染色质细致呈网状，核内有 1～2 个淡蓝色核仁。胞质呈淡红蓝色，无特殊颗粒，与其他原细胞难以区别。

（2）早幼粒细胞（Promyelocyte，Progranulocyte）　细胞比原粒细胞大，胞质蓝色，内含明显的紫红色颗粒。核染色质着色较粗糙，有时可看到核仁。

（3）中幼粒细胞（Myelocyte，彩图 39）　此阶段细胞核圆形，位置经常偏向一侧，无核仁。胞质染成蓝灰色，并含有空泡。根据中幼粒细胞质内所含特定颗粒颜色不同，可区分为三种。

中幼中性粒细胞（Neutrophilic myelocyte）：细胞圆形，胞核内侧开始变扁平，或稍呈凹陷，核染色质拧成索状或小块状。胞质较多，淡红色，内含细小、分布均匀、淡紫红色的中性颗粒。其颗粒里某些动物含有嗜碱性磷酸酶和杀菌乳肝褐质（Bactericidal lactoferrin）。

中幼嗜酸性粒细胞（Eosinophilic myelocyte）：胞核与中幼中性粒细胞有些相似。胞质内含有大量棒状（猫）或圆形（犬）等的很小嗜酸性颗粒。其颗粒里含有黏多糖，有些含有抗组胺物质。

中幼嗜碱性粒细胞（Basophilic myelocyte）：胞质内含有圆而小的红色颗粒，以及一些较大的圆形、紫黑色特异性嗜碱性颗粒，颗粒有时覆盖在细胞核上。其颗粒里含有组织胺、肝素和碱性黏多糖。

（4）晚幼粒细胞（Metamyelocyte）　细胞呈圆形或椭圆形，胞核明显内陷呈肾形，染色变得更粗糙。胞质量多，淡红色，内含不同的特异性颗粒，可区分为中性、嗜酸性和嗜碱性晚幼粒细胞。

（5）杆状核粒细胞（Band granulocyte，Stab granulocyte）　细胞圆形，胞核呈弯曲带状，两端钝圆。核染色质变得粗糙，呈蓝紫色。根据胞质中含有的特异性颗粒的不同，分为中性、嗜酸性和嗜碱性杆状核粒细胞。

（6）分叶核粒细胞（Segmented granulocyte）　共分三种。

分叶核中性粒细胞（Segmented neutrophil）：猫外周血液里的分叶核中性粒细胞核多为单叶，无规律似破碎状，很少见有分叶（叶与叶之间细丝联系）。核染色质粗糙、凝集成堆。胞质灰蓝色，内含中性颗粒。另外，正常猫还有一些小的嗜碱性颗粒，分布在细胞边缘，称为窦勒氏小体，也是较轻中毒的表现。猫严重中毒时，除有窦勒氏小体外，胞质中还有大的空泡。

分叶核嗜酸性粒细胞（Segmented eosinophil）：猫分叶核嗜酸性粒细胞胞质里，含有无数个嗜酸性（红色）棒状颗粒。部分胞核颜色发暗。

分叶核嗜碱性粒细胞（Segmented basophil）：猫分叶核嗜碱性粒细胞在大小和胞质中颗粒类似于分叶核嗜酸性粒细胞的，但颗粒小些，呈紫色或蓝黑色，胞质淡紫色。有的胞质中无颗粒，胞核呈香肠样，有分叶。

4. 淋巴细胞系统

（1）原淋巴细胞（Lymphoblast） 原淋巴细胞个体大，圆形或椭圆形。胞核大，核内含有空泡，有多个核仁，呈淡蓝色或无色。胞质通常较多，瑞氏染色嗜碱性，不含颗粒。

（2）幼淋巴细胞（Prolymphocyte） 幼淋巴细胞圆形或椭圆形，核染色质粗糙，核仁模糊或消失。胞质量少，淡蓝色。

（3）淋巴细胞（Lymphocyte）

小淋巴细胞（Small lymphocyte）：犬小淋巴细胞和红细胞大小相当，呈圆形，无核仁，核染色质质密、粗糙成堆，紫黑色。胞质量少，呈天蓝色，不太明显。

大淋巴细胞（Large lymphocyte）：细胞个体大，胞核也大，呈圆形或肾形，核染色质丰富、网状，凝集成块，无核仁。胞质较多，淡蓝色，有时可看到大的黑红色颗粒——溶菌体（Lysosomes）。

5. 单核细胞系统

（1）原单核细胞（Monoblast） 原单核细胞呈圆形或椭圆形，胞核较大，圆形或椭圆形，核染色质网状，细而松，呈淡紫红色。有大而清楚的核仁。胞质呈浅灰蓝色，边缘常不整齐，不含颗粒。

（2）幼单核细胞（Promonocyte） 幼单核细胞圆形或不规则，胞核也呈圆形或不规则形。核染色质较原单核细胞粗，染成淡紫红色。核仁模糊或消失。胞质量多，灰蓝色，内有一些细小的淡紫红色嗜天青色颗粒。

（3）单核细胞（Monocyte） 单核细胞圆形或不规则形，边沿常见有伪足突出，是外周血液里最大的细胞。胞核呈肾形、马蹄形、"S形"等，核染色质散而疏松，无核仁。胞质丰富，灰蓝色，内含空泡，并有许多细小、淡粉红色散在的颗粒。单核细胞逸出血管进入组织后，转变为吞噬细胞（Phagocyte），也称巨噬细胞（Macrocyte）或组织细胞（Histiocyte）。

6. 巨核细胞系统

（1）原巨核细胞（Megakaryoblast） 原巨核细胞呈圆形或椭圆形，胞体较大。胞核也较大，呈圆形或椭圆形。核染色质深紫红色，呈粗糙状。核仁2～3个，呈淡蓝色，不清晰。胞质量少，深蓝色。

（2）幼巨核细胞（Promegakaryocyte） 幼巨核细胞呈圆形或不规则形，胞体明显增大。胞核开始分叶，核染色质聚集成粗颗粒或小块状。核仁模糊或消失。胞质量增多，蓝色或灰蓝色，无颗粒。

（3）巨核细胞（Megakaryocyte） 巨核细胞是骨髓里最大的细胞，直径可达 50～200μm。胞核较大，有分叶，常折叠成不规则形状。胞质较丰富，天蓝色，内含紫红色小颗粒，细胞边缘不清晰。

（4）血小板（Thrombocyte，Platelet）　血小板个体小，大小不一，有圆形、杆状等。无细胞核，胞质淡蓝色，内含紫色颗粒，有时可粘连成堆。

7. 浆细胞系统

（1）原浆细胞（Plasmoblast）　原浆细胞呈圆形或椭圆形，胞核圆形，常偏位。核染色质紫红色，呈粗颗粒状，有核仁。胞质量多，灰蓝色，胞核一侧有半圆形淡染区，不含颗粒。

（2）幼浆细胞（Proplasmocyte）　幼浆细胞多为圆形，胞核也圆形，偏位。核染色质凝聚，呈车轮状排列，深紫红色，核仁消失。胞质量多，灰蓝色，核周围有淡染区。

（3）浆细胞（plasmocyte，Plasma cell）　浆细胞呈圆形或椭圆形，胞核圆形，偏位，无核仁。核染色质集聚成堆，深染。胞质较多，含有RNA 和空泡，蓝紫色。胞核的四周常有明显的淡染区。

8. 其他细胞

（1）网状细胞（Reticulum cell）　网状细胞一般较大，个体大小不一，形状不规则，边缘多不整齐。胞核圆形或椭圆形，核染色质呈粗网状，淡紫红色，有 1～2 个淡蓝色核仁。胞质丰富，淡蓝色，内含一些粉红色颗粒。此细胞十分脆弱，易变形破碎。此细胞在骨髓增殖性疾病时，具有吞噬作用，如红白血病初期吞噬红细胞。

（2）组织嗜碱性细胞（Tissue basophilic cell）　也叫肥大细胞（Mast cell）。细胞呈圆形、椭圆形、梭形或不规则形。胞核较小，圆形或椭圆形，常被细胞内颗粒遮盖。细胞质中充满了深蓝紫色粗大嗜碱性颗粒。骨髓中发现多个肥大细胞，而外周血液是贫血表现，多见于骨髓痨，如骨髓纤维变性。

（3）成骨细胞（Osteoblast）　成骨细胞类似于浆细胞，但个体较大，常成堆出现，需注意与瘤细胞区别。细胞长椭圆形或不规则形，胞质丰富，泡沫状，灰蓝色。胞核圆形或椭圆形，偏位，有 1～2 个蓝色核仁。核染色质呈粗网状，深紫红色。胞核的四周有明显的淡染区。在年轻动物骨髓或骨骼再生时多见。

（4）破骨细胞（Osteoclast）　破骨细胞是成年动物骨髓里大型细胞，外形不规则。胞核圆形或椭圆形，有数个到数十个不等，彼此孤立。核染色质深染粗网状，每个胞核常见有 1 个核仁。胞质丰富，蓝染或浅灰紫色，有无数个大小不一的粉红色颗粒。此细胞多见于年轻动物骨髓或骨骼再生时，以及犬继发性甲状旁腺机能亢进动物。

（三）骨髓细胞检验的临床意义

小动物临床上为了诊断和定量骨髓中非正常细胞，非正常干细胞成熟，以及非正常新生细胞的形成，需采取骨髓穿刺术，吸取骨髓涂片、染色和进行显微镜检验。骨髓检验适应证包括再生障碍性贫血、血小板减少症、急性或慢性白血症、继发性白细胞减少、外周血液中出现非正常细胞、骨髓炎和骨髓瘤的形成。

骨髓穿刺部位：大型和中型犬推荐在髂骨嵴处，小型犬和猫推荐在股骨的大转子窝。患病动物在全麻的情况下，可选择在肱骨近端。

1. 红细胞系统

（1）红细胞系统细胞增多　见于贫血性缺氧（红细胞生成可达正常速度的 10 倍）或铁缺乏（晚幼红细胞增多）。还有红白血病时，治疗应适当增加铁的供给（尤其在溶血和失血时的供给）。

（2）红细胞系统细胞减少　见于甲状腺机能降低、慢性肾病、慢性炎症、毒血症、恶性病、骨髓痨病（如骨髓纤维化，见于红细胞酶缺乏、慢性出血、骨髓增殖性疾病、放射性损伤、长期或大剂量应用骨髓毒药物，如雌激素、氯霉素、环磷酰胺等）、猫白血病、猫泛细胞减少病、犬埃立克体病和应用细胞毒药物等。

2. 粒细胞系统细胞增多　见于各种炎症和细菌感染、骨髓粒细胞白血病等。

3. 巨核细胞　增多，见于增多了血小板的消耗和破坏，如免疫性血小板减少症、慢性弥散性血管内凝血、慢性炎症性疾病、脾肿大和铁缺乏等，以及巨核细胞白血病；巨核细胞减少，见于急性或慢性再生障碍性贫血、急性白血病等。

4. 单核细胞系统细胞增多　多见于慢性炎症（由细菌、病毒或寄生虫引起）、组织坏死性炎症、播散性组织胞浆菌病（吞噬细胞吞噬组织胞浆菌）、单核细胞白血病和中毒等。

5. 淋巴细胞系统细胞增多　多见于淋巴细胞系统淋巴细胞白血病、淋巴肉瘤等。

6. 浆细胞系统细胞增多　主要见于多发性骨髓瘤、浆细胞性白血病、再生障碍性贫血、粒细胞减少症等，可见成熟性浆细胞轻度增多。

7. 粒细胞系统等细胞减少　基本上相同于红细胞系统细胞减少的原

因，只是在不同种类白血病时，其相对应的白细胞增多，而其他种类白细胞减少。

十五、粒细胞系统和有核红细胞系统比例（M：E 比例）

粒细胞系统是指骨髓里所有粒细胞，包括从原粒细胞到分叶核粒细胞。有核红细胞系统是指骨髓里所有有核红细胞。

（一）不同动物的正常 M：E 比例

1. 正常骨髓的 M：E 比例

马：0.94～3.76

牛：0.27～2.5

绵羊：0.77～1.68

山羊：0.62

猪：1.77

狗：平均 1.15（0.75～2.5）

猫：平均 1.6（1.2～2.2）

2. 骨髓的 M：E 比例正常　见于：

（1）正常骨髓象。

（2）粒细胞系统和有核红细胞系统细胞平行增多或减少，前者红白细胞病，后者再生障碍性贫血。

（3）粒细胞系统和有核红细胞系统细胞基本上不变的造血系统疾病，见于多发性骨髓瘤、骨髓转移性癌、特发性血小板减少性紫癜病、骨髓硬化等。

（二）M：E 比例增加

1. 白细胞增多症，见于感染或其他刺激，如急性炎症。

2. 白血病样反应。

3. 颗粒细胞白血症，急性的以原粒细胞和早幼粒细胞增多为主；慢性的以中性晚幼粒细胞和杆状核粒细胞增多为主。

4. 淋巴肉瘤，多见于狗，有时见于牛。

5. 慢性间质性肾炎。

6. 红细胞发育不全，骨髓中有核红细胞减少了。在外周血液中白细胞数正常的情况下，M∶E 超过 2.5，大多数动物的红细胞生成减少了，如猫传染性腹膜炎时的再生障碍性贫血。

（三）M∶E 比例减小

1. 骨髓中粒细胞数减少了，见于再生障碍性贫血、粒细胞缺少病。

2. 红细胞生成组织增生。

（1）在外周血液白细胞数正常情况下，M∶E 小于 1。说明大多数动物红细胞生成活跃。见于失血性缺氧、溶血、铁缺乏、铅中毒、肝硬化、红细胞增多症。

（2）原红细胞增多，见于维生素 B_{12} 和/或叶酸缺乏，牛先天性卟啉紫质沉着症。

（3）红细胞增多性骨髓细胞增殖，见于比哥犬和巴塞特犬遗传性红细胞丙酮酸激酶缺乏（溶血性贫血）。

十六、犬恶心丝虫幼虫检验

犬恶心丝虫幼虫检验有多种方法，当前较常用的有 2 种方法。

1. 改良 Knott 氏试验（检验外周血液中微丝蚴）　取抗凝血 1mL＋2％甲醛 9mL，混合均匀，然后 1 000～1 500r/min，离心 5～8min，去上清液，取沉渣和 0.5％美蓝溶液各 1 滴，于载玻片上混合后，显微镜下检验微丝蚴。

2. Difil 试验（检验外周血液中微丝蚴）　采抗凝血 5mL＋5mL 溶解液，混合，细胞溶解后，用滤纸（光面向上）过滤混合液，再用清水反复冲洗几次。将滤纸展在载玻片上，滴一滴 Difil 染液，显微镜下检验微丝蚴。

第三章 ·············

血 液 生 化 检 验

现在有人把实验室生化检验分为湿式和干式（图 89）两种。所谓湿式，就是用液体试剂进行检验，所谓干式，就是用干试剂条、干试剂片或干试剂盘进行检验。用液体试剂检验需要时间长，当天难以完成，甚至需要几天才能完成，延误了诊断和治疗时间，容易造成不良后果。干式试剂条、干式试剂片或干式试剂盘等，常常在几分钟内便可完成检验，非常有利于及时诊断，快速合理有效的治疗，其治愈率可大大地提高，这就是现代医学科学的优越性。

一、胆红素（BIL）

胆红素主要来自衰老破碎的红细胞，肌红蛋白和某些酶也是其来源。胆红素包括间接胆红素和直接胆红素，正常犬猫血液中总胆红素浓度不超过 $15\mu mol/L$。胆红素检验对哺乳动物意义较大，对鸟类意义不大，因为鸟类血液中含很少的胆红素。

（一）增多

肝胆系统疾病和溶血性疾病时增多，当血液中总胆红素浓度超过 $34\mu mol/L$ 时，组织出现黄染，超过 $68\mu mol/L$ 时，黄染就非常明显了。

1. 肝前性或溶血性增加　一般为间接胆红素增多（占 60% 以上）。

（1）犬　巴贝斯虫病、血液巴尔通体病、红斑狼疮、埃立希体病、钩端螺旋体病、不相配的输血、自体免疫溶血性贫血、蛇咬伤、黄曲霉毒素中毒、洋葱和大葱中毒、红细胞丙酮酸激酶缺乏（贝桑吉犬）、果糖磷酸激酶缺乏（英国斯波格猎犬）、卟啉病等。

（2）猫　巴贝斯虫病、血液巴尔通体病、钩端螺旋体病、亚甲蓝和乙酰氨基苯中毒。

2. 肝性或肝细胞性增加 间接和直接胆红素都增多，各占约 50%。基本相同于肝前性胆红素增多。

（1）犬 巴贝斯虫病、血液巴尔通氏体病、红斑狼疮、埃立希氏病、狗传染性肝炎、钩端螺旋体病、细菌性肝炎、肝硬化末期、肝的大面积脓肿、不相配的输血、自体免疫溶血性贫血、蛇咬伤、黄曲霉毒素中毒（严重中毒黄疸明显）、洋葱和大葱中毒、红细胞丙酮酸激酶缺乏（Basenji 犬）、果糖磷酸激酶缺乏（English Springer Spaniel 犬）、卟啉病等。

（2）猫 巴贝斯虫病、血液巴尔通体病、钩端螺旋体病，亚甲蓝、对乙酰氨基酚、非那西汀、维生素 K 等中毒。

3. 肝后性或阻塞性增加 起初引起直接胆红素增加，后因肝细胞损伤，血液中间接胆红素也升高。另外，由于胆管阻塞，胆红素不能进入肠道，尿中无尿胆素原。肝后性增加见于寄生虫堵塞胆管、胆管结石、胆囊或胆管肿瘤。

4. 脂血症（人为的）

（二）减少

减少了红细胞生成。

二、血清蛋白（SP）

血清蛋白主要由前白蛋白、白蛋白和球蛋白组成。球蛋白通过电泳、染色和光比重计扫描，将其分成 α、β、γ 球蛋白三部分。全部白蛋白，80% 的 α 和 β 球蛋白由肝脏生成，γ 球蛋白由淋巴结、脾脏、骨髓生成，IgG 主要由脾脏产生。肝脏还能生成脂蛋白、糖蛋白、黏蛋白、纤维蛋白原、凝血酶原（凝血因子 II）、凝血因子 V、VII、VIII（部分）、IX 和 X。总之，血浆中蛋白 90%～95% 由肝脏合成。血清蛋白也可用临床折射仪检测。

（一）增多

1. 浓血症 见于脱水（腹泻、出汗、呕吐和多尿）、减少水的摄入、休克、肾上腺皮质功能减退、淋巴肉瘤、多发性骨髓瘤等。

2. 增加球蛋白生成　见球蛋白部分，如猫传染性腹膜炎、多发性骨髓瘤等。

3. 溶血和脂血症　动物采食后的血。

（二）减少

1. 幼年和年轻动物、血液稀薄、营养差、输液

2. 减少蛋白生成　见于营养吸收障碍、肝硬化等肝脏疾病。另见于肾病综合征、失血、胃肠疾病。可参见低白蛋白血症（见白蛋白部分）、低球蛋白症（见球蛋白部分）。

3. 增加丢失和蛋白分解代谢　见于恶性肿瘤、低白蛋白血症、低白蛋白和低球蛋白血症。

三、白蛋白（ALB）

白蛋白半衰期为 12～18d。犬猫血清白蛋白参考值为 31～40g/L。白蛋白主要功能为维持血浆渗透压，运送激素、离子和药物等的载体。

（一）增加

1. 浓血症　见血清蛋白部分。
2. 脂血症　动物采食后。

（二）减少

1. 生成减少　见于食物中蛋白缺少、蛋白消化不良（胰腺外分泌不足）、吸收不良、慢性腹泻、营养不良、进行性肝病、慢性肝病、肝硬化（肝病时白蛋白减少，而球蛋白往往增多）、多发性或延长性心脏代偿失调、贫血和高球蛋白血症。

2. 增加丢失和分解代谢增加
（1）蛋白丢失性肾病、肾小球肾炎和肾淀粉样变性。
（2）妊娠、泌乳、发热、感染、恶病质、急性或慢性出血、蛋白丢失性肠病、寄生虫、甲状腺机能亢进和恶性肿瘤。
（3）严重血清丢失，见于严重渗出性皮肤病（见烧伤和大面积外伤），以及腹水、胸水和水肿。

四、球蛋白（GLOB）

血清可通过电泳、染色和光比重计扫描，把血清中球蛋白进一步分成 α（α_1 和 α_2）、β（β_1 和 β_2）和 γ 三种。

（一）增多

1. 浓血症　见血清蛋白浓血症，以及泛发性肝纤维化、急性和慢性肝炎、一些肿瘤、急性和慢性细菌感染、抗原刺激、网状内皮系统疾病和异常免疫球蛋白的合成等。

2. α 球蛋白增多　见于炎症、肝脏疾病、热症、外伤、感染、新生瘤、肾淀粉样变、寄生虫和妊娠。

（1）α_1 球蛋白包括脂蛋白、结合珠蛋白、胆碱酯酶、糖蛋白和血浆铜蓝蛋白，增多见炎症和妊娠。

（2）α_2 球蛋白包括大球蛋白、脂蛋白、红细胞生成素和胎儿球蛋白，增多见于严重肝病、急性感染、急性肾小球肾炎、肾病综合征、寄生虫、炎症和妊娠。

3. β 球蛋白增多　见于肾病综合征、急性肾炎、新生瘤、骨折、急性肝炎、肝硬化、化脓性皮肤炎、马传染性贫血、严重寄生虫寄生、多克隆 γ 球蛋白病、淋巴肉瘤和多发性骨髓瘤。

（1）β_1 球蛋白包括铁传递蛋白、β_1 脂蛋白、补体（C_3、C_4 和 C_5）。增多见于急性炎症、肿瘤、肾病、寄生虫、马传染性贫血、小型马饥饿。

（2）β_2 球蛋白包括纤维蛋白原、纤维蛋白溶解酶、铁传递蛋白、β_2 脂蛋白及部分 IgG、IgA。增多见于寄生虫、肝硬化、慢性感染、白蛋白减少。

4. γ 球蛋白增多

（1）多克隆 γ 球蛋白（IgG、IgM、IgA 和 IgE）增多，见于胆管性肝炎、慢性炎症性疾病、慢性抗原刺激、免疫介导性疾病和一些淋巴肿瘤，如细菌（化脓性疾病、结核病、慢性立克次氏体病、埃立希氏体病）、病毒（猫传染性腹膜炎、阿留申病、副结核病、马传染性贫血等）、寄生虫（钩虫、犬恶心丝虫、肝片吸虫、巴尔通氏体、巴贝斯虫、利什曼原虫、锥虫）感染、慢性皮炎、急性或慢性肝炎、肝硬化、肝脓肿、蛋白丢失性肠病、结缔组织病等。免疫介导性疾病有自体免疫性溶血、系统性红斑狼疮、免疫介导血小板减少症。以及淋巴肉瘤等。

（2）单克隆 γ 免疫球蛋白（仅一种免疫球蛋白）增多，见于网状内皮系统肿瘤、淋巴肉瘤或淋巴瘤（此时表现总蛋白和 γ 球蛋白增多，轻度非再生性贫血和叶状中性粒细胞增多）、多发性骨髓瘤、大球蛋白血症和貂阿留申病，也见于白塞特猎犬和威迪玛犬的免疫缺乏症。单克隆 γ 球蛋白增多很少发生于埃立希氏体病，而猫传染性腹膜炎多见。

（二）减少

幼年动物一般呈生理性减少。

1. 减少生成　见于肝脏等血液蛋白生成器官的疾病。

2. 球蛋白和白蛋白增加丢失和分解代谢

（1）急性或慢性出血、溶血性贫血。

（2）蛋白丢失性肠病和肾脏病。

（3）严重血清丢失，见于烧伤和严重渗出性皮炎。

3. 单项球蛋白减少

（1）α_1 球蛋白减少：肝脏病、肾炎。

（2）α_2 球蛋白减少：细菌和病毒感染、肝脏病、溶血性疾病。

（3）β_1 球蛋白减少：自身免疫性疾病、肾脏病、急性感染和肝硬化。

（4）β_2 球蛋白减少：抗体缺乏性综合征、慢性肝脏病。

（5）γ 球蛋白减少：抗体缺乏性综合征、缺乏初乳的新生动物、马驹的联合免疫缺乏（阿拉伯马多见）、免疫功能抑制（长期应用肾上腺皮质激素或免疫抑制药物）。

五、白蛋白/球蛋白（A/B）

1. A/B 比值增多　见于白蛋白增多和/或球蛋白减少，临床上少见。

2. A/B 比值减少　见于白蛋白减少和/或球蛋白增多，详见白蛋白和球蛋白部分。在慢性肝炎、肝硬化、肾病综合征等，尤其明显。

六、前白蛋白（PA）

前白蛋白（Prealbumin）是由肝脏细胞合成的糖蛋白，在血清电泳时，出现在白蛋白之前。

减少。见于犬猫蛋白质营养不良，肝脏疾病时其值减少 50％以下，在坏死性肝硬化其值几乎减少到零。作为肝脏损伤早期指标比 ALT 更具有特异，比白蛋白更敏感些。

七、血纤维蛋白原（FIB）

血纤维蛋白原由肝脏合成。简单检测可用临床折射仪进行，方法是用临床折射仪检验同一动物的血浆和血清。血浆值减去血清值等于纤维蛋白原值。

（一）生理性增多

常见于脱水、剧烈运动后和妊娠。

（二）病理性增多

1. 炎症　细菌性、化学性、外伤性和新生瘤性的。

（1）急性炎症　开始增加很高，然后降下来。

（2）慢性炎症　高水平的纤维蛋白原，一直伴随着慢性炎症存在。

2. 组织损伤　在组织损伤后的 24h 内增多。

3. 特殊增多　常见于糖尿病、腹膜炎、心内外膜炎、肠炎、肾炎、乳房炎、肝脏损伤、急性消化不良、瘤胃积食、创伤性网胃炎、骨折等。

4. 脾肿病

（三）减少

1. 血样品凝血。

2. 肝病（严重或进行性肝病、慢性肝炎、肝硬化）、临死前和严重出血。

3. 增加了纤维蛋白溶酶的破坏，或凝血致活酶释放入血液，纤维蛋白原被移去而减少。见于纤维蛋白原渗入浆膜腔、产科病、休克、严重烧伤、大手术并发症、恶性肿瘤。

4. 特殊情况，见于犬颗粒细胞白血病、弥散性血管内凝血、不相配的输血。

5. 也是判断临床治疗是否有效的临床指标之一。

八、钠（Na）

血清钠参考浓度，正常犬为 140～150mmol/L，猫为 150～160mmol/L。

犬血清钠浓度低于 120mmol/L 或高于 170mmol/L，将有威胁生命的危险。表现的神经症状有定向性障碍、共济失调、兴奋不安或昏迷，甚至死亡。

犬猫患全身性疾病，如呕吐、腹泻、多饮和多尿、肌肉松软、行为异常、精神异常、兴奋不安、水肿、胸腔或腹腔积液、脱水，以及诊断肾上腺、肾脏、肝脏或心脏衰竭，延长输液时间或利尿治疗、动物不饮水等，都应检验血清钠浓度。

（一）低钠血的原因

1. 正常血浆渗透性低钠血　见于高脂血症、明显的高蛋白血症。

2. 高血浆渗透压性低钠血　见于高糖血症（多见），静脉输入甘露醇。

3. 低血浆渗透压性低钠血　见于：①水分过多（高容量性）性低钠血，如过度饮水或输入液体；严重肝病性腹水（多见）；充血性心衰和肾病综合征引起了渗漏液发生（多见）；进行性肾衰竭（原发性的少尿或无尿）。②脱水性（低容量性）低钠血，见于胃肠液丢失（多见），如呕吐或腹泻；胰腺炎、腹膜炎、腹腔积尿及乳糜胸的反复排放液体；皮肤水分丢失，如烧伤；肾上腺皮质功能降低；利尿剂的应用；慢性肾病。③正常体液性（正常容量性）低钠血，见于用不适当的液体治疗，如用 5％葡萄糖液、0.45％氯化钠液或低渗性液体（多见）；神经性烦渴；不适当的抗利尿激素分泌素分泌综合征；抗利尿药物应用，如肝素溶液、长春新碱、环磷酰胺、非类固醇性抗炎症药物等；甲状腺机能减退性液性水肿昏迷。

低钠血症补钠量计算如下：

$$\underset{(\text{mmol})}{\text{钠缺乏量}} = \left[\frac{140}{(\text{mmol/L})} - \frac{\text{测定钠}}{(\text{mmol/L})} \right] \times \text{体重（kg）} \times 0.3$$

缺钠量可应用 3％～5％氯化钠溶液，在 12～24h 补上。1mmol 钠＝0.058g 氯化钠。

（二）高钠血的原因

1. 水分丢失无适当替代性高钠血（多见）　见于：①正常无感觉水分

丢失，而无适当的替代补充；②患病动物难于或无能力饮水；③异常的渴欲机制，如小型雪纳瑞犬的干渴和中枢神经瘤；④增多无感觉水分丢失而无替代补充；⑤环境温度高、发烧、呼吸急促或喘息；⑥水分从排尿丢失；⑦中枢性或肾原性尿崩症。

2. 低渗液体丢失而无适当的替代补充性高钠血（多见） 见于：①肾外性胃肠道的呕吐、腹泻和小肠阻塞；腹膜炎、胰腺炎和皮肤烧伤的水分丢失。②肾性水分丢失包括利尿渗透性糖尿病、甘露醇及化学药物；肾衰竭和肾后尿道阻塞性利尿等。

3. 增加钠摄取性高钠血 见于：①给予高张性液体，如高张性氯化钠和碳酸氢钠液，静脉注入营养，磷酸钠灌肠；②不适当的含钠维持液治疗；③食盐中毒；④肾上腺皮质功能亢进；⑤醛固酮增多症。

高钠血症缺水量计算如下：

$$\text{高钠血症}\atop\text{缺水（L）} = \left[\frac{\dfrac{\text{测定钠}}{\text{（mmol/L）}} - 140\ \text{（mmol/L）}}{140} \right] \times \text{体重（kg）} \times 0.6$$

缺水量可应用 5% 葡萄糖溶液，在 12~24h 补上。

4. 高钠血的治疗 可用 5% 葡萄糖或 4.5% 氯化钠液。

九、氯（Cl）

犬猫患全身性疾病，如呕吐、腹泻、脱水、多尿、多饮或有酸碱平衡失调时，应检验血清氯。血清氯的变化常与血清钠的变化相关，但有时血清氯离子有其本身变化，此时血清氯浓度为校正氯浓度。正常的校正氯浓度为 107~113mmol/L。

$$\text{犬校正氯浓度}\atop\text{（mmol/L）} = \text{测定氯}\atop\text{（mmol/L）} \times 146 \div \text{测定钠}\atop\text{（mmol/L）}$$

$$\text{猫校正氯浓度}\atop\text{（mmol/L）} = \text{测定氯}\atop\text{（mmol/L）} \times 156 \div \text{测定钠}\atop\text{（mmol/L）}$$

（一）低氯血的原因

1. 校正低氯血症 见于：①氯的过度丢失，如胃液性呕吐（多见和重要）；用利尿剂噻嗪或袢性尿剂（呋塞米）治疗（多见和重要）；慢性呼吸性酸中毒（由于增加了肾脏的排出）；肾上腺皮质功能亢进或过量运动；②用含有高钠液体治疗；用碳酸氢钠治疗。

2. 非校正低氯血症　见于血液稀释。

低氯血时缺乏氯的计算公式如下：

$$\frac{缺氯补充量}{(mmol)} = \left[\frac{正常\ Cl^-}{(mmol/L)} - \frac{测得\ Cl^-}{(mmol/L)}\right] \times 体重\ (kg) \times 0.2$$

缺氯时可补充氯化铵或氯化钾，已知 1g 氯化铵含氯和铵都是 19mmol，1g 氯化钾含氯和钾都是 13mmol。

（二）高氯血的原因

1. 校正高氯血症　见于：①脂血症、溴化钾治疗；②小肠性腹泻引起的多钠丢失（多见和重要）；③摄取氯较多，如用含氯盐类（氯化铵、氯化钾）或静脉输入含氯多的营养物；④用含氯多的液体治疗，如高渗盐水，0.9％氯化钠液添加氯化钾，食盐中毒；⑤肾脏氯贮留，见于肾衰竭、肾小管性酸中毒、肾上腺皮质功能降低、糖尿病、慢性呼吸性碱中毒及药物螺内脂和乙酰唑胺治疗。

2. 非校正高氯血症　见于血液浓稠。

十、钾（K）

钾离子主要存在细胞内，血清钾浓度的大小不能正确地反映整个机体内钾的状况，许多因素能影响血清钾的浓度，如血液 pH 能影响血浆和细胞间的钾浓度。机体酸中毒时能促使细胞内钾离子移向细胞外；碱中毒时能促使细胞外钾离子进入细胞内。因此，犬猫患长期厌食、呕吐、腹泻、肌肉无力、心搏缓慢、心室增大性心律不齐、少尿、无尿和多尿，以及肾上腺皮质功能降低、急性或慢性肾衰竭、糖尿病酮酸中毒、长期呕吐、尿道堵塞、腹腔积尿或尿道堵塞性尿频，以及利尿药物呋塞米、噻嗪、螺内脂或血管紧张素转换酶抑制剂伊那普利的应用，都可能影响血液 pH，所以临床上要检验血清钾浓度。

犬猫正常血清钾范围为 3.5～5.5mmol/L。犬猫血清钾低于 2.5mmol/L（肌肉无力）或大于 7.5mmol/L（心脏传导紊乱），将是危险的，血钾大于 10mmol/L，可引起死亡。严重的低钾血动物，以用钾治愈似乎较难。

（一）低钾血的原因

1. 丢失增多性低钾血症 见于呕吐和腹泻（多见和重要）。

2. 泌尿系性低钾血症 见于猫慢性肾衰竭（多见和重要）；猫食物诱导低钾血性肾病（主要）；尿道堵塞性多尿（多见和重要）；不适当性液体治疗（少钾液，多见和重要）；糖尿病或酮酸中毒引起的多尿；透析；袢性利尿药呋塞米和噻嗪利尿药物（氢氯噻嗪、氯噻嗪）的应用（多见和重要）；药物两性霉素 B，青霉素和舒喘灵过量应用；盐皮质激素过多；肾上腺皮质功能亢进，如腺瘤和增生。

3. 细胞外液进入细胞内液的低钾血症 见于输含糖液体（多见和重要）；静脉输入营养物（主要）；碱血症或大量输入碱液；儿茶酚胺血症；缅甸猫的低钾血周期性瘫痪。

4. 减少钾摄入的低钾血症 严重的营养缺乏；输入不含钾的液体，如 0.9% 氯化钠或 5% 葡萄糖液。心电图 QT 间期延长，T 波降低。猫比犬更易发生低钾血症。

低钾血症临床表现为全身肌肉无力、松弛，甚至瘫痪；肠道弛缓梗阻，影响呼吸和心脏节律不齐。

$$\begin{matrix}缺钾补充量\\(mmol)\end{matrix}=\left[4.5\ (mmol/L)-\begin{matrix}血钾检验值\\(mmol/L)\end{matrix}\right]\times体重\ (kg)\ \times0.4$$

1mmol 钾＝0.075g 氯化钾＝10% 氯化钾溶液 0.75mL，10% 氯化钾溶液 10mL 含钾离子 14mmol/L。

补钾速度一般不超过 0.5mmol/（kg·h）。当肾功能不足时，静脉输钾必须高度警惕。当缺钾量在 20mmol 以下时，可把钾加入 250mL 液体里，缓慢静脉输入。

（二）高钾血的原因

1. 假性高钾血 见于血小板溶解（一般轻度增多）；白细胞多于 $100\times10^9/L$（少见）；红细胞溶解，尤其是红细胞含钾多的犬品种，如秋田犬、英国斯波林格猎犬、新生幼犬等。

2. 从尿中排出减少性高钾血（最多见） 见于尿道阻塞；膀胱或输尿管破裂；肾衰竭时无尿或少尿（多见和重要）；肾上腺皮质功能降低；某些胃肠疾病，如鞭毛虫病、沙门氏菌病、穿孔性十二指肠溃疡；乳糜胸与反复胸腔排液；低肾素血性醛固酮分泌减少，如糖尿病或肾衰竭；药物性的，如血管紧张素转换酶抑制剂的伊那普利，保钾利尿药的螺内脂和阿米洛利，前列腺素抑制剂，肝素等。

3. 增加了摄取性高钾血　在肾和肾皮质功能正常时，不会发生高钾血。但在静脉输入高浓度氯化钾或给予大剂量青霉素钾盐时，可发生高钾血症。

4. 细胞内液流向细胞外液性高钾血　见于胰岛素缺乏，如糖尿病酮酸中毒；急性无机酸中毒，如盐酸、氯化铵；大面积组织损伤，如烧伤、热射病、急性肿瘤溶解综合征、心肌病、压挫伤等；高钾血周期性瘫痪；非特异性 β 阻断药物，如普萘洛尔。

高钾血动物表现软弱，心电图 T 波高而尖，P-R 间期延长，QRS 波群增宽，P 波降低近消失。

高钾血治疗，可考虑用利尿药物（生理盐水静脉注射）、胰岛素（0.5U/kg）加葡萄糖（胰岛素 1U 加葡萄糖 2g，效果可持续 30～60min）、或碳酸氢钠（可持续 30～60min，酸中毒时 1～2mmol/kg）、10％葡萄糖酸钙溶液 0.5～1mL/kg（对心肌作用）等。

十一、钙（Ca）

动物体内总钙的 99％存在于骨骼，血清钙只占 1％。血清钙有三种形式。离子钙（占 50％），与白蛋白结合的非离子钙（占 40％），以及与枸橼酸盐、磷酸盐形成的复合物（占 10％），只有钙离子才有生理作用。血清中白蛋白浓度的高低常常影响血清中总钙的浓度，血清白蛋白每增加或减少 1g/dL，血清总钙量跟随增加或减少 0.8mg/dL。马血清钙水平很稳定，一般变化较小。一岁以内的犬，尤其是大型犬，其血清钙比成年犬多 0.1mmol/L。2 岁以内的猫，其血清钙比较老的多 0.1mmol/L。食后检验也增多。

患病动物表现不活泼、厌食、呕吐、便秘、虚弱、多饮、多尿（可能是高钙血表现）；或表现为脸部瘙痒、多动不安、肌肉震颤或肌束颤动、后肢痉挛、搐搦或突发疾病（可能是低钙血表现）；其他还有氮血、弥散性骨病，以及心电图的 QT 间期延长等，都应检验血清钙浓度。

（一）增加

当犬血清钙大于 2.80mmol/L（11.4mg/dL），猫超过 2.85mmol/L（11.4mg/dL），或离子钙超过 1.25mmol/L 时，称为高钙血。

1. 增加摄取　高钙饲料和硬水地区、高维生素 D 血症（医源性、植物性、或灭鼠性的)、植物性毒物。

2. 增加了钙从骨骼的移出

(1) 甲状旁腺机能亢进，见于原发性甲状旁腺机能亢进（甲状旁腺新生瘤）和伪甲状旁腺机能亢进（见于犬的多种肿瘤、猫淋巴肉瘤、马淋巴肉瘤和骨癌）。

(2) 骨骼紊乱，原发性或转移性骨新生瘤、多发性骨髓瘤。

3. 增加了血清携带者 高蛋白血症、高白蛋白血症。因为大部分血钙和蛋白质结合在一起，此时血清总钙量增多。

4. 肾上腺皮质机能减退或肾衰竭 10%～15%犬猫增多。

5. 恶性高钙血症 见于犬淋巴肉瘤（15%～20%有高钙血症）、淋巴瘤、顶浆分泌腺癌、鳞状上皮细胞癌、乳腺癌、支气管癌、前列腺癌、甲状腺癌、鼻腔癌、多发性骨髓瘤、转移性或初发性骨骼新生瘤。

6. 猫特发性高钙血症、肉芽肿病、脂血症（人为的）

7. 骨骼损伤 见于骨脊髓炎、肥大性骨营养不良。

8. 医原性高钙血 见于过量添加钙或补充钙，过量口服磷酸盐黏合剂。

9. 高钙血治疗 血清钙离子高时，可静脉输入生理盐水、碳酸氢钠或磷酸钠。当严重肾机能不足时，需用腹腔透析或血液透析治疗。

（二）减少

当犬猫血清钙低于 2.2mmol/L（8.8mg/dL），或离子钙低于 0.88mmol/L（3.5mg/dL）时，称为低钙血症。

1. 年轻动物、妊娠和正在泌乳期的乳牛、犬等动物。

2. 减少摄取。

(1) 低钙饮食或低钙高磷性食物（如采食过多肉类或肝脏），低维生素D血症（导致营养性继发性甲状旁腺机能亢进，这时钙可能是正常的），肠道吸收不良。

(2) 甲状旁腺机能减弱，降低了钙从骨骼中移出，见于手术摘除甲状旁腺和犬瘟热损伤等。

3. 降钙素机能亢进，增加了钙在骨骼中沉积。

4. 减少了血清钙携带者。见于低蛋白血症、低白蛋白血症、蛋白丢失性肠病。有低白蛋白血症引起的血清钙减少。动物是否真正缺钙，可用下列公式计算，计算调整后的血清钙＝检验血清钙（mg/dL）－0.4×［血清蛋白（g/dL）］＋3.3。计算调整后的血清钙在参考值范围内的为不缺钙，仍减少的才算真正缺钙。此公式只适用于犬，不适用于猫。

5. 增加组织内的蓄积。癫痫、牛产后瘫痪、犬产后搐搦症、脂肪坏死（胰腺炎）、肾上腺皮质类固醇治疗。

6. 增加丢失。

（1）慢性肾衰竭（导致肾继发性甲状旁腺机能亢进,钙也可能是正常的）。

（2）磷过多（导致营养性继发性甲状旁腺机能亢进,钙可能是正常的）。

（3）钙与化合物结合（如草酸）。

7. 急性胰腺炎、急性氮血症、酮血症、泌乳热、搐搦、低磷性佝偻病、低钙性佝偻病、低镁血、碳酸氢钠治疗或碱中毒、抗惊厥药物、乙二醇中毒、范康尼氏综合征。

8. 溶血和延长了血清与红细胞的分离（人为的）。

9. 缺钙的治疗。可用 10% 的葡萄糖酸钙溶液（或 5% 氯化钙），静脉缓慢注射，$0.5 \sim 1.5 \mathrm{mL/kg}$。氯化钙的效果是葡萄糖酸钙的 10 倍。

十二、无机磷（P）

磷是细胞内一个主要离子，以三磷酸腺苷（ATP）形式存在。机体酸中毒时，能使细胞内磷移到血浆里，而机体碱中毒时，从血浆里又移至细胞内。血清磷紊乱可能存在威胁生命的并发病，此时常与血清钾、钠、镁和钙有关。采集血样品最好在动物休息时采集。动物采食大量碳水化合物后，血清中磷水平也降低。血清无机磷包括 HPO_4^{-2}、PO_4^{-3}、$H_2PO_4^{-1}$ 和磷酸盐离子中的磷。

（一）增加

当血清无机磷超过 $2.26 \mathrm{mmol/L}$（$7 \mathrm{mg/dL}$）时即为高磷血症。

1. 年轻动物。

2. 增加了食入。高磷饲料（导致营养继发性甲状旁腺机能亢进，磷可能是正常的）、高维生素 D 血症。

3. 降低肾的清除。

（1）肾的原因，如急性或慢性肾衰竭（尤其是肾病末期，多见）、进行性肾脏疾病。肾前性（大量细胞溶解、肠道局部贫血）和肾后性（尿道阻塞）氮血症，详见肌酐说明。血清中磷和肌酐都升高，表明动物患有长期的严重的肾脏疾病或急性肾脏疾病。血清无机磷在 $2.85 \sim 5.7 \mathrm{mmol/L}$

（5.0～10.0mg/dL）时，表示较严重肾衰竭；超过 5.7mmol/L（10mg/dL）时，表示病情特别严重，难以治愈了。

4. 甲状旁腺机能减退、肾上腺皮质功能减退。

5. 骨折愈合期、骨质溶解转移性骨瘤（也可能是正常的）、维生素 D 中毒、动物全身麻痹后、溶血、肠道局部缺血或人为的溶血。

6. 高磷血的治疗。在肾衰竭时可做腹腔透析；肾机能正常时可静脉输入生理盐水，让从尿中排除磷；减少消化吸收食物中磷，可与食物一起口服氢氧化铝凝胶剂或食用碳酸铝。

（二）减少

当血清无机磷小于 0.48mmol/L（1.5mg/dL）为低磷血症。

1. 减少食入和吸收。

（1）低磷饲料，或钙和磷比例不当。

（2）维生素 D 缺乏，或加上缺钙（导致营养性继发性甲状旁腺机能亢进，血清中磷可能减少了）。

（3）不吸收、严重腹泻或呕吐、多尿、脂肪肝或碱中毒。

2. 降钙素机能亢进，增加了磷在骨骼中沉积。

3. 长期缺磷使 ATP 储能量减少。见于糖尿病时酮酸中毒、烧伤或严重衰竭。另外，还见于静脉注射葡萄糖、注射胰岛素、严重的呼吸碱中毒。

4. 增加了肾的清除，减少肾的再吸收磷。原发性甲状旁腺机能亢进，伪甲状腺机能亢进、液体利尿。

5. 严重的低血清磷（<0.32mmol/L 或 0.1mg/dL）可引起红细胞溶解、损伤白细胞吞噬和杀菌能力、血小板机能降低、肌肉病、心肌病和中枢神经症状。治疗可静脉输入磷酸钠或磷酸钾。

（三）不宜使用的样品

红细胞含有大量无机磷，溶血的样品不宜作检验用。

十三、镁（Mg）

镁参与多种酶反应，特别是在激活氨基酸和合成蛋白质、稳定核酸、肌肉收缩和神经传导上起作用。镁还能维持细胞内钾离子浓度。血清中镁 2/3 成离子状态，1/3 与白蛋白结合。

（一）增加

血清镁大于 2.0mmol/L（4.9mg/dL），称为高镁血症。

见于肾机能不足、肾衰竭；过多口服含镁中和胃酸剂或轻泻剂；过量静脉输入含镁溶液。

高镁血症临床表现为表皮血管膨胀、血压低、恶心、呕吐、昏昏欲睡、呼吸减弱、骨骼肌麻痹、心律不齐、昏迷而死亡。

高镁血的治疗：在肾机能正常时，可通过输液多排尿；钙静脉输入可起暂时作用；严重高镁血可通过腹腔透析治疗。

（二）减少

当血清镁低于 0.5mmol/L（1.2mg/dL）时，称为低镁血症。在许多病例，低血清镁和低血清钙往往同时发生。

1. 胃肠道因素　见于摄取食物减少、慢性腹泻或呕吐、吸收不良综合征、急性胰腺炎、肝胆病。

2. 肾脏因素　见于肾小球炎、急性肾小管坏死、肾后性阻塞多尿、药物诱导肾小管损伤（如氨基糖苷类药物、顺氯氨铂）、长期静脉输液治疗、利尿药物、洋地黄、高钙血症、低钾血症。

3. 内分泌性　见于糖尿病酮酸中毒、甲状腺机能亢进、原发性甲状旁腺机能亢进和原发性醛固酮分泌亢进。

4. 其他　见于快速给予胰岛素、葡萄糖、氨基酸。以及败血症、体温降低、大量输血、腹腔透析、血液透析、全部胃肠外给营养。

5. 治疗　可肌肉注射硫酸镁或静脉缓慢输入氯化镁。

细胞外液缺少镁量＝（参考量－检验量）×体重（kg）×0.2

十四、铜（Cu）

肠道消化吸收的铜，最初和血浆蛋白结合运送到肝。90％血清铜与 α_2 珠蛋白结合为铜蓝蛋白，其余游离铜与白蛋白结合。铜主要分布在肝、肾、脑等组织。动物血铜浓度一般为 $15\sim30\mu mol/L$。

（一）增加

增加见于肝内外胆汁瘀积、肝硬化（多见于伯灵顿狷）、急性和慢性各种感染、急性和慢性白血病、某些贫血、风湿性疾病、甲状腺机能亢进。

（二）减少

1. 铜缺乏引起铁缺乏性贫血、营养不良。在缺铜土壤上放牧的动物常发。
2. 血浆铜蓝蛋白丢失或破坏，见于肾病综合征、蛋白丢失性肠病。

十五、铁和总铁结合力（Fe and TIBC）

血清铁和总铁结合力（TIBC），尤其是血清铁是用于鉴别缺铁性及非缺铁性贫血的指标。正常血清铁犬为 $17\sim22\mu mol/L$；猫为 $12\sim38\mu mol/L$。正常总铁结合力犬为 $47\sim60\mu mol/L$，猫为 $31\sim75\mu mol/L$。

（一）血清铁生理性变化

1. 增加 食后。

2. 减少 正常妊娠。妊娠中期出现进行性的降低，而铁的总铁结合力升高。

（二）血清铁病理性变化

1. 增加 见于食入过量的铁、血细胞再生障碍性等各种贫血（缺铁性贫血除外），增加了红细胞的破坏（溶血性贫血）、肝脏细胞损伤（肝炎和肝硬化）、糖尿病等。

2. 减少 见于缺铁性贫血、急性或慢性感染、慢性长期血液丢失、恶性肿瘤等。当血清铁明显减少，而血清总铁结合力可能明显增多，此时需要补铁。

十六、碳酸氢根（HCO_3^-）

血液中 HCO_3^- 在代谢性酸中毒时减少。治疗可静脉输入 5% $NaHCO_3$，中和体内酸，每毫升 5% $NaHCO_3$ 含 $NaHCO_3$ 0.6mmol。在一般酸中毒情况下，每千克体重可用 5% $NaHCO_3$ 2mL 加入其他液体中，静脉输入。和 CO_2-CP 关系为 HCO_3^- mmol/L=CO_2-CPmL/dL÷2.24。

（一）增多

1. 代谢性碱中毒　呕吐（过量氯丢失）、过量钾丢失、真胃疾患、小肠堵塞，同时使用利尿剂和地塞米松治疗。

2. 呼吸性酸中毒（特别是代偿性的）　肺气肿、肺炎、麻醉。

3. 重碳酸盐治疗

（二）减少

1. 代谢性酸中毒　腹泻、休克、肾衰竭、肾小管性酸中毒、糖尿病酮酸中毒、乙二醇中毒、反刍动物乳酸中毒、严重的反刍动物酮血病、大肠堵塞（马）。

2. 呼吸性碱中毒（特别是代偿性的）　高热、缺氧、肺气肿等。

3. 氢离子或氯离子治疗　如氯化铵。

4. 延长处理样品时间（人为的）

十七、乳酸（LAC）

单独用血液乳酸水平高低很难说明它的临床意义，只有结合血液丙酮酸、葡萄糖和酸碱平衡，才有临床意义。在犬猫休克、过量运动、代谢性肌病（尤其是拉布拉多猎犬）、代谢性酸中毒、休克动物输液，以及疾病危重动物诊断预后（如犬胃扭转性扩张肠扭转、肠扭转、肠套叠和胃肠破裂）时，都应检验血液乳酸。犬血液乳酸大于 6.0mmol/L 时，表示预后不良。休克动物适当输液仍不能使高乳酸血症降低，预示预后更不良。

1. 参考值　犬 0.60～2.90mmol/L，猫 0.50～2.70mmol/L。

2. 病理性增加的变化　主要见于下列情况：

（1）乳酸和丙酮酸比例仍然正常性增多，见于：

①输给葡萄糖液时增多。

②输给碳酸氢盐溶液仍然增多，表示疾病严重。

③心肺疾病或其他原因，引起机体严重缺氧时。

（2）乳酸和丙酮酸比例增加，见于：重剧运动之后，休克、肺机能不足、心脏衰竭、贫血和糖尿病。

（3）乳酸和丙酮酸比例是可变的，见于：呼吸过快，严重的肝机能不全。

（4）静脉瘀血、样品延长检验时间，应用阿司匹林、肾上腺素和苯巴比妥，都能引起血液乳酸水平改变。

十八、阴离子间隙（AG）

阴离子间隙（AG）有时能帮助鉴别诊断代谢性酸中毒的不同原因，以及帮助阐明混合性酸碱平衡失调的原因。代谢性酸中毒并具有 AG 增大，一般是无氯性酸中毒，如乳酸、酮酸、水杨酸、乙二醇代谢物、磷酸盐和硫酸盐等酸中毒。代谢性酸中毒具有正常 AG 和高氯血时，叫做高氯血性酸中毒。

AG 通过计算得知，有两个公式，单位是 mmol/L。

$$\frac{AG}{(mmol/L)} = (Na^+ + K^+) - (Cl^- + HCO_3^-) \quad 或 = Na^+ - (Cl^- + HCO_3^-)$$

AG 在严重低白蛋白血症时，将不能反映其正确值，例如血清白蛋白每减少 10g/L，AG 将减少近 2.4mmol/L。

按公式（$Na^+ + K^+$）－（$Cl^- + HCO_3^-$）计算的 AG 正常范围，犬为 12~24mmol/L，猫为 13~27mmol/L。在急性乙二醇中毒时，其值将极大增加。AG 增大与患病动物死亡率成正相关。

1. AG 增大性正常血氯性酸中毒的原因 最常见于乳酸中毒、糖尿病酮酸中毒、尿毒症时酸中毒（曾见一例严重慢性肾衰竭，其 AG 达 48mmol/L）、乙二醇中毒和实验室检验数据错误。

2. 其他 AG 增大原因 见于严重脱水，碱血症时可轻微增加，血清样品放置时间过长或延期检验。

3. 正常 AG 性高氯血性酸中毒的原因

（1）严重的急性小肠性腹泻，HCO_3^- 丢失，发生阴离子间隙正常性高氯血酸中毒。

（2）碳酸酐酶抑制剂（如乙酰唑胺）抑制近曲肾小管重吸收 HCO_3^-，而发生自限性高氯血性酸中毒。

（3）给犬猫氯化铵，血清中增多了氯，减少 HCO_3^- 引发的酸中毒。

（4）静脉输给可产生阳离子的氨基酸，如盐酸赖氨酸和盐酸精氨酸，在生成尿素时释放了 H^+，可引发高氯血酸中毒。

（5）在慢性碱中毒时，肾脏代偿性排 H^+ 减少，结果血液中 HCO_3^-

减少，氯增多了。当引起呼吸急促，通气过度的原因去掉后，PCO_2 逐渐增加，pH 降低，此时肾脏恢复排 H^+ 增多，血液 HCO_3^- 增多，需 1～3d 时间，此种暂时现象，叫做代偿后低碳酸血性代谢性酸中毒。

在静脉输入含氯无碱溶液时，如 0.9% 氯化钠，细胞内液增多了，酸中毒变轻了。高氯性生理盐水和肾小管对氯的高重吸收，都能使血液中氯增多和 HCO_3^- 减少。肾小管性酸中毒（RTA）为少见的高氯血代谢性酸中毒，Ⅰ型 RTA 为酸排除有缺陷，Ⅱ型 RTA 为减少了 HCO_3^- 的重吸收。

4. AG 减小原因 见于低白蛋白血症和 IgG 多发性骨髓瘤；未检验的阳离子（如钙和镁）增多，也必然引起其减少。实验室错误检验 Cl^- 和 HCO_3^- 过多，或 Na^+ 过少，都能人为地造成其减小。AG 减小，一般临床意义不大。

十九、酸碱平衡中，血液 pH、PCO_2、碳酸氢根、碳酸氢根/碳酸关系

表 3-1 血液酸碱平衡异常

	pH	PCO_2	HCO_3^-	HCO_3^-/H_2CO_3 （20/1）*
代谢性酸中毒	↓	正常	↓	↓
代谢性碱中毒	↑	正常	↑	↑
呼吸性酸中毒	↓	↑	正常	↓
呼吸性碱中毒	↑	↓	正常	↑
具有部分代偿时				
代谢性酸中毒	↓	↓	↓	↓
代谢性碱中毒	↑	↑	↑	↑
呼吸性酸中毒	↓	↑	↑	↓
呼吸性碱中毒	↑	↓	↓	↑

* 动物体内正常 $HCO_3^-:H_2CO_3=20:1$，↑浓度升高，↓浓度下降。

犬和猫正常血液 pH 为 7.4±0.05，pH 小于 7.35 为酸中毒，pH 大于 7.45 为碱中毒。血液中 pH 低于 6.95 或高于 7.80，动物将死亡。

二十、渗透压（Osm）和渗透压间隙

血清或血浆渗透压是指其中的活性粒子发生扩散作用产生的压力。名

词"张力"是指与血浆有关的溶液渗透压，它是溶液中粒子行使膨胀的压力，与血浆渗透压相同的液体叫等张液体；大于血浆渗透压的叫高张液体；低于血浆渗透压的叫低张液体。

血浆渗透压主要是由血浆中钠离子、钾离子、氯离子和碳酸氢根产生，它们占渗透压的93％。其他的物质是葡萄糖、尿素、磷酸盐、硫酸盐、钙、镁、肌酐、尿酸、脂肪和蛋白质。血清渗透压基本上相同于血浆渗透压，只比血浆渗透压小0.7％。利用血浆渗透压的高低，可以大概了解动物机体内水分和电解质浓度的状况。

血浆、血清和尿的渗透压可用渗透压计测定或计算获得，计算公式如下：

$$\text{血浆渗透压(mOsm/L)} = 1.86 \times \left[\frac{\text{测定钠}}{\text{mmol/L}} + \frac{\text{测定钾}}{\text{mmol/L}} \right] + \frac{\text{测定葡萄糖}}{\text{(mmol/L)}} + \frac{\text{测定血液尿素氮}}{\text{(mmol/L)}} + 9$$

简化公式为：

血浆渗透压（mOsm/kg）＝2×［测定钠 mmol/L＋测定钾 mmol/L］

计算张力公式如下：

张力（mOsm/L）＝血浆渗透压－测定血液尿素氮（mmol/L）

血清或血浆渗透压值基本相同，犬正常范围值为290～310mOsm/L，猫为308～335mOsm/L。尿液渗透压正常范围值变化极大，犬为50～2800mOsm/L，猫为50～3000mOsm/L。血清渗透压值小于250mOsm/L或大于360mOsm/L，动物将出现神经症状，表现为定向性障碍、共济失调、惊厥或昏迷，严重者将死亡。

1. 血浆或血清低渗透压的原因 见低钠血的原因。

2. 血浆或血清高渗透压的原因 见于高钠血、高葡萄糖血、严重氮血症和甘油症，以及乙二醇、乙醇、甲醇中毒。血浆渗透压大于360mOsm/kg，最常见于糖尿病酮酸中毒、氮血症和高钠血症。临床上检验到血浆高渗透压时，就应检验血清钠、钾、尿素氮和血糖浓度，并计算阴离子间隙和渗透压间隙。

3. 渗透压间隙（the Osmolal Gap） 就是仪器测定的血清渗透压减去计算的血清渗透压。渗透压间隙正常范围犬是10～15mOsm/L，猫尚不知道。

犬渗透压间隙增大，见于乙二醇、甲醇、乙醇等中毒，甘露醇或乳酸增多也能引起。渗透压间隙大于25mOsm/L，常由于犬多发性骨髓瘤的高蛋白血症、犬甲状腺机能降低时的高血脂症、肾衰竭、乙二醇、甲醇或乙醇中毒引起，也可能是血清里还存在有其他影响渗透压的物质。如果渗透压间隙是负值，那可能是实验室检验的错误造成的。

4. 临床上犬猫脱水、血浆渗透压变化有三种情况

（1）高渗性脱水　细胞外液中水分丢失量多，血浆高钠和高渗透压，细胞内液向外渗出水分，细胞内脱水，细胞外液量通常减少很少，故血细胞比容和血浆蛋白变化较小。高渗性脱水见于水泻、休克、不能饮水、糖尿病酮酸中毒、尿崩症、高温、呼吸过度、食盐中毒等。表现为想喝水、排尿量减少。治疗可用5％葡萄糖液。

（2）低渗性脱水　体内钠离子丢失大于水分的丢失，形成血浆低钠和低渗透压。为了细胞外液和细胞内液渗透压平衡，细胞从细胞外液吸取水分，更增强了脱水，使血容量减少，血细胞比容和血浆蛋白值增大，动物无渴欲，严重的易发生低血容量性休克。低渗性脱水见于严重热虚脱或热休克、呕吐、慢性出血、体内水潴留、高脂血症等。由于细胞内水分增多，引起颅内压升高而头痛和神经紊乱。治疗可用生理盐水或林格氏液。

（3）等渗性脱水　临床上最多见的脱水种类。体内钠离子和水分成正比例丢失，血浆钠离子浓度和渗透压正常，细胞外液和细胞内液中水分相互不吸取，此时血细胞比容和血浆蛋白值无变化。等渗性脱水见于大量呕吐，大量排尿或利尿治疗，液体摄入减少及出血，胃肠道分泌液、血浆和胸腹水丢失及喘息。等渗性脱水血液中一般葡萄糖和尿素水平升高（血液中葡萄糖或尿素每升高 1mmol/L，渗透压也升高 1mmol/kg），钠水平降低。

二十一、尿素氮（BUN）

血液尿素氮（Blood urea nitrogen，BUN）是哺乳动物蛋白质在肝脏里分解代谢的最终产物尿素（NH_2CONH_2）中的氮，由肾脏排出体外。尿素氮检验主要是用于扫描肾功能状况，也用于患病犬猫全身状况检验，如呕吐、体重减轻、慢性非再生性贫血、多饮多尿、少尿或无尿、慢性尿道感染、蛋白尿和脱水等。如高蛋白性食物、消化道出血、感染、有效血容量减少和充血性心力衰竭等，都可以使尿素氮水平升高；而低蛋白性食物、多饮水大量排尿及慢性肝病等，又可以导致尿素氮水平降低。所以仅以尿素氮检验来评价肾功能还是不够的，在检验尿素氮的同时，还应该检验血清肌酐（CREA）。检验 BUN 有几种方法，方法不同，其值有些不同。

（一）BUN 参考值正常范围

犬和猫一般为 3.57～10.71mmol/L（10～30mg/dL）。

BUN 本身无毒性，如果明显增多，产生氮血症并导致酸碱平衡、体液和电解质紊乱时，可威胁动物生命。

（二）BUN 增多

BUN 增多分三种情况：肾前性、肾性和肾后性氮血症（表 3-2）。

表 3-2　犬猫肾前性、肾性和肾后性氮血症特点的鉴别

肾前性氮血症	犬尿相对比重 * 大于 1.030，猫尿相对比重大于 1.035。尿蛋白增多，也可能由于原发性肾小球病，尿沉渣有轻微变化，但仍然能浓缩尿液
肾性氮血症	犬尿相对比重 1.008～1.030，猫尿相对比重 1.008～1.035。猫肾脏衰竭早期，有的尿相对比重仍大于 1.035。但是犬肾脏衰竭，其尿相对比重为 1.006～1.007。发病可能出现多尿、少尿或无尿
肾后性氮血症	犬猫尿道堵塞不能排尿，或由于尿道、输尿管或肾盂堵塞，尿液排入了腹腔。尿相对比重变化不定

血液中 BUN（mg/dL）和 CREA（mg/dL）的比值，成年犬参考值是 7～27∶1，成年猫是 20～30∶1，大于此比值的是肾前性氮血症，小于此比值的是肾小管坏死性急性肾衰。

1. 肾前性 BUN 增多　检验应在未治疗和用药前进行，因为用药能改变肾脏浓缩能力，如利尿药和皮质类固醇药物；又如高钙血能抑制肾小管机能等。肾前性尿素氮增多一般不超过 36mmol/L，检验时还应同时检验 CREA。如果 BUN 和 CREA 同时增多，见于肾小球滤过率减小，如由于休克、脱水和心脏机能减弱，引起的肾脏灌输减少。肾前性 BUN 增多应注意和肾上腺皮质功能不足的区别，肾上腺皮质功能不足时，BUN 也增多，有时甚至超过 36mmol/L。若 CREA 和 BUN 不是同时增加或减少，其原因就更复杂了（表 3-3）。

---

* 此处比重应是密度。但目前临床上化验尿仍为比重，故本书暂用。

表 3-3　BUN 和 CREA 浓度互不协调原因

BUN 增多+CREA 正常或减少	CREA 增多+BUN 正常或减少
肾前性氮血症早期（尿排出减少） 　1.BUN 增多　高蛋白饮食、胃肠道出血、四环素和皮质类固醇治疗、严重组织损伤（可能增多） 　2.CREA 减少　肌肉量减少，见恶病质	1.BUN 减少　肝脏机能不足、多饮多尿、低蛋白饮食 　2.CREA 增多　肌炎/肌肉外伤，采食煮熟的肉食（小量暂时增多）酮血症（伪性增多）

肾前性氮血症，犬的尿相对比重大于 1.030，猫大于 1.035。但是猫肾病早期氮血症，其尿相对比重也大于 1.035。

2. 肾性 BUN 增多　见于肾实质组织疾病，肾性增多也可能还有肾前性增多。肾小球损伤能引起氮血症和尿蛋白增多，其尿相对比重可能正常（肾小管损伤没有达到影响尿浓缩力）。血清尿 BUN 和 CREA 增多，再加上尿相对比重犬为 1.010～1.020，猫为 1.015～1.030，表示为原发性肾病；某些病能引起脱水和降低肾脏浓缩尿的能力，也可能有些类似表现（表 3-4）。不知病因的慢性肾性引起的肾性氮血症。

表 3-4　能引起氮血症和尿相对比重在 1.008～1.029 之间的疾病

急性或慢性肾机能不全
大肠杆菌性败血症、子宫蓄脓、前列腺脓肿
肾盂肾炎
肾上腺皮质机能降低
高钙血症、低钠血症、低钾血症
酮酸中毒或高渗性糖尿病
肾上腺皮质机能亢进与脱水
尿崩症与脱水
肝脏衰竭
尿道堵塞或破裂
用液体或利尿药治疗任何原因引起的肾前性氮血症

高钙血症、肾盂肾炎、药物性肾中毒（如氨基糖苷类抗生素、两性霉素 B)、钩端螺旋体病、高渗性糖尿病也可以引起肾性氮血症。如果能及时诊治，可以治愈。肾上腺皮质机能降低引起的 BUN 和 CREA 增多，尿相对比重在 1.008～1.029，可能无肾脏损伤。肾盂和膀胱同时发生结石，引起的尿淋漓和氮血症，尿相对比重有时可达 1.005，手术取出结石后，也可治愈。正确诊断肾性氮血症需问诊病史、临床检验、生化检验（血清钠、钾、钙、总蛋白、白蛋白、葡萄糖和 TCO_2）、腹腔 X 线片（显示肾脏大小、结石等）和超声波检查。

3. 肾后性 BUN 增多　见表 3-2。

另外，血氯水平升高能使尿素氮测定水平偏高，溶血标本对检验有干扰；药物类如磺胺药物、呋塞米、水合氯醛等，都能使检验值增大。

（三）BUN 减少

正常新生幼犬猫比成年犬猫低。

1. 尿素合成减少　进行性肝病、肝瘤、肝硬化、肝脑病、门腔静脉分路沟通（大量血不通过肝脏）、低蛋白性食物和吸收紊乱，用葡萄糖治疗的长期厌食。

2. 黄曲霉毒素中毒、液体治疗、严重的多尿和烦渴

二十二、肌酐（CREA）

血清肌酐（Creatinine，CREA）是生物体内肌肉组织中储能物质肌酸的代谢终产物，另外还有外源性肌酐组成，肌酐经肾脏排出体外。血清肌酐一般很少像 BUN 那样受年龄、性别、发热、毒血症、感染、饮食、机体内水分和排尿多少的影响，所以用 CREA 检验肾脏疾患比 BUN 还好。肌酐主要由肾小管滤过，肾小管不再重吸收，然后从尿中排出体外，部分可由胃肠道排出。犬猫肌酐 CREA 参考值一般都小于 $150.28\mu mol/L$（$1.7mg/dL$）。

（一）CREA 增多

1. 肾前性的 CREA 增多　急性肌炎、严重肌肉损伤、减少肾的灌流（见于脱水、休克）是增多主要原因。另外，还有吃煮熟的肉、肾上腺皮质功能降低、心血管病和垂体机能亢进等。肾前性增多一般不明显。氮血症时，如果尿相对比重仍大于 1.025，表示仍有足够数量正常肾单位浓缩尿，这个氮血症是肾前性的。在严重脱水和心衰竭时，CREA 浓度有时可达到 $250\mu mol/L$。在肾上腺皮质功能降低和多发性骨髓瘤时，CREA 增多得还要多，在临床上要特别注意区别。

2. 肾脏严重损伤的 CREA 增多　通常在肾脏疾病初期，血清肌酐值变化不大。严重肾炎、严重中毒性肾炎、肾衰竭末期、肾淀粉样变、间质肾炎和肾盂肾炎等。一般肾单位损伤超过 $50\%\sim70\%$ 时，血清 CREA 量才增多。在正常肾脏血流的情况下，CREA 肾性增多在 $177\sim442\mu mol/L$

之间，尿相对比重 1.010～1.018，表示中度肾衰竭；CREA 在 442～884μmol/L 时，表示严重肾衰竭。一般血清肌酐检验对较晚期肾脏疾病临床意义较大。

区分肾前性和肾性 CREA 增多，还要检验尿相对比重。血清 CREA 和 BUN 浓度增加，尿相对比重在 1.008～1.029，可初步诊断肾脏有问题。确诊还应做血液和生化项目，如钠、钾、钙、磷、蛋白质、白蛋白、葡萄糖和二氧化碳总量（TCO$_2$）等检验，必要时还应配合肾脏图像检查。

3. 肾后性的尿道阻塞或膀胱破裂 CREA 增多　时常超过 1 000μmol/L，但只要解除病因，CREA 很快恢复正常。

4. 慢性肾性 CREA　一般增加到 442μmol/L（5mg/dL）或更多，预后不良；超过 884μmol/L（10mg/dL），动物将难于治愈。曾有一只 6 岁猫，血清 CREA 达 2112μmol/L，仍活了多日。国际肾脏关注协会(IRIS)根据 CREA 多少，将犬猫肾病和肾衰竭分为四个阶段，详见表 3-5。

表 3-5　犬猫肾病和肾衰竭的四个阶段

CREA/阶段		1	2	3	4
犬	（μmol/L）	<125	125～180	181～440	>440
	（mg/dL）	<1.4	1.4～2.0	2.1～5.0	>5.0
猫	（μmol/L）	<140	140～250	251～440	>440
	（mg/dL）	<1.6	1.6～2.8	2.9～5.0	>5.0

（二）CREA 减少

CREA 减少见于恶病质、肌肉萎缩。另外，妊娠中后期，CREA 也会减少。

二十三、尿酸（UA）

尿酸是体内核酸中嘌呤代谢的最终产物。血液中尿酸除小部分被肝脏破坏外，大部分被肾小球过滤，由尿排出体外。食物中核酸在消化道内分解产生的嘌呤，吸收入体内氧化，也是其来源。主要是鸟类及爬行类动物的肾脏疾病指数。

大多数犬血清参考值是 $30\mu mol/L$，而大麦町犬的参考值为大多数犬的 $2\sim4$ 倍。

(一) 尿酸增多

1. 原发性增多　见于动脉导管未闭、原发性痛风、犬尿酸盐尿结石时。采食含嘌呤高的食物，如动物内脏、海鲜和各种肉汤。

2. 继发性增多　见于多种急性或慢性肾脏疾病和肾脏衰竭、慢性肝病、中毒、甲状腺机能降低、白血病、恶性肿瘤、组织损伤、糖尿病、长期禁食。

(二) 尿酸减少

尿酸减少见于恶性贫血、使用阿司匹林和噻嗪类利尿剂、范康尼氏综合征（氨基酸尿）、先天性黄嘌呤氧化酶缺乏。

二十四、血氨（Blood ammonia，NH_4）

正常血液中只有微量的氨，多数动物血氨浓度低于 $60\mu mol/L$。从肠道吸收的氨，经肝脏转化成尿素。如果肝脏转化能力降低，血液中氨浓度升高，就引起了肝脑病。为了检验准确，检验必须用 EDTA 抗凝血，采血后在 30min 内分离血浆检验。

(一) 生理性增多

见于采食高蛋白食物、运动之后和血液样品长期贮存。

(二) 病理性增多

1. 急性或大面积的肝坏死、肝脏纤维化或硬化、肝脏肿瘤、门脉硬化。永久性静脉导管，门腔静脉分路沟通（见于犬、猫、犊牛和驹），大量血流不通过肝脏，肝脏变小。

2. 出血性休克、肾脏衰竭（肾脏血流减少）、上消化道出血、反刍动物氨中毒。

3. 先天性酶缺乏，即犬尿素循环酶和精氨琥珀酸合成酶缺乏。

(三) 血氨减少

血氨减少见于低蛋白性食物和贫血。

二十五、血糖（GLU）及糖化血红蛋白（GHb）

血糖主要是指血液中葡萄糖，它来源于食物、糖的异生作用和肝脏糖原分解。成年犬禁食 24～72h，幼犬 6h，肝脏糖原即被耗完。胰岛素和胰高血糖素能调节血糖。检测血糖指标有两个，即空腹血糖和食后 2h 血糖。

（一）血糖增多

1. 尿中出现尿糖　一般动物血糖得超过 10.1mmol/L（180mg/dL），牛得超过 5.6mmol/L（100mg/dL），才出现尿糖。

（1）胰岛素缺乏　糖尿病。

（2）严重应激（内源性皮质类固醇释放）　反刍动物的全身性应激、牛乳热症、垂死的动物。

（3）治疗原因　输液中含有葡萄糖。

2. 无糖尿的增多

（1）暂时的高血糖症　饲喂后、挣扎、捕捉、疼痛（肾上腺皮质激素和胰高血糖素的释放，葡萄糖也可能由于过量利用而降低）、惧怕和兴奋（肾上腺皮质激素和胰高血糖素的释放）、应激（如感染等引起的内源性的皮质类固醇的释放）。

（2）内分泌紊乱　肾上腺皮质功能亢进、垂体功能亢进、垂体肿瘤、甲状腺功能亢进、胰腺炎、嗜铬细胞瘤。

（3）治疗原因　皮质类固醇、促肾上腺皮质激素、吗啡、噻嗪类利尿药物。

（4）慢性肝脏疾病　如乙二醇中毒。

（5）溶血（人为的）

（二）血糖减少

新生动物小于 21 日龄，血糖一般较低。爱玩的幼龄动物有暂时性低血糖，成年犬猫血糖低于 2.8mmol/L，即为低血糖。

1. 增加葡萄糖转化

（1）胰岛素过多　胰岛素剂量大，胰腺机能性 β 细胞瘤。

（2）糖的过量利用　严重挣扎（包括捕捉）、严重感染和热性疾病、全身的或大面积的新生瘤、猎犬狩猎作业时。

（3）过量葡萄糖丢失　严重肾性糖尿病。

2. 营养不足　仔猪低血糖症、饥饿、幼犬特发性低血糖。

3. 减少葡萄糖的生成或分泌　肠道不吸收、进行性肝病、肾上腺皮质功能减退、甲状腺功能降低、垂体功能降低和糖原贮存病。

4. 延长血清和红细胞的分离和样品的处理（人为的）　每延长 1h，血糖减少近 10%，所以最好在采血后 20～30min 内检验。

（三）糖化血红蛋白（GHb）

糖化血红蛋白是指血液中和葡萄糖结合了的那一部分血红蛋白。当血液中葡萄糖浓度升高时，动物体内所形成的糖化血红蛋白含量也会相对升高。糖化血红蛋白可以稳定可靠地反映出检测前上百天内的平均血糖水平，并且不大会受抽血时间、是否空腹、是否出血时使用降糖药物等因素的干扰。因此，患糖尿病的动物，在用药物降低血糖治疗期间，为了找到一个既能尽快将高血糖降下来，又不至于造成低血糖的治疗方案，最好每 3 个月检测一次糖化血红蛋白，或每年检测 2 次，以便调整血糖控制方案，达到理想控制血糖的目的。控制好的糖尿病患犬，其糖化血红蛋白浓度在 4%～6% 之间，人 GHb 控制在 7% 以下较好。而控制不好的糖尿病患犬，其糖化血红蛋白浓度在 7% 以上。

但是，如果一个患糖尿病的动物经常发生低血糖或高血糖，由于糖化血红蛋白是反映一段时间血糖控制的平均水平，所以其糖化血红蛋白完全有可能维持在正常范围，在这种情况下，它的数值就不能反映真正的血糖变化了。糖化血红蛋白还受红细胞的影响，患有影响红细胞质和量的疾病时，如肾脏疾病、溶血性贫血等，所测得的糖化血红蛋白也不能反映真正的血糖水平，这需要大家注意。

二十六、葡萄糖耐量试验（GTT）

犬猫葡萄糖耐量试验可以提高犬猫糖代谢异常的确诊率。尤其是猫，因胆小易发生应急，引发血糖升高，使兽医误诊为糖代谢异常或糖尿病。

（一）口服葡萄糖耐量试验（OGTT）

正常动物口服或静脉注射一定量葡萄糖后，在短时间内血糖暂时升高，随即降至空腹水平，此即叫做耐糖现象。当糖代谢紊乱时，口服或静脉注射一定量葡萄糖后，血糖急剧升高，较迟久不能恢复到空腹水平，称为耐糖异常或糖耐量降低。

实验前让动物停食 12h，给水喝至实验开始。犬猫按 1.75g/kg，配成 25％葡萄糖溶液口服，每 30min 采血一次，检验血糖。正常犬口服后 30～60min，血糖水平可达 8.96mmol/L 高峰，经 120～180min 恢复正常。

病理性变化：

1. 耐量降低 在预定时间内，血糖水平过高或不能恢复到空腹水平。

（1）吸收峰过高

①增加吸收率。

②增加了糖原分解或糖原异生作用，如肾上腺皮质机能亢进、甲状腺机能亢进。

③肝无能力形成糖原，见严重肝损伤。

④胰岛 β 细胞破坏，胰岛素分泌减少，如糖尿病。

（2）恢复到正常水平变慢

①胰腺内分泌机能不足，分泌胰岛素减少。

②垂体肿瘤。

2. 耐量曲线低平 指空腹时血糖水平低，口服葡萄糖后，血糖水平上升不明显。

（1）较差的吸收率，见于小肠绒毛萎缩、小肠绒毛和固有层坏死，以及小肠固有层水肿。

（2）肾上腺皮质机能降低、甲状腺机能降低、垂体机能降低、大量胰岛素分泌（见胰岛 β 细胞肿瘤）。

（3）嗜酸性粒细胞性胃肠炎（由嗜酸性粒细胞浸润肠壁）。

（二）静脉注射葡萄糖耐量试验（IGTT）

静脉注射剂量犬为 0.5g/kg，注射后一般不到 2.5h（多为 90min），血糖恢复正常。如果口服葡萄糖耐量试验异常，静脉注射葡萄糖后，可以诊断是肠道吸收异常，还是葡萄糖转化利用异常。葡萄糖转化利用异常，静脉注射葡萄糖后，血糖恢复速度加快，或注射 2.5h 以后，血糖还恢复不到正常。引起血糖持续高水平的原因有糖尿病、甲状腺机能亢进、肾上腺皮质功能亢进和严重肝脏疾病。

二十七、血清脂类

血清脂类包括游离胆固醇、胆固醇酯、磷脂、甘油三酯（中性脂肪）和游离脂肪酸。由于脂类不溶于水，为了便于在血液中运输，它们必须和血液中蛋白结合。具有极性的脂类，如游离脂肪酸、磷脂和游离胆固醇与白蛋白结合；无极性的脂类，如甘油三酯和胆固醇酯与携带蛋白（如脱辅基蛋白）结合，形成大分子的血清脂蛋白。根据脂蛋白成分含量不同及其密度、表面电荷不同，将脂蛋白分为五类：乳糜微粒（CM）、极低密度脂蛋白（VLDL）、低密度脂蛋白（LDL）、中间密度脂蛋白（IDL）和高密度脂蛋白（HDL）。高脂血症实际上是血浆中胆固醇、甘油三酯或二类同时增多造成的。CM 和 VLDL 含有多量甘油三酯；CM 来源于食物中的脂肪，VLDL 主要由肝脏合成。LDL 和 HDL 主要为胆固醇和胆固醇酯的载体。LDL 为 VLDL 的代谢降解产物；HDL 由肝脏产生，是犬猫的初级脂蛋白，是对机体有益的脂蛋白。

高血脂症可通过血清或血浆呈奶油状来辨认，但是采食后血清或血浆呈现奶油状是正常的，饥饿 12h 后仍是奶油状，就是高血脂症了。血清或血浆呈现清亮时，也不能排除不是高血脂症，在高胆固醇血症，而无甘油三酯血症时，无脂血症表现。血清甘油三酯浓度大于 2.2mmol/L（200mg/dL），此时肉眼可见脂血。一般地讲，当成年饥饿犬胆固醇和甘油三酯浓度，分别为大于 7.8mmol/L（300mg/dL）和 1.65mmol/L（150mg/dL），就应该怀疑为高血脂症了；而当成年饥饿猫胆固醇和甘油三酯浓度，分别为大于 5.2mmol/L（200mg/dL）和 1.1mmol/L（100mg/dL），也就应该怀疑为高血脂症了。检验血清或血浆中的 CM，可把血清或血浆放在 4℃冰箱里 12h，肉眼可见表层有一层奶油层，而VLDL 可呈现持久性的乳样血清或血浆。

（一）血脂生理性增多

见于怀孕、吃食后 4～6h 或吃脂肪多的食物、长期饥饿。因此，检验样品最好用食后 12h 样品。

（二）病理性变化

1. 高脂血

（1）原发性　见于特发性或自发性高脂蛋白血症（血液中甘油三酯最

高，多见于小型 Schnauzers）、特发性或自发性高乳糜血症（猫）、脂蛋白酶缺乏症（猫）和特发性或自发性高胆固醇血。

（2）继发性 见于甲状腺机能降低、糖尿病、肾上腺皮质功能亢进、胰腺炎（尤其是猫）、胆汁瘀积或胆道阻塞、肝脏功能降低（急性肝炎、肝坏死和肝硬化）、肾病综合征、马传染性贫血、驴怀骡和母羊怀孕中毒。

（3）药物诱导 糖皮质激素、雌激素、醋酸甲地孕酮（猫）。

（4）低密度脂蛋白胆固醇（LDL-C） LDL 富含胆固醇，经过氧化后进入血管的内皮下，可以引发一系列的炎症反应，形成动脉粥样斑块；当斑块破裂时，引起凝血反应形成血栓，导致急性心肌梗死，甚至猝死。LDL-C 增多是动脉粥样硬化的主要原因。

（5）高密度脂蛋白胆固醇（HDL-C） HDL 主要作用是将外周组织内的胆固醇转运到肝脏利用，因此具有抗动脉粥样硬化的作用。

高脂血能使血清总蛋白、白蛋白、球蛋白、总胆红素、葡萄糖、钙、磷、ALP、ALT 和脂酶（犬）的检验值增大。使肌酐、TCO_2、胆固醇、尿素氮和 ALT（猫）的检验值减小。

2. 低脂血 见于急性感染、严重贫血、甲状腺机能亢进、肝硬化、胰腺疾病和肠道疾病等，使脂酶活性增加。

二十八、胆固醇（CHOL）和甘油三酯（TG）

胆固醇分游离胆固醇和胆固醇酯，胆固醇酯占 70% 左右。游离胆固醇由肠道吸收及肝脏、小肠、皮肤和肾上腺合成。胆固醇酯只能在肝脏合成。因此，分别检验游离胆固醇和胆固醇酯，对诊断肝脏疾病意义较大。

正常值：犬 3.25～7.8mmol/L(125～300mg/dL)，猫 1.95～5.2mmol/L(75～200mg/dL)。

（一）胆固醇增多

1. 高血脂症

（1）饲喂后血脂增多。

（2）增加脂肪的动用：重症糖尿病、厌食（小型马）、饥饿、肾上腺皮质功能亢进（也叫 Cushing's syndrome）、脂肪组织炎（猫）。

（3）降低了脂蛋白脂酶的活性，胰脏急性坏死（胰岛素分泌减少）。

（4）降低了脂肪分解代谢，甲状腺功能降低（碘缺乏，约三分之二患犬胆固醇增多）。

（5）原发性不明原因的高血脂症，见小型马高血脂症和驴怀骡产前不吃，犬猫高脂血症。

2. 肝胆系统疾病 见丙氨酸氨基转移酶和山梨醇脱氢酶。胆固醇只有在胆管堵塞（结石、肿瘤、寄生虫）时，静力压很大、增加的情况下才增多，但此时游离胆固醇和胆固醇酯比例不变。

3. 肾病综合征（蛋白丢失性肾病）、**增殖性肾小球肾炎、肾淀粉样变性**

4. 白肌病和钩端螺旋体病

5. 药物 如皮质类固醇类药物、甲硫咪唑、苯妥英钠、酚噻嗪等。

（二）胆固醇减少

1. 减少了摄取 低脂肪饲料、胰腺外分泌机能不全（影响了消化）、肠道不吸收、严重营养不良、严重贫血。

2. 减少了产生 进行性肝脏病、慢性肝病、肝硬化、门腔静脉分流（Portal-caval shunt）等，此时胆固醇酯减少得尤其明显。

3. 增加了丢失和分解代谢 蛋白质丢失性肠病、甲状腺功能亢进。

4. 严重败血症、热性传染病、进行性肾炎

5. 药物 如应用雌激素、L-门冬酰胺酶、硫唑嘌呤、秋水仙碱、氨基糖苷类抗生素。

（三）甘油三酯（TG）

1. 正常值 犬 $0.11 \sim 1.65 \mathrm{mmol/L}$（$10 \sim 150 \mathrm{mg/dL}$），猫 $0.55 \sim 1.1 \mathrm{mmol/L}$（$5 \sim 100 \mathrm{mg/dL}$），大于 $11 \mathrm{mmol/L}$（$1\,000 \mathrm{mg/dL}$）时，动物将呈现神经症状和烦躁不安。

2. 甘油三酯增多 见于采食高脂肪、高糖和高能量食物后或饥饿、犬甲状腺机能减退、糖尿病、肾上腺皮质机能亢进、胆管堵塞、急性胰腺炎、肾小球疾病、猫特发性肝脏脂肪沉积综合征、猫肥胖症、猫肢端肥大症、猫乳糜微粒过多症、猫抗甲状腺治疗、特发性或自发性高脂血症及原发性脂蛋白血症。药物有雌激素和考来烯胺。

3. 甘油三酯减少 见于甲状腺机能亢进、严重肝病、营养不良和蛋白丢失性肠病。药物有维生素 C、L-门冬酰胺酶和肝素等。

二十九、胆汁酸（BA）

胆汁酸（BA）主要由胆酸、鹅脱氧胆酸、脱氧胆酸和石胆酸组成。正常犬猫饥饿时，血清胆汁酸浓度，犬为 $0\sim15.3\mu mol/L$，猫为 $0\sim7.6\mu mol/L$。食后 2h，犬为 $0\sim20.3\mu mol/L$，猫为 $0\sim10.9\mu mol/L$。

肝脏利用胆固醇为原料合成胆汁酸，称为初级胆汁酸，包括胆酸和鹅脱氧胆酸。初级胆汁酸进入肠道后，经细菌作用，胆酸转变为脱氧胆酸，鹅脱氧胆酸转变为石胆酸，称为次级胆汁酸。次级胆汁酸在肠道吸收后，在肝脏内与甘氨酸或牛磺酸结合成甘氨胆酸、甘氨鹅脱氧胆酸、牛磺胆酸和牛磺鹅脱氧胆酸，它们称为结合胆汁酸。结合胆汁酸随胆汁分泌入肠道，在肠细菌作用下，水解脱去甘氨酸和牛磺酸，成为游离胆汁酸。在回肠末端约 95％胆汁酸又被吸收入肝脏，在肝脏又和甘氨酸及牛磺酸结合，形成结合胆汁酸，又分泌入胆汁到肠道，称为肝肠循环。胆汁酸具有促进脂质食物及脂溶性维生素在肠道的消化吸收作用。检验胆汁酸能反映肝细胞合成、摄取和分泌功能。一般在饥饿 12h 或食后 2h 检验血清含量，后者较灵敏。

（一）病理性增多

一般饥饿 12h，犬血清胆汁酸大于 $20\mu mol/L$，食后 2h 大于 $25\mu mol/L$，通常表示有肝胆疾病。临床上见于：

（1）肝细胞损伤：见于急性或慢性肝炎、明显的肝坏死、肝硬化、中毒性肝病、肝肿瘤。

（2）胆管阻塞（肝内或肝外），胆汁瘀积。

（3）先天性或后天性门腔静脉分流。

（4）用皮质类固醇和抗惊厥药物治疗，有时也增多。

（二）病理性减少

胆汁酸病理性减少见于胃排空迟缓、肠蠕动增快、肠道阻塞、严重的肠道吸收差和切除回肠。

三十、皮质醇（Cortisol）

（一）生理性变化

1. 增加 见于垂体前叶促肾上腺皮质激素分泌。
2. 减少 一昼夜中，早晨减少最大，下午减少最小。

（二）病理性变化

1. 按白天的规律性升高 见于应激、热和肾上腺皮质功能亢进。
2. 不按白天的规律性，晚上也不减少 见于急性感染、肝损伤和垂体机能亢进。

（1）增加 见于肾上腺皮质功能亢进（又称为 Cushing's syndrome)、甲状腺机能降低和肝脏疾病。

（2）减少 见于肾上腺皮质功能降低和垂体-肾上腺皮质功能抑制（垂体前叶机能低下）。

三十一、丙氨酸氨基转移酶（ALT）

丙氨酸氨基转移酶也叫谷氨酸丙氨酸氨基转移酶（GPT），ALT大量地存在于灵长类、犬和猫的肝细胞里，怀疑这些动物肝细胞损伤时，应检查此酶。横纹肌细胞里也含有此酶，横纹肌损伤时 ALT 值增加不会超过正常范围 3 倍，肝细胞损伤时可超过正常范围 3 倍以上。马、牛、羊和猪的肝细胞里只含有少量丙氨酸氨基转移酶，有时即使肝细胞损伤，此酶活性也不增多，所以不适于用此酶来检验这些大动物的肝损伤。犬猫 ALT 正常范围不超过 80U/L。一般 ALT 增多与肝细胞损伤严重性不呈正相关。200～400U/L 可能表示有中等程度肝坏死或肝细胞损伤，400U/L 以上表示肝脏有严重坏死。肝脏坏死或损伤停止后，此酶活性仍升高 1～3 周。犬此酶的半衰期为 60h，猫只有 3.5h。腹泻、黄疸、腹水，精神不振和厌食，以及难以诊断的疼痛时，应检验此酶。

（一）增多

在急性肝炎和类固醇性肝病时，ALT 活性可达 5 000U/L。

1. 原发性肝细胞和胆系统疾病

（1）传染性疾病

①病毒性：犬传染性肝炎、猫传染性腹膜炎、马传染性贫血。

②细菌性：钩端螺旋体病、杆菌血红蛋白尿、其他细菌引起的菌血症、败血症、肝脓肿和胆管肝炎。

③寄生虫：蛔虫、肝片吸虫。

（2）肝毒素性疾病　毒血症、外源性肝毒素（砷、四氯化碳）、马血清肝炎、碘化吡咯生物碱中毒。

（3）新生瘤　肝瘤、胆道癌、淋巴肉瘤、骨髓痨及骨髓增殖疾病、转移性新生瘤。

（4）堵塞性疾病　胆管炎、肝细胞胆管炎、胆管堵塞（胰腺炎、新生瘤、纤维样变性、脓肿、寄生虫和结石）。

（5）肝脏自然或手术或外伤

（6）慢性活动性肝炎　免疫反应性肝炎、肝脂肪代谢障碍、不知原因的肝炎。

（7）贮藏性紊乱　犬铜贮藏过剩（多见于伯灵顿狸、多波曼犬、斑点犬和西高地白狸）。

（8）心脏病的心力衰竭、高热症等。

2. 代谢性紊乱与继发性肝疾病　急性胰腺炎、糖尿病、应激、肾上腺皮质功能亢进、肾脏疾病综合征、毒血症、饥饿或长期厌食、不吸收综合征、酮血病和各种原因引发的肝脂肪沉积症（肥胖猫多见）、猫甲状腺机能亢进。

3. 循环紊乱与继发性肝疾病　心脏机能不足、心肌梗死、门腔静脉分流沟通。严重贫血、缺氧、休克。

4. 药物治疗　多种药物可引起 ALT 活性增加，如：皮质类固醇、抗生素（红霉素、氯霉素）、抗惊厥药（扑痫酮、苯基巴比托），但在猫则少见。

（二）减少

一般无临床意义，但肝脏纤维化或硬化可能减少。

三十二、天门冬氨酸氨基转移酶（AST）

天门冬氨酸氨基转移酶也叫谷氨酸草酰乙酸氨基转移酶（GOT），

AST 主要存在于所有家畜的肌肉、肝脏和心肌中，少量存在于肾、脾、脑和红细胞中。犬和猫 AST 活性相对较小，成年犬 AST 正常参考值 0～50U/L，半衰期 12h；成年猫 AST 正常参考值 0～48U/L，半衰期只有1.5h。AST 检测多应用于大动物。

（一）增多

1. 生理性增多　见于劳动或训练和活动之后。

2. 病理性增多

（1）肝胆系统疾病　相似于丙氨酸氨基转移酶和山梨醇脱氢酶，但是增多没有它们明显。

（2）骨骼肌肉疾病

①损伤和坏死，挫伤、褥疮、肌肉内注射、蛇咬伤。

②肌炎，梭菌性疾病、化脓细菌性感染、嗜酸性粒细胞性肌炎。

③挣扎性紊乱，严重或支持性训练、捕捉、麻痹性肌色素尿症。

④绵羊和犊牛的营养性肌病，如白肌病和维生素 E 缺乏。

⑤犬变性肌病。

（3）心脏损伤和坏死

（4）非特殊性组织损伤

①所有器官的一些增加性细胞损伤，马肠道并发症、各种原因引起的溶血。

②败血症、慢性铜中毒、黄曲霉毒素中毒、疝痛。

（5）延长血清与红细胞的分离和溶血（人为的）

（6）结合 ALT 和 CK 的升高

①ALT 升高，AST 正常或轻微升高，有轻微可逆性肝损伤。

②AST 和 ALT 都明显升高，表明有严重的肝细胞损伤或坏死。

③AST 升高，ALT 正常或微升高，不是肝脏问题，如果 CK 升高就是肌肉损伤。

（二）减少

维生素 B_6 缺乏和大面积肝硬化。

三十三、碱性磷酸酶（ALP）

碱性磷酸酶存在于骨骼、肝脏、胆道上皮和小肠黏膜，还有脾、肾脏皮质部、胎盘和一些肿瘤细胞。在 pH10.5 时，测量的是从骨骼和胆管来的碱性磷酸酶；在 pH9.5 时，测量的是小肠碱性磷酸酶。犬肝脏和骨骼的同工酶半衰期为 3d，而肠、肾和胎盘仅为 3～6min。正常猫血清，此酶活性比犬低、肝脏的此酶半衰期为 5.8h，其含量仅为犬的四分之一。因此，有人认为猫此酶活性稍有增多，就有临床意义。

（一）增多

1. 肝胆系统疾病（包括肝脏的碱性磷酸酶同工酶 1）　见于胆管新生瘤、胆石病、胆囊炎、胆囊破裂。肝脏见于胆管性肝炎、慢性肝炎、铜贮藏病、肝破损、肝纤维化、肝肿瘤（淋巴瘤、血管肉瘤、肝细胞肉瘤、转移性癌）、中毒性肝炎、黄曲霉毒素中毒。猫肝脂肪沉积症和传染性腹膜炎。但是当胆结石存在，有明显的静力压增加时，碱性磷酸酶增加更明显，如胆结石时胆汁瘀滞紊乱。

2. 皮质类固醇过多　见于犬，包括肝脏碱性磷酸酶同工酶 2。

犬猫见于应激、肾上腺皮质功能亢进。外源性皮质类固醇或促肾上腺皮质激素治疗等，诱导引起的肝脏疾病，有时可高达 60～70 倍。

3. 增加了骨骼成骨细胞活性　生长发育动物（比成年动物高 2～3倍）、骨折愈合、全骨炎、骨软化、佝偻症、骨骼新生瘤（骨的同工酶）、猫甲状旁腺机能亢进、饮食中维生素 D 缺乏等，通常可高 2～4 倍。

4. 引起高脂血和脂肪肝的疾病　如糖尿病、猫甲状腺机能亢进、急性胰腺炎。

5. 饲喂蛋白质含量低的食物

6. 新生瘤　淋巴肉瘤、混合乳腺瘤、肉瘤、癌。

7. 小肠碱性磷酸酶增加　见肠黏膜疾病，腹泻、寄生虫、手术后局部缺氧。

8. 药物

（1）抗惊厥药物　二苯乙内酰脲、扑痫酮、苯妥英钠、苯巴比妥，一般轻微升高或升高 2～4 倍。

（2）杀虫药　迪尼耳丁。

9. 钩端螺旋体病、埃立希体病、肠阻塞

10. 样品在室温放置 12h，可增加 5%～30%

（二）减少

ALP 减少见于锌缺乏、甲状腺机能减退、用 EDTA 作抗凝剂时（人为的）。

三十四、酸性磷酸酶（ACP）

主要来自前列腺，也来自骨骼、肝脏、红细胞、血小板等。犬的参考值低于 30U/L。

增高。见于前列腺癌（大幅度增高）、前列腺炎、前列腺肥大（其值变化不大）等，有一定的升高。甲状腺机能亢进、乳腺癌、溶血性贫血、肝炎、肝硬化和骨癌也升高。此酶不稳定，因此样品应及时检验。

三十五、乳酸脱氢酶（LDH）

LDH 主要存在于骨骼肌、心脏、肾脏，其次是肝脏、脾脏、胰腺、肺脏、肿瘤组织等，红细胞内含量也极丰富。因此，乳酸脱氢酶升高无特异性。大多动物血清 LDH 活性为 200～300U/L。鸟类和爬行动物常用于诊断肝病，其他动物用得较少。

乳酸脱氢酶至少有 5 种同工酶（Isoenzymes）。

1. LDH_1　存在于心脏、红细胞、脑和睾丸。

2. LDH_2　存在于平滑肌、心肌、脑、肾、骨骼和甲状腺。

3. LDH_3　存在于肺、胰脏、肾上腺、脾、胸腺、甲状腺、淋巴结、白细胞。

4. LDH_4　存在于皮肤、肝脏和肠道。

5. LDH_5　存在于骨骼肌、肠道、皮肤和小肠。

（一）增多

1. 年轻动物

2. 组织细胞损伤　肝脏损伤和胆汁瘀积性疾病（见丙氨酸氨基转移酶和山梨醇脱氢酶），以及骨骼肌肉（见天门冬氨酸氨基转移酶）、肾、胰脏、心肌、淋巴网状内皮细胞、红细胞（溶血性疾病）等损伤。

3. 新生瘤（特别是淋巴肉瘤）、**白血病、弓形虫病**

4. 延长血清和红细胞的分离和溶血（人为的）

（二）减少

脂血症（人为的）。

三十六、肌酸激酶（CK）

肌酸激酶也叫肌酸磷酸激酶（CPK），主要存在于骨骼肌肉、心肌和脑组织。CK 有三种同工酶：脑型同工酶（CK-BB，CK_1），主要存在于大脑、外周神经、脑脊液和内脏；肌型同工酶（CK-MM，CK_3），主要存于骨骼肌和心肌；混合型同工酶（CK-MB，CK_2），主要存在于心肌，骨骼肌中仅含少量。犬肌酸激酶的半衰期小于 2h。

（一）增多

1. 骨骼肌肉疾病　主要是 CK-MM 增多，见肌肉损伤、肌炎坏死、手术、肌肉注射、蛇咬伤、猪应激综合征和白肌病。犬组织损伤 6～12h 后可达峰值，2～3d 后恢复正常。

2. 心肌损伤和坏死　主要是 CK-MB 增多，天门冬氨酸转氨酶和乳酸脱氢酶也增多。

3. 大脑皮质炎症或坏死，维生素 B_1 缺乏等　脑脊髓液中肌酸激酶升高。

4. 甲状腺机能降低　甲状腺机能降低时，10％～50％病例升高，以及甲状旁腺机能降低、钩端螺旋体病、铊中毒。

5. 绵羊采血后　不分离血浆或血清超过 4h 后，酶值将升高，超过 24h 后，升高得最快。

（二）减少

延长样品的贮存（人为的）。

三十七、γ-谷氨酰转移酶（GGT）

GGT 旧称 γ-谷氨酰转肽酶（γ-GT）。此酶存在于肝脏、肾小管、胰脏和肠。血液中 GGT 主要来自肝脏。新生幼犬猫的 GGT，有时比成年犬猫高 10～20 倍。犬 GGT 半衰期 3d。

病理性增加。小动物胆固醇沉积症、肾脏疾患（尤其是肾病）、皮质类固醇增多、抗惊厥药物治疗、肝炎、肝中毒、胆汁瘀积或胆管堵塞（肝内或肝外）、硒缺乏、慢性肝功能不足、胰腺炎等。门腔静脉分流沟通，

GGT 有轻微增多。样品溶血时，也可能有些增多。

犬血清 ALT 和 GGT 活性同时升高，表明肝脏有损伤或坏死，同时有胆汁淤积。GGT 和 ALP 活性同时升高，表明肝内或肝外胆管堵塞或损伤，胆汁瘀积。

三十八、腺苷脱氢酶（ADA）

ADA 分子较小，在肝脏损伤时比 ALT 先释放入血液，故较敏感。增多见于急慢性肝脏损伤，肾脏疾病等。

三十九、淀粉酶（AMYL）

淀粉酶存在于胰腺、肠黏膜和肝脏中。脂酶存在于胰腺和肠黏膜中。两种酶主要存在于胰腺中。

临床上应选择两种酶检验。患病犬猫，尤其是肥胖犬猫，同时具有呕吐，腹痛，非腐败性炎性腹腔渗出物，黄疸或从前曾患有胰腺炎。

（一）淀粉酶参考值

不同实验室或不同仪器及不同检验方法，所得出的检验值不完全相同。

犬：371～1 503U/L。

猫：531～1 660U/L。

（二）血清 AMYL 增多

主要见于下列情况。

（1）肾小球过滤性能减小，也就是肾功能不足，多见于氮血症，此时 AMYL 可增多 2～3 倍。

（2）胰腺炎时，尤其是急性胰腺炎，其酶值可达 3 000～6 000U/L，甚至更高。另外，AMY 增高还见于胰腺坏死和脓肿、胰腺管堵塞、胰腺肿瘤等，其值可达到 2 000～3 000U/L。但慢性纤维化胰腺炎，其酶值基本上正常。而在高甘油三酯血症时，虽然 AMYL 在参考范围内，也不能排除有胰腺炎存在的可能性。另外，血清 AMYL 增多与胰腺炎严重程度不呈正相关。

（3）肠黏膜疾病时，如肠穿孔或破裂、肠炎、肠扭转、肠阻塞等，其酶值也可高达 2 000U/L。

（4）皮质类固醇过多时增多，见于皮质类固醇（尤其是地塞米松）和促肾上腺皮质激素治疗，以及肾上腺皮质机能亢进和应激等。

（5）肝脏疾病和甲状旁腺机能亢进也有所增多。

（6）猫血清 AMY 增多对诊断胰腺炎意义不大，诊断猫胰腺炎用腹部超声图像和类胰蛋白酶反应性检验较有意义。

（7）多种药物可引起急性胰腺炎，除肾上腺皮质激素外，还有冬门酰胺酶、硫唑嘌呤、钙制剂、雌激素、异烟肼、甲硝唑、溴化钾、柳氮磺胺吡啶、磺胺、四环素、利尿性噻嗪药物等引起的血清 AMY 增多。

（三）血清 AMYL 减少

一般无临床意义。有时见于胰腺变性萎缩。

四十、脂酶（LPS）

脂酶主要存在于胰腺和肠黏膜中。

（一）脂酶参考值

不同实验室或不同仪器及不同检验方法，其所得出的检验值不完全相同。

犬：90～527U/L。

猫：25～375U/L。

（二）血清 LPS 增多

常见于下列情况：

（1）肾小球过滤性能减小，也就是肾功能不足，见于肾前性、肾性和肾后性氮血症，肾脏衰竭时，此酶可增多 2～3 倍。

（2）急性胰腺炎或坏死，此酶可增多 3～4 倍，但与胰腺炎的严重性不呈正相关。另外还见于胰腺脓肿、胰管堵塞和肿瘤，尤其是胰腺癌时，其酶值可极度增多。

（3）小肠炎症和肠堵塞。

（4）肾上腺皮质激素增多、甲状旁腺机能亢进、肝脏疾病等，也有适度增加。而地塞米松过多治疗时，此酶可增多 5 倍以上，其胰腺可能无炎症表现。

（5）猫胰腺炎时，多表现为高脂血症，其 LPS 可能正常。

（6）诊断胰腺炎时，用 LPS 比 AMY 检验更有意义，但其价格较贵，半衰期也短，只有 2h。

（三）血清 LPS 减少

一般无临床意义。有时见于胰腺变性萎缩。

四十一、山梨醇脱氢酶（SDH）

主要存在于马、牛、羊、猪，以及犬和猫等动物的肝脏和肾脏里。主要用于诊断马、牛、羊、猪肝脏疾病。采血后及时检验。

（一）增多

1. 肝坏死（特别是马的肝坏死）**和肝硬化**

2. 其他疾病　见于胰腺炎、阻塞性黄疸、糖尿病、马急性肠堵塞、马急性肠炎、马青草病和呼吸道病毒感染、黄曲霉毒素中毒。

3. 中等增多性疾病　见于严重氮尿症、感冒、动脉炎、长期皮质类固醇治疗。

（二）减少

无临床意义。

四十二、精氨酸酶（ARG）

精氨酸酶是所有动物的肝脏特异性酶，当肝脏急性损伤时，血清精氨酸酶活性迅速增加，一旦损伤停止，很快恢复其参考值。精氨酸酶和丙氨酸氨基转移酸酶同时升高时，说明肝脏有进行性的坏死。当精氨酸酶正常，丙氨酸氨基转移酸酶仍高时，表示肝脏在恢复或再生。

病理性增加，见于胆道阻塞、肝胆炎、肝脏炎症、肝脑疾病。

四十三、α-羟丁酸脱氢酶（α-HBD，HBDH）

增高。见于心肌炎、急性心肌梗塞、低温、肌营养不良、巨幼红细胞性贫血。

四十四、胆碱酯酶（CHE）

有两种，一种叫真性或全血胆碱酯酶（ACHE），主要存在于神经末梢、红细胞、大脑灰质、大鼠肝脏，用于诊断有机磷农药中毒；另一种叫假性或血清胆碱酯酶（SCHE），主要存在于血清、大脑白质、肝脏、胰腺和小肠黏膜等。用于诊断肝脏疾病。

降低：主要见于有机磷农药中毒、各种肝脏疾病、肿瘤。

四十五、丙酮酸激酶（PK）

反映机体糖无氧酵解状态。犬 PK 参考值 $38 \sim 78U/L$，猫为 $50 \sim 100U/L$。PK 是糖酵解中一个主要酶，糖酵解为红细胞新陈代谢提供能量。巴辛几犬、比哥犬、西高地白狈、凯恩狈、爱斯基摩犬、小型贵妇犬、奇瓦瓦犬等。阿比西尼亚猫等短毛猫体内，如有遗传性缺乏此酶，可发生慢性溶血性贫血。这些动物一般寿命为 $2 \sim 3$ 年。

四十六、谷胱甘肽过氧化物酶（GSH-Px）

GSH-Px 是一种每个分子里含有 4 个硒原子的金属酶。它催化还原型谷胱甘肽与过氧化物反应，使其生成氧化型谷胱甘肽和水，从而分解过氧化物，起到保护细胞膜结构，防止变性和坏死的作用。

利用 GSH-Px 活性不同，可将 GSH-Px 分成二种同工酶。一种依靠硒的亚硒 GSH-Px，亚硒 GSH-Px 能利用过氧化氢或有机氢过氧化物作为基点；另一种是不依靠硒的谷胱甘肽转移酶，此种同工酶用有机氢过氧化物（如氢过氧化枯烯）作基质，检验的酶活性比用过氧化氢低。

迄今已证实，GSH-Px 中含硒量多，又以不同的含量存在于各种组织中。动物血液中 GSH-Px 活性的 98% 存在于红细胞中，红细胞中 GSH-Px 活性与其他组织中含硒量呈正相关。因此，检验红细胞内的 GSH-Px 活性，就能知道机体中缺硒或不缺硒。

GSH-Px 在 37℃时参考值（U/g HGB）：牛 19～36、绵羊 60～180、猪 100～200、马 30～150。降低见于肌营养不良（白肌病），仔猪肝营养不良和桑葚病，幼驹腹泻和小鸡渗出性素质病等。

四十七、磺溴酞钠（BSP）清除试验

正常犬猫 BSP 在体内滞留率，在 30min 内不超过 5%。

（一）BSP 在体内滞留时间增加

1. 肝实质疾病

（1）肝脂肪变性（中等增加）、肝含铁血黄色沉积症。

（2）肝硬化，犬平均 28% 滞留。

（3）中毒性肝损伤，如重金属中毒，灶性肝炎、肝脓肿、传染性肝炎、弥散性肝纤维变性。

（4）肝坏死，特别是急性和弥散性的。

2. 胆道疾病　胆道堵塞。

3. 肝外疾病

（1）循环系统：见于充血性心衰竭、休克、脱水、热症（增加了肝血流，降低了 BSP 的处理外排）、永久性静脉导管。

（2）全身性疾病，引起肝浸润性损伤：见于甲状腺机能亢进、类风湿性关节炎、肥胖、转移性新生瘤、组织胞浆菌病、淀粉样变性病、钩端螺旋体病、脊髓损伤、酮血病、糖尿病、雌激素等。

（3）血液中胆红素增多，尤其超过 $68.4\mu mol/L$（4mg/dL），这是因为 BSP 与间接胆红素竞争和肝细胞结合，而使血液中 BSP 浓度升高。

（4）药物可以提高血液中 BSP 浓度，如利福平、吗啡、杜冷丁、胆酸盐、碘、酚红等。

（二）BSP 在体内滞留减少

1. 全身水肿和胸腹水时，由于 BSP 向水肿和胸腹水中转移，使血液

BSP 滞留减少。

2. 血液中白蛋白减少时，BSP 不能和白蛋白结合，加速了清除。

3. 药物水杨酸钠和咖啡因等，能阻碍 BSP 和白蛋白结合。

以上 BSP 在体内滞留减少原因，也能造成对肝脏机能降低估计不足。

四十八、甲状腺素和三碘甲腺原氨酸（T_4 和 T_3）

内分泌分析仪可检测甲状腺素、胆汁酸和皮质醇等。

（一）甲状腺生理性变化

1. 增加　见于脱水。

2. 减少　见于药物治疗、应激和兴奋之后。

（二）甲状腺病理性变化

1. 增加

（1）甲状腺机能亢进。

（2）能引起球蛋白水平增高的疾病。

2. 减少　见甲状腺机能减退、肾上腺皮质机能亢进和肾衰竭。

（三）三碘甲腺原氨酸在血液中稳定

三碘甲腺原氨酸和蛋白结合比较稳定，不易分离，所以它在血液中水平比较稳定。而甲状腺素则容易和结合蛋白分离，不如三碘甲腺原氨酸在血液中稳定。

四十九、出血时间（BT）

刺破皮肤毛细血管后，血液自然流出到自然停止所需时间。

（一）正常参考值

正常各种家畜的参考值为 1～5min。

（二）出血时间延长

血小板明显减少（乳弥散性血管内凝血）；血小板数正常，其机能异常的血小板病，见于：

1. 遗传性血小板病　如血小板机能不全、血小板第 3 因子缺乏，见于 Otter hound，巴塞特猎犬和苏格兰㹴；遗传性假血友病〔Hereditary pseudohemophilia，也称（冯）维勒布兰德氏病（Von Willebrand's disease)〕。

2. 获得性血小板病　如长期大量应用阿司匹林、头孢菌素、氨茶碱和新霉素，以及严重肝脏病、尿毒症、血管损伤、微血管脆性增加、严重凝血因子缺乏、立克次体病等。

（三）出血时间缩短

见于某些严重的血栓病。

小贴士

凝血因子 12 个

Ⅰ.血纤维蛋白原（Fibrinogen）；Ⅱ.凝血酶原(Prothrombin)；Ⅲ.组织因子（Fissue factor）；Ⅳ.钙离子（Ca²⁺）；Ⅴ.易变因子（Labile factor）；Ⅶ.稳当因子（Stable factor）；Ⅷ.抗血友病因子 A〔Antihemophilic　factor A，抗血友病球蛋白（Antihemophilic globulin)〕；Ⅸ.抗血友病因子 B（Antihemophilic factor B）；Ⅹ.斯图亚特因子（Stuart Prower factor）；Ⅺ.抗血友病因子 C（Antihemophilic factor C）；Ⅻ.接触因子（Hageman factor）；ⅩⅢ.纤维蛋白稳定因子（Fibrin stabilizing factor）。因子Ⅵ是因子Ⅴ的活化形式，不是单独因子。

五十、活化凝血时间（ACT）

ACT 检验是一种简单、便宜的扫描检验固有和共同的凝血系统方法。

（一）参考值

犬：60～110s；猫：50～75s。

（二）活化凝血时间延长

一般 ACT 为 90～120s 定位可疑，超过 120s 为异常。

1. 维生素 K_1 依赖性凝血因子 Ⅱ、Ⅶ、Ⅸ、Ⅹ 减少（必须小于正常 5%）。另外，还有凝血因子 Ⅰ、Ⅺ、Ⅻ、Ⅷ 缺乏。

2. 低血纤维蛋白原（低于 0.5g/L）。

3. 血小板减少（$<10\times10^9$/L，稍微延长），弥散性血管内凝血和双香豆素类杀鼠药中毒。

4. 尿毒症、肝脏疾病（大部分凝血因子半衰期小于 2d，故肝病易使凝血因子活性发生改变）、维生素 K 缺乏等。

血凝仪可测 PT、APTT、FIB、TT 和多种凝血因子。

五十一、凝血酶原时间（PT）

在血浆中加入组织凝血激酶和钙离子后，纤维蛋白凝块形成所需时间。

（一）参考值

犬：5.1～7.9s。

猫：8.4～10.8s。

（二）凝血酶原时间延长

见于凝血因子Ⅰ、Ⅱ、Ⅴ、Ⅶ（毕哥犬）和Ⅸ缺乏（小于正常 30%），多见于严重肝病（犬传染性肝炎、泛发性肝纤维化）、胆汁缺乏、脾肿瘤、维生素 K 缺乏或不吸收，食入含有双香豆素植物（检验此物中毒最敏感）或用肝素量多、弥散性血管内凝血、长期或大剂量应用阿司匹林。

（三）凝血酶原时间缩短

见于先天性凝血因子增多症如因子Ⅴ增多症，高凝状态和血栓病等。

五十二、凝血酶时间（TT）

在新鲜血浆中加入凝血酶和钙离子后，纤维蛋白丝形成所需时间。

（一）参考值

一般动物：15~20s。

犬：9~12s。

（二）凝血酶时间延长

1. 低血纤维蛋白原（低于1.0g/L）或损伤了血纤维蛋白原机能，以及进行性肝病。

2. 有抑制凝血酶诱导血凝的抑制物存在，如纤维蛋白降解产物（弥散性血管内血凝）和肝素等。

（三）凝血酶时间缩短

常见于血样本有微小凝块，或有钙离子存在。

五十三、部分凝血致活酶时间（PTT）和活化部分凝血致活酶时间（APTT）

在血浆中加入凝血因子Ⅶ启动后，纤维蛋白凝块形成所需的时间。APTT是内源性凝血因子缺乏最可靠的筛选检验项目。

（一）PTT 和 APTT 参考值

PTT：犬18~29s，猫32~40s。

APTT：犬8.6~12.9s，猫13.7~30.2s。

（二）APTT 延长

1. 除Ⅶ和血小板外，见于其他任何固有凝血因子的缺乏。如果凝血酶原时间正常，那么凝血因子Ⅷ（血友病A，表3-6）、Ⅸ（血友病B）、Ⅺ和Ⅻ有一种是缺乏的（必须小于正常30%）。

表3-6 （冯）维勒布兰德氏病（遗传性假血友病）和血友病 A 的区别

检验项目	（冯）维勒布兰德氏病	血友病 A
APTT	通常正常	延长
口腔黏膜出血时间（BMBT）	延长	正常
（冯）维勒布兰德氏因子（vWF）	缩短	正常到延长

2. 遗传性假血友病、脾肿瘤、肝病、新生幼动物溶血病、口服抗凝药物、应用肝素等。

3. 弥散性血管内凝血后期、维生素 K 缺乏、双香豆素中毒（需用维生素 K_1 治疗 15d）。

（三）APTT 缩短

1. 高凝状态 如弥散性血管内凝血早期。

2. 血栓性疾病 如糖尿病伴血管病变、肾病综合征、严重烧伤等。

五十四、血纤维蛋白（原）降解产物（FDP）

参考值（$\mu g/mL$）：犬<10，猫<8。

增多：说明血纤维蛋白溶解作用加强了，见于弥散性血管内凝血及任何原因引起的严重内出血或弥散性出血、炎症、坏死性疾病、恶性肿瘤、脾肿瘤、肾脏疾病、肝脏疾病、心脏疾病等。

五十五、口腔黏膜出血时间（BMBT）

BMBT 是犬血小板机能检验的一种较敏感和较特征方法。检测部位在犬的上唇黏膜，它也是外科手术前排出原发性凝血缺陷的一种经典检验方法。黏膜出血时间试验比表皮出血时间试验更敏感和更一致性。健康犬的 BMBT 为 1.7～4.2（2.61±0.48）min。BMBT 延长，见于严重血小板减少症和定性血小板缺损、（冯）维勒布兰德氏病（遗传性假血友病）和尿毒症，还可以诊断由于弥散性血管内凝血引起的凝血异常（表 3-7）。

小贴士

BMBT：口腔黏膜出血时间；

APTT：活化部分凝血致活酶时间；

PT：凝血酶原时间；

FDP：血纤维蛋白（原）降解产物。

表 3-7　几种疾病的凝血检验诊断

疾病名称	凝血检验项目				
	BMBT	血小板数	APTT	PT	FDP
血小板减少症（如埃立希体病）	延长	减少	正常	正常	正常
血小板机能异常（如阿司匹林治疗）	延长	正常	延长	正常	正常
固有途径缺损（如血友病 A 或 B）	正常*	正常	延长	正常	正常
凝血因子Ⅶ缺乏	正常	正常	正常	延长	正常
多种因子缺损（如维生素 K 颉颃作用）	正常*	正常	延长	延长	正常
共同途径缺损（如因子Ⅹ缺乏）	正常*	正常	延长	延长	正常
弥散性血管内凝血（DIC）	延长	减少	延长	延长	延长
（冯）维勒布兰德氏病（VWD）	延长	正常**	正常***	正常	正常

*　开始停止在正常时期内，但也可能又开始出血。

**　如果患病动物并发甲状腺机能减退，可能发生轻度血小板减少。

***　一般正常，但也可能延长。

第四章

影响犬猫血液和生化检验的因素

一、食物的影响

对犬猫进行健康或慢性病检验时，生化检验的大多数项目要求禁食12h，8h内不能饮水，3d内最好不吃肉和内脏。应空腹采血，或者晚餐后第二天早晨采血。因为饮食后能使一些化学成分含量发生变化。如吃含高糖食物，可使血糖含量增多，一般2～3h后才能恢复正常；采食高脂肪食物后，血液中甘油三酯可增多好几倍；采食肝脏、肾脏或海鲜类食物，因富含嘌呤，可使血液尿酸含量增多。但是，过度饥饿或因病较长时间绝食，也可引起一些检验项目结果异常，如血糖水平可能降低，而甘油三酯可能增多。血浆总蛋白、A/B之比和胆固醇等检验，一般在空腹前后采血，其含量变化不大。

二、运动的影响

犬猫运动能影响多项检验项目的检测结果，动物运动后，其血糖、乳酸盐等含量增多；与运动肌肉有关的血清酶，如CK、AST、LDH和ALT的活性，在运动后增加，一般CK和AST活性增加得最多。如果运动过猛或过量，会使脂酶活性增多，血脂浓度会相应降低。

三、采血用止血带的影响

用止血带采血，止血带压迫使血管扩张和瘀血，可引起一些检验项目检测结果增加或减少。如凝血酶原时间检验，由于血管受压迫局部缺氧，能使其结果降低。采血用止血带影响的程度大小，可随止血带压迫的时间增加而增大。因此，采血时尽量缩短止血带压迫时间，当然最好不用止血带。如果应用止血带，最好不超过 1min，若超过 2min，胆固醇就可能升高 2%～3%，超过 5min，可升高 5%～15%。

四、采血时间的影响

动物血液里的一些成分，在一天的不同时间里能发生周期性变化。有的变化还较大，如白细胞上午不如下午多，胆红素和血清铁上午含量较多，血清钙中午多，生长激素夜间多。临床上为了减少因采血时间不同引发的检验差别，最好每次检验在每天的同一时间进行。

五、抗凝剂的影响

实验室根据检验项目的不同，有的需要用抗凝剂，有的不需要用抗凝剂。实验室常用的抗凝剂有 EDTA 二钠或二钾、枸橼酸盐、草酸盐、肝素等。实验室所用抗凝剂根据检验的项目进行不同的选择，不然将影响检验结果，如检验钠或钾，不能用含钠或钾的抗凝剂；有些抗凝剂具有抑制或激活酶的作用，如草酸盐有抑制淀粉酶、乳酸脱氢酶和酸性磷酸酶作用；氟化钠有激活尿素酶和抑制乳酸脱氢酶的作用。因此，它们不宜用作一些酶活性检验血液的抗凝剂。肝素抗凝不适于血液涂片检验，因中性粒细胞不着色，红细胞不清晰。EDTA 二钠或二钾抗凝不适于血钙检验，但适用于血涂片染色检验。

六、溶血的影响

血液里的红细胞内外所含化学成分有显著不同，如红细胞内含钾量可达血清或血浆里含钾量 20 倍左右，红细胞内含乳酸脱氢酶可达血清含量的近 200 倍。溶血的标本，红细胞里所含物质进入血浆或血清，能使血红蛋白、钾、乳酸脱氢酶、丙氨酸氨基转移酶、天门冬氨酸氨基转移酶、血液 pH 等多项检验项目检测不准。

七、药物的影响

　　临床上使用的大约一万多种药物可干扰实验室检验，使其检验的项目值增加或减少。如静脉输液补充氯化钾，由于氯化物可将糖由细胞外带入细胞内，造成检验血糖值减小。使用胰岛素后，能使血糖降低。服用阿司匹林后，可使血糖升高等。因此，兽医最好能充分了解不同药物对有关检验项目的影响。为了检验某个项目而不用对此项目有影响的药物，或者在分析某个检验项目结果时，要和以前用过影响此项目的药物联系起来考虑，以免出现诊断偏差。又如治疗冠心病的药物，可使胆固醇和甘油三酯浓度降低；而维生素 A 和维生素 D 可使胆固醇浓度升高。甘露醇能使甘油三酯浓度升高。最好在抽血前 2～3d 内，不服用这些药物。

八、脂血的影响

　　脂血除造成血脂检验增多外，还影响总蛋白、白蛋白、尿酸和酶联免疫吸附检验（ELISA）的测定。

第五章

····················

尿 液 分 析

　　尿液分析也叫尿液检验，内容包括尿液物理和化学性质检验，以及尿沉渣镜检。尿液检验可用于泌尿系统疾病诊断与疗效判断；其他系统疾病诊断，如糖尿病、急性胰腺炎（尿淀粉酶）、黄疸、溶血、重金属（铅、铋、镉等）中毒；以及用药监督，如用庆大霉素、磺胺药、抗肿瘤药等，可能引起肾脏的损伤。尿液采集可通过导尿管导尿、体外膀胱穿刺和自然排尿，以及猫和小型犬体外适度用力压迫膀胱排尿，每次搜集尿 5～10mL。膀胱穿刺获得的尿液没有污染，自然排尿搜集尿液，注意不要污染。采集的尿液，注明采集方法，最好盛在有盖的容器里，在 30min 内检验完，以免细菌繁殖、细胞溶解等，一定要在夏天不超过 1h，在冬天不超过 2h 检验完。不能检验时，应冷藏在 2～8℃，在 4h 内检验。冷藏尿液再检验时，需加温至室温。

　　实验室也可购买人用检验尿液的干试剂条（图 5-1），进行目测检验尿液物理性质和化学性质。但是，人用干试剂条不适用于检验犬猫尿比重、尿中白细胞、尿中亚硝酸盐和尿胆素原减少尿，其原因详见本章各单项说明。

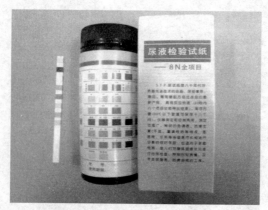

图 5-1　检验尿液的干试剂条、干试剂瓶和盛瓶纸盒

第一节 尿液物理性质检验

一、尿量（Urine volume）

在正常情况下，正常人和动物每日尿量如下（表5-1）。

表5-1 尿 量

种 类	平均（L）	范围（L）
人	1.1	1.0~1.2
奶牛	14.2	8.8~22.6
马	4.7	2.0~11.0
猪	4.0	1.0~6.0
绵羊和山羊	1.0	0.5~2.0
大型犬	1.0	0.5~1.5
犬		24~40mL/kg
猫		16~18mL/kg

一般无糖尿比重大于1.030，通常无多尿存在。如果尿比重小于1.030，就有可能存在有生理性或病理性多尿，有时也可能存在有病理性尿减少。

（一）尿量增多——多尿

动物每日每千克体重排尿量超过50mL时为多尿，多尿有正常和非正常性两种。

1. 非病理性暂时增多（正常多尿）

（1）增加水的消耗，包括灌服等强迫饮水和利尿。

（2）非胃肠道给液体，输液和采食多氯化钠或盐类食物。

（3）给利尿剂、皮质类固醇和促肾上腺皮质激素或甲状腺激素。

（4）寒冷、低血钾和应用咖啡因。

2. 病理性可能是永久性增多（非正常多尿）。

（1）慢性进行性肾衰竭（表5-2），肾失去浓缩尿能力。

（2）急性肾衰竭（表5-3），局部缺血或肾小管疾病期间的利尿期。

（3）糖尿病和原发性肾性糖尿。

（4）尿崩症（缺乏抗利尿激素）和肾性尿崩症。

（5）肾皮质萎缩、严重肾淀粉变性、慢性肾盂肾炎、子宫蓄脓、贫血、肾上腺皮质功能亢进。

（6）整个肝脏疾患，醛固酮不能代谢的原因。

（7）大量浆液性渗出液的吸收。

（8）高钙血症，钙通过皮质类固醇抑制了抗利尿素的分泌。

表 5-2　慢性肾脏衰竭诊断方法

1. 临床检查　体重减轻、肌肉块缩小、被毛质量差、脱水。口腔有氮血性溃疡和氨味。腹部触诊：肾脏形状改变、体积变小和质地变硬，有腹水。眼睛检查有视网膜出血，高血压导致视网膜脱落。

2. 实验室检验　①尿分析：尿比重（检验肾小管间质机能）、pH（检验机体酸碱状态）、尿蛋白（检验肾小球损伤）显微镜检验尿沉渣（检验有无感染的脓尿和细菌）。②血清检验：尿素氮、肌酐、白蛋白、碳酸氢钠、pH 和电解质（钙、钾、钠、氯、镁）等。③血液检验：红细胞、血细胞比容和血红蛋白都减少。

3. 影像　X 线片检查肾脏形状和大小；超声波检查肾脏和前列腺，诊断有无肾盂积水或输尿管积水。

表 5-3　急性肾脏衰竭分类

1. 急性肾前性氮血症　见于低血压（如休克、心脏衰竭）、出血症、严重胃肠炎缺少体液。

2. 急性肾性肾脏衰竭　见于：①局部缺血：如肾前性氮血症时间延长、败血症、肾脏血管血栓栓塞。②肾脏毒物损伤：如药物、己二醇、有机溶剂、重金属、农药杀虫剂、钩端螺旋体病、蛇毒液等。

3. 急性肾后性肾脏衰竭　见于：①肿瘤、尿结石。②破裂性的，如膀胱破裂、尿道破裂和输尿管破裂。

（二）尿量减少——少尿

1. 生理暂时性的　尿少而比重高。

（1）减少水的饮用。

（2）周围环境温度高。

（3）过度喘息。

（4）训练，交感神经兴奋，减少通过肾脏的血液。

（5）各种原因的脱水。

2. 病理性的　分肾前性、肾性和肾后性的。以及假性少尿。

（1）肾前性　见于各种热症、休克、严重脱水、创伤、心力衰竭、肾上腺皮质机能降低等。

（2）肾性　见于急性肾病、肾衰竭（由于局部缺血和肾小管疾病，尿量少而比重低）、慢性原发性肾衰竭（尿少比重低）、中毒（致急性肾小管、肾脏皮质和髓质坏死）、急性过敏性间质性肾炎等。

（3）肾后性　见于尿路阻塞（结石、肿瘤等）、尿道损伤（阻碍了尿流）、膀胱破裂和膀胱性会阴疝。

（4）假性少尿　见于前列腺肥大。

二、尿色（Urine color）

评价尿色常用名词有：无色（Colorless）、淡黄色（Pale yellow, Light yellow or Straw）、黄色（Yellow）、暗黄色（Dark yellow）、琥珀色（Amber）、粉红色（Pink）、红色（Red）、棕色（Brown）、暗棕色（Dark brown）、棕黑色（Brown-black）、黄绿色（Yellow-green）、粉红黄色（Pink-yellow）、蓝色（Blue），检验时可参考应用。

（一）正常尿色

正常犬猫为淡黄色、黄色到琥珀色（高浓度尿），其变化与尿中含的内源性尿色素和尿胆素多少有关；还与摄入的水分和外源性色素多少有关，如口服复方维生素 B 等，使尿液变黄。

（二）病理性或正常尿色变化

正常或病理性尿色变化，除与疾病有关外，还与尿液浓度、摄入水分和色素多少有关。因此，不宜高估尿色变化和临床意义。

1. 无色到淡黄色　正常尿或尿稀、比重低和多尿，见于肾病末期、过量饮用水、尿崩症、肾上腺皮质功能亢进、糖尿症、子宫蓄脓。

2. 暗黄色尿　正常尿或尿少、尿浓而比重高，见于急性肾炎、饮水少、脱水和热性病的浓缩尿，以及阿的平尿（在酸化尿中）、呋喃妥因尿、非那西丁尿、维生素 B_2 尿等。

3. 蓝色尿　见于新亚甲蓝尿、靛卡红和靛蓝色尿、尿蓝母尿、假单胞菌感染等。

4. 绿色尿（蓝色与黄色混合）　见于新亚甲蓝尿、碘二噻扎宁尿、靛蓝色尿、伊万斯蓝尿、胆绿素尿、维生素 B_2 尿、麝香草酚尿。

5. 橘黄色尿　见于浓缩尿、尿中过量尿胆素、胆红素、吡啶姆、荧光素钠。

6. 红色、棕色、黑色尿　见于血尿、血红蛋白尿、肌红蛋白尿（黑色)、卟啉尿、刚果红尿、苯磺酞尿、新百浪多息尿、华法令尿（橘黄色）、大黄尿、四氯化碳尿、吩噻嗪尿、二苯基海因尿等。

7. 棕色尿 见于正铁血红蛋白尿、黑色素尿、呋喃妥因尿、非那西丁尿、萘尿、磺胺尿、铋尿、汞尿等。

8. 棕黄色或棕绿色尿 见于肝病时的胆色素尿。

9. 棕色到黑色尿（在明亮处看呈棕色或棕红色） 见于黑色素尿、正铁血红蛋白尿、肌红蛋白尿、胆色素尿、麝香草酚尿、酚混合物尿、呋喃妥因尿、非那西丁尿、亚硝酸盐尿、含氯烃尿、尿黑酸尿。

10. 乳白色尿 见于脂尿、脓尿和磷酸盐结晶尿。

三、透明度（Transparency）

影响尿透明度的，有尿中晶体、红细胞、白细胞、上皮细胞、微生物、精液、污染物、脂肪和黏液等。评估尿液透明度，常用名词有清亮（Clear）、轻度烟雾状（Slightly hazy）、轻度混浊（Slightly turbid）、云雾状（Cloudy）、烟雾状（Hazy）、混浊（Turbid）、絮状（Flocculent）、血尿（Bloody）。

（一）正常

新鲜刚导出的正常动物的尿是清亮的，但马属动物（马、骡和驴）例外，马属动物的正常尿里，由于含有碳酸钙结晶和黏液呈云状较暗。

（二）云雾状

不都是病理性的。许多尿样品存放的时间长了，就变成了云雾状，其原因可用显微镜检查尿沉渣寻找。

1. 上皮细胞大量存在

2. 血液和血红蛋白 尿呈红色到棕色或烟色。血红蛋白尿常呈红色到棕色，但仍透明。

3. 白细胞大量存在 呈乳状、黏稠，有时尿混浊为脓尿。

4. 细菌或真菌大量存在 呈现均匀云雾状混浊，但混浊不能澄清或过滤后澄清。

5. 黏液和结晶

（1）碳酸钙 出现在新鲜马尿或存放一会儿的牛尿中，尿液混浊。

（2）无定形的尿酸　酸性尿长期存放或较寒冷而产生，呈白色或粉红色云状。

（3）无定形的磷酸盐　在碱性尿中呈白云状。

四、比重（specific gravity）

检验动物尿比重，可用尿比重仪、临床折射仪（Clinical Refractometer）（图 5-2）和干试剂条（Dry reagent strips）法。临床折射仪用尿量最少，只需 2～3 滴尿液即可。临床折射仪除能测尿比重外，还能检测血清（SP）或血浆（PP）蛋白、血纤维蛋白原和奶比重。尿比重仪最少也得有 10mL 尿液才能检验。由于猫尿液比犬

图 5-2　临床折射仪（可测尿比重）

和人的尿液折射性强，故用人的临床折射仪检测猫尿液时，其转换公式如下：

$$猫尿比重＝所测猫尿比重×0.846＋0.154$$

所得的数值才会接近猫的真正尿比重。现在已有动物专用尿比重仪了，可以克服应用人的临床折射仪给猫带来的误差。用干试剂条检验尿液比重，一般不够准确，犬的准确度只有 69％，猫只有 31％。

（一）动物正常尿比重

犬：1.025（1.015～1.045）

猫：1.030（1.020～1.040）

马：1.035（1.020～1.050）

牛：1.035（1.025～1.045）

猪：1.015（1.010～1.030）

绵羊：1.030（1.015～1.045）

人：1.020（1.010～1.030）

（二）尿比重减小的原因

1. 暂时非病理性的

（1）饮用大量的水、低蛋白食物或食物中食盐多、利尿、输液。幼年动物因肾脏尿浓缩能力差，尿比重低。

（2）应用皮质类固醇和促肾上腺皮质激素，抗惊厥药、过量甲状腺素、氨基糖苷类抗生素。

（3）发情以后或注射雌激素。

2. 病理性的

（1）肾病后期，肾脏实质损伤超过 2/3，肾无力浓缩尿，尿一般比重 1.003～1.015。

①尿比重固定在 1.010～1.012，与血浆透析液有相同的分子浓度，是由于肾完全丧失稀释或浓缩尿的原因。

②浓缩实验能区别比重降低是由于增加了饮水量，还是尿崩症。

（2）急性肾炎（严重的或后期的）、严重肾淀粉样变性、肾脏皮质萎缩、慢性泛发性肾盂肾炎。

（3）尿崩症，比重 1.002～1.006，这是由于从垂体后叶得不到抗利尿素的原因。

①给 0.5～1.0mL 垂体后叶注射液，立即制止住了渴和多尿。限制饮水 12h，尿量减少，比重上升，但达不到尿比重的参考值范围。

②如果动物有尿崩症，输给林格氏液后，将出现血浆高渗而尿低渗。给健康动物输林格氏液后，血浆和尿都等渗。

（4）肾性尿崩症：肾小管先天性再吸收能力差引起，抗利尿激素治疗无效。

（5）子宫蓄脓（由于过量饮水）、肾上腺皮质功能亢进、水肿液的迅速吸收、泛发性肝病、心理性烦渴、长期血钙过多或血钾过低。

（三）尿比重增加的原因

常常是尿量少，但糖尿病时尿量多，比重仍然高。

1. 暂时生理性的 　见于减少水的饮用、周围环境温度高、过量喘气。

2. 病理性的

（1）任何原因的脱水，如腹泻、呕吐、出血、出汗和利尿等，休克。

（2）由于心脏病的循环机能障碍性水肿。

（3）烧伤渗出和热症、肾上腺皮质机能降低。

（4）急性肾炎初期，但在后期或严重时，比重可能降低。

（5）原发性肾性糖尿和糖尿病，尿液葡萄糖每增加 1g/dL，尿比重增加 0.004。

（6）任何疾病，尿中存在异常固体时，如蛋白质、葡萄糖、炎症渗出。尿中蛋白每增加 1g/dL，尿比重增加 0.003。

第二节　尿液化学成分检验

检验尿液化学成分，现在常用干试剂条（Dry reagent strips）法。干试剂条法能检验尿 pH、蛋白质、酮体、葡萄糖、胆红素、比重、血液、尿胆素原、抗坏血酸、白细胞和亚硝酸盐等。此法操作简单易做，价格便宜。分手工操作目测法和自动仪检验法。干试剂条应保存在原瓶内，拧紧盖，放在室内阴凉处，不需要储存在冰箱内。

一、尿 pH

干试剂条法能检验尿 pH 范围是 5～9。犬猫一般正常尿 pH 是 5.5～7.5，它们的肾脏有能力调节尿 pH 4.5～8.5。检验尿 pH，在采尿液后，应马上检验，放置时间长了，尿将向碱性变化。尿 pH 变化还与食物成分有关。

（一）酸性尿

1. 见于肉食动物的正常尿、吃奶的仔犬猫、犊牛和马驹、饲喂过量的蛋白质、热症、饥饿（分解代谢体蛋白）、延长肌肉活动。

2. 酸中毒（代谢性的和呼吸性的），见于严重腹泻、糖尿病（酮酸）、任何原因的原发性肾衰竭和尿毒症。严重呕吐有时可引起反酸尿（Paradoxical acidurial）。犬猫呕吐引起代谢性碱中毒，发病初期由于代偿原因，尿液是碱性的。呕吐严重时，引起脱水，导致血容量减少、低氯血症和低钾血症，此时尿液可能变成酸性，叫做"反酸尿"。原因是机体脱水，肾脏为了保存体液和细胞外液 Na^+，肾小管又把 Na^+ 重新吸收回来；又由于氯缺乏，Na^+ 便和 HCO_3^- 一起被重新吸收。Na^+ 还能和肾小管分泌的 H^+ 或 K^+ 交换，而被重新吸收回来，又由于 K^+ 缺乏，被交换的 H^+ 便排入尿中，使尿变成了酸性。

3. 给以酸性盐类，如酸性磷酸钠、氯化铵、氯化钠和氯化钙，以及口服蛋氨酸和胱氨酸，口服利尿药呋塞米（速尿）。

4. 大肠杆菌感染产生酸性尿。

（二）碱性尿

1. 见于正常草食兽的尿、植物性食物谷类（如果含有高蛋白质时，产生酸性尿）、尿潴留（尿素分解成氨）。

2. 碱中毒（代谢性的或呼吸性的）呕吐、膀胱炎。

3. 给以碱性药物治疗，如碳酸氢钠、柠檬酸钠或柠檬酸钾、乳酸钠、硝酸钾、乙酰唑胺和氯噻嗪（利尿药物）。

4. 尿保存在室温时间过久，由于尿素分解成氨变成碱性。

5. 尿道感染，如葡萄球菌、变形杆菌、假单胞杆菌感染，它们因能产生尿素酶，尿为碱性。

二、尿蛋白（Proteinuria）

正常尿中存在微量蛋白质（10～20mg/dL），一般检查阴性。正常浓稠比重高的尿中，蛋白可达 20～30mg/dL。过度浓稠尿液，蛋白达 100mg/dL，也不能说明是病理性蛋白尿。尿比重低而含蛋白多的尿液可能有问题。干试剂条检验蛋白范围为 15～2 000mg/dL。干试剂条检验尿中蛋白，对白蛋白更为敏感；对球蛋白、血红蛋白、Bence-Jones 蛋白和黏蛋白不敏感。而检验这些蛋白可用加热尿液法。

（一）生理或机能性蛋白尿

一般为暂时的，常由于肾毛细血管充血引起。

1. 过量肌肉活动，吃过量蛋白质，母畜发情等。

2. 发热或受寒，精神紧张。

3. 出生幼畜（出生后几天内），犊牛、羔羊、幼犬猫等吃初乳太多。

（二）病理性蛋白尿

1. 肾前性 非肾疾患引起的，是低分子蛋白。

（1）Bence-Jones 蛋白尿（蛋白为轻链免疫球蛋白）

①见于多发性骨髓瘤（浆细胞骨髓瘤）、巨球蛋白血症、恶性肿瘤。

②在 pH5 条件下，加热尿至 50～60℃，蛋白质沉淀了。加热至 80℃时又溶解。

（2）血红蛋白尿、肌红蛋白尿、充血性心脏病、病变蛋白尿

2. 肾性

（1）原因

①增加了肾小球通透性（见于发热、心脏病、中枢神经系统疾病和休克等）。

②由于肾小管疾患，损伤了尿的再吸收。

③肾源性的血液或渗出液。

（2）蛋白尿的程度不能完全反映肾脏疾病的原因和严重性。应注意区别下列情况：

①明显蛋白尿，严重的蛋白尿而无血尿，常为肾的原因，尤其是肾小球。

A. 任何原因的明显血尿，如肾的新生瘤、尿中可出现红细胞、白细胞，有时有瘤细胞。还有肾损伤。

B. 急性肾炎、肾小球肾炎、肾病（尤其是重金属汞、砷、卡那霉素、多黏霉素和磺胺等化学毒物引起）、肾淀粉样变、免疫复合物性肾小球肾病。

②中等程度蛋白尿，见于肾盂肾炎、多囊肾（微到中等程度蛋白尿）。

③微量蛋白尿，见于慢性泛发性肾炎、肾病末期，一般表现阴性到中等程度蛋白尿。

3. 肾后性（伪性或事故性） 尿离开肾后，如输尿管、膀胱、尿道、阴道等，由于血液或渗出物的加入引起的。

（1）任何原因的明显血尿，产生中等到明显的蛋白尿，常见于不适当的导尿。

（2）炎症渗出物：产生微量到中等量的蛋白尿，见于肾盂肾炎、输尿管炎、膀胱炎、尿道炎、尿石症、生殖道肿瘤。

4. 非泌尿系统引起的蛋白尿

（1）来自生殖道的血液和渗出物，见于包皮和阴道分泌物、前列腺炎。

（2）多种原因引起的被动慢性肾充血，见于心脏机能降低、腹水或肿瘤（腹腔压力增加）、细菌性心内膜炎、犬恶丝虫微丝蚴、肝脏疾病、热性病反应。

（3）尿液碱性、污染或含有药物等，也可出现非尿蛋白性伪阳性反应。

三、尿葡萄糖（Glucosuria）

（一）尿糖

一般指尿中的葡萄糖，正常尿中不含有葡萄糖或仅含少量，一般检查不出来，但是如果动物高度兴奋或食入过量葡萄糖或果糖，以及食入大量含碳水化合物饲料，血糖水平超出肾阈值时，尿中就可能出现葡萄糖。详见表5-4。但是，如果尿中葡萄糖浓度低于敏感度，而尿中存在大量半乳糖时，尿液也呈现阳性反应。

表 5-4　人和动物血糖参考值和肾阈值（mg/dL）

种类	血糖参考值	肾阈值
犬	60～100（3.3～5.5mmol/L）	175～220（9.5～12.3mmol/L）
猫	70～135（3.9～7.5mmol/L）	288（16mmol/L）
马	60～100	180～200
牛	40～60	98～102
绵羊	40～60	160～200
人	70～120	170～180

（二）高血糖性糖尿

1. 多数动物血糖高于 180mg/dL、牛高于 100mg/dL 时，就出现糖尿。

2. 糖尿病。由于缺乏胰岛素，或其他耐胰岛素原因，引起了高血糖和酮血症。

3. 犬猫严重的出血性膀胱炎。

4. 猫输尿管堵塞。

5. 急性胰腺坏死或炎症，引起了胰岛素缺乏。

6. 肾上腺皮质功能亢进、肾上腺嗜铬细胞瘤或注射肾上腺皮质激素，或应激（尤其多见于猫）。

7. 垂体前叶机能亢进或损伤丘脑下部。

8. 脑内压增加，见于肿瘤、出血、骨折、脑炎、脑脓肿。

9. 牛、绵羊的产气荚膜魏氏梭菌 D 引起的肠毒血症。

10. 甲状腺机能亢进：由于迅速从肠道吸收碳水化合物的原因。

11. 慢性肝脏疾病、高血糖素病等。

12. 静脉输入葡萄糖。

（三）正常血糖性糖尿

1. 原发肾性糖尿　由于进行性毁坏肾单位，不多见。

2. 先天性肾性疾病　如挪威猎麋狗的慢性肾病和其他品种狗的肾病。

3. 急性肾衰竭　常由于药物或局部缺血引起肾小管损伤，再吸收糖能力差原因。

4. 范康尼综合征（也称氨基酸性糖尿）　尿中也含葡萄糖。

（四）假阳性葡萄糖反应

当给病畜下列药物时，由于还原反应，可产生假阳性葡萄糖反应。

1. 抗生素：链霉素、金霉素、四环素、氯霉素、青霉素、头孢霉素。

2. 乳糖、半乳糖、果糖、戊糖、麦芽糖或其他还原糖类存在时，有时也能出现。

3. 吗啡、水杨酸盐（阿司匹林）、水合氯醛、根皮苷、类固醇等。

（五）假阴性反应

冷藏尿液会出现，故冷藏尿液应恢复到室温时再检验。尿中有维生素 C 时也可能出现。爱德士公司生产的犬猫专用 8 项尿试纸条，可不受维生素 C 的干扰。

四、尿酮体（Ketonuria）

（一）检验尿中酮体的敏感性

酮体是丙酮、乙酰乙酸和 β-羟丁酸的总称，一般尿中不含酮体。试剂条法是用 Sodium Nitroprusside 检验尿中乙酰乙酸，检验范围为 5～160mg/dL。而尿中含有高浓度丙酮时（表 5-5），才能检验出来。由于酮体由三种酮物质组成，故检出值常常低于实际尿酮体含量。尿酮体通常出现在酮血之前。尿中维生素 C 和头孢霉素可产生假阳性反应。

表 5-5　用试剂条法检验尿中酮体的敏感性（mg/dL）

反 应	β-羟丁酸	乙酰乙酸	丙酮
阴 性	阴性	≥5	≥70
弱阳性	阴性	10～25	100～400
阳 性	阴性	25～50	400～800
强阳性	阴性	50～150	800～2 000
特强阳性	阴性	＞150	＞2 000

（二）尿酮体阳性反应

1. 酮血症　妊娠和泌乳的乳牛、妊娠母绵羊（妊娠中毒）。

（1）低血糖和牛尿酮体阳性反应。

（2）注意区别严重酮血病和由于其他原因，如动物长时间不吃食物、激烈运动、应激等，引起的轻型酮血病和轻型酮尿。

2. 犬猫糖尿病　高血糖而缺乏糖的正常利用。

3. 持续性高热、酸中毒、高脂肪饲料、饥饿（慢性代谢性疾病）　由于大量贮存脂肪代谢的原因。

4. 肝损伤、乙醚或氯仿麻痹后、长时间呕吐和腹泻、传染病（由于能量不平衡引起）、产乳热。

5. 内分泌紊乱　见于垂体前叶或肾上腺皮质机能亢进、过量雌性激素。

6. 牛真胃扭转和恶性淋巴瘤

五、血尿（Hematuria）

尿中含有血红蛋白（HGB）、肌红蛋白（Mb）和多量红细胞（RBC）时，用尿试剂条检验，都呈血尿阳性反应。检测范围血红蛋白是 0.015～0.75mg/dL，红细胞是 5～250 个/μL；其敏感度血红蛋白是 0.015～0.03mg/dL，红细胞是 5～10 个/μL。

在阳性反应时，注意区别血尿、血红蛋白尿和肌红蛋白尿。正常情况下，由于动物运动过度或母兽发情，有时也存在阳性反应。用尿试剂条检验尿潜血（Occult blood）敏感性很高，但容易出现假阳性反应，因此尿潜血检验阳性反应时，还应检验尿沉渣中是否存在异常红细胞。

（一）血尿

尿中含有一定量的完整红细胞，每个高倍镜视野里，超过 10 个红细胞时，尿潜血检验才呈阳性。低于 10 个红细胞时，往往为阴性。尿中维生素 C 可干扰检验，出现假阴性报告。爱德士生产的犬猫专用 8 项尿试纸条，可不受维生素 C 的干扰。

1. 母畜发情期或产后，由子宫或阴道分泌物加入。尿维生素 C 超过250mg/L 时，会造成假阴性。

2. 急性肾炎、肾脓肿、肾盂肾炎、肾盂肾炎，肾梗塞、肾被动性充血、肾脏疾病时，红细胞明显变性。

3. 前列腺炎、输尿管炎、膀胱炎、尿道炎、尿道外伤、导尿引起。

4. 肾、膀胱和前列腺的新生瘤。

5. 尿道、膀胱或肾结石。

6. 严重传染病：炭疽、钩端螺旋体病、犬传染性肝炎。

7. 寄生虫：肾膨结线虫、犬恶丝虫。皱襞毛细线虫。

8. 化学制剂，见于铜或水银中毒、甜三叶草中毒，磺胺、苯、六甲烯四胺中毒。

9. 低血小板症、血友病、华法令中毒、弥散性血管内凝血。

10. 急性赘生物性心内膜炎、狗的充血性心衰竭。

（二）血红蛋白尿

由大量血管内红细胞溶解，释放出血红蛋白引起，检验试剂和血红蛋白反应，呈现阳性。

1. 机械性的，如导尿损伤尿道、结石、外伤等。

2. 产后血红蛋白尿、杆菌血红蛋白尿（溶血梭菌引起）、产气荚膜梭菌 A 型引起血红蛋白尿、钩端螺旋体病、巴贝斯虫病。

3. 饲喂大量甜菜渣引起磷缺乏症。

4. 弥散性血管内溶血、血管炎症、新生幼畜溶血症、狗和猫的遗传性溶血、免疫介导性溶血、犊牛饮用大量冷水、静脉输入低渗溶液或液体、不相配的输血、马传染性贫血、紫癜病、蛇咬伤（溶血性蛇毒素引起）、马自体免疫性溶血。

5. 化学溶血剂（磺胺、铜、水银、砷、钛）、光过敏、严重烧伤、酚噻嗪。

6. 溶血性植物：金雀花、嚏根草、毛茛属植物、油菜、甘蓝、马铃薯、洋葱、大葱、旋花植物、秋水仙、橡树嫩枝、榛、霜打的萝卜和其他块根、水蜡树、女贞。

7. 引起溶血的药物，如猫对乙酰氨基酚或非那西丁中毒。

8. 脾扭转、血管瘤。

（三）肌红蛋白尿

由肌细胞溶解产生，尿呈棕色到黑色，潜血检验阳性。见于严重肌肉外伤、休克、马麻痹性肌红蛋白尿，毒蛇咬伤犊牛、狗和猫，心肌损伤。

六、尿胆红素 （Bilirubinuria）

尿中胆红素都呈直接胆红素，间接胆红素不能通过肾小球毛细血管壁。检验胆红素的尿必须新鲜，否则检验的尿中胆红素氧化成胆绿素或水解成未结合胆红素，而检验不出来。干试剂条检测尿中胆红素范围是 $0.5\sim2mg/dL$，敏感度是 $0.5mg/dL$。

（一）正常

牛和狗尿中含有微量胆红素，其公犬微量胆红素阳性率为 77.3%，母犬为 22.7%，公犬比母犬高，犬尿比重大于 1.040 时更多见。其他动物尿中不含有任何胆红素。在尿 pH 低时，氯丙嗪等类药物的代谢物，会产生假阳性反应，尿中含有大量维生素 C 和硝酸盐时，会出现假阴性反应。

（二）病理性胆红素尿

血液中含有大量结合胆红素时，胆红素才能在尿中检出。一般尿中先出现胆红素，然后才有黄疸症状。

1. 溶血性黄疸（肝前性的） 见于巴贝斯虫病、自体免疫性溶血等。间接胆红素不能从肾小球滤过，所以一般尿中没有胆红素。当肝脏损伤时，直接胆红素在血液中增多，尿中才出现胆红素。另外，还有糖尿病、猫传染性腹膜炎、猫白血病等，尿中直接胆红素也增多。

2. 肝细胞损伤（肝性的） 见于犬传染性肝炎、肝坏死、钩端螺旋体病、肝硬化、肝新生瘤、毒物（牛铜中毒、狗磷和铊中毒、绵羊吃有毒蒺藜发生的头黄肿病）。

3. 胆管阻塞（肝后性）　见于结石、胆道瘤或寄生虫等。

4. 高烧或饥饿　有时也会引起轻度胆红素尿。

七、尿胆素原（Urobilinogen）

肠道细菌还原胆红素成尿胆素原。尿胆素原部分随粪便排出，部分吸收入血液。吸收入血液部分，有的又重新入肝脏进胆汁。另外一些循环进入肾脏，少量被排入尿中，所以正常动物尿中含有少量尿胆素原，但用试剂条法检验为阴性。尿胆素原在酸性尿中和在光照情况下易发生变化，所以采尿后应立刻检验。干试条检测尿中尿胆素原范围是 $6.76\sim202.8\ \mu mol/L$（$0.4\sim12mg/dL$），敏感度是 $6.76\mu mol/L$（$0.4mg/dL$）。

（一）尿中尿胆素原减少或缺乏

尿试剂条法不能检验出犬猫尿胆红素 $6.76\mu mol/L$（$0.4mg/dL$）以下减少的情况，正常犬猫尿中尿胆素原参考值小于 $16\mu mol/L$。因此，尿试剂条只适用于检测犬猫尿中尿胆素原减少 $16\mu mol/L$ 减去 $6.76\mu mol/L$ 的范围，也就是 $9.24\mu mol/L$。尿中尿胆素原减少或缺乏原因如下：

1. 胆道阻塞　利用检测尿胆素原可以鉴别堵塞性黄疸、肝性黄疸和溶血性黄疸。堵塞性黄疸时，尿中和粪中无尿胆素原，这时粪便呈黏土色，而正常粪便为棕色。

2. 红细胞的破坏减少

3. 肠道的吸收受到损伤　如腹泻引起。

4. 抗生素　尤其是金霉素等广谱抗生素，抑制了肠道细菌，妨碍了尿胆素原的形成。

5. 肾炎　肾炎后期，由于多尿稀释了尿胆素原。

（二）尿中尿胆素原增多

1. 肝炎和肝硬化　损伤的肝细胞不能有效地从门脉循环中移去尿胆素原。因影响因素较多，其诊断价值较小。

2. 溶血性黄疸 过多红细胞溶解，增加了胆红素，相应地也增加了尿胆素原。

3. 小肠内菌系和粪便通过时间延长 如便秘和肠阻塞，引起肠道再吸收尿胆素原增多。

（三）影响检验的因素

1. 吲哚：与埃氏试剂反应，产生红色。
2. 胆汁和亚硝酸盐：与埃氏试剂反应，产生绿色。
3. 磺胺和普鲁卡因：与埃氏试剂反应，产生黄绿色。
4. 福尔马林。
5. 尿 pH 和比重，碱性尿和比重高时增多。

八、尿亚硝酸盐（Nitrituria）

尿中含有大肠杆菌和其他肠杆菌科细菌时，能将尿中硝酸盐还原为亚硝酸盐，故用试剂条法检验尿中亚硝酸盐方法来筛选尿路是否有感染。检验人尿亚硝酸盐阳性尿，表示尿中细菌含量在 $10^5/mL$ 以上。但犬猫等动物，由于正常尿中含有维生素 C，会出现假阴性反应。因此，用检验犬猫尿亚硝酸盐来诊断泌尿系统感染，一般是不适用的。现在已有试剂条可以抗维生素 C 干扰，而能正确测定尿中亚硝酸盐。

九、尿白细胞（Urine WBC）

尿中有多量白细胞，也叫脓尿（Pyuria），用试剂条法能检验人尿中白细胞含量，是检验人白细胞酯酶来实现的，人正常尿为阴性。检验级别为 4 级：微量（15 个/μL）、小量（75 个/μL）、中量（125 个/μL）和大量（500 个/μL）。阴道污染尿可造成假阳性。但尿比重高、尿高糖（$\geqslant$3g/dL）、高白蛋白（>499mg/dL）、维生素 C、头孢霉素、四环素、庆大霉素和高浓度草酸，以及室温 20℃以下，均可造成尿白细胞数检验偏低或假阴性。此法对犬白细胞酯酶敏感差（伪阴性结果），对猫特异性差（伪阳性结果），故不适宜应用。犬试剂条检测犬猫尿中白细胞多少。爱德士公司生产的犬猫专用 8 项尿试纸条，可以检测犬猫尿中白细胞多少。

十、尿钙（Urine calcium）

检查一次尿中钙不准确、意义也不大，应检查 24h 内排出的尿中钙，才有临床意义。

（一）尿中钙增加

血清钙水平高于 2.6mmol/L（10.5mg/dL）时才增加。

1. 给含钙溶液后。
2. 肾性骨发育不全，见肾衰竭性的甲状旁腺机能亢进。
3. 甲状腺机能亢进、维生素 D 过多症、多发性骨髓瘤。

（二）尿中钙减少

血清钙低于肾阈的 1.88mmol/L（7.5mg/dL），见于牛低血钙症、狗产后搐搦、甲状旁腺机能降低和骨软症。

十一、尿肌酐（Urine CREA）

犬参考值是 30～80mg/（kg•d），猫是 12～20mg/（kg•d）。
增多：见于高热、饥饿、急性或慢性消耗性疾病、剧烈活动后等。
减少：见于肾脏衰竭、贫血、肌萎缩或白血病。

十二、尿蛋白和尿肌酐比值（UPC Ratio）

爱德士 UPC 比值是检验尿蛋白（单位：mg/dL）和尿肌酐（单位：mg/dL）之比。正常犬参考值＜0.5，猫＜0.4。如果 UPC 值大于参考值，又确定尿蛋白是肾性的，即可诊断为肾病；如果 UPC 比值增大，血清 BUN 和 CRE 中一项变化不大，也难于确定为肾病。UPC 比值可用于诊断早期肾病，监测肾病过程和严重性，评价肾病治疗效果和更好地评估肾病的发展和预后。

第三节　尿沉渣检验

尿沉渣检验包括红细胞、白细胞、上皮细胞、管型、结晶和微生物等。检验一般在采尿后 30min 内完成，否则将影响检验的真实性。放置于离心机内离心（1 000～3 000r/min），离心 3～5min，轻轻倒出上清液，用吸管吸取混合残留的尿液和沉渣，然后吸取混合物涂载玻片上，再用盖玻片盖均匀，用显微镜检验。暂时不能检验时，尿液放入冰箱保存或加防腐剂。放入冰箱内的待检样品，取出后放至室温后再检验。

一、上皮细胞（Epithelial cells）

（一）类型

1. 鳞状上皮细胞（扁平上皮细胞，Squamous cells）

（1）个体最大细胞。

（2）轮廓不规则，像薄盘，单独或几个联系在一起出现。

（3）含有一个圆而小的核。

（4）它们是尿道前段和阴道上皮细胞。发情时尿中数量增多。

（5）有时可以看到成堆类似移行上皮细胞样的癌细胞和横纹肌肉瘤细胞，注意鉴别。

2. 移行上皮细胞（尿路上皮细胞，Transitional epithelial cells）

（1）多种形状。由于来源不同，它们有圆形、卵圆形、纺锤形和带尾形细胞。

（2）细胞大小介于鳞状上皮细胞和肾小管上皮细胞之间。

（3）胞浆常有颗粒结构，有一个小的核。

（4）它们是尿道、膀胱、输尿管和肾盂的上皮细胞。

3. 肾小管上皮细胞（小圆上皮细胞，Renal tubular epithelia cells）

（1）小而圆具有一个较大圆形核的细胞，胞浆内有颗粒。

（2）比白细胞稍大。

（3）在新鲜尿液中，也常因细胞变性，细胞结构不够清楚。

（4）在上皮管型里，也可以辨认它们。它们是肾小管上皮细胞。

4. 泌尿系上皮细胞瘤细胞　检验时注意辨别。

（二）临床意义

1. 尿中一定数量的上皮细胞是正常现象。

（1）鳞状上皮细胞可能大量在尿中出现，尤其是母畜的导尿尿样品。

（2）有时移行上皮细胞，在尿中也正常存在。

2. 在病理情况下，上皮细胞在尿中大量存在。

（1）急性肾间质肾炎时，尿中存在大量肾小管上皮细胞，但是常常难以辨认。

（2）膀胱炎、肾盂肾炎、尿结石病、导尿损伤时，移行上皮细胞在尿中大量存在。

（3）阴道炎和膀胱炎时，鳞状上皮细胞可能在尿中大量存在。

（4）泌尿系有肿瘤时，尿沉渣中有大量泌尿系上皮肿瘤细胞存在。

二、红细胞（RBC）

尿中红细胞呈淡黄色到橘黄色。一般是圆形，在浓稠高渗尿中可能皱缩，表面带刺，颜色较深。在稀释低渗尿中，可能只剩下一个无色环，称为影细胞或红细胞淡影（BRC shadow）。在碱性尿中红细胞和管型，甚至白细胞易溶解，一般检验看不到。正常尿中红细胞不超过 5 个/HPF（每个高倍视野）。

临床意义：如果尿中有红细胞存在，表示泌尿生殖道某处出血、必须注意区别导尿时引起的出血，详见"尿红细胞、血红蛋白和肌红蛋白"项。

三、白细胞或脓细胞（WBC or pus cells）

尿中白细胞多是中性粒细胞，也可见到少数淋巴细胞和单核细胞。

1. 白细胞比红细胞大，比上皮细胞小。

2. 注意区别它们的核，白细胞一般为多分叶核，但常常由于变性而不清楚。

3. 临床意义。

（1）正常尿中存在一些白细胞，一般不超过 5 个/HPF。

（2）脓尿说明泌尿生殖道某处有感染或化脓灶。

①生殖道的污染，见于阴门炎、阴道炎、龟头炎、子宫炎。

②尿道炎、膀胱炎、肾盂炎或肾盂肾炎、肾炎。

四、管型（Casts）

管型一般形成在肾的髓袢、远曲肾小管和集合管。通常为圆柱状，有时为圆形、方形、无规则形或逐渐变细形。

管型根据其形状外貌分为透明管形、上皮细胞管形、颗粒管型（分粗颗粒管型和细颗粒管型）、红细胞管型、血红蛋白管型（见于严重血管内溶血和血红蛋白尿）、白细胞管型、脂肪管型、蜡样管型、胆色素管型（管型里含有胆色素）、粗大管型（管型粗大，曾叫肾衰竭管型）和混合管型。

1. 透明管型（Hyaline casts）

（1）由血浆蛋白和/或肾小管黏蛋白组成。

（2）无色、均质、半透明、两边平行和两端圆形的柱样结构。

（3）在碱性或比重小于 1.003 的中性尿中溶解，所以不常见于马、牛和羊尿中。高速离心尿液，有时也能破坏管型。

（4）在显微镜暗视野才能看到。

（5）临床意义。

    A. 正常尿中也有一些存在。

    B. 肾受到中等程度刺激便可看到。

    C. 较严重的肾损伤，也常看到其他类型管型。

    D. 任何热症、麻醉后、强行训练以后、循环紊乱等，也可检验看到。

2. 颗粒管型（Granular casts）

（1）透明管型表面含有细（Fine）的或粗大（Coarse）的颗粒，这些颗粒是白细胞或肾小管上皮细胞破碎后的产物。

（2）是家畜常见的管型。

（3）临床意义。

    A. 它们含有破碎的肾小管上皮细胞，所以它们出现在比透明管型更严重的肾疾病尿中。

    B. 大量的颗粒管型出现，表示更严重的肾脏疾病，甚至有肾小管坏死、常见于任何原因的慢性肾炎、肾盂肾炎、细菌性心内膜炎。

C. 因为有大量的尿液量能抑制管型的形成，所以在慢性间质性肾炎时，很少看到颗粒管型。

3. 肾小管上皮细胞管型（Renal tubular epithelial cell casts）

（1）透明管型表面含有肾小管脱落的上皮细胞。

（2）常常呈两列上皮细胞出现。

（3）临床意义。

　　A. 是脱落的尚没有破碎的肾小管上皮细胞形成。

　　B. 急性或慢性肾炎、急性肾小管上皮细胞坏死、间质性肾炎、肾淀粉样变性、肾盂肾炎、金属（汞、镉、铋等）及其他化学物质中毒。

4. 蜡样管型（Waxy casts）

（1）黄色或灰色，比透明管型宽，高度折光，常发现折断端呈方形。

（2）临床意义。见于慢性肾脏疾病，如：

　　A. 进行性严重的肾炎和肾变性。

　　B. 肾淀粉样变性。

5. 脂肪管型（Fatty casts）

（1）透明管型表面含有无数反光的脂肪球。

（2）无色。用苏丹Ⅲ可染成橘黄色到红色。

（3）临床意义。

　　A. 变性肾小管病、中毒性肾病和肾病综合征，有脂类物质在肾小管沉淀。

　　B. 猫常有脂尿，所以当猫患肾脏疾病时，有时可看到脂肪管型。

　　C. 狗患糖尿病时，偶尔可看到此管型。

6. 血液和红细胞管型（Blood and erythrocyte casts）

（1）血液管型是柱状均质管型，呈深黄色或橘色。

（2）红细胞透明管型呈深黄色到橘色，可以看到在管型中的红细胞，一般少见。

（3）临床意义。

　　A. 血液管型，见肾小球疾病，如急性肾小球肾炎、急性进行性肾炎、慢性肾炎急性发作。

　　B. 红细胞透明管型，见肾单位出血。

7. 白细胞管型（Leukocyte casts）

（1）白细胞黏在透明管型上的管型，一般少见。

（2）临床意义：肾小管炎、肾化脓、间质性肾炎、肾盂肾炎、肾脓肿。

五、类圆柱体（Cylindroid）

1. 类似于透明管型，但是一端逐渐变细，一直到呈丝状。
2. 临床意义。相同于透明管型。

六、黏液和黏液线（Mucus and mucus threads）

1. 黏液线是长而细、弯曲而缠绕的细线。
2. 马尿中黏液是均质的。
3. 在暗视野才能看到它们，但在黏液线粘到其他物体上时，比较容易看到。
4. 临床意义。
（1）马尿中含有大量均质黏液是正常的，因为马的肾盂和近肾端输尿管有黏液分泌腺。
（2）其他动物尿中含有黏液线，说明了尿道被刺激，或是生殖道分泌物污染尿样品的原因。

七、微生物（Microorganisms）

1. 细菌（Bacteria）
（1）用高倍镜才能看到。注意区别细菌表现的真运动和其他物体表现的布朗运动。
（2）可以看到细菌的形态，通过染色可以看得更清楚。
（3）临床意义。
①正常尿中无细菌。
②导的尿、接的中期尿或穿刺的尿，如果含有大量杆状或球状细菌时，叫细菌尿（Bacteriuria）。说明泌尿道有细菌感染，尤其是尿中含有异常白细胞和红细胞时。见膀胱炎和肾盂肾炎。
　　A. 膀胱最易感染。
　　B. 非离心的尿样品，在显微镜下可以看到细菌，说明尿液中杆菌多于 10^4 个/mL，球菌多于 10^5 个/mL 细菌。尿中细菌达

10^4 个/mL 时，表明尿路有感染。

C. 生殖道感染时，也可以看到尿沉渣中的细菌，如子宫炎、阴道炎和前列腺炎等。

D. 临床上的导尿、尿结石、尿失禁、尿道憩室、尿潴留、糖尿病和肾上腺机能亢进等，都易引起泌尿系感染。

E. 尿液 pH 与其中细菌存在的关系。见表5-6。

表 5-6　尿液 pH 与其中细菌存在的关系

尿 pH	细菌形态	可能细菌
酸性尿	杆菌	大肠杆菌*
酸性尿	球菌	肠球菌/链球菌
碱性尿	杆菌	变形杆菌
碱性尿	球菌	葡萄球菌

* 尿道感染最常见的是大肠杆菌，其他革兰氏阴性杆菌还有克雷伯氏菌、假单胞杆菌和肠杆菌等。

2. 酵母菌（Yeast）

（1）无色、圆形到椭圆形，呈补丁样，大小不一。

（2）比细菌大，比白细胞小，和红细胞大小差不多。

（3）临床意义：污染引起的，家畜的酵母菌尿道感染很少见，有时可见白色念珠菌尿道感染。

3. 真菌（Fungi）

（1）最大特点是有菌丝、分节、可能有色。

（2）临床意义：有时可见芽生菌和组织隐球菌的全身多系统（包括尿道）感染。

八、寄生虫（Parasites）

1. 尿沉渣中的寄生虫卵

（1）猪肾虫（有齿冠尾线虫）卵。

（2）狗和狼的肾膨结线虫（犬和狼的大型肾脏寄生虫）卵，卵为椭圆形，壁厚，表面有乳头状凸起。

（3）狗、猫和狐狸膀胱的皱襞毛细线虫卵，椭圆形，两端似塞盖。

（4）犬恶丝虫的微丝蚴（罕见）。

（5）尿被粪便污染，可能包含各种寄生虫卵。

2. 原生动物 由于粪便或生殖道分泌物的污染，可看到阴道毛滴虫（图 5-3）和狐毛尾线虫卵。

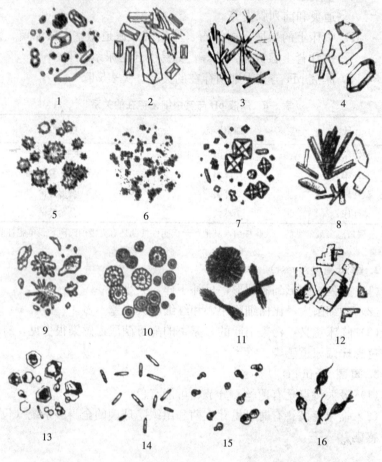

图 5-3 尿沉渣中结晶体、微生物和寄生虫

1. 碳酸钙 2. 磷酸铵镁 3. 磷酸钙 4. 马尿酸 5. 尿酸铵
6. 尿酸盐 7. 草酸钙 8. 硫酸钙 9. 尿酸结晶 10. 亮氨酸
11. 酪氨酸 12. 胆固醇 13. 胱氨酸 14. 细菌 15. 酵母菌 16. 毛滴虫

九、精子（Spermatozoa）

1. 通过外形很易辨认，正常见于公狗和公猫尿中。由于精子回流，膀胱穿刺尿中，有时也可发现精子。配过种不久的母犬猫，尿中也可能有精子。

2. 临床无任何意义。

十、结晶体和尿结石（Crystals and uroliths）

尿沉渣中结晶体和尿结石（图 5-3 和图 5-4），尿中结晶体和结石的形成与尿 pH、晶体的溶解性和浓度、温度、胶质、用药和动物个体等有关。检验应在采尿后立即进行。

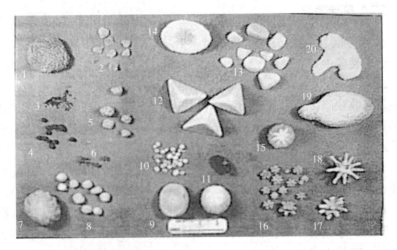

图 5-4　犬尿结石的不同矿物质成分，所显示的不同大小、形状和表面特点
1～2. 二水体草酸钙结石　3～5. 一水体草酸钙结石　6. 二水体草酸钙结石
7～8. 胱氨酸结石　9. 尿酸盐结石：左为切面的分层纹理结构（同心层）
10～11. 尿酸铵结石　12～13. 磷酸铵镁结石（鸟粪石）
14. 混合尿结石：中心是一水体草酸钙结石，外围是磷酸铵镁和碳酸钙磷灰石结石
15. 混合尿结石：中心是硅酸盐结石，外围是草酸钙、硅酸盐和尿酸铵混合物结石
16～18. 硅酸盐结石　19. 磷酸铵镁结石：形状似膀胱，突出的部分为尿道端
20. 磷酸铵镁结石：形状似肾盂，突出的部分为输尿管端
（选自 Small Animal Clinical Neutrition, 4th edition）

（一）正常尿

（1）正常酸性尿含有草酸钙（Calcium oxaalate，彩图 81 和 82）、尿酸（Uric acid）、尿酸铵（Ammonium urates，彩图 84）、无定形的尿酸盐（Amorphous urates）、尿酸钠（Salcium urates）、硫酸钙（Calcium sulfate）、重尿酸盐（Amorphous biurates）、马尿酸（Hippuric acid）和黄嘌呤（Xanthine）。

（2）正常碱性尿含有三价磷酸盐［磷酸铵镁（Magnesium ammonium

phosphates，彩图 80），也叫鸟粪石（Struvite）]、磷酸钙（Calcium phosphate）、碳酸钙（Calcium carbonate，尤多见于马尿中）、无定形磷酸盐（Amorphous phosphates），有时可看到重尿酸盐（Amorphous biurates）和尿酸铵（Ammonium urates）结晶。

（3）尿中发现大量结晶体时，可能有其结晶体性质的尿结石存在。但有的动物其泌尿系统有结石存在，尿中却没有结晶体存在。

（二）临床意义

1. 亮氨酸（Leucine）**和酪氨酸**（Tyrosine）**结晶**　见于肝坏死、肝硬化、急性磷中毒。

2. 胱氨酸（Cystine，彩图 83）**结晶**　见于犬先天性胱氨酸病，对胱氨酸重吸收缺陷，易患肾结石病。泌尿系的胱氨酸结石，用 X 线拍片时不易显影，所以检查胱氨酸尿结石时，不能只靠 X 线拍片诊断，需要综合诊断。

3. 胆固醇（Cholesterol）**结晶**　见于肾盂肾炎、膀胱炎、肾淀粉样变性、脓尿等。

4. 胆红素（Bilirubin）**结晶**　见于阻塞性黄疸、急性肝坏死、肝硬化、肝癌、急性磷中毒。但是犬，尤其是公犬，尿中出现胆红素结晶体时，也可能是正常的。

5. 磺胺（Salfa）**结晶**　见于用磺胺药物过度治疗。

6. 黄嘌呤（Xanthine，彩图 85）**结晶**　见于犬缺乏黄嘌呤氧化酶而发生的遗传性黄嘌呤尿，进而发生的黄嘌呤尿结石。犬黄嘌呤尿病可用别嘌呤醇（Allopurinol）治疗。

7. 尿酸铵结晶　见于门腔静脉分流（Portal caval venous shunt）和其他肝脏疾病的尿石病。大麦町犬和英国斗牛犬易患此结石病。

8. 磷酸铵镁结晶　见于正常碱性尿和伴有尿结石尿中。

9. 草酸盐 [有一水草酸钙（Calcium oxalate monohydrate）**和二水草酸钙**（Calcium oxalate dihydrate）] **结晶**　见于乙二醇（防冻剂）和某些植物中毒，在酸性尿中存在多量时，可能有尿结石。

10. 马尿酸结晶　见于乙二醇（防冻剂）中毒。

11. 重尿酸盐结晶　见于门腔静脉分流（Portal caval venous shunt）或其他肝脏疾病。

12. 尿酸、尿酸盐（尿酸钠、尿酸铵）**结晶**　形成尿结石后，拍 X 线片，因结石易透过 X 线，尤其是结石直径小于 3mm，X 线拍片不易显影，容易出现误诊，故诊断时应特别注意。

（三）尿沉渣中结晶体形态特征和形成时尿 pH 的特点

尿沉渣中结晶体形态特征和形成时尿 pH 的特点见表 5-7。

表 5-7 尿沉渣中结晶体形态特征和形成时尿 pH 的特点

结晶类型	结晶体形成时尿液 pH			形态特征
1. 正常结晶	酸性	中性	碱性	
尿酸铵	＋	＋	＋	黄色或暗棕色，圆形长刺（似曼陀罗）
尿酸	＋	－	－	黄色或暗红棕色，菱形、玫瑰花样或椭圆盘状、棱柱形和钻石样
无定形尿酸盐	＋	±	－	黄褐色，无定形或颗粒状
尿酸钠	＋	±	－	无色或黄褐色，针状或细长棱形，有时成堆或成束
二水体草酸钙	＋	＋	±	八面体或信封样（具有 2 条对角线的四方体）
一水体草酸钙	＋	＋	±	哑铃样或纺锤状
马尿酸	＋	＋	±	无色，圆角棱形或 4～6 边长盘形
磷酸钙	±	＋	＋	形状不定或长而薄的棱形
磷酸铵镁（鸟粪石）	±	＋	＋	无色，3～6 边棱柱形或羽毛样
碳酸钙	－	±	＋	黄褐色，大的球形具有放射状，小的哑铃状或类似球形
无定形磷酸盐	－	±	＋	无色，成堆的颗粒
2. 异常结晶				
胆红素	＋	－	－	红褐色，针状或细颗粒状
胆固醇	＋	＋	＋	无色，缺角似盘状薄片
胱氨酸	＋	＋	±	无色，六棱盘状
亮氨酸	＋	＋	－	黄褐色，圆形具有同心放射状
酪氨酸	＋	＋	－	无色或黄色，中间细的细针束样或玫瑰花样
黄嘌呤	＋	±	－	黄褐色，无定形、球形或椭圆形
磺胺代谢物	＋	±	－	中心或偏心车轮状针样排列，有时呈扇形

注："＋"表示在此 pH 环境中常有结晶；"±"表示在此 pH 环境中可能有结晶，但在其他 pH 环境中结晶更常见；"－"表示在此 pH 环境中结晶不常见。

诊断尿结石性质方法的提示

1.检验尿液 pH，用以诊断是酸性尿液中形成的尿结石，还是碱性尿液中形成的尿结石。

2.检验尿沉渣是什么性质的尿沉渣，然后根据尿沉渣的性质来判断尿结石的性质。

3.手术取出尿结石后，依据其形状来判断其尿结石的性质（图5-2）。

4.最准确的方法是检验尿结石的化学成分，来确诊尿结石的性质。

十一、脂肪滴（Lipid droplets）

1. 尿中脂肪滴呈圆形，高度折光，大小不一。注意和红细胞区别。

2. 苏丹Ⅲ或Ⅳ染脂肪滴成橘黄色到红色。

3. 临床意义。

（1）外源性的脂肪滴，如润滑导尿管等。

（2）大多数猫有脂尿，也可能是肾小管上皮细胞的异常变性原因。

（3）肥胖和高脂肪饮食、甲状腺机能降低、糖尿病。

十二、尿中的人为物和污染物（Artifacts and cont-aminantsin urine）

诸多外源物可以污染尿液，它们是气泡、润滑油滴、外科手套上的淀粉颗粒、草籽、玻璃碎渣、头发和被毛，粪便中虫卵、酵母菌、真菌、灰尘、棉花絮或其他纤维、植物孢子或花粉等。

第六章

粪 便 检 验

粪便检验包括食物残渣、消化道分泌物、寄生虫和虫卵、微生物、无机盐和水分等，以便有利于诊断和治疗消化系统器官疾病。粪便标本要求新鲜，不要混入尿液，标本应在 1h 内完成检验，不然粪便中的消化酶等因素，能使粪便中的细胞成分破坏分解掉。

第一节　粪便一般性状检查

粪便一般性状检查是利用肉眼和嗅闻来检查粪便标本。

一、粪量（Fecal quantity）

地球上有成千上万种动物，各种动物因食物种类、采食量和消化器官功能状态不同，其每天排粪次数和排粪量也不相同，即使是同一种动物，也有差别，平时应多注意观察。当胃肠道或胰腺发生炎症或功能紊乱时，因有不同量的炎症渗出、分泌增多、肠道蠕动亢进，以及消化吸收不良，使排粪量或次数增加。便秘和饥饿时，排粪量将减少。

二、粪便颜色和性状（Fecal color and character）

正常动物粪便的颜色和性状，因动物种类不同和采食不同而各异。粪便久放后，由于粪便胆色素氧化，其颜色将变深。正常粪便含 60%～70% 水分。临床上病理性粪便有以下变化。

1. 变稀或水样便　常常由于肠道黏膜分泌物过多，使粪便水分增加

10%，或肠道蠕动亢进引起。见于肠道各种感染性或非感染性腹泻，尤其多见于急性肠炎。服用导泻药后等。幼年动物肠炎，由于肠蠕动加快，多排绿色稀便。出血坏死性肠炎时，多排出污红色样稀便。

2. 泡沫状便　多由于小肠细菌性感染引起。

3. 油状便　可能由于小肠或胰腺有病变，造成吸收不良引起，或口服或灌服油类后发生。

4. 胶状或黏液粪便　动物正常粪便中只含有少量黏液，因和粪便混合均匀难以看到。如果肉眼看到粪便中黏液，说明黏液增多。小肠炎时多分泌的黏液，和粪便呈均匀混合。大肠炎时，因粪便已基本成形，黏液不易与粪便均匀混合。直肠炎时，黏膜附着于粪便表面。单纯的黏液便，稀黏稠和无色透明。粪便中含有膜状或管状物时，见于伪膜性肠炎或黏液性肠炎。脓性液便呈不透明的黄白色。黏液便多见于各种肠炎、细菌性痢疾、应激综合征等。

5. 鲜血便　动物患有肛裂、直肠息肉、直肠癌时，有时可见鲜血便，鲜血常附在粪便表面。

6. 黑便　黑便多见于上消化道出血，粪便潜血检验阳性。服用活性炭或次硝酸铋等铋剂后，也可排黑便，但潜血检验阴性。动物采食肉类、肝脏、血液或口服铁制剂后，也能使粪便变黑，潜血检验也呈阳性，临床上应注意鉴别。

7. 陶土样粪便　见于各种原因引起的胆管阻塞。因无胆红素排入肠道所致。消化道钡剂造影后，因粪便中含有钡剂，也呈白色或黄白色。

8. 灰色恶臭便　见于消化或吸收不良，常由小肠疾患引起。

9. 凝乳块　吃乳幼年动物，粪便中见有黄白色凝乳块，或见鸡蛋白样便，表示乳中酪蛋白或脂肪消化不全，多见于幼年动物消化不良和腹泻。

三、粪便气味（Fecal odor）

动物正常粪便中，因含有蛋白质分解产物如吲哚、粪臭素、硫醇、硫化氢等而有臭味，草食动物因食碳水化合物多而味轻，肉食动物因食蛋白质多而味重。食物中脂肪和碳水化合物消化吸收不良时，粪便呈酸臭味。肠炎，尤其是慢性肠炎、犬细小病毒病、大肠癌症、胰腺疾病等，由于蛋白质腐败，产生恶臭味。

四、粪便寄生虫（Fecal parasites）

蛔虫、绦虫等较大虫体或虫体节片（复孔绦虫节片似麦粒样），肉眼可以分辨。口服、涂布机体上或注射驱虫药后，注意检查粪便中有无虫体、绦虫头节等。

第二节　粪便显微镜检验

犬猫发生腹泻时，需用显微镜主要检验粪便中细胞、寄生虫卵、卵囊、包囊、细菌、真菌、原虫，以及各种食物残渣，用以了解消化道的消化吸收功能。一般多用生理盐水和粪便混匀后直接涂片检验。

一、粪便中各种细胞（Fecal cells，图 6-1）

1. 白细胞　正常粪便中没有或偶尔看到。肠道炎症时，常见中性粒细胞增多，但细胞因部分被消化，难以辨认。细菌性大肠炎时，可见大量中性粒细胞。成堆分布的细胞结构破坏、核不完整的，称为脓细胞。过敏

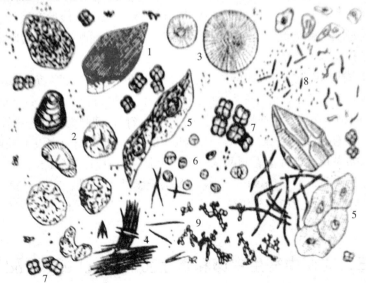

图 6-1　粪便内细胞及食物残渣

1. 植物细胞　2. 淀粉颗粒　3. 脂肪球　4. 针状脂肪酸结晶　5. 上皮细胞
6. 白细胞　7. 球菌　8. 杆菌　9. 真菌

性肠炎或肠道寄生虫病时，粪便中多见嗜酸性粒细胞。

2. 红细胞　正常粪便中无红细胞。肠道下段炎症或出血时，粪便中可见红细胞。细菌性肠炎时，白细胞多于红细胞。

3. 吞噬细胞　粪便中的中性粒细胞，有的胞体变得膨大，并吞有异物者，称为小吞噬细胞。细菌性痢疾和直肠炎时，单核细胞吞噬较大异物，细胞体变得较中性粒细胞大，胞核多不规则，核仁大小不等，胞浆常有伪足样突出，称为大吞噬细胞。

4. 肠黏膜上皮细胞　为柱状上皮细胞，呈椭圆形或短柱状，两端稍钝圆，正常粪便中没有。结肠炎时，上皮细胞增多。伪膜性肠炎时，黏膜中有较多存在。

5. 肿瘤细胞　大肠患有癌症时，粪便中可看到此细胞。

二、粪便中食物残渣（Fecal food remnants，图 6-1）

草食动物的粪便中含有多种多样的植物细胞和植物纤维，肉食动物极少看到。

1. 粪便中淀粉（Fecal starch）　正常犬猫粪便中基本上不含淀粉颗粒。粪便中含有大小不等的圆形或椭圆形颗粒，加含碘液后变成蓝色，就是淀粉颗粒，称为淀粉溢（Amylorrhea），见于慢性胰腺炎，胰腺机能不全和各种原因的腹泻。

2. 粪便中脂肪（Fecal fat）　正常犬猫粪便中极少看到脂肪小滴，粪便中出现大小不等、圆形、折旋光性强的脂肪小滴，称为脂肪痢（Steatorrhea）。经苏丹Ⅲ染色呈橘红色或淡黄色时，见于急性或慢性胰腺炎及胰腺癌等。

3. 粪便中肌肉纤维（Fecal muscle fibers）　犬猫粪便中极少看到肌肉纤维。如果在载玻片上看到两端不齐、片状、带有纤维横纹或有核肌纤维时，称为肉质下泄（Creatorrhea），多见于肠蠕动亢进、腹泻、胰腺外分泌功能降低及胰蛋白酶分泌减少等。

三、粪便中寄生虫卵和寄生虫（Fecal eggs and parasites）

肠道寄生虫病的诊断，主要靠显微镜检查粪便中虫卵、幼虫（类丝虫）、原虫（三毛毛滴虫）、卵囊、包囊和滋养体（腹泻时多见）。粪便中常见寄生虫卵有蛔虫卵或虫体、钩虫卵、球虫卵囊、绦虫节片或卵、华枝睾吸虫卵、贾第虫和阿米巴包囊及小滋养体等（图6-2至图6-7）。

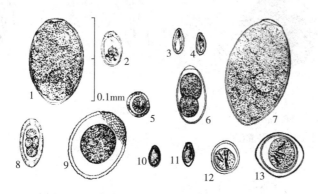

图 6-2 猫寄生虫蠕虫卵

　1. 叶状棘隙吸虫卵（Echinochasmus perfoliatus） 2. 扁体吸虫卵（Plytynosomum concinnum） 3. 华枝睾吸虫卵（Opisthorchis sinensis） 4. 细颈后睾吸虫卵（Opisthorchis tenuicollis） 5. 带状带绦虫卵（Taenia taeniaeformis） 6. 有棘颚口线虫卵（Gnathostoma spinigerum） 7. 獾真缘吸虫卵（Euparyphinum melis） 8. 肝脏毛细线虫卵（Capillaria hepatica） 9. 猫弓首蛔虫卵（toxocara mystax） 10. 异形吸虫卵（Heterophyes heterophyes） 11. 横川后殖吸虫卵（Metagonimus yokogawai） 12. 复孔绦虫卵（Diplopylidium zchokkei） 13. Foyeuxiella furhmanni

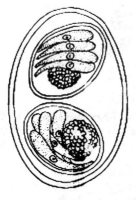

图 6-3 等孢属球虫卵囊

（Isospora oocyst）

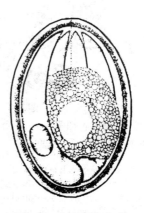

图 6-4 隐孢子虫卵囊

（Cryptosporidii oocyst）

卵囊壁两层，卵囊内有 4 个香蕉样的子孢子和
1 个颗粒状的残体

图 6-5 弓形虫卵囊
(Toxoplasma oocyst)
只见于猫科动物的粪便中，
10μm×12μm

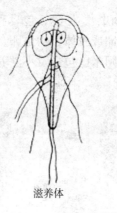

滋养体

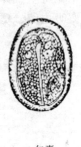

包囊

图 6-6 贾第虫滋养体（Giardia trophozoite）
和包囊（Cyst）

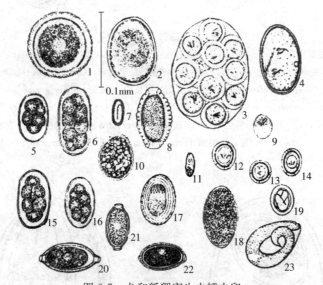

图 6-7 犬和狐狸寄生虫蠕虫卵

1. 犬弓首蛔虫卵（Toxocara canis） 2. 狮弓首蛔虫卵（Toxascaris leonina） 3. 犬复孔绦虫卵（Dipylidium caninum） 4. 锯齿舌形虫卵（Linguatula serrata） 5. 犬钩虫线虫卵（Ancylostoma caninum） 6. 巴西钩虫线虫卵（Ancylostoma braziliense） 7. 狼尾旋线虫卵（Spirocerca lupi） 8. 肾膨结线虫卵（Dioctophyma renale） 9. 线中绦虫卵（Mesocestoides lineatus） 10. 宽节双叶槽绦虫卵（Diphyllobothrium latum） 11. 宽体吸虫卵（Euryhelmis sqoamula） 12. 细粒棘球绦虫卵（Echinococcus granulosus） 13. 泡状带绦虫卵（Taenia hydatigena） 14. 绵羊带绦虫卵（Taenia ovis） 15. 狭头弯口线虫卵（Uncinaria stenocephala） 16. 美洲板口线虫卵（Necator americanus） 17. 犬头棘头虫卵（Oncicola canis） 18. 鲑隐孔吸虫卵（Troglotrema salmincola）19. 犬头泡翼线虫卵（Physaloptera canis） 20. 狐毛首线虫卵（Trichuris vulpis） 21. 襞毛细线虫卵（Capillaria plica） 22. 肺毛细线虫卵（Capillaria aerophila） 23. 欧氏类丝虫卵（Filaroides osleri）

四、粪便细菌学检验（Microbiological examination of feces）

粪便中细菌极多，人粪便中细菌约占粪便干重的 1/3，且多属正常菌群。犬、猫消化道内正常菌系包括：

①需氧菌的革兰氏阳性菌有链球菌、葡萄球菌、杆菌属菌、棒状杆菌。革兰氏阴性菌有肠杆菌科菌（如大肠埃希氏杆菌、肠杆菌、变形杆菌、克雷伯氏杆菌）、假单胞菌、奈瑟氏菌、摩拉克氏菌。

②厌氧菌的革兰氏阳性菌有梭状芽孢杆菌、乳酸杆菌、丙酸菌、双叉菌。革兰氏阴性菌有类杆菌、梭菌、韦永氏球菌。另外，还有螺旋菌、支原体和酵母菌等。以上细菌在粪便中多无临床意义。在多次口服广谱抗生素后，常可引起葡萄球菌和念珠菌过量生长。疑为细菌引起的肠炎时，除检验粪便细菌外，还应检验粪便的一般性状和粪便中的细胞等。能引起犬猫肠道病的病原菌有产气梭状芽孢杆菌、沙门氏菌、空肠梭状芽孢杆菌、产细胞毒素的大肠杆菌和小结肠酵母菌等。

第三节　粪便化学检验

一、粪便潜血试验（Fecal occult blood test）

潜血（OB）是指胃肠道有少量出血，肉眼和显微镜不能发现的出血。

1. 潜血试验阳性　见于胃肠道各种炎症或出血、溃疡、钩虫病，以及消化道恶性肿瘤等。30kg 体重犬胃肠道出血 2mL，便可检验阳性。

2. 潜血试验假阳性　凡采食动物血液、各种肉类和铁剂，以及采食大量未煮熟的绿色植物或蔬菜时，均可出现假阳性反应。因此，采食血液和肉类动物（犬猫），应素食 3d 以后才检验；采食植物或蔬菜的动物，其粪便应加入蒸馏水，经煮沸破坏了植物中过氧化氢酶后，才进行检验。

3. 潜血检验假阴性　血液未与粪便混合均匀和添加维生素 C。

二、粪便胰蛋白酶试验（Fecal proteases test）

正常犬猫粪便中都含有胰蛋白酶，所以用胶片法或明胶试管法检验粪便中胰蛋白酶都是阳性。当检验粪便中胰蛋白酶缺少或无有，即阴性时，表示胰腺外分泌功能不足、胰管堵塞、肠激酶缺乏或肠道疾病等。

检验操作方法：试管内加入5％碳酸氢钠溶液9mL，加入1～2g新鲜粪便，混合。用曝过光未冲洗的X线片一条，放入试管，在37℃放置50min左右或室温放置1～2h。取出用水冲洗。X线片变得透明为阳性，表示消化功能正常；X线片未变化的，即是阴性。

第七章

血液气体分析和酸碱平衡检验

　　动物体内血液的气体和酸碱平衡正常，保持体内的内环境稳定，是动物健康生存的一个重要方面。因此，血液气体分析和酸碱平衡检验是动物疾病诊断、治疗和愈后判断等必不可少的实验室检验项目。血液气体分析的三个基本项目是 pH、氧分压（PO_2）和二氧化碳分压（PCO_2）。

　　血气分析对患严重疾病的犬猫尤其有用，如严重的脱水、呕吐、腹泻、少尿和无尿、高钾血症和呼吸急促等，对患呼吸系统疾病，检测换气和二氧化碳总量（TCO_2）也是必需的。检验尿 pH 难以反映全身 pH 状况，它不能代替血气分析。血气分析能鉴别不同类型的酸碱平衡失调，以及评估呼吸系统机能。

　　血气分析采血最好用专用血气分析采血针管，尤其是采动脉血时更应使用，其抗凝剂为肝素锂或平衡肝素（balanced heparin）锂。

　　犬猫正常血气参考值见表 7-1。但不同的血气分析仪，其参考值可能略有不同，临床上应以所购仪器的参考值为准。现在动物临床上多用 iSTAT 携带式手持血液分析仪（急诊仪），详见表 7-7、表 7-8。

表 7-1　犬猫正常血气参考值

	pH	PCO_2（mmHg）	HCO_3^-（mmol/L）	PO_2（mmHg）
犬动脉血	7.36～7.44	36～44	18～26	100（80～110）
犬静脉血	7.32～7.40	33～50	18～26	40（35～45）
猫动脉血	7.36～7.44	28～32	17～22	≈100
猫静脉血	7.28～7.41	33～45	18～23	40（35～45）

注：PCO_2 二氧化碳分压；PO_2 氧分压

　　血液 pH 小于 7.10 将有威胁生命的酸中毒，可能会损伤心肌影响收缩力。pH 大于 7.60 表示严重的碱中毒。动脉血氧严重不足（$PaO_2 <$ 50～60mmHg）时，应进行吸氧治疗，每分钟吸氧 0.1L/kg。严重的高碳酸血症，动脉二氧化碳分压升高（$PaCO_2$ 为 50～60mmHg）。

血气分析检查肺机能时需用动脉血液。检验酸碱平衡时，可用静脉血液。正常犬猫动脉和静脉血液血气分析差别，可参考表 7-1。

使用血气分析仪检验血气时，一定要严格按操作规范进行，否则将影响检验值的准确性。另外，乙酰唑胺、氯化铵和氯化钾口服，能引起酸中毒。解酸剂、碳酸氢钠、柠檬酸钾或葡萄糖酸盐，以及利尿药呋塞米能引起碱中毒。而水杨酸盐能引起代谢酸中毒、呼吸性碱中毒或两者同时发生。

第一节　血液气体分析项目

一、pH

健康动物血液 pH 一般在 7.35～7.45 之间，高于 7.60 或低于 6.80，动物将死亡。动脉血液 pH 比静脉高 0.02～0.10。pH<7.24 为失衡代偿性酸中毒，有酸血症存在；pH>7.54 为失衡代偿性碱中毒，有碱血症存在；当 pH7.24～7.54 之间时，可能有三种情况存在，酸碱正常或无失衡、代偿性酸碱失衡或复合性酸碱失衡。后两种的综合分析，须结合其他有关指标进行分析。因此，pH 正常也不能排除酸碱失衡。

二、动脉血氧分压（PaO_2）

PaO_2 是血液中物理溶解的氧分子产生的压力。犬猫 PaO_2 为 10.66～14.66kPa（80～110mmHg）。PaO_2 检测主要是判断机体是否缺氧及其程度。PaO_2 降到 8.0kPa 以下，机体已达失衡代偿边缘；PaO_2<5.33kPa 为重度缺氧；PaO_2<2.6kPa，生命将难以维持了。检验静脉氧分压（PO_2），难以正确地反映动物机体缺氧及其程度。

PaO_2 增高见于吸入纯氧或含高浓度氧气的气体。

PaO_2 降低表示肺泡通气不足引起缺氧，见于高原生活动物、一氧化碳中毒、呼吸窘迫症、肺部疾病、心力衰竭或心肺病、休克等。一般 PaO_2 低于 6.98kPa（55mmHg）可能有呼吸衰竭，低于 3.99kPa（30mmHg）将有生命危险。

三、肺泡-动脉血氧分压差 $[A\text{-}aDO_2，P_{(A\text{-}a)}O_2]$

A-aDO$_2$ 是肺泡氧分压与动脉血氧分压之差。它是反映肺换气机能的指标，能够比较早地反映肺部摄取氧情况。一般人参考值 0.7～2.0kPa，60～80 岁的人可达 3.2～4.0kPa。

A-aDO$_2$ 值增大，表示肺的氧合机能有障碍，主要原因为：

1. A-aDO$_2$ 值增大、同时 PaO$_2$ 减少时　见于弥散性肺间质性疾病、肺炎、肺水肿、阻塞性肺气肿、肺不张、肺癌、胸腔积液、慢性支气管炎、支气管扩张、急性呼吸窘迫综合征（ARDS）等，此种低血氧症，靠吸纯氧不能纠正。

2. 只有 A-aDO$_2$ 增大、而其他指标基本上不变时　见于肺泡通气量明显增大。

四、动脉血氧饱和度（SaO$_2$）

SaO$_2$ 是指动脉血氧和血红蛋白结合的程度，以及血红蛋白缓冲系统能力的指标，受氧分压和 pH 的影响。单位是每克血红蛋白含氧百分数，犬猫和马都大于 90%。

五、动脉血氧含量（CaO$_2$）

CaO$_2$ 是红细胞和血浆含氧量的总和，是判断机体缺氧程度的指标。CaO$_2$ 指每升动脉全血含氧量（mmol）或每 100mL 动脉血含氧量（mL）。贫血时血氧总量会降低，但可能不是呼吸衰竭。

SaO$_2$ 和 CaO$_2$ 检测的临床意义与 PaO$_2$ 有些类似，它们还对指导吸氧或高压氧舱治疗有一定意义。减少见于贫血，缺少了血红蛋白。

六、动脉血二氧化碳分压（PaCO$_2$）

PaCO$_2$ 是动脉血中物理溶解的 CO$_2$ 分子产生的压力。犬为 4.80～5.87kPa（36～44mmHg），平均 5.1kPa（38mmHg），猫为 3.73～

4.27kPa（28～32mmHg），平均 4.8kPa（36mmHg）。动脉血和静脉血 PCO_2 还是有些差别。详见表 7-1。

检验 $PaCO_2$ 临床意义。

1. $PaCO_2$ 与 PaO_2 结合，判断呼吸衰竭类型和程度 人类是：

（1）$PaO_2<8.0kPa$，$PaCO_2<4.67kPa$ 或参考值范围时（人参考值 PaO_2 10.64～13.3kPa，$PaCO_2$ 4.1～6.0kPa），为Ⅰ型呼吸衰竭或低氧血症型呼吸衰竭。

（2）$PaO_2<8.0kPa$，$PaCO_2>6.67kPa$，为Ⅱ型呼吸衰竭或通气功能衰竭。

（3）$PaCO_2$ 一般大于 9.33kPa 时，见于肺性脑病。

（4）$PaO_2<5.33kPa$，$PaCO_2>8.0kPa$（急性病例）、$PaCO_2>10.67kPa$（慢性病例），表示病情严重。犬猫尚无此方面资料。

2. 判断呼吸性酸碱平衡失调

（1）$PaCO_2>6.67kPa$ 为呼吸性酸中毒，表示肺泡通气不足，有原发性的和继发性的（或代偿性的）。

（2）$PaCO_2<4.67kPa$ 为呼吸性碱中毒，表示肺泡通气过度，体内 CO_2 排出过多，同样也由原发性的和继发性的。多见于低氧血症、高热等，引起的呼吸通气过度。

3. 判断代谢性酸碱平衡的代偿反应

（1）代谢性酸中毒经肺脏代偿后，$PaCO_2$ 将降低，其最大代偿，$PaCO_2$ 可降到 1.33kPa。

（2）代谢性碱中毒经肺代偿后，$PaCO_2$ 将升高，其最大代偿 $PaCO_2$ 可升高 7.33kPa。

4. 肺泡通气状态的判断 一般 $PaCO_2$ 与肺泡二氧化碳分压（$PACO_2$）接近。所以 $PaCO_2$ 增加，表明肺泡通气量不足；$PaCO_2$ 减小，表示肺泡通气量过度。

七、碳酸氢根或重碳酸盐（HCO_3^-）

HCO_3^- 为反映动物机体内酸碱代谢状态的指标。包含有实际碳酸氢根（AB）和标准碳酸氢根（SB）。AB 是指隔绝空气的动脉血，在实际条件下检测的血浆 HCO_3^- 含量。SB 是在 37℃、$PaCO_2$ 5.33kPa、SaO_2 100% 条件下，动脉血浆的 HCO_3^- 含量。正常动物 AB 和 SB 值无差异。

SB受肾脏调节，能较准确地反应代谢性酸碱平衡。AB受呼吸性和代谢性双重因素影响，所以AB增大，可能是代谢性碱中毒，也可能是呼吸性酸中毒时，肾脏代偿的结果。AB减小，可能是代谢性酸中毒，也可能是呼吸性碱中毒时，肾脏代偿的结果。当慢性呼吸性酸中毒或慢性呼吸性碱中毒时，AB代偿值可变得较大或变得较小。通常AB和SB之间差，反映了呼吸性代偿时，对HCO_3^-的影响程度。由于静脉血中PCO_2较大些，所以静脉血中HCO_3^-含量比动脉血中HCO_3^-含量较多些。AB和SB在酸碱平衡中的关系，可参看下面四种情况。

1. 代谢性酸中毒 HCO_3^-减少，AB＝SB＜参考值。

2. 代谢性碱中毒 HCO_3^-增加，AB＝SB＞参考值。

3. 呼吸性酸中毒 受肾代偿调节，HCO_3^-增加，AB＞SB。

4. 呼吸性碱中毒 也受肾代偿调节，HCO_3^-减少，AB＜SB。

八、缓冲碱（BB）

BB包含有全血缓冲碱（BBb）、血浆缓冲碱（BBp）、细胞外液缓冲碱（BBecf）和正常缓冲碱（NBB）。

BBb是血液中一切具有缓冲作用碱（负离子）的总和，包括HCO_3^-、血红蛋白、血浆蛋白和HPO_4^{2-}。HCO_3^-几乎占BB的一半。BB在代谢性酸中毒时减少，代谢性碱中毒时增多。若出现BB减少，HCO_3^-正常时，补充HCO_3^-是不合适的。BB在呼吸性酸中毒时，可能增多或正常。在呼吸性碱中毒时，可能减少或正常。

九、剩余碱（BE）

BE含有全血BE（BEb）、血浆BE（BEp）和细胞外液BE（BEecf）。BEb是在38℃、$PaCO_2$ 5.33kPa（40mmHg）、SaO_2 100％条件下，将1升血液滴定到pH7.40时，所消耗的酸或碱mmol量。BE临床意义与SB大致相同，但较SB更全面。其正值增加表明缓冲碱增加，是代谢性碱中毒；负值增加表明缓冲碱减少，是代谢性酸中毒。BE不易受代偿性呼吸因素影响，是酸碱平衡中反映代谢性酸碱变化的一个较客观指标。

十、血浆二氧化碳总量（TCO_2）

血浆中 TCO_2 是指血浆中各种形式存在的 CO_2 总含量，其中 95% 以上是以 HCO_3^- 结合形式存在的。TCO_2（mmol/L）＝ HCO_3^- ＋ PCO_2 ×0.03，所以所测的 TCO_2 值，通常都比 HCO_3^- 值大些。犬猫正常 TCO_2 范围是 17～23mmol/L，低于 12mmol/L 时，可以用来诊断或难于确诊是严重的代谢性酸中毒。

1. TCO_2 减少原因

（1）代谢性酸中毒与代偿性呼吸性碱中毒。

（2）呼吸急促，通风过度时，TCO_2 减少，一般患有代谢性酸中毒，但也可能有慢性呼吸性碱中毒，鉴别是哪一种中毒，需做血气分析。

（3）严重的 TCO_2 降低性代谢性酸中毒（如糖尿病酮酸中毒），需做血气分析来确诊，并检验血液 pH 有无大的变化。

（4）患有全身性未知疾病，TCO_2 等于或小于 12mmol/L 时，应做血气分析。如果血气分析也难以说明问题时，兽医必须根据临床上的情况，决定是否用碳酸氢钠治疗纠正。因为在血液 pH 不知道情况下，随便治疗可能是危险的。

（5）酸碱平衡失调时，也常引起电解质异常。因此检验获得血清电解质浓度后，根据情况才能采用最适宜的液体治疗。

2. TCO_2 增多原因 见于代谢性碱中毒和代偿性呼吸性酸中毒。此时应检验血清钠、钾和氯浓度，因为代谢性碱中毒时，常常有低氯血和低钾血存在。如果有低氯血和低钾血存在，需用 0.9% 氯化钠液和氯化钾来纠正。同时还要诊断潜在的病因，如幽门阻塞不通等。

十一、二氧化碳结合力（CO_2-CP）

CO_2-CP 是指在 25℃，PCO_2 为 5.32kPa（40mmHg）条件下，100mL 血浆中以 HCO_3^- 形式存在的 CO_2 量，单位是 mL/dL。CO_2-CP 和 HCO_3^-（mmol/L）换算关系如下：HCO_3^-（mmol/L）＝CO_2-CP（mL/dL）÷2.24。CO_2-CP 的临床意义与 HCO_3^- 基本上相同。

第二节　血液气体检验的分析

在临床上对犬猫疾病进行了血气检验，所得数据如何进行分析呢？

（1）血液 pH 异常，必然存在酸碱平衡失调。

（2）pH 在正常参考范围，PCO_2 和 HCO_3^- 异常，可能存在混合酸碱平衡失调（表 7-6）。

（3）pH 降低和 HCO_3^- 减少为代谢性酸中毒。此时 PCO_2 也可能代偿性降低。

（4）pH 降低，PCO_2 增加为呼吸性酸中毒。此时 HCO_3^- 也可能代偿性增多。

（5）pH 升高和 HCO_3^- 增多为代谢性碱中毒。此时 PCO_2 也可能代偿性增加。

（6）pH 升高，PCO_2 降低为呼吸性碱中毒。此时 HCO_3^- 也可能代偿性降低。

临床上发生酸碱平衡失调时，常常发生代偿反应，如代谢性酸中毒能由呼吸性碱中毒来代偿，其代偿有一个相应的计算值（表 7-2），这个数字仅针对犬使用。如果发生的代偿在预料范围，如 PCO_2 或 HCO_3^- 在计算值 2mmHg 或 2mmol/L 内，则酸碱平衡失调是单一性的。如果代偿反应超出了预料范围，就可能存在一个以上酸碱平衡失调（混合性酸碱平衡失调，表 7-6）。临床兽医在得出酸碱平衡失调类型后，再和病史及临床症状进行比较。如果酸碱平衡失调和病史、临床症状及其他实验室检验项目结果不相适时，表明血气分析可能有问题。

表 7-2　犬原发性酸碱平衡失调时，肾脏和肺脏的代偿

酸碱平衡失调	原发的变化	代偿反应
代谢性酸中毒	HCO_3^- ↓	HCO_3^- 每减少 1mmol/L，PCO_2 减少 0.7mmHg
代谢性碱中毒	HCO_3^- ↑	HCO_3^- 每增加 1mmol/L，PCO_2 增加 0.7mmHg
急性呼吸性酸中毒	PCO_2 ↑	PCO_2 每增加 10mmHg，HCO_3^- 增多 1.5mmol/L
慢性呼吸性酸中毒	PCO_2 ↑	PCO_2 每增加 10mmHg，HCO_3^- 增多 3.5mmol/L
急性呼吸性碱中毒	PCO_2 ↓	PCO_2 每减少 10mmHg，HCO_3^- 减少 2.5mmol/L
慢性呼吸性碱中毒	PCO_3 ↓	PCO_2 每减少 10mmHg，HCO_3^- 减少 5.5mmol/L

第三节 体液酸碱平衡失调

犬猫临床上体液酸碱平衡失调有多种类型。

一、代谢性酸中毒（Metabolic acidosis）实验室检验

pH 降低或正常，$PaCO_2$ 正常或降低，HCO_3^- 降低，AB 下降值等于 SB 下降值，BE 负值增大。AG 值在肾功能衰竭，非挥发性酸增多（有机酸）时升高；AG 在 HCO_3^- 丢失等所致的高氯性酸中毒时正常。代谢性酸中毒时，尿液酸性增强，若呈反常碱性尿，表示有高钾血症。代谢性酸中毒常由于机体内酸增多，排除体内酸减少或 HCO_3^- 丢失增多引起，也可能是三者一起引起（表 7-3）。

临床上对于代谢性酸中毒，或急性呼吸性酸中毒合并代谢性酸中毒病犬猫，如果需要补充碱性药物时，其计算公式如下：

$$HCO_3^- （mmol）缺乏＝（正常 HCO_3^- mmol/L－测得 HCO_3^- mmol/L）×体重（kg）×0.4$$

已知 5‰ $Na HCO_3$ 溶液 1.66mL＝1mmol，11.2‰乳酸钠溶液 1mL＝1mmol 的 HCO_3^-。

缺乏的 HCO_3^- 在半小时内补充一半量，或在 4～6h 全量给完。在不能检验 HCO_3^- 情况下，严重代谢性酸中毒，可补充 1～2mmol/L HCO_3^-。以后需要不断地检验 HCO_3^-，以便决定是否继续补充 HCO_3^-。

表 7-3 代谢性酸中毒原因

---

1. 阴离子间隙增大（血清氯正常）：乙二醇中毒、糖尿病酮酸中毒、氮血性酸中毒、乳酸中毒、水杨酸盐中毒，其他如三聚乙醛、甲醇中毒等

2. 阴离子间隙正常（高氯血）：肾上腺皮质功能降低、腹泻、碳酸酐酶抑制剂（乙酰唑胺）、稀释性酸中毒（快速静注 0.9‰氯化钠液）、氯化铵、阳离子性氨基酸（赖氨酸、精氨酸、组氨酸）。代偿后低碳酸血性代谢性酸中毒，肾小管性酸中毒。胆汁性呕吐（丢失 K^+、Na^+、HCO_3^-）引起低钾血和酸中毒

二、代谢性碱中毒（Metabolic alkalosis）实验室检验

　　pH 正常或升高，$PaCO_2$ 正常或升高，HCO_3^- 升高，AB 升高值＝SB 升高值，BE 正值增大。血钾和氯降低，钙和镁也降低。AG 升高或明显升高，但不可误认为是代谢性酸中毒，这是由于钾、钙和镁都减少，AG＝未测阴离子（UA）－未测阳离子（UC）原因。尿碱性，若呈反常酸性尿（paradoxical aciduria），表示有严重低钾血症、低氯血症和严重脱水。代谢性碱中毒常由于机体内酸丢失增多，碱贮存增加引起。临床上见于胃内容物呕吐（引起低氯血，能降低肾脏对 HCO_3^- 的吸收）；利尿药物治疗（如：利尿剂呋塞米和噻嗪类）和过度排尿，引起的低血容量、低血钾、低血钠和低血氯性碱血症；长期大量静脉输入葡萄糖；口服碳酸氢钠或其他有机阴离子物质，如乳酸盐、柠檬酸盐、葡萄糖酸盐和乙酸盐。另外还见于肾上腺皮质激素类药物（如地塞米松）治疗或肾上腺皮质功能亢进；代偿后高碳酸血性代谢性碱中毒及原发性醛固酮分泌增多。

　　临床上曾见一例犬因大量多次静脉输入葡萄糖，应用呋塞米利尿和应用地塞米松消炎，引起的严重代谢性碱中毒。

三、呼吸性酸中毒（Respiratory acidosis）实验室检验

　　1. 急性呼吸性酸中毒　pH 降低或正常，$PaCO_2$ 升高（PCO_2 每升高 10mmHg，将增加 1mmol 的 HCO_3^-），HCO_3^- 正常或稍升高，BE 基本正常，血钾增多，其他均正常。

　　2. 慢性呼吸性酸中毒　pH 降低或正常，$PaCO_2$ 升高，HCO_3^- 增多，AB＞SB，BE 正值增大。血钾增多或正常，血氯减少，血钠增多、正常或减少。

　　呼吸性酸中毒常由于通气不足，CO_2 增多，产生原发性高碳酸血（表 7-4）。

表 7-4　呼吸性酸中毒原因

1. 通气道阻塞：见于吸入性的异物、呕吐物等
2. 呼吸中枢压抑：见于神经性疾病的脑干和颈高位脊髓损伤；药物如麻醉或镇静用的巴比妥和吸入麻醉药物；毒血症
3. 心肺抑制（多见）
4. 神经肌肉缺陷，见于重症肌无力、破伤风、肉毒素中毒、多神经根神经炎、多肌炎、蜱麻痹、缅甸猫低钾血周期性瘫痪、猫低钾血性肌病；药物诱导可见琥珀胆碱、泮库胺、氨鲁米特与麻醉药物一起使用时，有机磷
5. 限制性疾病，见于膈疝、气胸、胸腔渗漏液、血胸、脓胸、胸壁外伤、肺纤维化
6. 肺脏疾病，见于呼吸烦恼综合征、肺炎、严重肺水肿、弥散转移性病、吸入烟气、肺栓塞、慢性阻塞性肺病、肺机械性通风纤维化
7. 不适当的通风

四、呼吸性碱中毒（Respiratory alkalosis）实验室检验

pH 正常或升高，$PaCO_2$ 降低，HCO_3^- 在急性呼吸性碱中毒时正常或轻度降低，在慢性时降低明显，AB＜SB，BE 负值增大。血氯增多，钾和钙减少。尿呈碱性。呼吸性碱中毒常由于呼吸急促，CO_2 减少，产生了原发性低碳酸血（表 7-5）。如果由于低氧血引起，可给犬猫吸氧，其氧流量为每分钟 0.1L/kg，也可使用稍高些流量。

表 7-5　呼吸急促引发的呼吸性碱中毒的原因

1. 多原因引发的低氧血。见于心房或心室间隔缺损、地势高处缺氧、充血性心衰竭、严重贫血、肺病
2. 呼吸中枢受到直接刺激。见于中枢神经病、肝病、革兰氏阴性菌败血症、中暑、惧怕、疼痛、发烧、甲状腺功能亢进，药物可见水杨酸盐中毒、氨茶碱等
3. 机械性通风

五、代谢性酸中毒合并呼吸性酸中毒

1. 临床上见于

（1）代谢性酸中毒（腹泻等）时的麻醉或镇静。

（2）长时间麻醉产生的呼吸性酸中毒与组织缺氧。

（3）低血容量性休克与胸壁外伤。

（4）充血性心衰竭与严重肺水肿。

（5）胸腔积液与组织血液灌流减少。

2. 实验室检验 pH 明显减少，$PaCO_2$ 明显升高，HCO_3^- 和 TCO_2 减少、正常或轻度升高，BE 减少或正常，AG 升高。血钾常升高，血氯减少或正常，血钠正常或偏低。尿液呈强酸性。

六、代谢性碱中毒合并呼吸性碱中毒

1. 临床上见于

（1）呕吐与换气过度。

（2）充血性心衰竭与血氧降低和利尿药的作用。

（3）胃扭转性扩张与过度呼吸或脓毒症。

2. 实验室检验 pH 明显升高，$PaCO_2$ 降低，HCO_3^- 减少、正常或升高，BE 负值、增大或正常。血钾和血钙减少，血氯减少或增多，血钠正常、减少或轻度增多。尿液偏碱性。

七、代谢性酸中毒合并呼吸性碱中毒

1. 临床上见于 腹泻或肾脏疾病与过度呼吸、热休克、脓毒性休克和水杨酸中毒。

2. 实验室检验 pH 升高、接近正常或降低，$PaCO_2$ 降低，HCO_3^- 明显减少，BE 负值增大，AG 增大。血钾正常，血氯增多或正常，血钠正常。

八、代谢性碱中毒合并呼吸性酸中毒

1. 临床上见于

（1）胃扭转性扩张时，膈肌受压迫而影响呼吸。

（2）代谢性碱中毒时的麻醉或镇静。

2. 实验室检验 pH 正常、升高或降低，$PaCO_2$ 升高，HCO_3^- 明显增多，BE 正值明显增大。血钾、血氯常明显减少，血钠和血镁也常减少。尿液常偏碱性。

九、代谢性酸中毒合并代谢性碱中毒

1. 临床上见于

（1）动物同时发生的腹泻和呕吐疾病。

（2）严重呕吐、机体脱水、血液浓稠和产乳酸过多时。

（3）机体内有机酸，如乳酸、酮体或尿酸增多，同时又发生呕吐性疾病。

2. 实验室检验 pH 正常、升高或降低，$PaCO_2$ 升高，HCO_3^- 增多、正常或降低，BE 正值正常、增大或减小，AG 增大。血钾减少，血氯正常或减少。

十、三重性酸碱平衡失调

1. 呼吸性碱中毒＋代谢性酸中毒＋代谢性碱中毒 临床上见于小肠扭转性胃扩张、发病初期由于疼痛使呼吸加快，产生呼吸性碱中毒；由于呕吐产生代谢性碱中毒；又由于大量体液丢失，使血液浓稠和组织缺氧，产生乳酸性代谢性酸中毒。

实验室检验：pH 正常、升高或降低，$PaCO_2$ 降低，HCO_3^- 多降低或正常，AG 增大。血钾、血氯正常或减少。

2. 呼吸性酸中毒＋代谢性酸中毒＋代谢性碱中毒 临床上见于较长期的胃扩张，影响了肺的呼吸换气，从而产生呼吸性酸中毒；胃液分泌过多或呕吐，产生代谢性碱中毒；体液大量丢失，产生代谢性酸中毒。

实验室检验：pH 多降低、正常或升高，$PaCO_2$ 升高，HCO_3^- 多升高、正常或降低，AG 增大。血钾、血氯正常或减少。

表 7-6 代偿性酸碱平衡失调实验室鉴别

项　　目	pH	PCO_2	HCO_3^-	BE	原　　因
代谢性酸中毒	$\approx\downarrow$	$\approx\downarrow$	$\downarrow$	$-$	1. HCO_3^- 丢失 2. 酸在体内积留
代谢性碱中毒	$\approx\uparrow$	$\approx\uparrow$	$\uparrow$	$+$	1. 呕吐或胃酸过多分泌 2. 内、外源性皮质激素多 3. 严重低血钾症

（续）

项　　目	pH	PCO₂	HCO₃⁻	BE	原　　因
呼吸性酸中毒	≈※↓	↑	≈↑	≈－	1. 麻醉 2. 严重肺病
呼吸性碱中毒	≈※↑	↓	≈↓	≈＋	1. 过度呼吸 2. 疼痛 3. 热性病早期
原发性代谢性酸中毒并发原发性代谢性碱中毒	≈↑↓	≈↑↓	≈↓↑	≈＋－	1. 呕吐＋腹泻 2. 肾病＋呕吐 3. 呕吐＋脱水
原发性代谢性酸中毒并发原发性呼吸性酸中毒	↓	≈↑↓	≈↓↑	≈－＋	1. 长时间麻醉 2. 新生动物 3. 先天性心脏病
原发性代谢性酸中毒并发原发性呼吸性碱中毒	≈↑↓	↓	↓	－	1. 腹泻＋过度呼吸 2. 肾病＋过度呼吸（中暑）
原发性代谢性碱中毒并发原发性呼吸性碱中毒	↑	≈↓↑	≈↓↑	≈－＋	1. 呕吐＋过度呼吸 2. 心衰＋血氧少或使用利尿剂
原发性代谢性碱中毒并发原发性呼吸性酸中毒	≈↑↓	↑	↑	＋	1. 胃扩张 2. 呕吐＋麻醉

注：BE 剩余碱，≈基本正常，↑增多，↓减少，＋正值，－负值

※　出现代偿时，可能基本正常

表 7-7　i-STAT 携带式手持血液分析仪参数，参考值范围检验表

项　　目	结果	推荐参考值范围	
		犬	猫
血液和生化参数 Chemistry/hematology			
血糖 Glu（mg/dL）		60～115	60～130
尿素氮 BUN（mg/dL）		10～26	15～34
肌酐 CRE（mg/dL）		0.5～1.3	1.0～2.2
钠 Na⁺（mmol/L）		142～150	147～162
血液和生化参数 Chemistry/hematology			
钾 K⁺（mmol/L）		3.4～4.9	2.9～4.2
氯 Cl⁻（mmol/L）		106～127	112～129
乳酸 Lac（mmol/L）		0.60～2.90	0.50～2.70

（续）

项　目	结果	推荐参考值范围	
		犬	猫
血液和生化参数 Chemistry/hematology			
二氧化碳总量 TCO_2（mmol/L）		17～25	16～25
钙离子 Ca^{2+}（mmol/L）		1.12～1.40	1.20～1.32
阴离子间隙 AnGap（mmol/L）		8～25	10～27
血液比容 Hct（%）		35～50	24～40
血红蛋白 Hb（g/dL）		12～17	8～13
活化凝血时间 ACT（sec）		90～110	100～160
动脉血血气 Blood Gasses-Arterial			
酸碱度 pH		7.350～7.450	7.250～7.400
二氧化碳分压 PCO_2（mmHg）		34.0～40.0	28.0～34.0
氧分压 PO_2（mmHg）		85～100	90～110
碳酸氢根 HCO_3^-（mmol/L）		20～24	16～20
细胞外液碱剩余 BEecf（mmol/L）		（−5）～（0）	（−5）～（＋2）
氧饱和度 SO_2（%）		＞90	＞90
静脉血血气 Blood Gasses-Venous			
酸碱度 pH		7.350～7.450	7.250～7.400
二氧化碳分压 PCO_2（mmHg）		35.0～38.0	33.0～51.0
碳酸氢根 HCO_3^-（mmol/L）		15～23	13～25

注：1. 血糖 mg/dL×0.055 5＝mmol/L

　　2. 尿素氮 mg/dL×0.357＝mmol/L

　　3. 肌酐 mg/dL×88.4＝μmol/L

表 7-8　iSTAT 携带式手持血液分析仪检验项目的临床意义

项　目	增多的临床意义	减少的临床意义
血糖（GLu）	糖尿病、肾上腺皮质机能亢进或用类固醇药物治疗、静脉输入糖。伪高糖症：非饥饿样品、猫应激反应	胰岛素过量或高胰岛素血症、肝衰竭、饥饿、败血症，伪低血糖症：血样品放置时间长
尿素氮（BUN）	脱水、肾病、肾后性尿路堵塞或破裂、胃肠道出血	肝衰竭末期

（续）

项　目	增多的临床意义	减少的临床意义
钠（Na$^+$）	脱水、影响渴欲的中枢神经病、食盐中毒、烧伤、醛固酮增多症	体内水分过多、胃肠道或肾钠丢失、肾上腺皮质机能降低
钾（K$^+$）	肾衰竭、肾后性尿路堵塞、肾上腺皮质机能降低	胃肠道丢失、肾丢失、输入含葡萄糖液体、胰岛素治疗
氯（Cl$^-$）	体液丢失、碳酸氢盐丢失	呕吐、胃肠道上部堵塞、过量利尿药物治疗
阴离子间隙（An-Gap）	乳酸中毒、酮酸中毒、乙二醇中毒、尿毒症	
血细胞比容（HCT）和血红蛋白（Hb）	红细胞增多，如脱水、脾脏收缩、高地势、心肺病、新生瘤	贫血，如血液丢失、溶血、铁缺乏、骨髓抑制
酸碱度（pH）	碱血症	酸血症
二氧化碳分压（PCO$_2$）碳酸氢盐（HCO$_3^-$）二氧化碳总量（TCO$_2$）	①呼吸性酸中毒，如呼吸道堵塞、严重肺炎、胸腔渗漏液、不当的麻醉引起的换气不足 ②代谢性碱中毒，如慢性呕吐、因堵塞引发胃酸的消耗	①代谢性酸中毒，如体内组织产的酸（乳酸或酮酸），HCO$_3^-$ 丢失（腹泻或呕吐）②呼吸性碱中毒，如低氧、体内阻止氧扩散
细胞外液碱过剩（BEecf）	代谢性碱中毒、呼吸性酸中毒时基本正常或增多	代谢性酸中毒、呼吸性碱中毒时基本正常或减少
离子钙（Ca^{2+}）	新生瘤、甲状旁腺病（机能增强）、维生素 D$_3$ 类灭鼠剂中毒	甲状旁腺病（机能减弱）、肾病、惊厥、泌乳热、乙二醇中毒、胰腺炎。伪低钙血：用 EDTA 抗凝
氧分压（PO$_2$）氧饱和度（SO$_2$）	患病动物吸氧或麻醉吸氧	肺换气减少，如气道堵塞或脑外伤；损伤了气体交换，如肺炎、肺水肿；改变了心肺之血流，如先天性心脏缺陷或动脉导管未闭
乳酸盐（Lac）	乳酸血症见于休克、过量运动、局部灌流不足（如腹痛、胃扩张或扭转）。乳酸盐也是预后指标，高乳酸盐水平，预后不良	
肌酐（CRE）	高肌酐血症见于脱水、肾病、肾后性尿路阻塞或破裂	
活性凝血时间（ACT）	见于华法令中毒（如维生素 K 拮抗剂）、弥散性血管内凝血、内在的或共同的因子缺乏	

第八章

□□□□□□□□□□□□

浆膜腔积液检验

　　动物的胸腔、腹腔和心包腔，通称为浆膜腔。在生理状况下，腔内有少量液体贮留，叫做浆膜腔积液。分别称为胸腔积液（胸水）、腹腔积液（腹水）和心包积液。需要检验浆膜腔积液时，就要穿刺抽取标本，穿刺前务必要彻底消毒。穿刺取得的标本，必须及时检验，防止标本内细胞变性或出现凝块，防止细菌破坏溶解。为了防止穿刺液凝固，可加入 10％的 EDTA 二钠液抗凝，每 0.1mL 可抗凝穿刺液 6mL，取液后应及时完成细胞涂片检验。

　　胸腔和腹腔积液过多，影响了呼吸或生命时，需要穿刺胸腔或腹腔放出积液。如果又重复积液太多时，可重复穿刺放液。如果重复积液不太多时，不宜反复穿刺放液。因为反复穿刺放液，积液的原因没有解除，它又会反复积液。这样反复放液会使血清白蛋白减少，血管渗透压降低，又促进了血管液体外渗，使积液又反复发生，还易引起污染感染。临床上应寻找引起积液原因，根除积液原因，才是治疗积液的根本方法。如果积液是脓汁应穿刺放出脓汁，再用消毒液冲洗积脓腔和全身治疗。

第一节　积液中细胞

一、间皮细胞（内皮细胞）（Mesothelial cells）

　　1. 间皮细胞衬在胸腔、腹腔和心包囊里。

　　2. 这些腔中有液体蓄积时，间皮细胞就出现增大和增殖。

　　3. 间皮细胞有两种。

　　（1）反应间皮细胞：个大（直径 $12\sim30\mu m$），胞浆深蓝染，有时胞浆中可看到像头发样的红丝（人为的）。细胞核单个或多个、圆形到椭圆形，核内呈细网状，1 到多个核仁。有时可以看到核的有丝分裂。

（2）过渡间皮细胞：间皮细胞形状和机能发生了变化，发展成了巨噬细胞。它们很难和由单核细胞发展成的巨噬细胞区别。

4. 时常可以看到间皮细胞丛。注意和新生瘤细胞丛的区别。

二、巨噬细胞（Macrophages）

细胞个体大（直径 15～50μm），胞浆内含有空泡和大小不一的颗粒，可能是吞噬的细菌或细胞碎片。在播散性组织胞浆菌病时，可吞噬荚膜组织胞浆菌。

三、中性粒细胞（Neutrophils）

1. 非变性的中性粒细胞　细胞核完整，核内有聚集质密的染色质。多出现在漏出液和病原较弱的渗出液中。

2. 变性中性粒细胞　核溶解、核叶肿大、核膜不清楚、染色质粉红色。细胞肿大，胞浆内含空泡，轮廓模糊不清。在腐败性渗出液中多见。

四、其他细胞（Other cells）

一般不多见或数量较少，有嗜酸性粒细胞、淋巴细胞、红细胞（多见于胸腔和腹腔积血）、浆细胞（扁心的圆形或椭圆形核，核内染色质粗糙深染。胞浆丰富，蓝黑色，内有空泡。有一特征性核外周淡染区。正常存在于淋巴结、结缔组织和骨髓）、肥大细胞（结缔组织细胞，胞浆内颗粒较大，嗜碱性）、新生瘤细胞（注意是良性瘤或恶性瘤细胞）。

第二节　积液种类和特点

浆膜腔积液一般分为四种：①漏出液（纯漏出液、变更漏出液和血性渗漏液）；②渗出液（非腐败性渗出液和腐败性渗出液）；③乳糜性渗漏液；④胆汁性渗漏液等。

一、漏出液（transudate）

漏出液分为三种。

（一）纯漏出液（Pure transudate）

非炎症性积液。纯漏出液多由低白蛋白血症引起（血清白蛋白 10g/L 或更少）。液体的特点是无色清亮水样，含蛋白质少于 25g/L，含有核细胞少于 1 000 个/μL。它们是非变性中性粒细胞，反应或过渡间皮细胞。见于晚期肝硬化、肾病综合征、重度营养不良、严重华支睾吸虫病、丝虫病等。

（二）变更漏出液（Modified transudate）

由肝脏和其他内脏被动性充血及损伤了淋巴回流引起。主要变化是蛋白质和细胞数增多。细胞主要是间皮细胞、巨噬细胞、中性粒细胞（未变性）、淋巴细胞和少量红细胞。腔内有肿瘤时，可看到肿瘤细胞。大多数变更漏出液是暂时的，它们可能是炎症反应的初期产物，有的可能发展成非腐败性渗出液。

典型的变更漏出液有以下几种。

1. 腹水　心脏疾病的慢性被动性充血（尤其是猫）。

（1）粉红到红色云雾状液体。

（2）蛋白质 25～50g/L，含蛋白质 25g/L 以上，这是区别纯漏出液主要项目。比重<1.017。

（3）细胞 300～5 500 个/μL。

（4）红细胞、非变性中性粒细胞、间皮细胞、巨噬细胞、嗜酸性粒细胞（犬恶丝虫病）和淋巴细胞数多少不定。

2. 淋巴肉瘤（胸腺的、纵隔的或腹腔的）

（1）白色到粉红色云雾状液体。

（2）蛋白质 30～60g/L。

（3）红细胞 4 500～45 000 个/μL。

（4）大量未成熟的淋巴细胞（淋巴肉瘤细胞）。

3. 其他肿瘤（不是淋巴肉瘤）

（1）类似于慢性被动性充血的腹水，但是变化很大。

（2）可以看到肿瘤的瘤细胞。

（3）恶性肿瘤，其细胞的特点如下：呈单一细胞性增多，细胞个体大小不一，常聚在一起。胞质和胞核比例变化大。胞质内常含有空泡，嗜碱性染色（因含过多 DNA）。胞核大小不一，内含多个不规则核仁，核染色质粗糙成堆。

（三）血性渗漏液（Hemorrhagic effusions）

1. 由创伤、外科手术、肠道梗死和肿瘤引起的　其特点血色不透明，蛋白质$>30g/L$，比重>1.025，有核细胞$>1\,000$ 个$/\mu L$。

2. 近时间出血（大约几小时内）**引起的血性渗漏液**　其特点是：

（1）离心后，上清液清亮，红细胞沉淀管底。

（2）蛋白质和细胞数比外周血液里稍少。

（3）红细胞完整。白细胞形态和相互间比例类似外周血液。

（4）血小板凝集。

3. 出血时间长的出血渗漏液　其特点是：

（1）白细胞老化、核分叶多，由于溶血，离心上清液粉红色。

（2）由于血小板溶解，看不到血小板。

（3）巨噬细胞吞噬红细胞和含铁血黄素。用罗曼诺夫斯基（Romanowski)染色，含铁血黄素染成绿色或黑色。

二、渗出液（Exudates）

渗出液是炎症性液体。

（一）非腐败性渗出液（Nonseptic exudate）

1. 非腐败性渗出液由炎症引起，但病因较弱，不至于引起中性粒细胞变性。

2. 病因包括胆囊和膀胱破裂，无菌的外来物，也可能由变更漏出液发展而来，如乳糜胸和肿瘤。

3. 其特点是：

（1）白色或粉红色云雾状液体，比重>1.025。

（2）蛋白质 $30\sim50g/L$。浆膜黏蛋白定性试验，也叫李凡他（Rivalta）

氏试验或蛋白质定性试验。其原理是浆膜腔里的液体含有一定量的浆膜黏蛋白时，因其是一种酸性蛋白，等电点在 pH3～5 之间，因此可在稀醋酸溶液中呈现凝固沉淀。用两筒盛 100mL 蒸馏水，加入冰醋酸2～3滴，充分混合后，加入穿刺液 1～2 滴，立刻发生云雾状混浊，并沉淀筒底，为阳性反应，见于非腐败性渗出液和腐败性渗出液。稍有云雾状痕迹或微混浊，不久又消失的，为阴性反应，见于纯漏出液和变更漏出液。

（3）细胞 3 000～50 000 个/μL 或更多。

（4）非变性中性粒细胞、巨噬细胞（吞噬碎片）、内皮细胞（慢性时增多）和不定数目的红细胞存在于非腐败性渗出液中，少数细胞出现皱缩和核崩解。有肿瘤存在时，可见肿瘤细胞。

4. 猫传染性腹膜炎，腹腔液特点是：

①胶黏、黄色到绿黄色云雾状液体，内有纤维颗粒或凝块。

②蛋白质 35～80g/L，其中球蛋白最多，白蛋白/球蛋白为 0.81，球蛋白中以 γ 球蛋白含量最多。

③细胞 700～2 300 个/μL，有的可达 15 000 个/μL。

④可发现非变性中性粒细胞和很少巨噬细胞。如果用瑞氏染色，可看到很多蛋白质颗粒。

（二）腐败性渗出液（Septic exudate）

1. 由细菌、真菌、病毒或寄生虫引起。

2. 其特点是：

（1）乳白色（脓胸）、红色或黄色云雾状液体或絮状。

（2）蛋白质 30～55g/L，比重＞1.025。

（3）细胞 5 000～100 000 个/μL 或更多。

（4）大量变性中性粒细胞，以及数目不定的巨噬细胞和内皮细胞，在这些细胞内或细胞外可发现细菌等。

（5）可见数目不定的红细胞。

三、乳糜渗漏液（Chylous effusions）

（一）乳糜胸（胸导管阻塞或受压破裂）

1. 乳白色到粉红色的不透明液体。比重猫是 1.019～1.050，犬是

1.022～1.037。乳糜微粒在循环中半衰期很短，因此在进食脂肪食物后，血浆中乳糜微粒浓度大幅度增加，禁食后其浓度降低。

2. 乳糜渗漏液中蛋白质含量，由于含有甘油三酯乳滴（乳糜微粒），不能测得正确的蛋白质值。一般猫的蛋白是 26～103g/L，犬是 25～62g/L。

3. 用苏丹Ⅲ染料或油红染成橘红色或淡黄色的脂肪滴（乳糜微粒）。其成分是甘油三酯（比血清还多）和胆固醇（比血清低）。乳糜渗漏液中甘油三酯是血清中的 2～3 倍，甚至达 10 倍。离心或把乳糜渗漏液放入冰箱内，富含甘油三酯的乳糜将浮漂在试管表层。

4. 有核细胞数目不定。白细胞数猫平均 7 987 个/μL，犬平均 6 167 个/μL。其中含有大量的小淋巴细胞（发病初期）和一定数量的非变性中性粒细胞（慢性时增多），还有内皮细胞，见于外伤、淋巴肿瘤、充血性心脏衰竭（尤其是猫）、心脏蠕虫病或先天性异常等。阿富汗猎犬和其他深胸犬可能较易发生。

（二）乳糜样的液体

见于猫心脏病，特点如下。

1. 液体乳白色，内含有用嗜苏丹Ⅲ染料染成橘红色或淡黄色的脂肪滴（甘油三酯和胆固醇）和小淋巴细胞。其中胆固醇含量比血清胆固醇含量要多。

2. 它和乳糜胸难以区别，因为破裂的胸导管难以诊断。

四、胆汁性渗漏液 （Bilious effusions）

1. 棕色、绿色或黄黑色的不透明的液体。

2. 蛋白质>30g/L，比重>1.025。

3. 有核细胞>5 000 个/μL，其成分为中性粒细胞（急性是增多）、巨噬细胞（吞噬棕色胆红素颗粒）和淋巴细胞（较少）。

4. 可能有细菌。

附：漏出液、渗出液和乳糜渗漏液鉴别表

项目	漏出液		渗出液		乳糜渗漏液
	纯漏出液	变更漏出液	非腐败性渗出液	腐败性渗出液	
原因	低白蛋白血症、静脉滞流、肝硬化、肾病综合征	肝脏和心脏被动性充血、心脏病、胸导管破裂、新生瘤、心丝虫病	胆囊和膀胱破裂、无菌的外来物和创伤、肿瘤、胰腺炎、猫传染性腹膜炎	创伤和手术感染，以及细菌、真菌、病毒、寄生虫感染。胃肠破裂、积脓子宫破裂、败血症	胸导管阻塞或受压破裂
外貌和颜色	清亮水样或淡黄色	血浆样或血样，清亮到轻度云雾状	血样或云雾状	脓样、奶油样、血样、云雾状、有絮片	乳色、白色或粉红色，呈乳样，不透明
凝固性	不凝	不凝	可能凝固	可能凝固	不凝
比重	1.017	1.017~1.025	>1.025	>1.025	>1.018
浆膜黏蛋白定性	阴性	阴性	阳性	阳性	阴性
蛋白质	<25g/L	25~50g/L	>30g/L	>30g/L	>25g/L
有核细胞数（个/μL）	>1 000	500~10 000	>5 000	>5 000	变化不定
细胞种类	巨噬细胞 内皮细胞 淋巴细胞	淋巴细胞 内皮细胞 巨噬细胞 中性粒细胞（未变性）少量红细胞	中性粒细胞（未变性）巨噬细胞（吞嗜碎片）内皮细胞 红细胞（有变化）瘤细胞（有肿瘤时）	中性粒细胞（急性多见）巨噬细胞（吞噬细菌）内皮细胞（有变化）红细胞（有变化）	淋巴细胞（早期多）中性粒细胞（慢性时增多）内皮细胞（变化不定）
细菌	无	无	无	可能有	罕见
脂类	无	无	无	无	甘油三酯（>血清）胆固醇（<血清）

注：1. 浆膜黏蛋白定性即李凡他（Rivalta）试验。

2. 有核细胞（个/μL）×1 000 000＝有核细胞（个/L）（再换算成×10^9 个/L）。

第九章

脑 脊 液 检 验

临床上需要检验脑脊液（CSF）时，可穿刺枕骨大孔或腰荐结合部，穿刺取得的标本，应立刻送去检验。否则，因 CSF 中含有蛋白质很少，细胞难以生存，不久便可破碎，影响细胞计数和分类，还可致葡萄糖消耗含量减少，病原菌破坏或溶解。脑脊液含蛋白质量多时，容易发生凝固，为了避免发生凝固，可用 10％的 EDTA 二钠溶液抗凝。CSF 正常压力，犬为 < 1.569kPa（< 160mmH$_2$O），猫 < 0.980kPa（<100mmH$_2$O）。

第一节　脑脊液一般性状检验

一、颜色（Color）

1. 正常脑脊液　为清亮无色样液体，仅含少于 3～5/μL 有核细胞和罕见的红细胞。当含有红细胞 700/μL 以上时，或含有白细胞 200/μL 以上时，将出现肉眼可见的变化。放置 10h 以上变为乳白色。

2. 异常

（1）鲜红色　穿刺时穿破了血管，离心后上清液是清亮的。离心后上清液是黄色，是陈旧出血。

（2）浊红或棕色　颅内出血，出血性脑膜炎。

（3）黄色　陈旧出血、新生瘤、脓肿、炎症、严重黄疸、弓形虫病和脊髓腔阻塞。

（4）绿色　化脓性脑膜炎、绿脓杆菌感染性脑膜炎。

二、透明度（Transparency）

1. 正常脑脊液　完全透明。

2. 异常脑脊液变得混浊　脑脊液中细胞、微生物和蛋白增多时，一般含有 500 个/μL 以上细胞时，才出现混浊。见于急性细菌性脑膜炎、脑脊髓出血。

三、凝固性（Coagulation）

1. 正常脑脊液　不含纤维蛋白原，不凝固。

2. 异常脑脊液凝固　见于脑脊液中蛋白质（包括纤维蛋白原）和细胞数增多，如急性化脓性脑膜炎。为了防止发生凝固，可用 10％EDTA 二钠溶液一滴，抗凝 2～3mL CSF。

四、比重（Specific gravit）

正常比重 1.003～1.008。比重增高，见于传染性脑脊膜炎及化脓性脑膜炎。

第二节　脑脊液化学检验

一、pH

正常脑脊液 pH 碱性，犬 7.42，马 7.25，类似于静脉血液中的 pH，但受血液 pH 变化影响较小。脑膜炎、脑炎、麻痹性肌红蛋白尿和酸中毒时 pH 降低。

二、蛋白质 (Protein)

1. 正常脑脊液蛋白质　有人检验为：犬 0.15～0.33g/L，猫＜0.36g/L，成年马 0.32～0.48g/L，马驹比成年马多，主要是白蛋白。另有人检验的 CSF 蛋白质有所不同（表 9-1）。

2. 增加

（1）炎症如病毒性脑炎和脑膜炎、细菌性脑炎和脑膜炎。

（2）肿瘤、败血症、日射病和热射病。

（3）组织损伤引起的出血和水肿，尿毒症引起的通透性增加。

三、葡萄糖 (Glucose)

1. 正常　正常脑脊液里葡萄糖是血糖水平的 60％～80％。

2. 增加　见于高糖血症。

3. 轻微增加　病毒性脑炎和脑膜炎、脑肿瘤和脑脓肿。

4. 减少　见于急性化脓性脑膜炎、低糖血症、转移性脑膜癌、蛛网膜下出血。

四、钠和氯 (Sodium and chloride)

1. 正常　正常脑脊液里比血钠和血氯水平稍高一点。

2. 增加　见于食盐中毒。

3. 减少　见于脑膜炎、低氯血和低钠血症（进行性肺炎和长时间腹泻、呕吐等脱水）。

五、酶 (Enzymes)

正常脑脊液中含有多种酶，如 ALT、AST、CK-BB、LDH 等，它们的活性远远低于血清中的活性。在脑脊炎症或坏死时，如外伤、细菌性或病毒性炎症、肿瘤、弓形虫病、脑梗塞等，其酶活性将呈不同程度的增加。

第三节　脑脊液中细胞和微生物检验

一、脑脊液中细胞计数（CSF cell counts）

计数脑脊液中细胞数，必须在采集后 20min 内完成，否则细胞将被破坏。

1. 正常脑脊液中　无红细胞或只有几个，一般有少量白细胞，白细胞少于 5 个/μL。

2. 增加　见于脑脊髓或脑膜炎、肿瘤、蛛网膜下出血或外物撞击、脓肿、病毒感染等。

3. 如果穿刺时引起了出血，正确计数脑脊液中白细胞数（WBC）的公式如下：

$$\text{正确计数脑脊液中白细胞数（WBC）} = \text{脑脊液中 WBC} - \frac{\text{血液 WBC} \times \text{脑脊液中 RBC}}{\text{血液 RBC}}$$

二、细胞分类（Differental counts）

1. 正常脑脊液中　有人认为主要是小淋巴细胞，偶尔看到大淋巴细胞和组织细胞。有人认为主要是类单核细胞（Monocytoid cells）。见表 9-1。

2. 异常　见于下列情况：

（1）中性粒细胞增多　见于细菌性脑炎、细菌性脑膜炎、脑脊髓脓肿和出血。

（2）淋巴细胞增多　见于病毒感染（有时看到单核细胞）、脓肿（单核细胞增多）、真菌感染（隐球菌引起，可看到单核细胞）、慢性感染、中毒和李氏杆菌病。

（3）肿瘤细胞　表现为大而不整齐的成堆细胞，见于神经系统肿瘤。

表 9-1　犬猫正常 CSF 细胞和蛋白质参考值

项目和单位	犬	猫
白细胞（个/μL）	≤3	≤2
红细胞（个/μL）	≤30	≤30
细胞分类（%）		
类单核细胞（个）	87	69～100
淋巴细胞（个）	4	0～27
中性粒细胞（个）	3	0～9
嗜酸性粒细胞（个）	0	0
巨噬细胞（大泡状单核细胞）	6	0～3
蛋白质（g/L）	≤0.33	≤0.36

白细胞个/μL×1 000 000＝白细胞个/L（再换算成×10^9）

红细胞个/μL×1 000 000＝红细胞个/L（再换算成×10^{12}）

三、微生物（Microbiologies）

正常脑脊液中无微生物。脑脊液中含有大量细胞和蛋白时，应检验微生物。

1. 脑脊液离心沉渣涂片检验有的可检验出真菌隐球菌、弓形虫和细菌。

2. 必要时做有氧或厌氧培养，或病毒分离

附：脑脊髓疾病时其液体变化

疾病名称	物理外貌	红细胞（×10^{12}）	白细胞（×10^9）	细胞型	蛋白质（g/L）
正常	清亮无色彩	有或无	<0.025	小淋巴细胞	犬 0.15～0.33 猫<0.36
细菌性脑炎	烟雾到云样	N 到中多	较多	中性粒细胞	>1.0/L
病毒性脑炎（如犬瘟热）	清亮到轻度混浊	N	0.01～0.10	淋巴细胞单核细胞	0.3～5.0
猫传染性腹膜炎	烟雾到云雾样	N 到较多	较多（1.0）	中性粒细胞单核细胞	1～5

（续）

疾病名称	物理外貌	红细胞（$\times 10^{12}$）	白细胞（$\times 10^{9}$）	细胞型	蛋白质（g/L）
真菌性脑炎	清亮到云样	N到较多	少到多 0.15～0.50	中性粒细胞（早期）或多种、嗜酸性粒细胞吞噬细胞吞噬真菌	由少到多 0.5～1.0
原生动物感染（新孢子虫感染）	清亮	N到稍多	增多	多种细胞和嗜碱性粒细胞	N到多
寄生虫感染	清亮到黄色	N到稍多	稍多到多	多种细胞和嗜酸性粒细胞	较多到多
立克次体	清亮无色	N到稍多	N到较多	中性粒细胞 单核细胞	N到多
脑肿瘤	清亮无色到轻度混浊	N到多	增多<0.05	中性粒细胞 瘤细胞	N或稍多 0.5～1.0
蛛网膜下出血	混浊、浊血、棕色或黄色	很多	增多	中性粒细胞	增加
变质性脑软化	清亮	N	N或稍多	淋巴细胞 单核细胞	增加
脊髓受压迫	清亮或黄色	N	N或稍多	淋巴细胞	0.5～20

N：正常

第十章

关 节 液 检 验

关节液（Joint fluid）为关节腔内的液体，也叫滑液（Synovial fluid）。各个关节腔内都有，由于关节不同，其腔内的关节液量多少也不同。需要检验患病关节腔内的关节液时，可穿刺关节采取关节液标本，采取标本后要立刻检验。需要检验细胞和进行白细胞分类时，应在标本采集后，马上涂玻璃片上，以备检验。

一、关节疾病的类型

1. 非炎症性关节疾病　包括关节外伤性关节病、变性关节疾病、关节肿瘤、关节积血和蹄关节积水，以及遗传性、营养缺乏性、营养过剩性、过度运动性关节疾病等。

2. 炎症性关节疾病

（1）非感染性关节炎　如风湿性关节炎、自发性关节炎、犬免疫介导型多发性关节炎。

（2）感染性关节炎　如细菌性的（疏螺旋体引起）、病毒性的（猫杯状病毒、猫合胞体病毒、猫白血病毒、免疫后关节炎等）、真菌性的、立克次氏体性的多发性关节炎和支原体性的等。

二、关节液的一般性状

1. 关节液量（Quantity）　动物不同，关节不同，其关节液量也不同。

（1）正常　犬的每个关节平均 0.24mL。

（2）增多　见于变性关节疾病（轻度增多）、关节炎、关节积水和关节积血。

2. 颜色（Color）

（1）正常　大多数动物的滑液无色或草黄色，马呈淡黄色。

（2）异常　含有鲜血为红色，含有陈血为棕色或黄色，见外伤性关节炎。含有絮状物时，见于关节软骨变性。

3. 透明度（Transparency）

（1）正常　为清亮透明。

（2）异常　滑液变得混浊，见于各种关节炎，关节液中含有细胞和血纤维素的原因。

4. 比重（Specific gravity）　动物不同，正常比重也稍有不同，一般为 1.010～1.015。比重增大见于各种炎症。

5. 黏滞度（Viscosity）

（1）正常　有黏滞性的液体，不凝固，从注射器针头排出一滴，很难与针头分离，常常拉到 2cm 以上的线，这是由于滑液含有透明质酸的原因。

（2）黏滞度降低　见于：①细菌产生的透明质酸酶使滑液透明质酸变性；②血清渗出物渗透到关节里，使滑液透明质酸稀释，见于关节积水和关节炎。

6. 血纤维蛋白原凝固（FIB clotting）

（1）正常　关节液因不含有纤维蛋白原，不凝固。有时液体发黏似凝固，轻轻震荡后又变成液体。

（2）异常　关节出血凝固，见于外伤性和炎症性关节疾病。腐败或感染性关节炎凝固较快。

7. 黏蛋白凝固试验（Mucin clot test）

（1）方法　1mL 关节液加到 4mL 的 2.5% 冰醋酸溶液里，混合后，在室温停留 1h。

（2）结果判断　分四种情况。

好：大的凝块形成，凝块周围液体清亮。此为正常滑液。

一般：凝块较软，周围液体混浊。

差：凝块易碎，周围液体云雾状。

很差：无凝块形成，周围液体云雾状，含有碎片。

（3）临床意义　黏蛋白凝固差，通常是细菌酶或过量渗出物渗透到关节里引起的，见于细菌引起的腐败性关节炎。外伤性和变性关节炎一般凝固性较好，这是鉴别腐败性关节炎、外伤性和变质性关节炎的一种方法。

三、关节液化学检验

1. 蛋白质（Protein）

（1）正常　含有较少量的蛋白质，一般少于 20g/L（8.3～21.7g/L），大部分是白蛋白，它们的分子量小于血液中蛋白质的分子量。

（2）异常　蛋白增多，一般增多到 30～90g/L，而且高分子量的蛋白质也进入了关节，如血纤维蛋白原。见于严重炎症和感染过程。长期慢性感染，关节里 γ 球蛋白可能增多。

2. 葡萄糖（Glucose）

（1）正常　正常关节液里葡萄糖水平近似于血液里的水平。

（2）异常　见于腐败性关节炎时葡萄糖减少。腐败性关节炎越严重，葡萄糖减少得越多。

3. pH　一般在腐败性关节炎时，pH 有所下降。

4. 酶（Enzymes）　碱性磷酸酶、酸性磷酸酶、乳酸脱氢酶和天门冬氨酸转移酶等。在严重炎症时增高，特别是腐败性关节炎增高。

四、关节液细胞和微生物检验

1. 红细胞（Erythrocytes）

（1）正常　关节液里红细胞很少，一般红细胞 53±31 个/μL。

（2）增多　见于变性关节疾病、急性创伤性关节疾病、关节炎、关节积血、遗传性或获得性出血或凝血紊乱。

2. 白细胞（White blood cell）

（1）正常　正常滑液里有核细胞，一般少于 500 个/μL，但犬可达 3 000个/μL。掌指关节和跖趾关节含白细胞最多。

（2）异常　关节液里白细胞＞3 000 个/μL 或中性粒细胞＞15%，便可诊断为有关节炎存在。中度增多，见于创伤性和变质性关节疾病。高度增多，见于腐败性和非腐败性关节炎。

3. 白细胞分类（Differential counts）

（1）正常　正常滑液里的白细胞主要是淋巴细胞、巨噬细胞、单核细胞、滑液细胞和中性粒细胞。马的淋巴细胞占 33%～57%，单核细胞 31%～56%。其他还有中性粒细胞 0～8%，破碎细胞（组织细胞和巨噬细胞）4%～10%，嗜酸性粒细胞少于 1%。

（2）异常　见于①分叶核中性粒细胞增多，见于腐败性关节炎（可达 10 万个/μL）和一些非腐败性关节炎，如红斑性狼疮和风湿性关节炎；②巨噬细胞、单核细胞和滑液细胞增多，并有软骨碎片，见于变性关节疾病；③大量的软骨碎片，说明有外伤、骨骺炎或变性关节疾病存在。

4. 微生物（Microbiologies）　怀疑有感染存在时，应进行微生物检验，包括细菌、支原体、病毒、真菌和原生动物。

（1）直接涂片检验　可检验微生物的存在和形态。也可用革兰氏染色检验。

（2）培养　可进行有氧或厌氧培养，培养后再涂片，革兰氏染色检验。如有必要可进行支原体和病毒的分离。

附：关节正常和关节疾病时的关节液鉴定

项目/类型	正常	非炎症性关节疾病		炎症性关节疾病	
		变性关节疾病	创伤性关节疾病	非感染性炎症	感染性炎症
颜色	淡黄色	淡黄到黄色	淡黄、黄褐色到血色	淡黄到血色变化	黄色、灰色、乳质色到血色
透明度	清亮	清亮到淡雾状	雾状到血样	雾状、混浊到血样	混浊到血样脓样
黏滞度	高度	高度，关节积水时降低	高度，血清渗入时降低	高度，血清渗入时降低	不定，损伤细胞 DNA 是黏的
黏蛋白凝块试验	凝固	凝固	凝固到易碎	易碎	易碎
红细胞	罕见	少见	多到不定	不定	不定
白细胞（×10^9/L）	0～2.9	<3.00	<5.00 有变化	>5.00 有变化	40.0～250.0
NEU	0～10%	<20%	25%	50% 有变化	许多或>90%
LYM	少见	少到中等	少见	少见到中多	少见
滑膜细胞	少见	常见	少见	少见到中多	少见到中多
巨噬细胞	极少	少到许多	很少到许多	很少到中多	增加
微生物	无	无	无	无	常常存在
LE 细胞	无	无	无	可能有	无

注：NEU=中性粒细胞，LYM=淋巴细胞，LE=红斑狼疮

第十一章

免 疫 检 验

随着现代科学的发展，免疫检验变得越来越主要了。现在动物疾病临床上，利用免疫检验可以诊断传染病、变态（过敏）反应、肿瘤、自身免疫性疾病、免疫缺陷等多种疾病。较常用的检验项目如库姆斯氏试验、红斑狼疮细胞、类风湿因子、抗核抗体、血小板、血小板第 3 因子试验、自然细胞、自然杀伤细胞、T 淋巴细胞、B 淋巴细胞、颗粒细胞、肥大细胞、免疫球蛋白、免疫因子和补体等。

一、库姆斯试验

库姆斯试验（Coomb's test，彩图 77）分两种。直接库姆斯试验和间接库姆斯试验。

1. 直接库姆斯试验（Direct Coomb's test）　也叫直接抗球蛋白试验，是用特异性抗球蛋白测定附在红细胞膜上的抗体或补体。其阳性反应，见于自身免疫溶血性疾病、系统性红斑狼疮。很多感染、寄生虫、肿瘤、炎症和继发性免疫性疾病等，都可能造成其阳性反应。其假阴性反应，见于使用了肾上腺皮质激素类药物或免疫抑制药物，红细胞表面抗体或补体数量不足、试剂剂量不当、温度不合适等。

2. 间接库姆斯试验（Indirect Coomb's test）　是检验血清或血浆中的抗红细胞抗体。多用于输血前或吃初乳前的检验。也就是利用供血者血清或血浆，或初乳上清液（乳清），与受血者或幼年动物的红细胞反应，产生凝块反应的，就不能输血或吃初乳。用于输血前和幼犬、幼猫、幼驹等吃初乳前的检验，以防发生新生儿同种异型红细胞溶血症。

二、红斑狼疮细胞（Lupus erythematosus cells）

见第二章、十三、异常白细胞 11（LE cells）。

三、类风湿因子（Rheumatoid factor，RF）

类风湿因子是变性的 IgG 刺激动物机体产生的一种自体抗体，主要存在于患类风湿性关节炎动物的血清和关节液内。检验阳性，见于类风湿性疾病和关节炎，其他还有自身免疫性疾病，如多发性肌炎、系统性红斑狼疮、自身免疫溶血性疾病等。

四、抗核抗体（Antinuclear antibody，ANA）

抗核抗体，也叫抗核因子（Antinuclear factor，ANF）是泛指一种抗各种细胞核成分的自身抗体，是血清中一类和自身组织细胞核发生反应的自身抗体的总称。正常抗核抗体一般低于 1：20 稀释，抗核抗体大于 1：20 稀释为阳性，阳性见于全身性红斑狼疮（患犬阳性率可达 97％～100％）、类风湿性关节炎、自身免疫溶血性贫血。另外，慢性细菌感染（如细菌性心内膜炎）、立克次氏体感染、病毒感染（如猫白血病病毒和猫传染性腹膜炎病毒）、寄生虫病（如心丝虫病）、肿瘤、慢性活动性肝炎、重症肌无力、多发性肌炎等，都可能会出现效价不高的阳性反应。

五、血小板第三因子（The platelet factor 3，PF-3）试验

血小板第三因子试验是检验患病犬血清里抗血小板抗体的。方法是：
①把混有凝血因子Ⅺ和Ⅻ的健康犬血清里血小板分别放入两个试管。
②1 个试管加病犬血清 0.1mL，另一试管加健康犬血清 0.1mL，然后两试管在 37℃加热 5min。
③每个试管里各加等量 0.025mol 氯化钙。如果病犬血清里含有抗血

小板抗体，其凝固时间至少缩短 10s。用皮质类固醇或其他免疫抑制药物治疗过的动物，将出现假阳性反应。PF-3 试验用于诊断免疫介导血小板减少症、系统性红斑狼疮等。

六、T 淋巴细胞和 B 淋巴细胞（C-lymphocytes and B-lymphocytes）

T 淋巴细胞和 B 淋巴细胞都来源于骨髓的多能干细胞，多能干细胞分化为前 T 淋巴细胞和前 B 淋巴细胞。

前 T 淋巴细胞进入胸腺发育成成熟 T 淋巴细胞，也称 T 细胞。成熟的 T 淋巴细胞经血流到胸腺依赖区定居和增殖，然后经血液巡游全身各处。T 细胞接受抗原刺激后活化、增殖和分化为效应 T 细胞，执行细胞免疫功能。效应 T 细胞能释放多种细胞因子，使巨噬细胞集聚、启动、清除寄生病原菌或直接杀伤病原菌寄生的靶细胞。特异性免疫对慢性细菌感染、病毒感染和寄生虫寄生均有重要防疫作用。效应 T 细胞一般存活 4～6d，其中一部分变为长寿免疫记忆细胞，它们可以存活数月或数年。在健康小动物，血液中 70% 是 T 细胞。

前 B 淋巴细胞在哺乳动物骨髓或在鸟类腔上囊分化发育成成熟的 B 淋巴细胞，也称 B 细胞。B 细胞在非胸腺依赖区外周淋巴器官定居和增殖。B 细胞接受抗原刺激后，部分活化、增殖和分化为浆细胞，浆细胞产生特异性抗体，发挥体液免疫功能。浆细胞一般只能活 2d，一部分 B 细胞成为免疫记忆细胞，可存活 100d 以上。T 细胞和 B 细胞在光学显微镜下，都是小淋巴细胞，形态上难以区分。

七、杀伤细胞和自然杀伤细胞（Killer cells and natural killer cells）

自然杀伤细胞和杀伤细胞是具有非特异性杀伤功能的细胞，这两类细胞在形态学上，难以与淋巴细胞区分，它们都来源于骨髓，其分化过程不依赖于胸腺或囊上器官。

1. 杀伤细胞　简称 K 细胞，主要存在于腹腔渗出液、血液和脾脏中，淋巴结中很少。K 细胞杀伤的靶细胞，包括有病毒感染的宿主细胞、恶性肿瘤细胞，移植物中的异体细胞和一些较大的病原体，如寄生虫等。因此，K 细胞在抗感染免疫和抗肿瘤免疫，以及移植物排斥反应，清除自身的衰老细胞等，诸方面有一定意义。

2. 自然杀伤细胞　简称 NK 细胞，是一群不依赖抗体参与，也不需要抗原刺激和致敏，就能杀伤靶细胞的淋巴细胞，故称自然杀伤细胞。NK 细胞主要存在于外周血液和脾脏中，淋巴结和骨髓中很少。其主要功能为非特异性杀伤肿瘤细胞、抵御多种病原微生物感染、排斥骨髓细胞移植和免疫调节作用。

八、辅助细胞（Accessory cells）

辅助细胞简称 A 细胞，是辅助 T 细胞和 B 细胞，对抗原进行捕捉、加工和处理的。这类细胞包括有单核吞噬细胞、树突状细胞、朗格罕氏细胞和 B 细胞。

1. 单核吞噬细胞　包括有血液中单核细胞、组织中巨噬细胞。单核细胞在骨髓中分化成熟进入血液，经血流分布到全身多种组织器官中，分化成为巨噬细胞。巨噬细胞寿命可达数月以上，具有强大的吞噬功能。定居在不同组织部位的巨噬细胞，具有不同的名称，包括单核细胞（骨髓和血液）、巨噬细胞（淋巴结、脾脏、腹水、肺脏）、组织细胞（结缔组织）、枯否氏细胞（肝脏）、破骨细胞（骨骼）、小胶质细胞（神经组织）、组织细胞及朗罕氏细胞（皮肤）、滑膜 A 型细胞（关节）。

单核吞噬细胞的免疫功能主要是：①吞噬和杀伤作用，能吞噬和杀灭多种病原微生物，处理衰老或损伤的组织细胞，以及杀伤肿瘤细胞，是非特异性免疫的重要因素；②呈递抗原作用，在免疫过程中吞噬抗原，在细胞内处理后，呈递给具有相应抗原受体的 T 细胞和 B 细胞；③合成和分泌多种活性因子，能合成和分泌 50 多种生物活性物质，如酶类（中性蛋白酶、酸性水解酶、溶菌酶等）、白细胞介素 1、干扰素、前列腺素、血浆蛋白和多种补体等。

2. 树突状细胞（Dendritic cell，D cells）　简称 D 细胞，其细胞表面伸出许多树突状突起，胞内线粒体丰富，高尔基体发达，因无溶酶体和吞噬体，无吞噬能力。D 细胞来源于骨髓和脾脏红髓，成熟后分布在脾和淋巴结，结缔组织中也广泛存在。D 细胞可通过结合抗原抗体复合物，将抗原呈递给淋巴细胞。

3. 朗格罕氏细胞（Langerhans cell，L cells） 简称 L 细胞，其形态与 D 细胞特点相似，胞膜有突起，无吞噬能力。主要存在于皮肤的颗粒层和扁平上皮基层中。L 细胞对进入皮肤的抗原，具有较强地呈递能力，故在抗原所形成的免疫应答中起重要作用。

4. B 细胞 兼有 A 细胞功能，能将一些抗原决定簇呈递给 T 细胞，引起免疫应答作用。

九、颗粒细胞和肥大细胞（Granular cells and mast cells）

胞浆中含有颗粒的细胞，统称为颗粒细胞。包括中性粒细胞、嗜酸性粒细胞、嗜碱性粒细胞、肥大细胞。它们来自骨髓，寿命较短，必须由骨髓不断供应，才能维持外周血液中恒定数目。

1. 中性粒细胞（Neutrophils） 为血液中主要吞噬细胞，并具有高度的移动性。在病原微生物感染中起主要防御作用，且分泌炎症介质，促进炎症反应，还能处理颗粒抗原提供给巨噬细胞。

2. 嗜酸性粒细胞（Eosinophil） 胞浆中含有许多嗜酸性颗粒，颗粒中含有多种酶，尤其含过氧化酶最多。寄生虫感染和 1 型过敏反应性疾病（如药物和疫苗过敏、食物过敏、真菌和花粉过敏、蠕虫感染引起的过敏等）中，常见嗜酸性粒细胞增多。嗜酸性粒细胞能杀伤虫体，吞噬抗原抗体复合物，同时释放一些酶类（组胺酶、磷酸酶 D 等），在一些过敏反应中发挥负反馈调节作用。

3. 嗜碱性粒细胞（Basophil） 其胞浆中含有许多嗜碱性颗粒，颗粒中含有组织胺、白三烯、肝素等，为参与 1 型过敏反应的介质，通过介质引起过敏反应。

4. 肥大细胞（Mast cell，MC） 肥大细胞是结缔组织细胞，存在于呼吸道和小肠黏膜下，以及淋巴网状内皮组织、骨髓、浆膜、皮肤和小血管外膜等。肥大细胞在 1 型过敏反应中的作用，与嗜碱性粒细胞十分类似（详见第二章，十三、异常白细胞，13. 肥大细胞）。

十、免疫球蛋白（Immunoglobulin，Ig）

免疫球蛋白是动物血清、组织液及外分泌液中的一类具有相似结构和免疫功能的球蛋白。免疫球蛋白主要有 4 种：IgG、IgM、IgA 和 IgE，它们部分是 β 球蛋白，绝大部分是 γ 球蛋白。抗体（Antibody，AB）与免疫球蛋白是一致的，但又有区别。抗体是动物机体受抗原刺激后，由细胞转化成浆细胞产生的，能与相应抗原发生特异性结合反应的免疫球蛋白。

1. IgG 是血清中免疫球蛋白中含量最多的，每升血清含量可达 6～16g，占血清免疫球蛋白总量的 75%～80%。IgG 主要由脾脏和淋巴结中浆细胞产生，主要存在于血浆、组织液和淋巴液中。IgG 是动物自然感染和人工主动免疫后，机体产生的主要抗体。在动物体内可以持续半年、一年，甚至更长时间。IgG 具有抗细菌、抗病毒和抗毒素等免疫活性。在抗肿瘤免疫中也具有一定作用。

2. IgA IgA 分血清型 IgA 和分泌型 IgA 两种，血清型 IgA 占血清免疫球蛋白总量的 10%～20%，每升血清含量可达 2～5g。分泌型 IgA 是由消化道、呼吸道和泌尿道等部位的黏膜固有层中浆细胞产生，主要存在于消化道、呼吸道和生殖道的外分泌液，以及初乳、唾液和泪液中。此外，脑脊髓液、羊水、腹水、胸腹腔液中也含有。血清型 IgA 同样具有抗细菌、抗病毒和抗毒素等免疫活性。分泌型 IgA 对消化道、呼吸道等局部黏膜免疫起着相当重要作用。

3. IgM 又称巨球蛋白，是动物机体初次免疫反应最早产生的免疫球蛋白，占血清免疫球蛋白的 10% 左右，每升血清含量为 0.6～2g，主要由脾脏和淋巴结中 B 细胞产生。IgM 是机体初次接触抗原（如接种疫苗）时，机体内最早产生的抗体，但持续时间短，一般 3 星期左右，它在抗感染免疫早期起着十分主要作用。IgM 具有抗细菌、抗病毒、中和毒素等免疫活性，且是一种高效能的抗体，IgM 也具有抗肿瘤作用。ELISA 检验弓形虫，主要检验 IgM。

4. IgE 在血清中含量较少，其产生部位与分泌型 IgA 相似。IgE 在抗寄生虫感染中具有重要作用，研究表明，在抗蠕虫（血吸虫、旋毛虫）病，以及某些真菌感染上具有重要作用。另外，还参与过敏反应。

十一、细胞因子 (Cytokine)

细胞因子也叫免疫分子。细胞因子为免疫细胞受到抗原等刺激后，产生的非抗体、非补体的具有激素性质的蛋白分子。抗原、感染和炎症等多种因素都能诱导其产生，能产生细胞因子的细胞有多种。一为活化的免疫细胞，二为基质细胞（血管内皮细胞、成纤维细胞、上皮细胞等），三为某些肿瘤细胞。细胞因子分四大系列。

1. 白细胞介素 (Interleukin, IL)　白细胞介素包括：

（1）白细胞介素 1（IL-1）　由单核细胞、纤维母细胞、部分 B 细胞等产生，其作用诱导 T 细胞和 B 细胞活化增殖，以及 IL-2 和 IL-6 产生，调节纤维母细胞增殖，有利炎症局部纤维化。

（2）白细胞介素 2（IL-2）　由 $T_H I$ 细胞和部分 B 细胞等产生，具有明显的抗肿瘤和抵御病毒感染作用。

（3）白细胞介素 3（IL-3）　主要由 $T_H 1$ 细胞和部分 B 细胞产生，它在防治造血系统疾病、肿瘤、变态反应等疾病上有意义。

（4）白细胞介素 4（IL-4）　由 T_H 细胞产生，能诱导 T 细胞和 B 细胞增殖分化，诱导 B 细胞产生 IgG 和 IgE，促进肥大细胞生长等。

（5）白细胞介素 5（IL-5）　由 $T_H 2$ 细胞产生，能促 B 细胞增殖分化，诱导其产生 IgG、IgM 和 IgA，使其在动物机体免疫调控中发挥作用。

（6）白细胞介素 6（IL-6）　单核细胞、部分淋巴细胞等都能产生IL-6，主要作用为诱导 B 细胞分化，使浆细胞分泌 Ig，促使抗原启动 T 细胞，参与风湿病、自身免疫疾病的病变过程。另外还具有干扰素的抗病毒作用。

（7）白细胞介素 7（IL-7）　主要由基质细胞产生，是 B 细胞和 T 细胞发育的重要调节因素，有利于再生障碍性贫血的治疗。

（8）白细胞介素 8（IL-8）　来源于单核细胞、巨噬细胞、内皮细胞、角质细胞和部分 T 细胞等，在炎症及免疫过程中，具有重要调节作用。

（9）白细胞介素 9（IL-9）　来自 $T_H 2$ 细胞和肥大细胞，它对体液免疫反应具有调节作用。

（10）白细胞介素 10（IL-10）　由 $T_H 2$ 细胞产生，其作用是介导 $T_H 1$ 和 $T_H 2$ 两种辅助性 T 细胞间的互相调节，对临床上疾病的防治有一定的指导意义。

（11）白细胞介素 11（IL-11） 由骨髓基质细胞等产生，它对骨髓造血、机体抗感染等方面，有应用价值。

（12）白细胞介素 12（IL-12） 主要来源于 B 细胞、巨噬细胞和 T_H1 细胞，IL-12 能诱导肿瘤坏死因数活性，增强抗肿瘤作用，还能诱导自然杀伤细胞产生 IFN-γ。

（13）白细胞介素 13（IL-13） 由活化 T 细胞产生，能诱导 B 细胞产生抗体，促进自然杀伤细胞产生 IFN-γ，抑制单核细胞产生炎症因子等。

2. 肿瘤坏死因子（Tumor necrosis factor，TNF） 为一类能直接造成肿瘤细胞死亡的细胞因子。包括 TFN-α 和 TFN-β 两大类，TFN-α 主要由巨噬细胞产生，T 细胞和自然杀伤细胞有时也能产生。TFN-β 由活化的 T 细胞分泌。TFN-α 和 TFN-β 作用极相似，能介导和启动白细胞趋集于炎症部位，杀死病原微生物，增强免疫反应，杀死或抑制某些肿瘤细胞。

3. 集落刺激因子（Colony stimulating factor，CSF） 是一组能在机体内外强烈刺激造血原细胞增殖分化，并形成细胞集落的低分子细胞因子。包括多种集落刺激因子 \ IL-3（Multi-CSF \ IL-3）、粒-巨噬细胞集落刺激因子（GM-CSF）、巨噬细胞集落刺激因子（M-CSF）、粒细胞集落刺激因子（G-CSF）、促红细胞生成素（erythropoietin，EPO）和 IL-7。其功能为：①参与造血前体细胞增殖、定向分化、成熟，以及集落形成；②使成熟细胞固有功能增强；③促使炎症反应及抗感染免疫。

4. 干扰素（Interferon，IFN） 是一种天然的非特异性防疫因素。它是机体细胞受病毒感染后，产生的一种低蛋白质-糖蛋白，这种蛋白质被释放出细胞外，被另外细胞吸收后，另外细胞产生非特异性的抗病毒物质，这种物质叫做干扰素。干扰素的基本特性具有严格的种属特性，如犬干扰素只对犬有保护作用，对其他动物则无有；作用广谱性，它具有抗多种病毒的能力；无明显的抗原性，它不被免疫血清中和，也不被核酸酶破坏，但可被蛋白酶破坏灭活；性质稳定，对 pH 和温度相当稳定；其毒性低，副作用小，不能透过血脑屏障。按其结构和来源分为 α、β、γ 三种，IFN-α 主要由单核细胞分泌；IFN-β 主要由成纤维细胞分泌，血管内皮细胞也可分泌；IFN-γ 主要由抗原刺激 T 细胞产生，自然杀伤细胞也产生一些。IFN 具有广谱抗病毒和抗肿瘤，以及双向免疫调节作用。

犬干扰素 α 产品分为三代。

（1）第一代产品称为犬白细胞干扰素 α，从犬的血液中提取分离，或从体外培养的犬白细胞中诱导得到。此类产品干扰素 α 含量低，活性也不稳定。另外，由于血液成分复杂，容易引起过敏反应或细菌感染。

（2）第二代产品称为重组犬干扰素 α，采用基因工程方法，利用已知的犬干扰素 α 基因，在体外表达获得。此类犬干扰素 α 活性较低，临床上用量较大，容易产生不良反应。

（3）第三代产品称为犬干扰素 α 的突变体，它是在第二代产品的基础上，通过基因工程方法，有目的改变犬干扰素 α 基因，筛选出高活性的犬干扰素 α 突变体。突变体的生物活性明显高于第二代产品，实验证明其生物活性比第二代提高 10～20 倍。临床上用量少，疗效高，毒副作用小。

我国北京铁草科技有限公司已正式生产销售重组犬干扰素 α 突变体、重组犬干扰素 γ 突变体，以及重组猫干扰素 w。犬干扰素 α 突变体能抑制病毒增殖，杀伤病毒和预防病毒感染。重组犬干扰素 γ 突变体，适用于治疗多种皮肤病，对于顽固性皮肤病也有特殊性疗效，还适用于病毒病和免疫力低下犬。重组猫干扰素 w 是抗病毒活性最强的猫干扰素，抗病毒活性比猫干扰素 α 强 5～10 倍，除抗病毒外，还适用于治疗猫免疫功能低下和肿瘤。

犬干扰素 α 和单克隆抗体有什么不同？具体的不同见表 11-1。

表 11-1　犬干扰素 α 和单克隆抗体的不同

项　目	干扰素 α	单克隆抗体
作用位置	细胞内外	细胞外
作用机理	抑制病毒复制	暂时性中和病毒，降低血清里游离病毒含量
治疗过程	根本上切断病毒复制链，抑制病毒增殖	病毒继续增殖，只中和外病毒
抗病毒谱	广谱	专一病毒
对变异病毒	仍然有效	大部分无效
不同阶段疗效	感染早、中、晚期都有效	只适用于感染早期

十二、补体（Complement，C）

补体是正常动物血液中，具有类似酶活性的一组糖蛋白，具有潜在的免疫活性，启动后能表现出一系列的免疫活性，能够协助其他免疫物质，直接杀伤靶细胞和加强细胞免疫功能。补体启动后的生物学作用，除以上免疫学调节外，还有多种生物学效应。补体有 30 多种，如 C_1，C_2，C_3，…C_9，补体系统的其他成分，用英文字母大写表示，如 B，D，P，H，I，C_1 灭活因子等。肝细胞、巨噬细胞、脾、肺、肾小球细胞、肠道上皮细胞、骨髓细胞等，都能合成补体蛋白，血浆中补体主要来自肝细胞。

十三、转移因子 （Transfer factor，TF）

转移因子为小分子多肽，核苷酸和多种免疫调节因子复合物，能非特异性调节机体免疫机能，提高疫苗免疫效果和抗体水平，增强细胞免疫及骨髓造血免疫功能，对机体免疫机能有双向调节作用，提高动物抗病能力。又有增强皮肤免疫力，促进术后及外伤伤口愈合，有效防治过敏和非过敏因素引起动物的各种顽固性皮肤病。能够增强机体对各种应激原引起的不良应激反应。

第十二章

皮肤病检验

　　皮肤病实验室检验项目很多，有的项目可以在一般实验室进行检测，有的则必须将需要检测物送到高级检测室。能够自己完成的检测项目，尽量自己完成，这样诊断快，针对病因用药，疗效好又快。这里只介绍在日常门诊皮肤病和耳病中使用最多的一些实验室检验方法。

第一节　细胞和微生物检验

　　犬猫患有皮肤病或耳炎时，兽医应采取病灶样本进行细胞学检验。此项检验具有价格低廉、操作简便、结果快速和诊断率高等多项优点。凡来就诊的慢性皮肤病或耳炎的犬猫，都应给它们做细胞学检验。细胞学检验不光是针对首次就诊的患病动物，即使是复诊的犬猫，若发现有相关病症时，也应采样进行细胞学检验。皮肤病继发微生物感染时，包括细菌、真菌等，这些微生物在用显微镜检验细胞时，比较容易看到它们。兽医可根据检验结果进行诊断，然后实施正确的治疗措施。临床上不时地发现有少数犬猫不断地重复发生皮肤病，其病原微生物可能由原先的细菌发展到真菌，或发生了混合感染。在临床上根据症状无法诊断是哪种微生物引起的感染时，必须采样进行细胞和微生物学检验，才能判断感染微生物的种类，然后再进行有针对性的有效治疗。细胞和微生物学检验法也能用来监测患病动物对治疗的效果，治疗后微生物数量减少，一般表示对患病犬猫治疗有效。特别是患耳炎的犬猫，应每2～3周回诊一次，进行细胞和微生物学检验，检验耳道内微生物菌群的变化。采取细菌培养，判断培养结果时，必须要结合当初微生物检验的结果，因为有的细菌过度生长或采样不良，都可能影响诊断的正确判断。细菌培养会培养出许多不同种类的微生物，医生必须正确分辨哪一种微生物在病灶中占大多数，只有这样才能采取正确有效的治疗方法。

一、细胞和微生物检验方法

其方法有多种。

1. 当皮肤病灶有渗出液，或皮肤病灶表面呈现油腻状况时，可用载玻片置于皮肤表面的病灶上，摩擦或用力按压用于取样。

2. 用棉签在皮肤病灶面上滚动取样，或将棉签插入耳内取样。若病灶处皮肤干燥，可先将棉签蘸点生理盐水，然后再取样。

3. 用透明胶带直接按压在有皮屑的皮肤上，此法特别适合皮肤病灶干燥的病患。胶带黏着法速度很快，但检验人员必须熟知犬猫正常皮肤表面的细胞学结构。采用透明胶带从皮肤上取样时，利用透明胶带黏的一面，按压在干燥的皮肤病灶上，取样后，把透明胶带黏的一面朝下，置于滴有染色液的载玻片上，再后把载玻片置显微镜下观察。此种检验方法对皮肤马拉色菌感染检验特别有用。

4. 检验结节或脓疱里的分泌物时，可用 22 号针头抽出内容物。将针头刺入结节或脓疱里，然后将针头转扎向不同方向，抽取内容物，拔出针头，将内容物涂在载玻片上，再将其制成涂片，置于空气中风干，染色检验。如果细胞内或细胞外出现球菌，很可能就是脓皮症。

5. 刮取皮肤表面细胞进行检验。用手术刀片轻轻刮取皮肤病灶的表面，刮取下的皮屑，涂布在载玻片上，涂布均匀后，加热固定或风干后染色。检验若发现皮肤病灶中有皮肤棘层松解细胞（Acantholytic cells），此犬可能患有落叶天疱疮。但有时严重的脓皮症或皮肤真菌病，也会造成皮肤棘层松解细胞的出现。皮肤棘层松解细胞是一种细胞核大，核位于细胞中央的大型近似圆形上皮细胞。

制成的载玻片染色：可用改良的瑞氏染色法，或购买商品 Diff Quick 染液或新亚甲蓝染液用来染色。风干的染色载玻片，滴上检验用液体后，再置于显微镜下观察。以上染色法比革兰氏染色法更加快速，也更简易。

犬猫被毛里常蓄积大量的葡萄球菌、链球菌、棒状杆菌、假单胞菌、寻常变形杆菌、大肠杆菌、绿脓杆菌等。因此，一般皮屑检验都能看到不同种型的细菌。如果皮肤有损伤，在损伤处刮取的病料，更能在显微镜下看到不同种类的细菌。皮肤和软组织感染，在显微镜下检验，犬的病原菌最多见的是中间葡萄球菌，深层组织感染是铜绿假单胞菌或大肠杆菌和变形杆菌，有时还有革兰氏阳性菌的肠球菌。另外，还有厌氧菌的放线菌。猫皮肤感染菌有巴氏杆菌、链球菌等，口腔感染还有厌氧菌。检验时，如果发现吞噬细胞吞噬某种微生物，一般就可以确认是那种微生物感染。

二、耳内分泌物检验

用棉签掏取耳内分泌物，涂在载玻璃片上，盖上盖玻片，置显微镜下观察。注意检验酵母菌样的马拉色菌、螨虫和细菌等。检验中微生物的数量是一项主要的诊断条件，极少数的球菌或马拉色菌可以忽略不管。但在高倍显微镜下，每个视野里看到一个或一个以上马拉色菌则为异常；看到数量相当多的球菌也是异常；看到任何杆菌也是异常。耳内最可能看到的杆菌是假单胞菌和变形杆菌。

三、皮肤真菌病的皮肤刮取物检验

真菌遍布自然界，在已记载的 5 万多种真菌中，与人类和动物疾病有关的不到 200 种。与犬猫皮肤疾病有关的主要是四种即犬小孢子菌、石膏样小孢子菌、须毛癣菌和马拉色菌（正常耳内有少量寄生，彩图 24、25）。猫皮肤真菌病多由犬小孢子菌（占 98%）、石膏样小孢子菌和须毛癣菌（各占 1%）引起。犬皮肤真菌病也多由这四种真菌引起，前三种它们分别占 70%、20% 和 10% 左右。

刮取皮屑和在显微镜下检查方法基本上同检查螨虫。只是在镜检前，微微加热一下载玻片，然后置低倍或高倍显微镜下观察。

1. 犬小孢子菌（Microsporum canis，彩图 28）**病料检验**　显微镜下可见圆形小分生孢子密集成群，围绕在毛杆上，皮屑中可见少量菌丝，病料中一般检验不到大分生孢子。在葡萄糖蛋白胨琼脂上培养，室温下 5～10d，菌落 1.0mm 以上。取菌落镜检，可见直而有隔菌丝和很多中央宽大、两端稍尖的纺锤形大分生孢子，壁厚，常有 4～7 个隔室，末端表面粗糙有刺。小分生孢子较少，为单细胞棒状，沿菌丝侧壁生长。有时可见球拍状、结节状和破梳状菌丝和厚壁孢子。

2. 石膏样小孢子菌（Microsporum gypseum，彩图 25）**病料检验**　显微镜下可见病毛外孢子呈链状排列或密集成群包绕毛干，在皮屑中可见菌丝和小分生孢子。在葡萄糖蛋白胨琼脂上培养，室温下 3～5 天出现菌落，中心小环样隆起，周围平坦，上覆白毛绒毛样菌丝。菌落初为白色，渐变为淡黄色或棕黄色，中心色较深。取菌落镜检，可见有 4～6 个分隔的大分生孢子，壁薄呈纺锤状，菌丝较少。第一代培养物有时可见少量小分生孢子，成单细胞棒状，沿菌丝壁生长。此外，有时可见球拍状、破梳状、结节状菌丝和厚壁孢子。

3. 石膏样毛癣菌（Trychophyton gypseum）**病料检验**　也称须毛癣菌（trychophyton mentagraphyte）。在显微镜下皮屑中可见有分隔菌丝或结节菌丝，孢子排列成串。在人的病料中无大分生孢子，在动物的病料中，有时可见大分生孢子。在葡萄糖蛋白胨琼脂上培养，25%生长良好，有两种菌落出现。

（1）绒毛状菌落　表面有密短整齐的菌丝，雪白色，中央乳头状突起。镜检可见较细的分隔菌丝和大量洋梨状或棒状小分生孢子。偶见球拍状和结节状菌丝。

（2）粉末状菌落　表面粉末样，较细，黄色，中央有少量白色菌丝团。镜检可见螺旋状、破梳状、球拍状和结节状菌丝。小分生孢子球状聚集成葡萄状。有少量大分生孢子。

四、被毛检验

利用一只镊子将全秃或半秃的被毛用力拔下，放在载玻片上，然后在低倍显微镜下仔细观察。最好在载玻片上滴上矿物油，盖上盖玻片，以免被毛由显微镜下被吹走。检验被毛时，注意：

（1）犬猫的掉毛是否由于摩擦或舔舐引起，还是其他原因导致的掉毛？如果是动物瘙痒或舔舐造成的掉毛，毛尖会出现断裂状。其他原因造成的掉毛，被毛尖端会呈现出逐渐变细的样式。

（2）如果动物皮肤感染了真菌，在显微镜下可以看到病灶处的被毛毛干部位，因真菌孢子的存在而使原本清晰的毛干线条变成模糊不清，就像把鱼子酱涂抹在筷子上一样。只要看到这样的现象，就可以确诊受检动物皮肤感染了真菌。但是，看不到这种现象的被毛，也绝不能表明就没有真菌的感染，它还可通过真菌的培养来证实皮肤有没有真菌感染。

（3）检查时若发现蠕形螨爬在被毛尖上，表示皮肤上有蠕形螨寄生，此时就不需要再进行皮肤刮取检验了，特别是在眼睛周围被毛尖上爬有蠕形螨时，就更加容易看到毛尖上的蠕形螨。在疼痛的皮肤病灶处，也可以看到毛尖上有蠕形螨。但是，皮肤上有蠕形螨感染，最好看到蠕形螨才算确诊。

被毛检验就是仔细检验被毛毛尖，此种检验法简单又快速。被毛检验对评定秃毛猫是因为常舔舐被毛或理毛（引起毛干尖折断）引起，还是其他原因造成的秃毛（呈现毛干越近尖部越细小），还是真菌感染引起，非常有意义。不过，在皮肤真菌感染时，除看到被毛毛干周围有真菌孢子（彩图28）存在外，其被毛毛尖也会有折断，这可依靠真菌培养检验法得以鉴别。

五、真菌培养检验

真菌培养检验首先取皮肤病灶边缘部位的被毛和皮屑，进行真菌培养。若能采到伍德氏灯下被毛呈现荧光反应的被毛更好。如果皮肤病灶范围不明显，或是怀疑被检动物没有明显病灶时，可使用金属有齿梳子，先灭菌后，然后用该梳子梳理受检动物的被毛。梳理之后，将梳子齿、皮屑和梳下的被毛等，轻轻地印在培养基上。

沙氏（Sabourand）琼脂是培养真菌最常用的琼脂，而琼脂培养基是在沙氏琼脂加上一些特殊成分，它能抑制腐生菌和细菌的过度生长，同时也有显色作用。这些添加了特殊成分的琼脂培养基，在市场上是以小瓶装（瓶内琼脂呈斜面）或以有玻璃盖的器皿装出售，购买后可冷藏数个月。使用前先将它们放在28℃的保温箱内加热，或放在温暖黑暗的地方，稍微松开些盖子。接种后形成菌落时，酸碱度会发生变化，因而使培养基的显色剂呈现特定的颜色，依颜色的不同，便能判断它是何种真菌。

培养出的菌落需在显微镜下检验。方法是用透明胶带的黏性面，轻轻地压在培养基的菌落上，然后将黏性面放在滴有甲基蓝的载玻片上，置于显微镜下仔细观察。透明胶带本身就是替代盖玻片。如果有必要的话，可以在载玻片上的透明胶带上，滴上显微镜油，以利更仔细地观察。在加有特殊成分的沙氏琼脂培养基上，生长的真菌菌落各有其特点。依据其特点可鉴别三种真菌。

1. 犬小孢子菌的菌落 呈白色毛絮状，底面有淡黄色色素。若此菌生长在一般真菌培养基上，不会出现淡黄色色素。

2. 石膏样小孢子菌的菌落 呈肤色的颗粒状，底面也有淡黄色色素。

3. 石膏样毛癣菌的菌落 形状不定。显微镜下检验，可见很少个雪茄状的大分生孢子，以及小而圆的小分生孢子。

六、伍德灯（Wood's light）检查

伍德灯实际上是一种滤过紫外线检测灯（波长 320～400nm），主要用于色素异常性疾病、皮肤感染等。上海双博生物科技有限公司生产的 SUBO—伍德灯（253.7nm），功率 16W，就很好用。检查人民币真假的检测机也可试用。具体做法是在暗室里，使用伍德灯前，先预热 5min，再进行检验。用灯照射患病处，观察荧光型，真菌犬小孢子菌、石膏样小孢子菌和铁锈色小孢子菌感染。由于侵害了正在生长发育的被毛，利用被毛中色氨酸进行代谢，其代谢物为荧光物质，在伍德灯照射下，整个毛干发出绿黄色或亮绿色荧光（彩图27），借此可诊断三种真菌引起的真菌病。用伍德灯照射诊断犬猫的犬小孢子菌病，只能检出感染犬猫的50％，另一半难以检出，所以用伍德灯检查阴性的，并不代表绝对没有真菌感染。用伍德灯照射细菌假单胞菌属，发出绿色荧光。局部外用凡士林、水杨酸、四环素、碘酊、肥皂和角蛋白等，也能发出荧光，但荧光一般都不在被毛的毛干部位，或不是绿黄色或亮绿色荧光，检查时应注意鉴别。

第二节　皮肤螨虫病皮肤刮取物检验

一、浅表层皮肤刮取物检验

此法一般常由大面积皮肤取样，用以检验螨虫。检验螨虫通常刮取肘部、耳缘、腹部等部位，最好选择感染严重的皮肤部位，刮取皮屑进行检验。刮取前应在刀片或皮肤上滴上矿物油，依被毛生长方向刮取。即使在不同部位刮取的样品，螨虫的检出率也只有 50％。检验时即使只看到一个螨虫或螨虫卵，也足以作为诊断螨虫感染的依据。主要的是要在大范围内刮取，若是长毛犬猫应先剃毛或剪毛，以利刮取操作。剃毛时务必注意不要剃出或剪掉皮肤表面的皮屑和痂皮等。螨虫存在在皮肤表层部位的表皮层中，剃毛太贴近皮肤时，可能剃掉螨虫，所以用剪刀剪取长毛犬的毛较好。刮取部位先滴上植物油或滴植物油在刮取刀片上，然后轻轻刮去皮

肤表层，将刮取物置于玻璃片上，盖上盖玻片，然后在显微镜下仔细观察螨虫和椭圆形淡黄色的薄壳虫卵。

二、深层皮肤刮取

此法是用来检验生长在毛囊中的蠕形螨，由于毛囊部位相当深，所以需要深层皮肤刮取物，用以取得有效样本。在刮取前可先用手捏挤皮肤，把蠕形螨由深部毛囊中挤到较表层，再刮取采样，一般较容易采到虫体和卵。实验证明刮取前捏挤皮肤，能使蠕形螨的检出率提高50％以上。使用涂上植物油的刀片，顺着被毛生长方向刮取，刮取到微血管出血为止。有些犬种，如沙皮犬等，在刮取检验中蠕形螨呈阴性，但在活组织检验中，可看到蠕形螨，因此有时需进行活组织来检验蠕形螨。只要看到一个蠕形螨就能判断动物患有蠕形螨感染。在诊断蠕形螨刮取物检验结果时，除了找到蠕形螨之外，还需记下每个视野里成螨、幼虫和虫卵的相对数目，以及刮取部位。在患犬下次就诊时，必需再进行皮肤深层刮取物检验，和上次检验结果对照，用以判断治疗的效果。也可每个月刮取一次，用以判断治疗效果。

螨类有记载的约3万多种，有的对动物有害，有的对动物无害。寄生于犬猫皮肤和耳内的螨，有犬疥螨、猫背肛螨、犬蠕形螨、犬耳痒螨、猫耳痒螨亚种，详细见彩图8、彩图9、彩图10、彩图11。

三、皮肤发痒病变部位和潜在的皮肤病之间的关系

为了更有效地刮取皮肤病原，进行显微镜下的检验，现把犬猫皮肤发痒病变部位和潜在的皮肤病之间的关系列表12，以便实际操作时参考。

表 12　皮肤发痒病变部位和潜在的皮肤病之间的关系

皮肤病灶或发痒部位	可能潜在的皮肤疾病
面部	特应性皮炎（Atopic dermatitis）、食物过敏、落叶状天疱疮、疥螨虫或蠕形螨感染、真菌或细菌感染
耳廓	疥螨虫感染、特应性皮炎、食物过敏、落叶状天疱疮
耳炎	特应性皮炎、食物过敏、异物、螨虫、细菌或真菌感染

（续）

皮肤病灶或发痒部位	可能潜在的皮肤疾病
四肢下部和趾爪	特应性皮炎、食物过敏、落叶状天疱疮、蠕形螨感染、真菌或细菌感染
腋下和肘部	特应性皮炎、食物过敏、螨虫感染
腹部	各种过敏、疥螨虫或蠕形螨感染、真菌或细菌感染
尾根部	多见蚤性过敏
肛门周围	特应性皮炎、食物过敏、绦虫、肛门囊问题

第十三章

犬猫疾病快速检测诊断试剂

　　犬猫疾病快速检测试剂有许多种，现在还在不断研究制造更多新品种，每种犬猫疾病快速检测诊断试剂都有详细的使用说明，说明内容主要包括原理、使用范围、提供的材料、注意事项、操作步骤、检测结果判断、保存和稳定性等。使用前需详细阅读使用说明，并严格按使用说明操作，测得数据才能正确。犬猫疾病快速检测诊断试剂一般能较准确地检测疾病，但是，也会发生极低的错误结果，通常还应结合其它临床检查。一个确切的临床诊断，不应该只建立在一个单一检测结果上，而应该建立在所有临床和实验室诊断综合判断上。现在犬猫疾病快速检测试剂有的是国外厂商生产，我国也已能够生产多种犬猫疾病快速检测诊断试剂，这些犬猫疾病快速检测诊断试剂基本上都是干式试剂。不需要任何仪器，在诊断室或任何地方便可进行检测，非常简便。

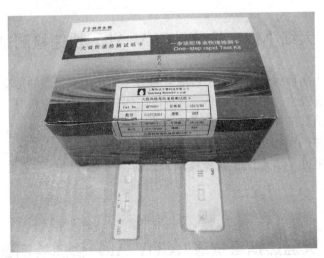

图 13-1　犬猫疾病快速检测诊断试剂盒和两个检测板（图下）

一、犬细小病毒抗原(CPV Ag)感染快速检测试剂

国内多采用胶体金快速诊断试条，其特点为快速、简便、准确和灵敏度高，用试条检验粪便中犬细小病毒抗原，来诊断犬细小病毒性肠炎和心肌炎，一般只需 5～10min 即可检测完。目前国内已有犬粪便细小病毒聚合酶链反应（PCR）法检验。

爱德士犬细小病毒快速检测试剂，可检测犬肠细小病毒 1 型及 2 型（CPV-1，CPV-2，CPV-2a 和 CPV-2b）抗原，敏感性高达 100%，特异性达 98%。独特的强阳性、弱阳性半定量检测，帮助动物医生更加了解动物病情。此试剂不受细小病毒疫苗注射干扰的影响。

用犬细小病毒快速检测试剂检验猫粪便中犬细小病毒抗原，如果显示为阳性，表示猫体内有犬细小病毒，但一般并不引起猫发病，故不需治疗。

作者曾遇一个 3 个月龄幼犬，打疫苗前，用 CPV 抗原快速检测试剂检验弱阳性，间隔半个月又曾作 2 次，都是弱阳性。但此犬精神、体温、呼吸和脉搏，吃喝及拉屎撒尿均正常。血液常规检验，其检验的项目也都在正常范围内。和主人协商决定打疫苗，打疫苗后未见任何异常反应。

二、犬细小病毒抗体（CPV Ab）快速检测试剂

犬细小病毒病是由犬细小病毒引起的一种死亡率很高的传染病，在世界各地都有发生。检测犬细小病毒抗体能够显示犬的健康状况，以及疫苗接种后表明其接种效果。此监测是一种快速、定量检验犬血液中犬细小病毒 IgG 抗体的固相免疫学反应。该检测只是初步结果，还可配合其他诊断方法，更进一步来证实其免疫结果。检测可在 20min 左右完成，然后判断结果。

三、犬瘟热病毒抗原（CDV Ag）快速检测试剂

本试剂可检验犬类眼部分泌物（或结膜）、鼻液、唾液、尿液、血清

或血浆中的犬瘟热病毒抗原。检测可在 5～10min 完成。目前国内已有犬粪便瘟热病毒 PCR 法检验。

　　另外，还有犬瘟热病毒（CDV）和犬腺病毒（CAV）感染快速检测试剂：此试剂是以免疫色谱分析法，定性检测犬类眼结膜上皮细胞和鼻腔上皮细胞中的犬瘟热病毒抗原和犬腺病毒抗原。为了提高检测的准确性，用两个棉签分别刮取眼结膜上皮细胞和鼻腔上皮细胞，都浸入反应缓冲液，然后混合缓冲液，再进行实验。一般在 10min 即可出结果。

四、犬瘟热病毒抗体（CDV Ab）快速检测试剂

　　犬瘟热是一种死亡率很高的犬类传染病，全世界各地广泛流行。检测犬瘟热抗体是为了检查犬类的健康状况，也是为了检验疫苗接种后，犬类获得免疫抗病程度的大小。该检测是一种快速、定量检验犬类血清、血浆或全血中，犬瘟热 IgG 抗体的固相免疫学反应。此监测仅提供初步检测结果，还可结合其他诊断方法，来证实其免疫状态。本监测 20min 左右进行结果判断。

五、犬冠状病毒抗原（CCV Ag）快速检测试剂

　　本试剂是以快速诊断试纸，以免疫色谱分析法定性，用以检测犬类粪便中的犬冠状病毒抗原。检测需要 5～10min 后，判断结果。检测超过 20min 后看结果，准确性差。现已有犬细小病毒/冠状病毒抗原检测试剂，可同时诊断犬的两种疾病。

六、犬腺病毒Ⅰ型抗原（CAV-Ⅰ Ag）快速检测试剂

　　犬腺病毒Ⅰ型引起犬传染性肝炎（ICH），其检验方法同犬瘟热病毒和犬腺病毒抗原的检测方法，检验眼内分泌物、血浆或血清。目前国内已有犬粪便腺病毒Ⅰ型聚合酶链反应（PCR）法检验。

七、犬腺病毒Ⅰ型抗体(CAV-Ⅰ Ab)快速检测试剂

此检测方法用以诊断犬是否感染了犬腺病毒Ⅰ型引起犬传染性肝炎(ICH)，或注射疫苗后产生抗体的情况。

八、犬腺病毒Ⅱ型抗原(CAV-Ⅱ Ag)快速检测试剂

利用血清或呼吸道分泌物，来检测犬腺病毒Ⅱ型抗原。此病毒也是引起"犬窝咳"的病原。检验方法和判断结果，参看其说明。

九、犬副流感病毒抗原(CPIV Ag)快速检测试剂

利用呼吸道分泌物或血清，来检测犬副流感病毒抗原。现在已有了"犬传染性呼吸道病-3抗原快速检测试剂条"，可监测犬瘟热病毒、犬腺病毒和犬副流感病毒。

十、犬流感病毒抗原(CIV Ag)快速检测试剂

利用犬鼻分泌物进行检测。检验犬鼻分泌物能完全阻断产生假阳性，获得准确结果。

十一、犬轮状病毒抗原(RV Ag)快速检测试剂

利用犬粪便中存在的犬轮状病毒抗原进行检测，是快速、准确性高的检测方法。

十二、犬钩端螺旋体抗体(CLEPT Ab)快速检测试剂

有材料介绍以色列研制了犬钩端螺旋体抗体快速检测试剂，用以检验犬是否感染了钩端螺旋体病。

十三、犬布鲁杆菌抗体(Brucella Ab)快速检测试剂

利用血液、血浆或血清检验犬布鲁杆菌抗体，2min 即可出结果。用以检验犬是否暴露过布鲁杆菌或感染了布鲁杆菌，此监测是一种普查方法。

十四、犬布鲁杆菌抗原(Brucella Ag)快速检测试剂

利用犬流产时的分泌物，来检测犬布鲁杆菌抗原，用以检验犬是否患了布鲁杆菌病。

十五、犬结核病 (TB) 检测

利用拭子取咽喉病料，采用 PCR 法检验；也有利用注射结核菌素反应来检测犬结核病的。

十六、犬心丝虫抗原(CHW Ag)快速检测试剂

采用 ELISA 方法，专门检测犬心丝虫抗原，监测可使用含抗凝剂的全血、血浆或血清，其敏感度可达 99%，特异性可达 100%。检验只需8min 即可得到结果。

现在已有犬心丝虫抗原、犬型埃立希体抗体、血小板型/马型埃立希体抗体和犬莱姆病抗体四合一快速检验试剂 (ELISA 方法)，8min 即可出结果。心丝虫抗原准确率达 98%，特异性高达 100%；埃立克体抗体准

确率高达 98.9%，特异性高达 98.2%；莱姆病抗体准确率高达 95%，特异性高达 99.9%。

十七、利什曼原虫抗原（Leishmania Ag）快速检测试剂

利什曼原虫抗原快速检测试剂特异性高达 96%，快速，可定性是否感染了利什曼原虫。

十八、弓形虫抗体（Toxoplasma Ab）检测试剂

利用血清进行检验弓形虫抗体。弓形虫感染动物后，动物机体先产生免疫球蛋白 M（IgM），这种球蛋白在机体内大约 3 周消失；感染 1 周左右开始产生免疫球蛋白 G（IgG），这种球蛋白可在机体内存在几年，甚至十几年。根据这两种球蛋白生产的试剂，检测时 IgM 和 IgG 都是阳性，说明动物正处在弓形虫急性感染期；如果只有 IgG 为阳性，证明此动物以前感染过弓形虫。

最新的快速弓形虫 IgG 检测试剂，使用血清检验，在 15min 内便可出结果。

十九、弓形虫抗原（Toxoplasma Ag）快速检测试剂

利用血清或粪便进行检验弓形虫抗原，诊断是否感染了弓形虫。

二十、犬和猫胰腺炎快速检测试剂（SNAP CPL and FPL）

采用独特设计的 ELISA 方法，利用血清检测犬胰腺的特异性脂肪酶，10 分钟即可出结果。其特异性高达 96%。可确诊症状不明显的胰腺炎。现已有爱德士猫胰腺炎快速检测试剂（SNAP FPL），利用血清检测猫胰

腺的特异性脂肪酶，其特异性高达 80%，敏感性达 79%，10min 出结果。

二十一、犬过敏检测——犬免疫球蛋白 E（IgE）快速检测试剂

常见的犬皮肤病、腹泻等，可能是由于程度不同的过敏反应引起。犬过敏时，其血液中会针对过敏原，产生特异性免疫球蛋白 E（IgE），严重的可见血液中 IgE 量增多。因此，检验血清或血浆（可用 EDTA 或肝素抗凝）中 IgE，一般 IgE 需要超过 $10\mu g/mL$，才能判断犬是否处于严重的过敏反应状态。检测可在 $10\sim15min$ 完成，灵敏度 91%，专一性 81%。犬过敏监测试剂只限定应用于犬，不适用于猫或其他动物。应用过抗敏药物，将影响检测结果，因此用药的犬应在停药后，至少 2 周再进行监测。

二十二、犬特定过敏原晶片检测

采用最新生物科技法——蛋白质微阵列生物晶片检测法，能快速检测并分析引起过敏之特定的过敏原，从而积极有效地避开导致宠物过敏的各种物质，并能提供犬的特异性免疫球蛋白 E 的图谱，只需血清 0.1mL。当前可监测常见的 62 种过敏原。

二十三、犬猫贾第鞭毛虫抗原（Giardia Ag）快速检测试剂

利用粪便检验贾第鞭毛虫抗原，8min 即可出结果，其敏感度高达 96%，特异性达 99%。检测精确度高，容易操作，8min 即可出结果。还不因为注射疫苗造成假阳性。

二十四、猫细小病毒抗原（FPV Ag）快速检测试剂

试剂是以免疫色谱分析法，快速检测猫粪便中的猫细小病毒抗原，猫细小病毒是引起猫泛白细胞减少病（猫瘟热）的病原，用以诊断猫泛白细胞减少病。此检测可在 5～10min 完成，不要超过 10min。

二十五、猫细小病毒抗体（FPV Ab）快速检测试剂

猫细小病毒抗体快速检测试剂，用以诊断猫是否感染了猫细小病毒，或注射疫苗后抗体产生的情况。

二十六、猫白血病毒抗原（FeLV Ag）和猫免疫缺乏病毒抗体（FIV Ab）快速检测试剂

利用猫唾液来检测猫白血病抗原，其敏感性可达 100％，特异性达 99％。利用猫血液也可以检测。

猫白血病毒（FeLV）和猫免疫缺乏病毒（FIV）二合一快速检测（ELISA 方法）试剂：利用二合一快速检测试剂检验猫白血病抗原和猫免疫缺乏病（猫艾滋病）抗体。猫白血病抗原敏感性达 97.6％，特异性达 99.1％。猫艾滋病抗体敏感性高达 100％，特异性达 99.5％。10min 可出结果，不受疫苗干扰，可作为疫苗注射前是否感染两病的筛选。

二十七、猫传染性腹膜炎病毒抗原（FIPV Ag）快速检测试剂

猫传染性腹膜炎是由猫冠状病毒（FCV）引起的。利用猫的粪便、腹水或胸水，可快速检验引起猫传染性腹膜炎的猫冠状病毒抗原。

二十八、猫传染性腹膜炎病毒抗体（FIPV Ab）快速检测试剂

利用 ELISA 方法，检验猫血清或血浆中引起猫传染性腹膜炎的猫冠状病毒抗体，可在 20～30min 内出结果。检测敏感度可达 99%，特异性达 98%。检验阳性表明猫已暴露过猫冠状病毒，此猫可能或没有感染猫传染性腹膜炎（FIP）。此检测可作为一种普查方法，检验阳性的，需要进一步确诊是否感染了 FIP。母源抗体和注射过猫传染性腹膜炎疫苗的，检测也出现阳性结果。

二十九、猫杯状病毒抗原（FCV Ag）快速检测试剂

利用猫的眼、鼻、口腔分泌物进行检验，用以诊断猫杯状病毒病抗原。

三十、猫杯状病毒抗体（FCV Ab）快速检测试剂

利用猫杯状病毒抗体快速检测试剂检验，用以诊断猫是否感染了杯状病毒病，或注射疫苗后抗体产生多少的情况。

三十一、猫流感病毒抗原（FInV Ag）快速检测试剂

最近在东南亚和北欧地区发现猫感染猫流感病毒，通过研究制成了猫流感病毒抗原快速检测试剂，用猫鼻涕液检验诊断猫是否感染了猫流感。但是，有人认为猫流感病毒就是猫杯状病毒。也有人认为猫流感是由猫流感病毒和猫疱疹病毒共同引起。

三十二、猫疱疹病毒抗体（FHV Ab）快速检测试剂

猫疱疹病毒抗体快速检测试剂，用以诊断猫是否感染了疱疹病毒病。猫疱疹病毒感染主要发生在群养猫，其表现是结膜角膜炎、上呼吸道病和

流产，年幼猫发病比成年猫更严重。

三十三、猫心丝虫抗原（FeHW Ag）快速检测试剂

采用 ELISA 方法，利用抗凝血液检验猫心丝虫抗原，10 分钟可出结果。其敏感性高达 87.5%，特异性高达 100%。

三十四、狂犬病病毒抗原（RV Ag）快速检测试剂

利用唾液或脑组织液检测狂犬病病毒抗原。目前国内已有犬唾液狂犬病病毒 PCR 法检验了。

三十五、狂犬病抗体（RV Ab）快速检测试剂

检验犬猫血液中狂犬病抗体滴度，用以表明此犬或猫是否暴露过狂犬病病毒或本身是否带有病毒，是一种普查方法。

三十六、胆汁酸（BA）快速检测试剂

胆汁酸快速检测用于检测肝功能、肝-门静脉分流，以及肝脏疾病的治疗效果和药物剂量调整。当检验肝脏酶指标正常时，而胆汁酸指标异常，可能还存在隐蔽型肝脏疾病。

三十七、甲状腺素（T_4）快速检测试剂

用于检验甲状腺功能的亢进或减退，也用于监测甲状腺疾病时，药物治疗的效果和剂量调整的指标。猫甲状腺亢进可能会发生心力衰竭，因此麻醉前必须检验甲状腺功能。

三十八、皮质醇（Cortisol）快速检测试剂

用于检测肾上腺皮质功能亢进〔也叫库兴氏综合征（Cushing's syndrome)〕或肾上腺皮质功能减退〔也叫阿狄森氏病（Addison's disease)〕，协助肾上腺皮质刺激试验，以及高或低剂量的皮质醇抑制试验。还能监测肾上腺皮质功能亢进或减退时，药物治疗效果和剂量的调整。

三十九、犬类风湿因子（CRF）快速检测试剂

在 3min 内快速检测犬类风湿因子，用于诊断犬类风湿关节炎。

四十、犬和猫排卵快速检测试剂

为了及时配种受孕，检测犬和猫排卵时间非常重要，本试剂能及时检测到它们的排卵时间，其试验操作需要严格按说明进行。

四十一、犬和猫妊娠快速检测试剂

用此试剂检验妊娠动物的促黄体生成素（LH）水平，用以诊断它们是否妊娠了，其具体操作详见试剂说明。

四十二、犬血型快速检定卡

当犬红细胞膜上含有 DEA1.1 抗原时，会和鉴定卡上的 DEA1.1 单克隆抗体相结合而产生凝集反应。被检血样为 DEA1.1 阳性（DEA1.1$^+$）；不产生凝集反应的，被检血样为 DEA1.1 阴性（DEA1.1$^-$）。检验只需 200μL 的 EDTA 二钠抗凝全血，3min 就能出结果。阴性和阳性对比明显，易于判断结果。犬血样为 DEA1.1 阳性的，只能给血样为 DEA1.1 阳性的犬输血。犬血样为 DEA1.1 阴性，可以给

血样为 DEA1.1 阴性犬输血，可以给犬血样为 DEA1.1 阳性的输血。

四十三、猫血型快速检定卡

当猫红细胞膜上的 A、B、AB 抗原中，某种抗原与检定卡上的抗体相结合，产生凝集反应来判断血型。如果 A 抗原与检定卡上抗体相结合，被检血样为 A 型。如果 B 抗原与检定卡上抗体相结合，被检血样为 B 型。如果 A、B 抗原都与检定卡上抗体相结合，被检血样为 AB 型。检验只需 $150\mu L$ 的 EDTA 二钠抗凝全血，3min 就能出结果。阴性和阳性对比也比较明显，容易判断结果。如果在临床上使用猫血型检定卡检测血型时，难以判定血型，最好再做配血试验，用以确定血型是否相配，然后再决定输血。血型相配的才能输血。

四十四、犬猫等皮肤真菌诊断试剂

本试剂只依赖其颜色变化，无需菌落鉴定。通常 1～3d，有的需3～6d，便可得出皮肤真菌的诊断结果。

四十五、犬猫细菌菌种和耐药性鉴定快速诊断试剂

本试剂能快速、准确和可靠地诊断出菌种与其耐药性，便于临床上选择应用抗生素进行治疗。

第十四章

液体和电解质疗法

　　动物体内的液体称为体液。成年犬猫的体液约占体重的60%（50%～70%），幼年犬猫、妊娠、哺乳动物占的比重还高，达70%～80%。老年和肥胖动物因脂肪含水量少，体液占体重比例较小。体液的66.6%在细胞内，称为细胞内液（ICF）；33.3%在细胞外，称为细胞外液（ECF）；另有0.1%为脑髓液、胃肠道液、淋巴、胆汁、滑液、腺体和呼吸道分泌液，它们统称为过渡液或跨液（transcellular fluid）。ECF的75%在组织间，叫组织间液；25%在血管内，叫血液。

　　如果按动物体重计算，各种体液占的比重如下：

体液占
体重60%
ICF占体重40%
ECF占体重20%
组织间液占体重15%
血浆占体重5%（血液占体重犬8%～9%，猫6%～7%，幼犬猫达10%以上）

　　血浆、间质和细胞内体液中各种成分及含量见表14-1。

　　体内各种体液都是等渗的，它们通过水分和其中部分溶质，在体液间半透膜两侧移动，用以维持等渗状态。

一、犬猫的体液平衡

　　1. 犬猫体液的来源　来源有三：①饮入的水；②采食食物中的水；③体内物质代谢产生的水。一般糖、蛋白质和脂肪代谢产生的水量分别为0.6mL/g、0.4mL/g和1.07mL/g。

　　2. 犬猫体液的丢失　丢失途径有二：①尿液为主要丢失途径，每天每千克体重20～40mL；②粪便、呼吸、喘息和口水为次要丢失途径，每天每千克体重为20～30mL。

表 14-1　血浆、间质和细胞内体液中的成分及含量

项目和单位 （mmol/L）	细胞内液 （ICF）	细胞外液（ECF）	
		血浆	间质液
阳离子：			
钠离子（Na^+）	15	142	144
钾离子（K^+）	150	4	4
钙离子（Ca^{2+}）	1	2.5	1.75
镁离子（Mg^{2+}）	13.5	1.5	0.75
阴离子：			
氯离子（Cl^-）	1	103	114
碳酸氢根（HCO_3^-）	10	27	30
磷酸氢根（HPO_4^{2-}）	50	1	1
硫酸根（SO_4^{2-}）	10	0.5	0.5
有机酸	0	5	5
蛋白	63	16	6

　　正常犬猫每天的摄入水分量和丢失水分量相等，如果某种原因引起体液丢失量大于摄入量时，便引起动物脱水。

　　3. 犬猫每天液体的维持需要量　一般成年动物每天为 40～60 mL/kg，大型犬约 40mL/kg，小型犬和猫为 60mL/kg。幼年犬猫为 60～100mL/kg。犬猫的水分维持需要量也受本身的代谢率高低、环境温度、体温、呼吸频率和采食量等影响。禁食动物的液体维持需要量减少，如大型犬每天为 20mL/kg，小型犬为 30mL/kg，猫为 25mL/kg。患病动物维持需要量更少，大型动物每天为 12mL/kg，小型动物为 20mL/kg。

　　由于犬的个体大小和体重相差较大，而对水分的需要量和体重之间的关系也不成比例的增加或减少，不同体重犬对水分的需要量可参考表14-2。

表 14-2　犬生理性水分需要量

体重（kg）	每天需水总量（mL）	mL/kg	体重（kg）	每天需水总量（mL）	mL/kg
1	140	140	14	961	68
2	232	116	15	1 011	67
3	312	104	16	1 060	66
4	385	96	17	1 108	65
5	453	91	18	1 155	64
6	518	86	19	1 201	63
7	580	83	20	1 247	62
8	639	80	25	1 486	59
9	696	77	30	1 677	56
10	752	75	35	1 876	54
11	806	73	40	2 068	52
12	859	71	45	2 254	50
13	911	70	50	2 434	49

二、犬猫体液平衡失调

体液平衡失调有两种表现，即机体脱水和水中毒。

（一）动物机体脱水

当动物机体水分丢失多于摄入时，就是脱水或水负平衡。脱水有单纯性水丢失和带有电解质的体液丢失。脱水丢失的水分和电解质开始来自细胞外液，随后细胞内液中的水分和电解质，通过细胞膜给以代偿。钠离子是细胞外液中最多的离子，一般认为脱水将影响血浆中的钠离子，而钠离子是影响血浆渗透压的最重要离子。脱水后根据细胞外液中钠离子的多少，将脱水分为三种，即高渗性脱水、低渗性脱水和等渗性脱水。

1. 脱水的一般原因

（1）摄入水分减少　主要见于：①动物摄入的食物和水量减少；②动物患有全身性疾病，食欲和饮欲中枢受到抑制。

（2）机体水分丢失增多　见于：①不同原因引起的多尿症；②呕吐或腹泻；③高热引起的呼吸数增多或喘息；④皮肤大面积损伤或烧伤；⑤胸水、腹水或胃肠管内积液。

2. 动物脱水后血浆渗透压的变化　脱水后血浆渗透压的变化有三种。

（1）高渗性脱水　细胞外液中水分丢失量多，血浆高钠和高渗透压，细胞内液向外渗出水分，细胞内脱水，细胞外液量通常减少很少，故血细胞比容和血浆蛋白变化较小。高渗性脱水见于水泻、长期进食、不能饮水、糖尿病酮酸中毒、尿崩症、高温、呼吸过度、食盐中毒等。表现为想喝水、排尿量减少。治疗可用5％葡萄糖液。

（2）低渗性脱水　体内钠离子丢失大于水分的丢失，形成血浆低钠和低渗透压。为了细胞外液和细胞内液渗透压平衡，细胞从细胞外液吸取水分，更增强了脱水，使血容量减少，血细胞比容和血浆蛋白值增大，动物无渴欲，严重的易发生低血容量性休克。低渗性脱水见于严重热虚脱或热休克、呕吐、慢性出血、体内水潴留、高脂血症等。由于细胞内水分增多，引起颅内压升高而头痛和神经紊乱。治疗可用生理盐水或林格氏液。

（3）等渗性脱水　临床上最多见的脱水种类。体内钠离子和水分成正比例丢失，血浆钠离子浓度和渗透压正常，细胞外液和细胞内液中水分相互不吸取，此时血细胞比容和血浆蛋白值无变化。等渗性脱水见于大量呕吐，大量排尿或利尿治疗，液体摄入减少及出血，胃肠道分泌液、血浆和胸腹水丢失及喘息。

3. 机体脱水量的估计　估计机体脱水量有多种方法。

（1）调查病史估计脱水量　询问动物主人动物的饮水量和食欲情况，发病后的呕吐、腹泻、多尿、喘息、流涎等的水分流失情况，以及持续时间长短等。

（2）称量体重　将犬猫患病前和患病后的体重进行比较，从而得出脱水量。但多数动物主人难以说出动物病前准确体重，故难以比较。

（3）临床症状　从发病犬猫的精神状态、口腔黏膜湿干、眼球凹陷、胸背部皮肤弹性、齿龈毛细血管再充盈时间长短（正常少于1~2s）和休克等来判断以前的累积脱水量。见表14-3。

一般脱水量小于体重的5%，临床上无明显脱水表现；脱水达体重12%~15%时，将出现休克，甚至死亡。

表14-3　累积脱水量估计

项　目	轻度脱水	中度脱水	重度脱水
体重减少（%）	5~8	8~10	10~12
精神状态	稍差	差、喜卧少动	极差，不能站立
口腔黏膜	轻度干涩	干涩	极干涩
眼窝凹陷	不明显	轻微	明显
毛细血管再充盈时间（s）	稍延长	延长	超过3s
皮肤弹性实验持续时间（s）	2~4	6~10	20~45
血细胞比容（%）	50	55	60
血浆蛋白（g/L）	80~90	90~100	120
需补液量（mL/kg）	30~50	50~80	80~120

（4）实验室检验　实验室具有多项检验可用来估计脱水程度。

①血细胞比容和血浆蛋白检验：这两项检验只有在低渗性脱水时，其检验值增大较明显，在估计脱水量上才较有意义（表14-2）。

②尿液检验：患病动物肾功能正常时，脱水能使尿液浓稠比重增大（>1.030）。如果脱水时，尿液变的稀薄，比重小于1.030，则表明脱水还有肾脏问题，需进一步检验肾功能。

③血清电解质检验：动物脱水时，血清中钠离子，钾离子和氯离子浓度将发生变化，通过这些变化可确定脱水的类型，尤其是高渗性脱水时，利用检验血清钠离子，可计算机体脱水量。

通过以上多种估计机体脱水量的方法，综合性的分析诊断出患病动物较准确的已经丢失的水量，就是累积丢失量。

4. 输液的目的　纠正机体体液因过度丢失或摄入不足造成的失调，如腹泻、呕吐、绝食、多尿或失血等。

（1）补充液体（扩充血管容积，改善组织器官灌流，治疗或防治休克）。

（2）补充能量和营养物质（葡萄糖、电解质、氨基酸、脂肪乳等），纠正电解质失调。

（3）调节酸碱平衡失调。

（4）加入应用药物。

（5）利尿排毒，促进肾脏血流量。

（6）麻醉、手术和术后时应用，因麻醉时血管扩张。

（7）补充特殊成分（血液、血浆、合成胶体液等血液成分）。

（8）体温升高时降温和补充丢失水分。

5. 补液量　患病犬猫最初一天的补液量应包括：累积丢失量＋当天丢失量＋当天生理维持量（患病动物维持量一般比正常动物要少）。

（1）累积丢失量　是过去已经丢失的液体总量，其估计方法上面已描述表达。累积丢失量可根据情况，在 4～6h 内补充上。

（2）当天丢失量　就是累积丢失量外的当天继续丢失量，如继续腹泻、呕吐、多尿、烧伤或大面积损伤渗出，以及手术中的失血和体液丢失等。补液原则为随丢随补，丢多少补多少。

（3）当天生理维持量　此量液体是 24h 的需要。在食欲和饮欲减少的情况下，生理维持量也将减少。

6. 补液途径　可根据动物发病性质，急性或慢性，严重程度和液体性质来选择。补液时尤其是静脉输液，一定要注意控制补液量和输入速度，防止感染、气栓及过敏，寒冷季节加热液体后才补。

（1）口服补液　适合发病不严重，口服后不呕吐的较慢性患病动物。患病动物表现严重呕吐、腹泻、体液丢失快而多的，先静脉输液补充累积丢失量后，再口服补充继续丢失和维持量液体。口服补液除口服外，还可通过鼻胃管、咽食道或胃造口术补给。补充的液体里还可含有营养物或高渗液体。

（2）皮下补液　适用于轻度脱水、心脏功能差的或不爱吃食的犬猫，可选在颈部或背部皮肤比较松弛的部位补液。补充的为等渗或稍低渗液体，但等渗的 5%葡萄糖溶液一般不作皮下注射，因吸收困难，易引起坏死。每个点位可注射 10～50mL 液体。

（3）静脉补液　适用于严重脱水性腹泻或呕吐的患病动物。静脉输液可控制输入速度，能快速大量补充，易准确地补充所需液体量，等渗、高渗、低渗或有刺激性液体（如氯化钙液），都能静脉输入。注射部位可选择颈静脉，前肢臂头静脉，后肢隐静脉或股静脉。

（4）腹腔补液　适用于脱水严重的幼犬猫，体温过低的动物复温。腹腔补液可采用等渗、稍低渗液体，输入时需加温到体温才能输入，吸收相当快。由于易引起腹膜炎，临床上应用较少。

（5）骨髓内补液　适用于严重脱水的幼猫或小型动物，此时输液血管瘪细，难以静脉输液。除了刺激性大的液体（如氯化钙液），所有能静脉输入的液体，包括血液都能通过骨髓内输入。输入部位可选择股骨、胫骨或肱骨骨髓。

（6）直肠灌入　因犬猫的大肠、小肠都较短，可通过直肠灌入液体和营养物。方法为抬高后躯灌入水分和营养物，使其进入大肠和小肠，以利于吸收。

7. 补液速度　补液速度取决于输液目的，体液丢失的快慢，脱水程度和输入液体成分或种类，以及病犬猫状况。快速或大量体液丢失需要快速补液，慢性或缓慢的体液丢失，可采用缓慢补液。有人喜欢把累积丢失量＋继续丢失量＋当天生理维持量的总液量，在一天24h内基本上补充完；而另有人喜欢在最初的2～6h内，补充完累积丢失量，然后在剩下的18～20h内，再补充当天继续丢失量和当天生理维持量。肺脏、心脏或脑机能不良及老年动物，累积丢失量常需4～12h补充。

（1）快速补液：适用于休克和严重脱水犬猫。补充不含钾离子的类晶体液等渗液体，也可增加些胶体液。静脉输液速度，犬可80～100 mL/（kg·h），猫40～60mL/（kg·h）。含钾离子液体，钾离子可用0.5mmol/（kg·h）（10%氯化钾溶液0.35mL/（kg·h））的速度输入。10%氯化钾溶液一定要再稀释后静脉输入，浓氯化钾溶液刺激血管，引起动物疼痛不安。

快速补液时，如果动物出现排尿，表明器官组织灌注较好，此后应减慢输液速度或暂停输液。如果动物持续少尿或无尿，就应认真地控制输液速度和输液量，有条件的应进行中心静脉压监控，以防发生水中毒。

（2）对于病情不太严重的动物，最好全天24h补充液体，可采用静脉输液和口服结合进行。这样时间长，更利于平衡机体各部分的水分和电解质。静脉输液速度可采用常规速度5～10mL/（kg·h）。

（3）麻醉和外科手术时，由于出血和麻醉可引起血管扩张，血液有效循环量减少，可根据出血多少，采用静脉输液速度为5～20mL/(kg·h)。

在临床上补液量和补液时间确定后，静脉输液就得计算出每分钟或每小时输入多少液体量，然后再具体到多少滴是 1mL，以便控制每分钟输入多少滴。当然使用输液泵来控制静脉输液速度和输液量更好。

（二）水中毒

当动物机体水分摄入多于丢失时，就是水中毒或水不平衡。进入机体的水分，使血液变得稀薄，血浆流体静力压升高，渗透压降低。根据 stanling 相等原则，血管内液体渗透到组织间隙或细胞内，引起一些病理变化。犬猫水中毒主要是静脉输液引起，多见于患有心血管或肾脏疾病的动物，老年动物尤其多见。水中毒不可能发生在犬猫自然饮水，但可发生在犊牛缺水时饮水过多，使红细胞溶解而排红色血红蛋白尿液。

1. 水中毒原因

（1）医源性静脉输液过多。

（2）原发性无尿性肾衰竭。

（3）静脉输入水量增多，各种原因导致的排出量减少，如尿道阻塞。但在膀胱破裂情况下，也可能导致水中毒。

2. 水中毒后表现

（1）呼吸急促，听诊肺部有捻发音，为肺水肿表现。

（2）鼻孔和眼有浆液性分泌物，眼结膜水肿。

（3）皮下水肿。

（4）胸腔和腹腔可能有积液。

（5）呕吐或腹泻。

（6）血液的血细胞比容减小和血浆蛋白减少。

（7）中心静脉压升高。

3. 防治

（1）严格控制输液量和输液速度，注意犬猫有无行为、心率和呼吸率等异常变化，尤其对患有心血管和肾脏疾病，以及老年犬猫和小型犬。

（2）给利尿剂利尿。

（3）严重的可以适当放出些血液。

三、补液的性质、类型和选择

补液用的液体分为类晶体液和胶体液两大类（表 14-4）。类晶体液是溶解于水中的小分子物质,它们能通过毛细血管膜,如钠离子和葡萄糖等。胶体液内的小分子物质也能通过毛细血管膜,大分子物质不能通过。胶体液分两种,一种是天然的,来源于动物血液的血浆蛋白质,另一种是合成的大分子胶体物质,它们溶解在氯化钠或葡萄糖溶液中(表 14-4)。类晶体液和胶体液根据其渗透压高低分为高张性、低张性和等张性三种液体。

类晶体液又分为替代液和维持液。

1. 替代液主要用来补充血液和机体已累积缺乏的水分、电解质和缓冲其酸碱度,常用的有林格氏液、乳酸林格氏液和生理盐水。有时为了满足特殊需要,还需向液体中加入其他物质。

2. 维持液是用来补充正常情况下,每日动物丢失的低张液和电解质,也可用来满足健康动物对钾的需要。此液中钠离子和氯离子含量比血液中低,但钾离子含量比血液中高,故不易静脉快输,如复方电解质葡萄糖 MG3 注射液(高糖维持输液)(表 14-4)。

(一)类晶体液

血浆的 starling 能量有利于毛细血管内类晶体液渗入组织间,比如乳酸林格氏液静脉注入 1h 后,80%进入了组织间,仅 20%留在毛细血管内。因此乳酸林格氏液,常作为主要的组织间液容积的替代和维持液体。临床上常根据类晶体液张力、所含电解质及缓冲作用来选择应用。但是,犬猫在低蛋白或低白蛋白,以及肺水肿时,应用类晶体液应慎重,此时可考虑应用胶体液。

1. 等张性类晶体液 临床上常用等张平衡电解质液来复苏病动物,复苏后仍有呕吐或腹泻,体液继续丢失,能作为替代液来补充。总之,临床上根据患病动物血液中电解质浓度、渗透压和 pH,来选用等张性类晶体液(表 14-4)。

表 14-4　类晶体液和胶体液的特性和成分(Na^+、Cl^-、K^+、Ca^{2+}、Mg^{2+} 单位为 mmol/L)

名　称	渗透压 (mOsm/L)	pH	Na^+	Cl^-	K^+	Ca^{2+}	Mg^{2+}	葡萄糖 (g/L)	缓冲作用 (mmol/L)
(1)类晶体液									
①替代液									
0.9%氯化钠液	308(等张)	4.5~7.0	154	154	0	0	0	0	0
乳酸林格氏液	275(等张)	6.5	130	109	4	3	0	0	28

（续）

名　　称	渗透压 (mOsm/L)	pH	Na$^+$	Cl$^-$	K$^+$	Ca^{2+}	Mg^{2+}	葡萄糖 (g/L)	缓冲作用 (mmol/L)
林格氏液	310(等张)	4.5～7.5	147	157	4	3	0	0	0
Plamalyte-A	294(等张)	7.4	140	98	5	0	3	0	有(醋酸盐)
Normosol-R	295(等张)	5.5～7.0	140	98	5	0	3	0	16
5%葡萄糖液	252(等张)	3.5～4.5	0	0	0	0	0	50	0
5%葡萄糖和 0.9%氯化钠液 等量混合液	280(等张)	4.5	77	77	0	0	0	25	0
②维持液									
含5%葡萄糖液和 乳酸林格氏液等 量相混液	264(低张)	4.5～7.5	65.5	55	2	1.5	0	25	14
口服补液盐	220(低张)		90	80	20	0	0	4	30
含 5%葡萄糖和 0.9%氯化钠液	560(高张)	3.5～5.5	154	154	0	0	0	50	0
复方电解质葡萄 糖 MG3 注 射 液 （高糖维持输液）	644(高张)	6.0	50	50	20	0	0	100	20
ProcalAmine	735(高张)	6～7	35	41	24	0	5	30	有
3%FreAmineⅢ	405(高张)	6～7	35	41	24	0	5	0	有
(2)胶体液									
①天然的									
全血	300(等张)	7.4	140	100	4	2	0.9	4	有
冷冻血浆	300(等张)	7.4	140	110	4	2	0.9	4	有
②合成的									
右旋糖酐 40	311(等张)	3.5～7.0	154	154	0	0	0	0	0
右旋糖酐 70	310(等张)	3～7	154	154	0	0	0	0	0
6%六淀粉	310(等张)	5.5	154	154	0	0	0	0	0
10%五淀粉	326(等张)	5.0	154	154	0	0	0	0	0
氧乙基聚明胶	200(低张)	7.4	155	100	0	0.5	0	0	0
(3)其他									
5%碳酸氢钠液	1 190(高张)	8.2～8.3	595	0	0	0	0	0	595
11.2%乳酸钠液	2 000(高张)	6.0～8.0	1 000	0	0	0	0	0	1 000
10%氯化钾液	2 740(高张)	5.0～7.0	0	1 370	1 370	0	0	0	0
3%氯化钠液	1 026(高张)	4.5～7.0	513	513	0	0	0	0	0

表 14-5　临床上如何选择类晶体液进行治疗

疾　病	类晶体液	原　因	注　解
酸中毒，如腹泻	乳酸林格氏液 Plasmalyte-A Normosol-R 5%碳酸氢钠	缓冲液产碱或碱液	乳酸盐在肝脏降解为碳酸氢盐。不能和血液一起输入，以防林格氏液中钙凝血
碱中毒，如呕吐	0.9%氯化钠液 林格氏液	因氯和氢离子丢失。pH 值低	可能还需供应钾
心衰竭	等张液或 1/2 等张液，如乳酸林格氏液加糖	尽量减少钠的输入，减少血管容积	林格氏液不能和血液一起输入，以防凝血
高钙血症	0.9%氯化钠液	不含钙，有利尿作用	可能还需供应钾
高钠血症	乳酸林格氏液	含钠相对较少	不能和血液一起输入
肾上腺皮质功能降低	0.9%氯化钠液	不含钾，含钠多，有利于低钠血补钠	
肝衰竭——末期	Plasmalyte-A Normos-R	不含乳酸盐，含醋酸盐，含钠较少，使门脉压低	醋酸盐在肌肉内代谢，产生缓冲碱
急性肾衰竭	0.9%氯化钠液 5%碳酸氢钠液	因酸中毒和高钾血	注意用量
慢性肾衰竭	乳酸林格氏液 5%碳酸氢钠液 10%氯化钾液	因酸中毒和低钾血	注意用量
糖尿病	乳酸林格氏液或 0.9%氯化钠液 10%氯化钾液	因酸中毒和低钾血	注意用量
肾衰竭——高钠末期	Plasmalyte-A Normosol-R 1/2 强度乳酸林格氏液	降低钠含量，减少肾小球过滤	林格氏液不能和血液一起输入。注意防止高镁血
肾衰竭——少尿/无尿	0.9%氯化钠液	避免钾贮留	监视钠水平升高
休克复苏——低血容量	乳酸林格氏液 Plasmalyte-A Normosol-R 全血或血浆	缓冲液产碱，增加血管内容积	乳酸盐在肝脏降解为碳酸氢盐。乳酸林格氏液不能和血液一起输入
贫血	全血、血浆、白蛋白、右旋糖酐	补充红细胞、蛋白、胶体液体	注意用量

表 14-6　不同胶体液的比较

名　称	血蛋白	白蛋白	氧基聚明胶	右旋糖酐 40	右旋糖酐 70	五淀粉	六淀粉
重均分子量	69 000	69 000	30 000	40 000	70 000	280 000	450 000
分子量范围	—	—	5 600~100 000	10 000~80 000	15 000~160 000	1万~100万	1万~340万
溶媒	—	—	电解质溶液	0.9%NaCl 或5%葡萄糖液	0.9%NaCl 或5%葡萄糖液	0.9%NaCl	0.9%NaCl
每克最大结合水量(mL)	18	18	39	37	29	30	20
浓度(%)	5	25	5.6	10	6	10	6
半衰期（h）	14~16d	14~16d	2~4	2.5	25	2.5	25
血浆%(24h)	—	—	12	18	29	7	38
血管外%(24h)				22	33	33	39
血液里残存	—	—	168h	44h	4~6周	96h	17~26周
胶体张力压(mmHg)	20	100	45~47	40	—	25	30

2. 低张性类晶体液　此液含水分较多，如5%葡萄糖溶液，进入机体后，很快代谢成水，然后进入组织间和细胞内。5%葡萄糖溶液静脉输入时，还能加入其他药物，长时间的缓慢输入。此液还能和替代液混合，用来作为维持液，如5%葡萄糖液和等量乳酸林格氏液相加后就成了低张性液体。

3. 高张性类晶体液　液体中增多钠和葡萄糖后，就变成了高张性液体，如3%、7%的氯化钠溶液，以及5%葡萄糖液中再加入平衡电解质或维持液。用少量高张性盐水输入血管，血管内渗透压升高，组织间液进入血管，稀释后的血管内液体又返回组织间，组织间液内钠离子增多了，能使细胞脱水，对缓解脑水肿和心肌性休克有利。但在组织间液里长时间保有水分和钠将是有害的。

（二）胶体液

不管是天然的或合成的胶体液，由于它们的大分子结构和重量不同，它们的张力作用、排出方法和半衰期也不相同（表14-6）。胶体液主要是血管容积的替代液，适用于低血容量、低血压和休克等，在慢性心衰竭和呼吸衰竭时慎用。

1. 天然胶体液　全血、血浆和浓缩白蛋白都是天然胶体液，它们的张力分子主要是白蛋白，占70%，其他的是纤维蛋白原和球蛋白。新鲜全血含有红细胞、白细胞、凝血因子、血小板、白蛋白和球蛋白等。新鲜血浆除了红细胞和白细胞外，包含的成分和全血一样。静脉输入全血需检验血型或做交叉配血试验（详见输血）。

2. 合成胶体液　右旋糖酐、氧基聚明胶（oxypolygelatin）和羟乙基淀粉［Hydroxyethyl strarches，包含五淀粉（pentastarch）和六淀粉（hetastarch）］都是合成胶体液，它们货源充足，能及时应用，一般不引起过敏反应，但明胶有时引起过敏反应。它们提供的胶体张力压比天然胶体液还好，同时还能和全血或血浆一起应用，但它们不像全血或血浆里还含有多种机体需要物质。合成胶体液的特性见表14-4、表14-6，其临床应用见表14-7，剂量和输入速度见表14-8，临床可根据其特性选用见表14-9。

表 14-7　胶体液的临床应用

（1）天然胶体液

新鲜血液	急性出血快速恢复容积，低白蛋白性贫血，凝血病/血小板减少性出血。
血库贮存的全血	急性出血快速恢复容积，低白蛋白性贫血，凝血因子Ⅴ或Ⅷ缺乏。
血浆	凝血病（新鲜冷冻血浆适于凝血因子Ⅴ或Ⅷ缺乏）、弥散性血管内凝血、抗凝血酶减少、急性低白蛋白症。

（2）合成胶体液

右旋糖酐40	用于低容积性休克，能快速短期恢复血管容积；能快速改善微循环；预防深部静脉形成血栓/肺部栓塞。但维持时间较短，2～6h。
右旋糖酐70	用于低容积性、创伤性或出血性休克，能快速恢复血管容积。维持时间6～12h。
羟乙基淀粉（706代血浆）	能快速恢复所有形式休克的血管容积，用于全身炎症反应综合征（SIRS）的毛细血管通透性增强/白蛋白外漏，小容积性恢复。因分子个大，会使肾脏负担加重。
氧基聚明胶	用于低容积性休克，能快速短期恢复血管容积。

表 14-8　胶体液静脉输入剂量和速度

（1）天然胶体液

全血	犬：20mL/kg 或血细胞比容达到 25%～30%，满足组织氧合作用。 猫：10mL/kg 或血细胞比容达到 25%～30%。 　　在急性威胁生命性出血时，输血应尽可能地快速，直到动脉血压达80mmHg，或血液机能稳定达 4～6h。犬猫全身炎症反应综合征（SIRS）分布性休克时（如败血症、胰腺炎、中暑等），输血使血细胞比容高于 25%时，可改用六淀粉胶体液继续输入。
血浆	犬：250mL/10～20kg 输 4～6h，或直到血浆白蛋白＞20g/L。 猫：10mL/kg 输 4～6h，或直到血浆白蛋白＞20g/L。 　　一般输入血浆每千克体重 45mL，可增多白蛋白 10g/L。犬猫全身炎症反应综合征（SIRS）分布性休克时，一旦血浆白蛋白达 20g/L 时，可改用六淀粉胶体液继续输入。

（续）

（2）合成胶体液	
右旋糖酐	犬：10～40mL/kg/d，IV，大量才有作用。
	猫：5mL/kg，先增量输入 5～10min，重复输入到有作用，最大量可达 40mL/kg。
	犬猫全身炎症反应综合征（SIRS）分布性休克，起初用大量右旋糖酐，然后用六淀粉胶体液。
羟乙基淀粉（706 代血浆）	犬：10～40mL/kg/d，IV，大量输入才有作用。
	猫：5mL/kg，先增量输入 5～10min，重复输入到有作用，最大量可达 40mL/kg。
	犬猫由于肺损伤或头外伤的心源性低容积休克：5mL/kg 增量性输入到起作用，再用能使动脉压达 80mmHg 的最小量输入。
氧基聚明胶	5mL/kg 输 15min，有作用时才停止。总量不超过 15mL/kg。
	如果为了进一步恢复容积，可改用其他合成胶体液输入。犬猫全身炎症反应综合征（SIRS）分布性休克，最初恢复后，改用六淀粉胶体液继续输入。

犬猫全身炎症反应综合征分布性休克，起初大量输入胶体液，然后用六淀粉胶体液，用以维持动脉压至少在 80mmHg 和胶体膨胀压＞14mmHg：犬 10～20mL/（kg·d），猫 10～40mL/（kg·d）（每个体 2～8mL/h）

表 14-9　根据胶体液特性的临床选用

（1）输入速度

　　犬：能快速大量静脉输入（在 5min 内）：右旋糖酐、六淀粉、五淀粉。

　　　　能缓慢大量输入（在 15～30min）：所有胶体液。

　　猫：能缓慢静脉输入到起作用（在 15～30min）：所有胶体液。

（2）小容量恢复需要

　　外伤或低容量休克：右旋糖酐、六淀粉、五淀粉、氧基聚明胶。

　　心源性休克：六淀粉、五淀粉。

（3）希望作用的时间和强度

　　希望在 2～4h 内具有最强作用的胶体液：右旋糖酐 40、氧基聚明胶。

　　希望在 2～4h 内具有中等强度作用的胶体液：右旋糖酐 70、五淀粉。

　　希望在＞24h 仍有中等强度作用胶体液：六淀粉。

（4）用于保护毛细血管完整性

　　电解质和水分丢失可用：六淀粉、五淀粉、右旋糖酐 70、血浆。

　　电解质、水分和白蛋白丢失：六淀粉、五淀粉、＋／－血浆。

（5）用于全身炎症反应综合征：六淀粉、五淀粉。

（6）用于继续出血

　　外伤性出血：全血与右旋糖酐、六淀粉、五淀粉、氧基聚明胶。

　　浓缩红细胞与血浆、六淀粉、右旋糖酐、氧基明聚胶。

　　弥散性血管内凝血：血浆（与肝素）和六淀粉联合应用。

　　凝血病：全血单独用，或与六淀粉、五淀粉、右旋糖酐、氧基明胶一起用。

　　血浆单独用，或与六淀粉、五淀粉、右旋糖酐、氧基聚明胶一起用。

（7）希望有流变作用

　　改善微循环血流：六淀粉、右旋糖酐、五淀粉、氧基聚明胶。

　　降低红细胞或血小板凝集或粘连：右旋糖酐 40。

表 14-10 根据病理状况选择液体、用量、途径和速度

病理状况	液体种类	用量和速度	补液停止标准	注解
(1)代偿性休克 MM发红,CRT<1s 心率快 MAP正常到增加 CVP正常到增加	等张、替代类晶体液;或等张替代类晶体液与合成胶体液	犬:90mL/(kg·h),IV,IO 猫:40~60mL/(kg·h),IV,IO 犬:35~55mL/(kg·h),IV,IO 猫:24~36mL/(kg·h),IV,IO HES/DEX:20mL/kg,IV,IO 合输 或者 IV OXY:15mL/kg 按 5mL/kg 增加,合输 IV	MM变粉红,CRT1~2s 心率正常 MAP≥80mmHg CVP>6 和<8cmH$_2$O COP≥14mmHg ALB>20g/L	继续脱水时,给予维持液
(2)早期代偿失调性休克 MM苍白,CRT>2s 心率快 MAP正常到降低 CVP降低	替代类晶体液;或等张替代类晶体液与合成胶体液 或高张盐液与合成胶体液	犬:90mL/(kg·h),IV,IO 猫:40~60mL/(kg·h),IV,IO 犬:35~55mL/(kg·h),IV,IO 猫:24~36mL/(kg·h),IV,IO HES/DEX:20mL/kg,IV,IO 合输 或者 IV OXY:15mL/kg 按 5mL/kg 增加,合输 IV 7%氯化钠液:犬 4~8mL/kg,IV,IO 合输,猫 1~4mL/kg,IV,IO 和 HES/DEX:20mL/kg,IV,IO合输	MM变粉红,CRT1~2s 心率正常 MAP≥80mmHg CVP>6 和<8cmH$_2$O COP≥14mmHg ALB>20g/L	如果维持恢复困难,应继续输入 HES:犬 0.8~1.2mL/(kg·h);猫:2~8mL/(kg·h) 继续脱水,给予维持液 给脱水动物高张盐液,应极其注意;或如果怀疑脑或肺出血时更应应注意
(3)晚期代偿性失调性休克 MM苍白到灰色,CRT>2s 心率正常到缓慢 MAP降低 CVP正常,增加或降低 器官衰竭	等张、替代类晶体液与合成胶体液	犬:35~55mL/(kg·h),IV,IO 猫:24~36mL/(kg·h),IV,IO HES/DEX:20mL/kg,IV,IO 合输 或者 IV OXY:15mL/kg 按 5mL/kg 增加,合输 IV	MM粉红,CRT 1~2s 心率正常 MAP≥80mmHg CVP>6 和<8cmH$_2$O COP≥14mmHg ALB>20g/L	如果维持恢复困难,应继续输入 HES:犬 0.8~1.2mL/(kg·h) 可能还需要额外给能支持心血管正常收缩或正常血压的药物

（续）

病理状况	液体种类	用量和速度	补液停止标准	注　解
	或高张盐液与合成胶体液	7%氯化钠液:犬 4~8mL/kg,IV,IO 和 HES/DEX:20mL/kg,IV,IO 合输;猫 1~4mL/kg,IV,IO 和 HES/DEX:20mL/kg,IV,IO 合输		给脱水动物高张盐液,应极其注意;或如果怀疑达肺出血时,继续脱水,应给予维持液
(4)急性出血 (HCT<20%)	全血或浓缩红细胞与等张盐液,血浆、HES 或 DEX混合	尽快地补充达到恢复,IV,IO	HCT>25% MAP=80mmHg ALB>20g/L	需要有效的止血;需要额外合成体液,其用量达血管恢复;继续脱水,应给予维持液
(5)慢性出血或溶血 (HCT<15%)	浓缩红细胞与等张盐水混合	在 4~6h 内 IV,IO,达到恢复	HCT>25%	继续维持脱水,应给予维持液
(6)肺出血、脑出血、心脏机能不全	HES与等张、替代类晶体液	5mL/kg增加合输达到恢复,IV,IO 犬:35~55mL/(kg·h),IV,IO 猫:24~36mL/(kg·h),IV,IO	MAP=80mmHg COP≥14mmHg ALB>20g/L	如果维持恢复困难,应继续输入 HES:犬 0.8~1.2mL/(kg·h);猫 2~8mL/(kg·h) 继续脱水,应给予维持液
(7)低血浆蛋白 (<20g/L) 凝血病:(PT/APTT 延长) 抗凝血酶:(<90%)	血浆	10~20mL/kg 或在 4~6h 内 IV,IO 直到恢复	凝血蛋白活性正常 ALB>20g/L	继续脱水,应给予维持液

（续）

病理状况	液体种类	用量和速度	补液停止标准	注解
(8)全身炎症反应综合征	HES	犬:0.8~1.2mL/(kg·h),IV,IO 猫:2~8mL/(kg·h),IV,IO	COP≥14mmHg ALB>20g/L	必须替代补充好血管内容积;注意调整维持液输液速度;密切监控防止输液过多
(9)组织间脱水: 皮肤弹性降低 眼窝下陷 MM干燥 眼睛发干	等张、替代类晶体液	缺液量(L)=脱水%×体重(kg) 急性脱水,IV输1~2h; 慢性脱水,IV输12~24h; 如果血容积正常,20mL/kg皮下输液,分几点输入	再水化	必须替代补充好血管内容积;在再水化期间,必须获得维持液,在体液继续丢失时,能够获得得调整
(10)自由水丢失 (高血浆钠)	5%葡萄糖液	缺水量(L)=0.6×体重(kg)×[测定钠值-140mmol/L)/140]IV,IO 急性脱水,IV输12~24h; 慢性脱水,IV输24~48h;	血浆钠达正常水平	必须替代补充好血管内和组织间容积;在再水化期间,必须获得维持液
(11)维持	等张、维持类晶体液	60mL/(kg·h),IV,IO,PO,SQ		必须替代补充好血管内和组织间容积

MM=黏膜颜色;CRT=毛细血管再充盈时间;MAP=平均动脉压;CVP=中心静脉压;HCT=红细胞比容;ALB=白蛋白;PT=凝血酶原时间;APTT=活化部分凝血酶原时间;COP=胶体渗透压;IO=骨髓输入;SQ=皮下注入;IV=静脉输入;PO=口服;HES=六淀粉;DEX=右旋糖苷;OXY=氧基聚明胶

四、制定液体治疗计划

制定液体治疗计划应根据机体缺失什么性质的液体，然后在最短时间内选出理想适宜液体、用量、补液途径和输液速度。用以补充发病后的累积缺失液量。估算的液量在患病动物肾脏和心血管正常时尚能接纳，如果病情严重或年老，肾脏和心血管有些损伤，临床兽医就必须时时把握住输液种类、速度和输液量，以防损伤肺、心、脑和肾脏产生不良后果。小型胆小神经质犬，如约克夏㹴等，静脉输液操作时，因犬太闹可能导致急性应激死亡的，临床上也多有所见，所以对此类型犬，静脉输液操作时需特别注意。临床上根据犬猫病理状况来选择不同液体、用量、补液途径和输液速度（表 14-10）。

第十五章

抗菌药物的临床应用

由细菌、支原体、衣原体和病毒等病原微生物引发的感染性动物疾病，在临床上各科均可看到，其中细菌性感染尤为常见。因此，抗菌药物就成了动物临床上应用最广泛的药物之一。为了在临床上应用抗菌药物获得最佳疗效，保障患病动物用药安全和减少细菌产生耐药性，现就犬猫抗菌药物临床应用加以说明。

一、抗菌药物治疗性应用

1. 根据患病动物的病史、临床症状、实验室检验等，初步诊断为细菌（包括真菌、支原体、衣原体、螺旋体、立克次氏体）性感染或部分原虫病时，才可以应用抗菌药物。如果缺乏细菌性感染证据，诊断难成立，以及病毒感染动物，都不应该应用抗菌药物。但动物螨虫感染，可应用伊维菌素类药物治疗。

2. 应尽早诊断出动物感染的病原菌，然后根据病原菌对抗菌药物的敏感性或耐药性试验结果，选用抗菌药物。危重病动物在未知病原菌和药敏试验结果前，兽医可根据自己的经验及当地动物细菌性疾病流行情况，推断可能的病原菌。再结合当地细菌耐药情况，先给以抗菌药物经验治疗。等获知细菌药敏结果后，再调用敏感抗菌药物。

3. 抗菌药物的应用，应根据患病动物病情、病原菌种类及抗菌药物特点来进行。

（1）抗菌药物的品种选择　根据病原菌种类和药敏试验结果来选用，另外还要考虑：

①药物的渗透性。不同的器官组织和病理状况，以及药物进入机体和蛋白结合、脂溶性或水溶性、环境 pH 等，都会影响药物的渗透性和作用（表15-1、表15-2）。了解药物渗透性很主要，如药敏试验好的药物，但

对某体液或组织渗透性差，不能达到治疗需要的药物浓度，也难治愈疾病。

表 15-1 抗菌药物易渗透入的体液和组织

骨骼	青霉素类、头孢菌素类、氟喹诺酮类、氨基糖苷类、林可霉素、四环素、土霉素、多西环素、甲烯土霉素
眼睛	阿莫西林、氨苄西林、头孢曲松、头孢氨苄、头孢噻啶、氯霉素*、林可霉素
前列腺	红霉素、三甲氧苄氨嘧啶（TMP）
胆汁	红霉素
乳汁	青霉素G、红霉素、林可霉素、竹桃霉素、螺旋霉素、泰乐菌素
浆膜液	双氢链霉素、红霉素、弗氏丝菌素、庆大霉素、卡那霉素、林可霉素、巴龙霉素、链霉素
脑脊髓液	氟喹诺酮类，磺胺类药物、头孢唑啉、氯霉素

* 氯霉素对人类可造成致命性贫血，但对犬猫只引起轻微的暂时性贫血。

表 15-2 尿液中抗菌药物的作用

不受尿 pH 影响的药物	在酸性尿中作用较强的药物	在碱性尿中作用较强的药物
头孢氨苄	羧苄西林	多黏菌素
头孢噻啶	土霉素	双氢链霉素
头孢曲松	多西环素	红霉素
氯霉素	甲烯土霉素	弗氏丝菌素（新霉素B）
萘啶酸	呋喃妥英	庆大霉素
磺胺类药物	四环素	卡那霉素
三甲氧苄氨嘧啶＋磺胺类药物	青霉素G	新霉素
		巴龙霉素
	酸化尿液：	链霉素
	DL-蛋氨酸（口服）	
	抗坏血酸	
		碱化尿液：
		碳酸氢钠（口服）

②细菌耐药性。抗菌药物的使用造成了动物体内菌系的改变，对药物敏感的菌株被杀灭了，耐药菌株保留了下来，并且可以污染环境，传给其他动物或人类。多种革兰氏阳性或革兰氏阴性耐药菌，如金黄色葡萄球菌、大肠杆菌、沙门氏菌、巴氏杆菌等，这些细菌多是能产生β-内酰胺酶而具有耐药性，但是还是有不少种类抗菌药物，对能产生β-内酰胺酶的细

菌有作用（表 15-3）。

由于多种病原菌能对抗菌药物产生抗药性，因此对由病原菌引起的犬猫疾病，尤其是严重病危的疾病，兽医除根据经验先给抗菌药物外，最好都做药物敏感试验，然后选择抗菌好的药物应用。

表 15-3　对多种产生 β-内酰胺酶而耐药的细菌仍有作用的抗菌药物

青霉素类	氯唑西林，甲氧西林，阿莫西林＋克拉维酸钾
头孢菌素类	头孢哌酮，头孢氨苄，头孢烟酰，头孢噻啶，头孢金素，头孢曲松
氨基糖苷类	阿米卡星，弗氏丝菌素（新霉素 B），庆大霉素，卡那霉素，新霉素，巴龙霉素
大环内酯类	红霉素，竹桃霉素，螺旋霉素，泰乐菌素
呋喃类	呋喃唑酮，呋喃妥英，呋喃西林
喹诺酮类	达诺沙星，恩诺沙星，马波沙星，麻氟沙星
其他	杆菌肽，氯霉素，林可霉素，新生霉素，磺胺和三甲氧苄氨嘧啶，万古霉素

（2）给药剂量　给药剂量一定要保证足够浓度和足够使用时间，使得药物能与病原菌接触，并杀灭它们。另外，还要考虑药物的毒性、剂型和给药次数，对重症感染和对药物敏感性降低的细菌，药物不易到达的系统组织感染，如中枢神经系统，为了获得较好疗效，抗菌药物用量较大。但对于毒性较大的药物，增加用药量，必须要小心谨慎。否则，如喹诺酮类药物量大中毒，能引起猫进行性视网膜萎缩。磺胺药物中毒能引起多伯曼犬视网膜炎。单纯性下尿路感染时，由于多数药物从尿中排出，尿浓度较高，可用药物治疗范围的较小剂量。

（3）给药途径　一般轻症感染，能接受口服给药动物，可选用口服给药。重症感染和全身感染动物，应静脉给药，等病情好转能口服时，转为口服给药。全身感染或内脏感染时，应尽量避免局部应用抗菌药物，因为局部用药很少吸收难有效，还易使细菌产生耐药性。但皮肤表面、口腔、眼睛、阴道、耳内及脓肿腔内可选用适当抗菌药物。氨基糖苷类等耳毒性药物，不可局部滴耳用。

给药有多种途径。给药途径的选择，可根据下列每种途径的优缺点进行。

①静脉输入给药，需缓慢注入。

优点：▲能很快提高血液和组织中药物浓度水平，多应用于败血症。血液循环中药物浓度比肌肉注射或口服的要高，更易进入坏死或慢性脓肿部位。

▲适用于大量给药及具有刺激性或致痛性药物。

　　　　▲容易获得血液中药物浓度。

缺点：需要熟练技术，急性不良反应比较多见，需要能够静脉注射的
　　　剂型。

②肌肉注射

优点：操作容易、常用，注射后 2h 血液和组织中药物浓度达峰值，
　　　稍有刺激性药物可作肌肉深部注射，在机体内药物浓度维持时
　　　间较长。

缺点：肌肉有损伤，有的药物可引起严重反应，如引起疼痛和局部发
　　　炎肿胀。体内药物浓度随时间而变化。

③皮下注射

优点：比肌肉注射刺激性小，可给予稍大量药物。

缺点：比肌肉注射吸收缓慢。

④口服药物

优点：最基本的给药方法，犬猫主人可操办。

缺点：▲应用药物剂量要比非肠道给药方法大

　　　▲需较长时间血液药物浓度才能达到高峰。

　　　▲一些抗生素肠道难吸收，如链霉素、新霉素等。有的抗生素
　　　　被破坏了，如青霉素。长期口服抗生素破坏肠道内菌系。

　　　▲吸收情况难确定，又依赖胃肠状况、食物类型和食入量等，
　　　　口服钙或高岭土可妨碍多种抗菌药物的吸收。

　　（4）用药持续时间　一般注射给药需持续 3～5d，恢复正常后再增加
给药 1d。如果治疗 3～5d 不见效，可考虑更换另一种抗菌药物。治疗慢
性疾病时，持续给药需 10～14d 或更长。

　　（5）抗菌药物效能谱　抗菌药物不同，其对病原的效能也不同。一般
说来，对革兰氏阳性和革兰氏阴性细菌都是有效的，称为广谱抗菌药物。
只对革兰氏阳性或革兰氏阴性有效的药物，称为窄谱抗菌药物（表 15-
4）。也有把只对细菌有效的抗菌药物，称为窄谱抗菌药物；把对细菌、支
原体、衣原体和立克次体都有效的抗菌药物，称为广谱抗菌药物。

表 15-4　抗菌药物对细菌的效能

革兰氏阳性菌	革兰氏阴性菌	广谱：革兰氏阴性和阳性菌
青霉素类：	青霉素类：	青霉素类：
氯唑西林	羧苄西林	阿莫西林
甲氧西林		氨苄西林

（续）

革兰氏阳性菌	革兰氏阴性菌	广谱：革兰氏阴性和阳性菌
青霉素 G	多黏菌素类：	克拉维酸钾-阿莫西林
青霉素 V	多黏菌素 E	
	多黏菌素 B	磺胺类：
大环内酯类：		多种磺胺药物
红霉素	氨基糖苷类：	磺胺和三甲氧苄氨嘧啶
竹桃霉素	阿米卡星	四环素类：
螺旋霉素	双氢链霉素	四环素
泰乐菌素	弗氏丝菌素（新霉素 B）	多西环素
	庆大霉素	甲稀土霉素
其他：	卡那霉素	土霉素
杆菌肽	新霉素	
林可霉素	巴龙霉素	
新生霉素	链霉素	头孢菌素类：
冠截耳素		头孢曲松
万古霉素	其他：	头孢噻呋
	阿泊拉霉素	头孢氨苄
	壮观霉素	头孢噻啶
		头孢金素
		呋喃类：
		呋喃唑酮
		呋喃妥英
		呋喃西林
		喹诺酮类药物：
		达诺沙星
		恩诺沙星
		麻氟沙星
		其他：
		氯霉素
		氟苯尼考
		哈喹诺

（6）杀菌或抑菌效能　了解抗菌药物的杀菌或抑菌效能很重要。有的药物能杀灭细菌，有的药物主要是抑菌（表 15-5），抑菌后靠动物自身的防疫功能来消灭病原菌。这些都是相对的定义，有的药物在高浓度时具有杀菌作用，在低浓度时只有抑菌作用。因此，用药一定要足量。

表 15-5　杀菌和抑菌药物

杀菌药物	抑菌药物
青霉素类：	哈喹诺
阿莫西林	新生霉素（高浓度）
氨苄西林	大观霉素（偶尔）
羧苄西林	磺胺和三甲氧苄氨嘧啶（TMP）
氯唑西林	万古霉素
甲氧西林	
青霉素 G	大环内酯类：
青霉素 V（苯氧青霉素）	碳霉素
	红霉素（低浓度）
	阿奇霉素
大环内酯类：	螺旋霉素
红霉素（高浓度）	替米考星
	泰乐菌素
呋喃类：	
呋喃唑酮（高浓度）	磺胺类：
呋喃妥英（高浓度）	所有种类磺胺
呋喃西林（高浓度）	呋喃类：
头孢菌素类：	呋喃唑酮（低浓度）
头孢噻呋	呋喃妥英（低浓度）
头孢氨苄	呋喃西林（低浓度）
头孢噻啶	
头孢曲松	四环素类：
	四环素
多黏菌素类：	多西环素
多黏菌素 E	甲稀土霉素
多黏菌素 B	土霉素
	金霉素
氨基糖苷类：	

（续）

杀菌药物	抑菌药物
阿米卡星	
双氢链霉素	其他：
弗氏丝菌素（新霉素 B）	阿泊拉霉素
庆大霉素	氯霉素
卡那霉素	克林霉素
新霉素	氟苯尼考
巴龙霉素	林可霉素
链霉素	冠截耳素
	三甲氧苄氨嘧啶
喹诺酮类药物：	
达诺沙星	
恩诺沙星	
麻氟沙星	
其他：	
杆菌肽	

（7）抗菌药物联合应用　临床上联合用药经常看到，但是最好避免使用。在多种病原菌同时感染时，可采用联合用药。联合用药有的有协同或相加作用，还可能获得广谱的抗菌效能，如青霉素和氨基糖苷类、甲氧苄氨嘧啶和磺胺类药物的联合用药。对于治疗免疫功能差的动物，联合用药的协同作用比较有重要意义。对于大多数败血性休克犬猫的治疗，氨苄西林加恩诺沙星，或恩诺沙星加克林霉素、阿米卡星加克林霉素、阿米卡星加甲硝唑等，都是较有效的治疗组合。另外，犬猫的尿液多为酸性，磺胺类药物在酸性尿液中易形成结晶，严重的能形成尿结石，所以犬猫应用磺胺类药物时，最好同时也应用碳酸氢钠。联合用药有些副作用，如两药发生作用沉淀或降低疗效，增加毒性等。因此，临床上必须小心选择联合用药物的配伍（表 15-6）。

表 15-6 只给出了每类抗菌药物的一般情况，能否联合应用要看详细说明，仍需参考每种抗菌药物的说明书。

（8）药物毒性　临床上应根据抗菌药物用量来用药，有些毒性较大的药物，应用时尤其要注意，以防发生中毒（表 15-7）。

（9）药物价格　选择抗菌药物，最好是抗菌或杀菌作用最强，毒性最小，对病动物免疫力没有副作用，价格较便宜的抗菌药物。

表 15-6　抗菌药物的联合应用和禁忌

1	1. 青霉素类抗生素									
2	+	2. 头孢菌素类抗生素								
3	+	±	3. 氨基糖苷类抗生素							
4	-	-	+	4. 四环素类抗生素						
5	-	-	-	-	5. 大环内酯类抗生素					
6	-	-	-	-	-	6. 林可霉素类抗生素				
7	+	-	-	+	-	○	7. 多黏菌素类抗生素			
8	-	-	-	-	-	○		8. 氯霉素类抗生素（氟苯尼考）		
9	+	+	±	-	-	+	○	-	9. 喹诺酮类药物	
10				○			+		-	10. 磺胺类药物
11	+	+	+	-	+	+	+	○	+	+	11. 抗菌增效剂（TMP）

注：表中"＋"表示可以联合应用，有协同或相加作用，须分别给药。"±"表示可以联合应用，但毒性增加，须分别给药。"－"表示不可以联合应用。"○"不清楚。

表 15-7　抗菌药物的毒性

青霉素类	毒性很低，偶尔高敏，有时可导致严重危害反应
磺胺类药物	少见有毒性，快速静脉注射可导致虚脱和呼吸衰竭，在酸性尿中易形成结晶
大环内酯类	皮下或肌肉注射后，可导致疼痛或其他反应。注射红霉素和泰乐菌素可能有刺激性反应
林可霉素	腹泻，产奶下降（口服）
氨基糖苷类	耳毒性（可能有），心血管损伤，高血压（动物中毒或休克），肾毒性
四环素类	急性虚脱综合征（静脉注射），消化功能不良（口服）。在骨骼和牙齿内聚积，造成幼年动物骨骼和牙齿发育不良
喹诺酮类	损伤幼年动物软骨组织。猫使用剂量超过 5mg/kg，可能引起失明
氯霉素类	轻微毒性。可引起双重感染（口服）。可引起贫血
多黏菌素类	因为非肠道给药可引起中毒性休克和死亡，所以通常应用于局部
呋喃类	急性—神经症状，慢性—出血综合征

4. 抗菌药物治疗无效的原因

（1）抗菌药物种类选择不当，没有建立在药物作用或药敏试验的基础上，或药物不能进入靶组织或体液，如不能通过血脑屏障。

（2）使用的剂量不当，每天给药的次数和途径不当，应用时间长短不当。

（3）感染的细菌具有耐药性，如有的细菌能产生 β-内酰胺酶，对抗 β-内酰胺类药物（如青霉素和头孢菌素类）。

（4）抗菌药物联合应用时的拮抗作用。

（5）诊断错误，如用抗菌药物治疗病毒性疾病、异物和植入物。

（6）患病动物免疫功能差或药物影响了免疫力。

二、抗菌药物预防性应用

1. 内科预防性用药注意事项

（1）只可用于预防一种或两种特定病原菌感染，不可用于预防任何病原菌入侵感染。

（2）只可用于预防在一段时间内可能发生的细菌感染，不可长期预防用药。

（3）在任何情况下，一般都不宜常规长期预防性应用抗菌药物。

2. 外科手术预防性用药

动物外科手术不像人类那样清洁，即使清洁手术，也应该应用抗菌药物。抗菌药物的选择根据预防目的而定，预防伤口感染，多选择针对预防金黄色葡萄球菌感染药物。肠道手术宜选择预防大肠杆菌和厌氧菌感染药物，如新霉素、甲硝唑或氟苯尼考，手术前口服。一般手术时间越长，导致感染的机会越多，90min 手术是 60min 手术的可感染危险的 2 倍。犬猫不同部位手术较易感染细菌见表 15-8。

外科手术预防给药时间，可在手术前 0.5～2h 内给药，手术超过 3h、污染严重或失血较多者，手术中可给第二次抗菌药物。动物清洁手术可预防用药 1～3d，污染手术可根据情况适当延长用药时间。

表 15-8　犬猫不同部位手术常易感染细菌

手术部位	较易感染细菌
胸腔肺部和心血管手术	葡萄球菌、革兰氏阴性杆菌
矫形外科手术，如髋关节移植、骨骼内固定	葡萄球菌
胃和近胃端肠管手术（严重病动物）	革兰氏阳性球菌、革兰氏阴性杆菌
胆管手术（严重病动物）	肠革兰氏阴性杆菌、厌氧菌，特别是链球菌和梭菌属
结肠和直肠手术	肠革兰氏阴性杆菌、厌氧菌，特别是拟杆菌属和链球菌
泌尿生殖系统手术（如伴有子宫积脓或内膜炎）	大肠杆菌、链球菌、厌氧菌
深部穿透创伤手术	厌氧菌、兼性细菌
牙科手术（患有心血管疾病动物）	葡萄球菌、链球菌、兼性细菌、厌氧菌

三、抗菌药物在动物某些生理和病理状况下的应用

1. 老年动物患病时抗菌药物的应用　老年动物的器官组织已有生理功能性退化，免疫功能也减退。因此一旦发生感染，如果应用由肾脏排出的抗菌药物，可按肾功能轻度减退减量给药，可用正常治疗量的 2/3～1/2。同时宜选用对肾脏毒性低的抗菌药物，如青霉素、头孢菌素类等。忌用毒性大的氨基糖苷类等药物。

2. 幼年动物患病时抗菌药物的应用　幼年动物的主要器官组织尚未发育成熟，其功能也较差，尤其是肝肾均未发育成熟。因此，在发生感染时，慎用对肾脏和耳有毒性的氨基糖苷类（如庆大霉素、阿米卡星卡那霉素等）；慎用对肝脏有毒性的红霉素酯化物、磺胺类、酮康唑和利福平等药物；慎用能造成牙齿和骨骼发育不良的四环素类药物（如四环素、土霉素、多西环素）；慎用损伤骨骼的骨骺软骨的喹诺酮类药物（诺氟沙星、氧氟沙星、环丙沙星）。在使用毒性较小的抗菌药物时，也应该严格控制用量，防止药物在体内蓄积导致中毒。

3. 妊娠动物抗菌药物的应用　妊娠动物抗菌药物的应用要考虑药物对母动物和胎儿两方面的影响。①对胎儿有致畸和明显有毒性药物，如氟喹诺酮类、四环素类、磺胺类、抗真菌类药物等，动物妊娠期避免应用；②对母体和胎儿均有毒性药物，如氨基糖苷类、万古霉素等，动物妊娠期避免应用；③对母体和胎儿毒性低，也无致畸作用药物，如青霉素、头孢菌素类、红霉素、克林霉素、阿奇霉素、呋喃妥因、甲硝唑等，动物妊娠期可选用。

4. 哺乳期母动物抗菌药物的应用　哺乳期母动物应用抗菌药物后，药物可从乳汁分泌，通常乳汁中只占用药量的 1% 左右。但是，喹诺酮类、四环素类、大环内酯类、甲硝唑、磺胺甲噁唑等药物，在乳汁中分泌含量较高。而青霉素类、头孢菌素类和氨基糖苷类等药物，在乳汁中含量较低。无论乳汁中含抗菌药物量多少，都可能存在对哺乳幼年动物的影响。因此哺乳期患病母动物，避免选用氨基糖苷类、喹诺酮类、四环素类、磺胺类等药物进行治疗。

5. 肾功能减退动物抗菌药物的应用　进入动物机体内许多药物主要经肾脏排出。因此，①对肾脏有毒性的抗菌药物，尽量避免应用，如氨基糖苷类、四环素类、呋喃妥因、磺胺、万古霉素、氯磺丙胺、乙胺丙醇等；②对肾脏无毒或毒性较低，或肝脏和胃肠也参与代谢和排出的药物，

如青霉素类、头孢菌素类、大环内酯类、磺胺甲噁唑、克林霉素、甲硝唑、利多卡因、苯妥英钠、洋地黄苷、甲磺丁脲等药物可以选用，药物用量可维持原量或剂量略减。

6. 肝功能减退动物抗菌药物的应用　动物肝功能减退应用抗菌药物时，要考虑肝脏代谢和清除药物的能力，以及药物对肝脏的毒性。①药物对肝脏无毒性，主要经肝脏清除，如红霉素、林可霉素等，肝病时正常应用或减量给药，治疗过程注意监测肝功能；②药物主要由肾脏排出，如氨基糖苷类、喹诺酮类药物，肝病时可正常应用；③药物由肝肾两途径清除的，如青霉素类、头孢菌素类等，它们毒性不大，在肝脏疾病时可应用，在肝肾功能都减退时，需酌情减量应用；④肝病避免应用的抗菌药物，有红霉素酯化物、四环素类、氯霉素、抗真菌药和磺胺类药物等。

7. 犬猫一些疾病抗菌药物的应用　犬猫特殊感染的治疗如下。

（1）皮肤和软组织感染　犬感染的病原最多见的是中间葡萄球菌，深层组织感染是铜绿假单胞菌或大肠杆菌和变形杆菌，有时还有革兰氏阳性菌的肠球菌。另外，还有厌氧的放线菌。猫皮肤感染菌有巴氏杆菌、链球菌等，口腔感染还有厌氧菌。

①中间葡萄球菌感染：治疗其感染最有效的的药物是头孢菌素（如头孢氨苄）、青霉素（阿莫西林、克拉维酸钾阿莫西林等）和喹诺酮类药物。其他还有红霉素、林可霉素、克林霉素和复方磺胺药物，但易产生抗药性。

②假单胞菌：治疗其感染可用氨基糖苷类（阿米卡星、庆大霉素、妥布霉素）、广谱青霉素类（替卡西林钠克拉维酸钾、克拉维酸钾阿莫西林等）、第3代头孢菌素类或氟喹诺酮类药物。

③巴氏杆菌：治疗其感染可用氨苄西林、克拉维酸钾阿莫西林、头孢菌素和氟喹诺酮类药物。

④大肠杆菌和变形杆菌：治疗其感染可用氨基糖苷类药物、头孢菌素、喹诺酮类、磺胺和三甲氧苄氨嘧啶。

⑤厌氧菌：治疗其感染可用青霉素类、林可霉素和甲硝唑。

（2）泌尿道感染　犬猫泌尿道感染最常见的病原菌是奇异变形杆菌、葡萄球菌和革兰氏阴性菌假单胞杆菌、大肠杆菌、克雷伯氏菌和肠杆菌。有时还有肠球菌感染。

治疗可选用青霉素类、头孢菌素、四环素类（多西环素除外）、喹诺酮类和氨基糖苷类（对肾脏有毒，用时注意）药物。

治疗前列腺疾患，可选用喹诺酮类、红霉素和甲氧苄氨嘧啶（磺胺增效剂）。

（3）骨骼和关节感染　犬猫骨骼和关节感染病原菌有葡萄球菌、大肠杆菌、假单胞杆菌、变形杆菌和厌氧菌，常为混合感染，但葡萄球菌感染多见，而且最麻烦。

治疗时间较长，一般也得 6 周。需要首先清洗脓汁和异物，然后再用药，可选用头孢菌素、克拉维酸钾阿莫西林口服，其他可选用喹诺酮类、林可霉素。非肠道用药，可选用氨基糖苷类或第 3 代头孢菌素。

其他一些疾病抗菌药物的应用见表 15-9。

表 15-9　犬猫一些疾病抗菌药物的应用[*]

细菌性腹泻	阿莫西林，氨苄西林，克拉维酸钾和阿莫西林，达诺沙星，恩诺沙星，麻氟沙星，新霉素，四环素，土霉素，磺胺类药物，磺胺和三甲氧苄氨嘧啶，呋喃唑酮
肺炎	阿莫西林，氨苄西林，克拉维酸钾和阿莫西林，头孢噻呋，头孢氨苄，头孢曲松，达诺沙星，恩诺沙星，麻氟沙星，土霉素，青霉素和链霉素，替米考星，泰乐菌素，阿奇霉素
沙门氏菌	阿莫西林，氨苄西林，克拉维酸钾和阿莫西林，达诺沙星，恩诺沙星，麻氟沙星，新霉素，呋喃唑酮，磺胺和三甲氧苄氨嘧啶
拟杆菌	氨苄西林，克拉维酸钾阿莫西林，克林霉素，琥乙红霉素，甲硝唑
克雷伯菌	阿米卡星，头孢去甲噻肟，庆大霉素，妥布霉素，替卡西林，恩氟沙星
梭形杆菌	氨苄西林，克拉维酸钾阿莫西林，克林霉素，氯霉素，甲硝唑
梭菌属	氨苄西林，克拉维酸钾阿莫西林，甲硝唑，氯霉素
放线菌属	氨苄西林，克拉维酸钾阿莫西林，青霉素，克林霉素，氯霉素，琥乙红霉素
诺卡氏菌	磺胺和三甲氧苄氨嘧啶，阿米卡星，环丙沙星，头孢噻肟，头孢曲松
伯氏疏螺旋体（莱姆病）	多西环素，四环素，阿莫西林，头孢菌素（头孢曲松），氯霉素
败血症	阿莫西林，氨苄西林，克拉维酸钾和阿莫西林，达诺沙星，恩诺沙星，麻氟沙星，磺胺和三甲氧苄氨嘧啶
乳房炎	阿莫西林，氨苄西林，头孢曲松，头孢氨苄，土霉素，磺胺和三甲氧苄氨嘧啶
子宫炎	阿莫西林，头孢噻呋，头孢氨苄，头孢曲松，克拉维酸钾和阿莫西林，土霉素
脐病	阿莫西林，氨苄西林，克拉维酸钾和阿莫西林，土霉素，磺胺和三甲氧苄氨嘧啶
脑膜炎	达诺沙星，恩诺沙星，麻氟沙星，磺胺和三甲氧苄氨嘧啶

（续）

支原体	四环素，土霉素，多西环素，甲烯土霉素，红霉素，喹诺酮类，林可霉素，竹桃霉素，螺旋霉素，泰乐菌素
立克次体	喹诺酮类，四环素，土霉素，多西环素，甲烯土霉素、氯霉素
真菌	两性霉素，灰黄霉素，制霉菌素，曲古霉素，克念菌素，咪康唑，酮康唑，克霉唑，特比萘芬

* 选择抗菌药物治疗，最好通过药物敏感试验来决定。

第十六章

犬猫腹膜透析和血液透析

　　腹膜透析是指溶质通过半透膜的腹膜，从一种溶液（血浆或间隙液）扩散进入另一种溶液（透析液）的过程。体液中的蛋白质是大分子物质，几乎难于通过半透膜的腹膜；小分子的尿素氮、肌酐和葡萄糖，以及电解质，如钠、钾和氯等，可以很容易通过半透膜的腹膜；水分子可以自由地由低渗透压处穿过腹膜到高渗透压处。这样，透析液和血浆中的各种溶质与水分，可以通过改变其成分和浓度，在腹膜之间进行其交换或扩散，进而达到治病的目的。腹膜透析做法是把透析液注入腹腔，通过渗透液中葡萄糖，建立高于血浆渗透压的渗透压差，用于清除平时由肾脏排出的有毒物质及代谢产物。患病动物血液中的高浓度有毒物质及代谢产物，通过腹膜进入腹腔透析液中，经过一段时间后，借助重力作用，再把腹腔内的透析液引流出体外，从而达到排除动物体内有毒物质及代谢产物的目的。

　　所谓血液透析，就是使用人造肾脏，使血液和透析液在体外进行溶质交换或扩散，除去血液内的多余废物，用以达到治病的目的。但是，血液透析法价格昂贵，目前在动物临床上应用得较少。

一、腹膜透析的适应证

1. 急性肾脏衰竭或急性尿毒症

　　（1）在急性肾脏衰竭或急性尿毒症发病初期，采用液体输注、利尿药物或血管扩张药物，促使动物肌体排尿无效时，可使用腹膜透析法。

　　（2）对急性肾脏衰竭或急性尿毒症的常规治疗，不能恢复其正常血液生化和临床症状的病例，也需要使用腹膜透析法。

　　（3）血液尿素氮（BUN）$\geqslant$36mmol/L（100mg/dL），肌酐$\geqslant$884μmol/L（10mg/dL）时，可考虑腹膜透析。但是急性尿道堵塞时，尿素氮$>$36mmol/L和肌酐$>$884μmol/L值不是特别大时除外，此时主

要任务是疏通尿道，静脉输液排尿，便可使血液尿素氮和肌酐恢复正常水平。

（4）用传统方法治疗超过 24h，仍然难于治愈时，也可考虑腹膜透析疗法。

2. 犬猫机体里液体过多（水中毒）、肺水肿或充血性心力衰竭，威胁其生命时

3. 电解质或酸碱平衡失调，也达到威胁犬猫生命时

4. 其他情况　如急性中毒（乙二醇）或药物过量，可以通过腹膜透析解除中毒或排除过量药物时。

5. 慢性肾脏衰竭或慢性尿毒症

（1）利用处方食品或药物对慢性肾脏衰竭或慢性尿毒症治疗无效时，可考虑使用腹膜透析方法。

（2）对于严重的、不可逆的或后期的肾病性尿毒症，临床上一般不会长期使用腹膜透析法进行治疗。

（3）对于严重的、不可逆的或后期的肾病性尿毒症可考虑肾脏移植。在过去 20 多年，对犬猫肾脏移植进行了广泛的研究。国外猫肾脏移植有的已存活 81 个月，犬肾脏移植有的已存活达 2 年以上。但随着新的免疫抑制药物和抗淋巴细胞球蛋白的研制出现，不久将来被移植肾脏的动物，存活的时间会越来越长。但是，犬猫肾脏移植和术后的防治排异治疗，费用昂贵，所以对于犬猫的肾脏移植需慎重考虑。

二、腹膜透析的禁忌症

腹膜透析不能用于膈疝，腹腔内脏器严重粘连和刚做完腹腔手术的犬猫。

三、腹膜透析器材

1 根腹腔 T 形多孔引流硅（silicon）胶管，1 根输液管 Y-set 组，手术器材和水浴器等，它需要手术植管后，才能进行腹膜透析；也可借用人医腹膜透析器材进行腹膜透析；最简单的方法就是利用一般静脉输液装置来进行腹膜透析。

四、腹膜透析的透析液

1. 商品性标准透析液含葡萄糖分别为 1.5%、2.5%、3.5% 和 4.25% 四种。可根据犬猫个体需要，采用含不同葡萄糖浓度的透析液。一般常规腹膜透析，常采用含 1.5% 葡萄糖浓度的透析液。而含 4.25% 葡萄糖浓度的透析液，用于机体水分过多的病犬猫。

正常犬猫的血浆或血清渗透压，犬是 290～310mOsm/kg，猫是 308～335mOsm/kg。而一般含 1% 葡萄糖的腹膜透析液的渗透压 360mOsm/kg 左右，含 2% 葡萄糖的腹膜透析液的渗透压是 400mOsm/kg 左右，含 3% 葡萄糖的腹膜透析液的渗透压 450mOsm/kg 左右。

2. 在紧急情况下，也可用加入葡萄糖的乳酸林格氏液，即每升乳酸林格氏液里加入 50% 葡萄糖 30mL，配成含 1.5% 葡萄糖的乳酸林格氏液应用。

3. 借用人用的商品性多离子透析液。应用时注意透析液中含不含钾离子，因为犬猫急性肾脏衰竭时，多伴有高钾血症。如果透析液中不含有钾离子，实验室检验出低钾血时，应向不含钾离子的透析液中加入适量钾离子。

五、操作技术

腹膜透析有多种方法，现介绍三种。

1. 间歇性腹膜透析法（IPD） 此法在动物临床上使用较普遍，多用于犬猫急性肾脏衰竭，是一种大流量透析液在腹腔中停留一定时间之后，再引流出来，可在较短时间内，如 1～2h 或更长时间内，做多次透析交换。腹膜透析操作时，要特别注意无菌操作。

（1）称量犬猫体重和加温透析液，透析液加温至 40℃ 或比体温高 2～3℃。

（2）犬猫透析液用量 40～50mL/kg，也有用 30～40mL/kg 的。透析液用量可根据临床症状进行调整，透析液用量不足，效果不佳；透析液用量过多，可造成呼吸困难。

（3）透析液注入腹腔停留时间和每天操作次数，不同操作者有不同的看法，总之需根据动物病情的严重程度来决定。有的在静脉输液后，注入腹腔透析液后 40min 左右抽出，如此反复操作 2～3 次。对于重症犬猫，连续腹膜透析 3～4d。有的注入腹腔透析液后，每 12～24h，检验一下血液尿素氮、肌酐和电解质，然后决定透析液在腹腔停留时间的长短。也有的让透析液在腹腔停留 3～6h，每天做 3～4 次。

（4）腹膜透析的难点是注入腹腔的透析液难以再从腹腔抽出来。这是血液、纤维蛋白、脏器和大网膜干扰的原因，操作时应特别注意。为了疏通引流针或管道，必要时可向透析液中加入肝素 1 000～2 000U。当然了，操作时还要特别注意别损伤腹腔内的内脏，如避开肠道、膀胱或大血管等。

（5）记录每次腹腔透析液回收的体积，腹膜透析初期，注入腹腔的透析液回收率可能仅有 25%～50%，以后回收透析液体积总达不到 90%，应停止透析，以防体内水分过多和呼吸等问题的发生。

（6）对于急性腹膜透析，应对血液尿素氮、肌酐、钾、钠、氯、血气和血浆或血清渗透压，每天应做 1～2 次，以便调整腹腔透析液的用量和腹膜透析次数。

2. 连续可活动腹膜透析法（CAPD）　此法能使透析液长时间停留在腹腔内和腹膜接触，它是使用塑料软袋包装透析液，塑料软袋通过导管与腹腔连接，软袋可以随身携带，这样减少了导管和塑料软袋之间的拆接次数，能使腹膜炎的发生几率减少或不发生。

3. 潮式腹膜透析法（TPD）　此法是间歇性腹膜透析法（IPD）和连续可活动腹膜透析法（CAPD）的联合体。它是将透析液先注入腹腔，每次换液时只引流出腹腔内透析液的 40%～50%。然后，再注入等量新鲜的透析液，此种注入和引出的方法，称为潮氏腹腔透析法。注入或引出的透析液量，称为潮氏透析液量。此法的优点是大部分透析液量留在腹腔内，不受因换液影响透析液持续和腹膜的接触，而不断又进入腹腔的新透析液，就能和血液进行物质交换或扩散。

六、腹膜透析的并发症

1. 腹膜透析极易发生腹膜炎，所以操作时注意无菌。
2. 穿刺点漏液，引起皮下积液和水肿，甚至感染。
3. 穿刺穿破腹腔脏器，引起内出血。
4. 注入腹腔的透析液过多或引流不出来透析液，引发呼吸困难。

5. 引起低白蛋白血症，这是多次腹膜透析或腹膜炎时，白蛋白丢失的原因。

6. 腹腔积液过多，这可能与体内水分过多和低白蛋白血症有关。

7. 高血糖症，因注入腹腔的腹膜透析液含高浓度葡萄糖，有可能导致高血糖症。

8. 血液里离子丢失，反复多次的腹膜透析，有的体内离子通过腹膜扩散到腹内透析液中，引起血液里离子减少。

七、血液透析

血液透析是依靠体外的机器来清除平时由肾脏排出的有毒物质及代谢产物，也称体外透析。其具体的使用操作，详见使用的机器使用说明执行。

腹膜透析和血液透析的优缺点比较如下：

透析种类和优缺点	腹膜透析	血液透析
优点	可以居家治疗，安全简便，易于操作，有利于保护残肾功能，血液流力学影响较小，费用较低	每周 3 次治疗，由专业医护人员完成，可及时得到医护人员指导
缺点	要在腹部留置一根透析导管，操作不规范，很容易发生腹膜炎，需要每天多次换透析液，还需要一定空间储存透析液，或进行换液操作	依靠机器进行透析，每次透析都需进行血管穿刺，交叉感染概率高，费用比腹膜透析高

第十七章

犬猫输血医学

　　输血是补充动物血液或血液成分的一种安全有效的挽救生命的疗法。犬血液占体重8％～9％（即每千克体重有80～90mL血液），猫血液占体重6％～7％（即每千克体重有65～75mL血液），而幼年动物血液占体重可达10％。当撞伤或手术发生急性失血达全血量1/5时，可出现血压降低，心跳加快。当失血达1/3时，将危及生命，此时及时输血是挽救生命的最有效方法。输血主要用于急性失血、贫血或失血加上血液循环系统衰竭，寄生虫性慢性失血和手术中过度失血，以及用于血小板不足或凝血机能障碍，低蛋白血症等。输血不仅能补充血容量，而且增多的红细胞能增加携氧量，改善心肌和脑的机能。输入的血制品包括全血、浓缩红细胞、新鲜冷冻血浆、冷沉淀物（Cryoprecipitate）、血小板和中性粒细胞等。输血的目的是供给患病动物，因患病引发的全血或血液某成分的减少。输血也像其他疗法一样，也有其不良反应或并发症。因此，为了获得好的输血效果，临床兽医应很好地了解供血动物、无菌采血、血液贮存，以及输血前对动物血型和交叉配血试验等技术。

　　鉴定犬猫血型不仅是为了输血安全，同时还有利于有计划地传宗接代，优生优育。

一、血源和供血动物

　　1. 血源　在发达国家有商业性动物血液库或中心，不少兽医喜欢自己养1～2只的供血动物，或者使用他人专为供血饲养的动物，或者动物饲养主人自愿建立起来的供血体系，相互供血。另外，还有动物自体供血，就是在动物手术前2～3周采自体血液，供手术中或手术后输血应用。外伤或其他原因引起的胸腹腔内存留的新鲜血液，也可自体急用。自体输血后，一般不会引起输血反应。但是，自体的污染血流或恶性肿瘤的血液，不能应用。

今后输血医学发展方向是避免和减少异体输血，提倡自体输血，大力开展术前和术中的自体输血是落实科学、合理、节约用血的主要技术手段。动物自体输血就是采集受血者自身的血液或回收手术中的失血，以满足动物本身手术或紧急情况时需要的一种输血方式。自体输血包括预存式自体输血、术前稀释式自体输血和术中回收式自体输血等多种方式。

（1）预存式自体输血　是术前预先采集患病动物血液，储存起来备用，待手术时输还给患病动物。

（2）术前稀释式自体输血　是在患病动物麻醉后，术前经静脉采集一定量的自身血液短暂储存；同时，向患病动物输入一定比例的晶体液或胶体液来补充血容量。使患病动物在血容量正常的血液稀释状态下接受手术，手术时再回输给患病动物。

（3）术中回收式自体输血　是采用先进的血液回收设备，负压吸引手术视野中的血液，将其回收在过滤器中，在严格无菌技术操作的环境下，滤过血液中的组织碎块、血凝块、脂肪等，再经过抗凝、洗涤等处理，在手术中回输给患病动物。

预存式、术前稀释式和术中回收式自体输血，既可单一选择，又可联合使用。在实施外科大手术中，根据具体情况，一般都采用预存式自体输血和术中回收式自体输血两种自体输血方式。有的甚至同时采用预存式自体输血、术前稀释式自体输血和术中回收式自体输血三种联合自体输血方式。术后血常规等各项血液指标，很快能恢复到术前水平。

自体输血是一种经济、合理、科学、安全、有效的输血方式。这一输血方式节约了血液资源，降低了异体用血量，避免了异体输血传染病和输血反应的风险，更有利于为疑难配血患病动物提供手术用血，还可刺激造血功能，提高患病动物的免疫水平，有利于术后身体的恢复。尤其是联合式自体输血，可相互取长补短。术前稀释采集的血液，可使手术中出血有形成分丢失减少，术中机器回收的血液，可立刻提供与患病动物完全兼容的血液，完全符合患病动物的生理需要。手术前凡手术预计出血量较多的病动物，患病动物条件符合自体输血要求的，均可作为自体输血的对象。

2. 供血动物　理想的供血动物，应该是成年、健康无病、营养良好、不肥胖、以前未曾输过血、按时注射疫苗、预防心丝虫感染、红细胞比容（犬＞40％，猫＞35％）和血红蛋白（犬＞130g/L，猫＞110g/L）正常、不贫血、凝血因子正常、无传染病。另外还应知道血型。

（1）供血犬　供血犬应温顺，颈部瘦易采血（大型犬前肢头静脉也可采血），如格力猎犬。个体要大，体重 25kg 以上，年龄在 2～6 岁之间，这样的犬每隔 4 周可采血 400mL，采血量不超过总血量的 20%，也就是犬每千克体重可采血 15～20mL，这样可连续采血 2 年以上。

供血犬应无犬布氏杆菌病、犬心丝虫病、犬埃立体病、犬巴尔通氏体病、莱姆病、克氏锥虫病、巴贝斯虫病和（冯）维勒布兰德氏病（遗传性假血友病）。

（2）供血猫　较好的供血猫也应温顺，长颈易采血。体重 4kg 以上，年龄在 1～7 岁，每隔 4 周，可采血每千克体重 10～15mL。

供血猫应无猫白血病、猫免疫缺陷病、猫传染性腹膜炎、巴尔通氏体病、弓形虫病和无体内外寄生虫病，因为有的寄生虫是疾病的传递媒介。

二、采血和血液保存

1. 血液抗凝剂和保存营养剂　血液抗凝剂就是防止血液凝固之剂，以便有利于输血。肝素和 3.8% 枸橼酸钠能抗凝血（表 17-1），但无保存营养功能。采抗凝血后，需在 8h 内完成输血。一般不提倡用肝素做抗凝剂，因为它抗凝时间短，对红细胞也无营养作用。

商品性动物血液库常用的抗凝和保存营养剂，既含有枸橼酸盐抗凝，又能为贮存的红细胞提供营养和起稳定红细胞作用。

枸橼酸盐葡萄糖（ACD）溶液是最早用于血液的抗凝保存营养剂，此溶液分 A 和 B 两种。ACD-B 用于犬血液，在 0～6℃能抗凝和保存营养 21d，用于猫血液为 30d（表 17-1）。

枸橼酸盐磷酸盐葡萄糖腺嘌呤（CPDA-1）是一种比较好的抗凝和保存营养剂，可用于犬的全血和浓缩红细胞，在 0～6℃可贮存 20～35d。CPDA-1 用于猫的红细胞是有变化的，可能贮存 35d。

累加溶液（Additive solution）是最新开发的以枸橼酸为基础的红细胞贮存的保存营养液，包括几种不同的液体，用于全血分离后的血浆和浓缩红细胞。累加溶液加入浓缩红细胞，能为红细胞提供营养，延长其贮存时间。此液只应用于犬，不适用于猫。

血液贮存时间长了，可能会发生溶血，使血液颜色变淡或变深，此时所贮存的血液便不能用了。

表 17-1　血液抗凝剂和保存剂

名　称	抗凝和全血比例	在 0～6℃贮存时间
犬血液		
①抗凝剂		
肝素	625U/50mL（10mg/100mL 血液）	采血后立即输血
3.8%枸橼酸钠	1mL/9mL 血液	采血后立即输血
②抗凝-保存营养剂		
CPDA-1*	1mL/7mL 血液	20～35d
ACD-B**	1mL/4mL 血液	21d
累加溶液	100mL/250mL 浓缩红细胞	37～42d
猫血液		
①抗凝剂		
肝素	625U/50mL	采血后立即输血
3.8%枸橼酸钠	1mL/9mL 血液	采血后立即输血
②抗凝-保存营养剂		
ACD-B	1mL/4mL 血液	30d

　*　CPDA-1 配制：枸橼酸钠 2.63g、枸橼酸 0.327g、磷酸二氢钠 0.222g、葡萄糖 3.19g、腺嘌呤 0.027 5g、注射用水或重蒸馏水 100mL。另外，也可用 CPA 抗凝。

　**　ACD-B 配制：枸橼酸钠 1.33g、枸橼酸 0.47g、葡萄糖 3.0g、重蒸馏水 100mL。

　　2. 采血　采血最好在封闭的环境进行，必须无菌操作，彻底消毒，以防细菌污染血液。采血部位要剪毛，先用 70%酒精消毒，然后再用 2%碘酒消毒。采血可利用重力或真空抽吸法，最好把血采入装有抗凝剂的专用塑料袋内或大号注射器内，这样可避免溶血过多。现在多采用人医的采血袋，其抗凝和保存剂是 CPDA-1。

　　（1）犬的采血　给犬采血多选择在颈静脉或股动脉，大型犬可在前肢头静脉。一般不需要镇静，个别闹的犬需镇静后采血。采血最好采入装有抗凝剂的专用采血袋内，袋上通常附有采血针头。

　　（2）猫的采血　给猫采血多数需要先用镇静药物镇静。多选择颈静脉采血。最简单方法是使用装有抗凝剂的大号注射器，一般可采血 30～60mL。

　　采集的血液如果当时不用，在贮存前需标明动物品种、血型、采血时间、保存到期时间等。

三、犬和猫红细胞血型

红细胞血型是指动物红细胞表面含有能抗特定抗体的抗原，它是一种遗传性状。由若干个相互关联的抗原抗体组成的血型体系，称为血型系统，如犬有 DEA（dog erythrocyte Antigen）系统，猫有 AB 系统，另外还有白细胞抗原系统等。未免疫或输血的动物，血浆中存在着先天性的同种抗体，在输血致敏后，可产生后天性的其他同种抗体。输血后引发的溶血或初生幼犬猫吃母奶后发生溶血，可能是这些同种抗体引发的。同种抗体可通过交叉配血试验和血液分型来检验，凝血或溶血说明有同种抗体的存在。

1. 犬红细胞血型 犬至少有 13 种红细胞血型，但只有 6 个血型有意义，它们是 DEA 系统的 DEA1.1、1.2、3、4、5、7 血型。DEA1 血型有多个等位基因，包括 DEA1.1、DEA1.2、DEA1.3 和一个无效血型，DEA1.1 抗原最重要，其次是 DEA1.2。如果供血犬是 DEA1.1 阳性，受血犬是 DEA1.1 阴性，初次输血将致敏，第二次输血，将很快或在 12h 内发生输血溶血反应，导致输入的红细胞崩解，甚至危及生命。因此，不能用 DEA1.1 阳性犬给 DEA1.1 阴性犬作供血犬。DEA1.1 阳性公狗和 DEA1.1 阴性母狗交配，因母犬体内已带有了 DEA1.1 阳性抗体，生下的 DEA1.1 阳性幼狗，当幼狗吃了带 DEA1.1 抗体的母乳后，有可能发生溶血病，导致幼狗在短时间内死亡。因此，最好不用 DEA1.1 阳性公狗和 DEA1.1 阴性母狗交配，以防幼犬吃母乳后发生溶血。供血犬 DEA1.2 阳性，给受血犬 DEA1.2 阴性初次输血，也可致敏受血犬，如果第二次再输入 DEA1.2 阳性血液，很快或在 12～24h 内也将发生输血后红细胞崩解反应。

犬 DEA4 阳性率为 98%，阴性率为 2%。不管犬 DEA4 为阳性或阴性，都可作为供血犬，故称"通适供血犬或万能供血犬"。

犬 DEA7 结构相似于普通细菌抗原，所以 20%～50% 的 DEA7 阴性犬自然产生的抗体，对抗 DEA7 阳性犬。不过有人认为输给 DEA7 阳性犬红细胞时，那些抗体早已除去了，所以仍可选用 DEA7 阴性犬，作为供血犬。

犬血型 DEA1.1 和 DEA1.2 在输血中非常重要，现在已有这两种血型鉴定盒。鉴定出血型结果后，才按图 17-1 可能输血。因 DEA1.1 阴性犬可给 DEA1.1 阴性犬、DEA1.1 阳性犬和 DEA1.2 阳性犬输血，故也称为"通适供血犬或万能供血犬"。

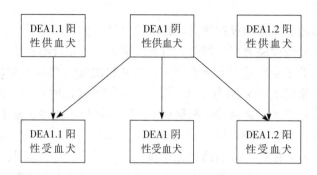

图 17-1　犬可输血血型

犬某一种血型阳性和阴性所占的比例，与其在的地区和品种有一定关系（表 17-2）。美国 Dmslaboratories 公司生产的"犬血型检定卡"，可检定犬的 DEA1.1 阳性和 DEA1.1 阴性血型。公司用此磁卡检验 145 个血样，其中 91 个血样为 DEA1.1 阳性，54 个血样为 DEA1.1 阴性。

表 17-2　犬血型阳性和阴性所占比例

血　型	阳性（%）	阴性（%）
DEA1		
DEA1.1	33～45	55～67
DEA1.2	7～12	35～60
DEA3	5～10	90～95
DEA4	87～98	2～13
DEA5	12～22	78～88
DEA7	8～45	55～92

实验证实：

（1）同血型即同阳性或同阴性犬，可以互相供血或受血。

（2）DEA1.1 阴性犬只能接受 DEA1.1 阴性血液，不能接受 DEA1.1 阳性血液。

（3）DEA1.1 阳性犬除能接受 DEA1.1 阳性血液外，也可以接受 DEA1.1 阴性血液。

（4）DEA1.2 阳性犬可以接受 DEA1.2 阳性和 DEA1.1 阴性犬的血液。

（5）DEA7 阴性犬可以作为供血犬。

（6）DEA4 阳性或阴性犬，都可以作为供血犬，称为"通适供血犬或万能供血犬"。

（7）临床上给未输过血的犬，初次输血时，很多大夫误解，可以不做交叉配血试验或检验血型。但是，若初次输入了不相合的血型血液，输入血液红细胞的半衰期约 30min 到 12h；如果初次输入相合血型的血液时，输入血液红细胞的半衰期为 21d。所以初次给犬输血时，为了效果更好，鉴别血型或做交叉配血试验，根据血型或试验结果输血是很重要的。临床上常见这种情况，不做血型鉴定或交叉配血实验，第一次给犬输血后，犬精神大有好转，但第二天病情更加严重，甚至死亡，这可能就是输入了不相配血液的原因。因此，第一次给犬输血时，一定要做交叉配血试验或检验血型，两犬血型相合时，才可以进行输血。

2. 猫红细胞血型　猫仅有一个红细胞血型系统，包括血型 A、B 和 AB 三种，但这三种血型与人的血型无关。猫没有"通适供血猫或万能供血猫"。猫的血型因品种和所在地区不同而有变化，大多数美国猫是血型 A（表 17-3），血型 AB 极少见，少于 1%。美国 Dmslaboratories 公司生产的"猫血型检定卡"检验 2 116 只猫的血型，其中 2 075 只猫为 A 型血型，31 只为 B 型血型，10 只猫为 AB 型血型。英国一份报告血型 AB 猫可占 5%，血型 AB 猫仅在血型 B 猫群中才能发现。所有的血型 B 猫，都自然具有抗血型 A 红细胞的同种抗体；而所有血型 A 猫，都具有抗血型 B 红细胞的同种抗体，但抗血型 B 抗体一般较弱，当血型 B 猫输血给血型 A 猫时，一般只缩短输入红细胞寿命，其半衰期只有 2d。当血型 A 猫血液输给血型 B 猫时，输入的红细胞半衰期只有几分钟到几小时，因此将发生输血急性或亚急性溶血反应。血型 A 公猫和血型 B 母猫交配，血型 B 母猫生的血型 A 或 AB 仔猫，在产后 24h 内采食含有抗体的初乳，有可能发生同族红细胞溶解的危险，在采食后最快便在 10 多小时死亡。发生后表现为血红蛋白尿、血红蛋白血和黄疸，生后最多在 2～3d 便死亡。通过做猫的血型，可避免以上问题发生，实现有计划的优生优育。

现在市场上已有了快速鉴定猫血型试剂盒，检验结果如表 17-4。猫相同血型相互输血，输入的红细胞半衰期可达 30～38d。如果使用猫血型卡鉴定血型，难以确定血型时，最好再做配血试验，然后再决定是否输血。因为大多数猫对外来红细胞有自然产生的抗体，所以在猫输血前必须做交叉配血试验。如果把 A 型血输给 A 型血的猫，红细胞的平均寿命为 36d；把 B 型血输给 A 型血的猫，红细胞的平均寿命只有 2d；把 A 型血输给 B 型血的猫，红细胞的平均寿命只有 1h。

表 17-3 美国猫血型所占比例

品 种	血型 A（％）	血型 B（％）
阿比西尼亚猫	86	14
波曼猫	84	16
英国短毛猫	60	4
缅甸猫	100	0
康瓦尔雷克斯猫	66	34
德文郡雷克斯猫	59	41
家养短毛猫（地区）		
东北地区	99.7	0.3
北部中心地区	99.6	0.4
东南地区	98.5	1.5
西南地区	97.5	2.5
西海岸	95.3	4.7
喜马拉雅猫	93	7
日本短尾猫	84	16
缅因州浣熊猫	98	2
挪威森林猫	93	7
波斯猫	86	14
苏格兰折耳猫	82	18
泰国猫	100	0
索马里猫	83	17
斯芬克斯猫	81	19
东肯猫	100	0
东方短毛猫	100	0
美国短毛猫	100	0

表 17-4 猫血型和输血前检验

		供 血 猫 血 型		
	项 目	A	B	AB
受血猫血型	A	O	×	×
	B	×	O	×
	AB	O	O	O

注：O 表示可以输血；×表示不可以输血。

犬猫的血型是终身不变的，它们只需检查一次血型。血型确定后，在以后或在紧急需要输血或供血时，就能及时输血或供血，挽救垂危犬猫生命。

四、交叉配血试验和血型鉴定

交叉配血试验或血型鉴定是输血前检验输血是相合还是不相合，用以预防受血动物输血后发生输血反应。什么情况下才做交叉配血试验或血型鉴定？

1. 因输血能诱导受血者产生新的抗体，因此犬两次输血时间间隔 4d 以上。第二次输血前还应再做交叉配血试验，以防新生同种抗体作用发生溶血。犬紧急第二次输血，如果和第一次输血间隔不到 4d，也可以不做交叉配血试验。但输血开始后注意观察动物反应，一旦发现不良反应时，应立即停止输血。

2. 有过怀孕史的犬，犬怀孕时能自发地产生抗 DEA1.1 的同种抗体，如果给其输血，有可能发生输血反应。

3. 犬红细胞比容低于 20%需要手术时，输血前除检验血型外，最好还做交叉配血试验，因为犬可自发地产生同种抗体，检验是为了避免发生输血反应。有的研究认为犬猫血型是终身不变的，所以终身只需检定一次血型即可。交叉配血试验有多种操作方法，现选用较多应用的一种方法，详述见表 17-5。

表 17-5　动物交叉配血试验

1. 用 EDTA 抗凝，分别从受血者和供血者采血，或从供血袋内取血；

2. 在 1 000 转/min 离心机里离心供血者和受血者血液 5min；

3. 用移液管吸取上面血浆，放入另外试管，并标记；

4. 用磷酸盐缓冲盐水或生理盐水洗红细胞。操作为加入洗涤液后，用手指轻弹试管底，使红细胞和洗涤液混合，再 1 000 转/min 离心 5min，取上清液弃掉，如此重复 3 次；

5. 然后用磷酸盐缓冲液或生理盐水制成含 3%～5%的红细胞悬液；

6. 主测配血试验，取 2 滴受血者血浆和 1 滴供血者红细胞悬液，轻轻混合；

7. 副测配血试验，取 2 滴供血者血浆和 1 滴受血者红细胞悬液，轻轻混合；

8. 受血者对照试验，取 2 滴受血者血浆和 1 滴受血者红细胞悬液，轻轻混合；

9. 在室温条件下放置 15min；

10. 1 000 转/min 离心 15s，观察血浆有无溶血；

轻轻摇动试管，悬浮红细胞，观察红细胞有无凝集。

交叉配血试验判断标准如下：

0：无凝集。

1＋：在自由红细胞中可见有多个小凝粒。

2＋：存在有大凝块，并混有较小团块。

3＋：许多大凝块。

4＋：凝成一块，无自由红细胞。

交叉配血试验无凝集时才可以输血。如果配血出现红细胞缗钱状时，犬可以试验输血，注意观察反应。猫则不能输血。

犬主测配血试验是检验受血犬血清中是否有抗供血犬的红细胞抗体，如果有则不能输血。副测配血试验是检验供血犬血清中是否有抗受血犬红细胞抗体，即使有也可以忽略，因为供血犬血液进入受血犬体内后很快被稀释了。由于多数犬不存在自然产生的抗体（92％以上），因此从未输过血的初次交叉配血试验，一般是无凝集。但供血犬血液在不相合受血犬体内的半衰期约仅12h。凡是曾经输过血的犬，在第二次输血前，即使用同一供血犬，也一定要做交叉配血试验。

猫能产生自然同种抗体，所以在猫输血前必须做交叉配血试验。交叉配血试验还能鉴定血型，若主测配血试验不相合，受血猫可能为B型血，供血猫为A型血。若副测配血试验不相合，受血猫可能为A型血，供血猫为B型血。如果交叉配血试验相合，则供血猫和受血猫血型相同。猫的血液最好在需要输血时，现采血现输血，不要长期贮存。

五、全血及其成分血的输入

输血前应对血库血液或成分进行严格检查，血浆变成棕色可能细菌污染。仔细观察标签上动物种类、品种、血型及有无交叉配血试验结果等，以防输错血，引起溶血反应。

输入血液或其成分中，通常不让加入其他药物或液体。因为加入低渗液体可引起溶血，如加入5％葡萄糖溶液。加入含有钙的溶液，如复方氯化钠溶液，将引起凝血。但为了稀释红细胞，减小黏稠度和加快输入速度，可加入0.9％氯化钠等渗溶液。

输血输入贮存全血时，一般不需要加温。通常成年动物在输入全血或其成分时，它们能够利用体温来调节温度。而幼年动物在输入较凉全血或其成分时，由于能引起体温降低，可能是危险的。在输入贮存血液前，轻轻摇动，最好温至室温。血液加温易引起细菌过量繁殖或由于过热而溶血。红细胞加温到37℃时，将迅速质变，如果不马上应用，应该废弃不用。

新鲜冰冻血浆在输入前应解冻。盛血浆的塑料袋，在冰冻之前最好放在纸盒里，以防用手取时袋破裂。从冰冻箱内取出纸盒后先加温，待塑料袋变温柔软时，才用手拿取，然后马上给动物输入。解冻一般在>37℃水浴箱内，不提倡用微波炉加温。

所有的血液和其成分，在采集和贮存时，都应该通过一个过滤装置，其滤孔为170μm，以除去凝块和碎片。用注射器进行少量输血时，在国外输血注射器上附有18μm过滤器供用。

输血或其成分的途径，最常用的是静脉注射。在血管扁缩或幼小动物，难以输入时，可通过骨髓输入。骨髓输血后5min，95%以上红细胞可进入血液循环。临床上不提倡腹腔输血，以防引发腹膜炎。新生动物腹腔输血，24h后输入的红细胞50%进入循环系统，2天后可达70%，但红细胞生命较短。

因输入血液成分及动物状况不同，其速度也不完全相同。全部输入量最迟也应在4h内输完，以减少细菌的繁殖。对于正常血容量的贫血动物，在输血开始的30min内，应以每千克体重2.5mL进行。观察有无反应，如果没有反应，输血速度可加快为5~10mL/（kg·h）。在严重出血或休克，可最快为22mL/（kg·h）。犬和猫因输血发生溶血性休克相当快。输血开始后，要密切注意呼吸、心搏次数和体温。给动物输入血浆可以适当加速，4~6mL/min。输血或其成分时，可用输血泵控制输入速度。如果心脏或肾脏衰竭，输血速度不要超过4mL/（kg·h）。

1. 全血输入 全血分新鲜全血（Fresh whole blood）和贮存全血（Stored whole blood）。刚从供血动物采取加入抗凝剂的血液，称为新鲜全血。新鲜全血含有红细胞、白细胞、白蛋白和球蛋白、血小板及凝血因子。新鲜全血多用于各种原因引起的急性大量血液丢失，引起的血容量迅速减少，估计失血量超过自身血容量的30%，并伴有缺氧或休克。或者患病动物持续活动性出血，如炎症或凝血病（鼠药中毒、血友病、血小板减少症、弥散性血管内凝血、遗传性假血友病）和贫血。多数兽医在临床上习惯给动物输入新鲜全血。在采血后6h内给动物输全血，可提高血液的携氧能力和增加凝血因子。没有贫血的动物，为了增多抗凝因子，可输入新鲜全血，但可导致异原性红细胞过多的危险，应特别注意。贫血犬猫，如果输入过量全血液，会造成输入血液过量，这是因为贫血动物，其血量一般是正常的。

新鲜全血贮存时间长了（在 4～6℃贮存超过 35d），叫贮存全血。贮存全血含有红细胞、白细胞、白蛋白、球蛋白及部分凝血因子，但缺乏血小板（只有 3d 存活性）、vWf、V 和Ⅷ。贮存全血输血后只能提高血液携氧能力和部分凝血因子。贫血和大量失血动物适宜输入贮存全血。输入贮存全血，因其缺乏血小板、vWf、V 和Ⅷ，可引起受血动物这部分凝血因子减少。全血贮存超过 14d，就不适于给患有肝脏疾病动物输血了。

给动物输入全血量，一般为每千克体重 13～22mL。计算方法：患病犬猫需要输入血液量（mL）＝2.2×受血者体重（kg）×40（猫为30）×[（目标 HCT－病者 HCT）÷供血者 HCT]

输入速度。贫血血容量正常动物是 20mL/（kg·d）；低血容量的贫血动物是 20mL/（kg·h）；心脏衰弱的动物为 4mL/（kg·h）。有人认为1mL/（kg·h）输入，观察输血反应，30min 后无任何反应时，可在 4h输完剩下的血液。有人曾给犬按每千克体重 50mL 输全血，输完血后不久，体重 2kg 多的犬，便发生呕吐和腹泻鲜血，抢救无效而死亡。因此，输血前一定要计算好输血量。

贫血而血容量正常的动物，输入全血每千克体重 2.2mL，能将红细胞比容（HCT）提高 1%。根据此参考数据，可计算出需要输血量。

如贫血犬 10kg 体重，血液检验 HCT 为 10%，供血犬 HCT 为 40%，将贫血犬 HCT 提高到 30%，需输多少全血？

计算：因为每千克体重 2.2mL 全血能提高 HCT 1%，HCT 由 10%提高到 30%。每千克体重需要 44mL 全血，10kg 体重犬则需要 440mL全血。

失血性休克在失血的前 4h 内，HCT 和血浆总蛋白量能保持不变，此时可输入电解质溶液。如果 HCT 在 20%以上，也可以不输给全血，若严重失血时，就必须输给全血了。

2. 浓缩红细胞（CRC）　也叫压积红细胞（Pocked red cell）。抗凝血液经离心机分离红细胞和血浆，将血浆吸取出存入专用袋中，剩下的红细胞和少量血浆，称为浓缩红细胞。在动物医学上没有标准的浓缩红细胞单位，但在国外商业系统上，犬的 1 个浓缩红细胞单位，HCT 是 60%～80%的 200mL（约合 450mL 血液）。浓缩红细胞主要作用是增强运氧能力，其适应证为各种急性或慢性失血、溶血或骨髓机体不全引起的贫血，高钾血症、肝、肾和心机能障碍者，以及幼年和老年犬猫。血红蛋白或 HCT 检查还不能决定需要输不输浓缩红细胞，还应全面考虑动物的心血管状况、以前的失血情况、贫血的长期性及骨髓对贫血的反应能力来决定。输血最终目的，是为了促进患病动物痊愈。输入前可加入生理盐水，以降低其黏稠度。浓缩红细胞加入 CPDA，在 4℃，可保存 1 个月。浓缩红细胞输入量一般为每千克体重 2～10mL。通常浓缩红细胞 1mL，可使 HCT 增加 1%，其计算方法：浓缩红细胞需要量（mL）＝受血者体重（kg）×40（猫为 30）×〔（目标 HCT－病者 HCT）÷供血者 HCT〕。

3. 新鲜冷冻血浆（FFP） 采用 ACD 或 CPD 抗凝剂后，在不超过 6h 内离心取出血浆，专用袋内冷冻，称为新鲜冷冻血浆。新鲜冷冻血浆能保存不稳定的凝血因子Ⅷ和Ⅴ的活力。新鲜冷冻血浆内含有电解质、白蛋白、球蛋白、凝血因子（Ⅱ、Ⅴ、Ⅶ、Ⅷ、Ⅸ、Ⅹ、vWB）和其他多种蛋白质。主要作用能扩充血容量、补充蛋白质和补充凝血因子。其中含有的凝血因子，可治疗凝血因子缺乏病，如鼠药中毒、德文郡雷克斯猫的维生素 K 依赖性凝血病和血友病 B（因子Ⅸ缺乏），以及大面积创伤和烧伤、腹膜炎、肝脏衰竭、胰腺炎、脓血症及凝血病动物手术前。用新鲜冷冻血浆治疗以上疾病，最初用量为 6～10mL/kg。如果继续出血需要再输入，应检查动物的临床状况，检验凝血项目。持续不断出血或凝血项目异常时，表明需要增加输入血浆。为了增加动物血液中白蛋白，可输入大量血浆，一般血浆每千克体重 45mL，可增加血浆白蛋白 10g/L。计算公式：增加白蛋白水平所需血浆量（mL）＝受血浆者体重（kg）×4.5×〔想要的白蛋白水平（g/L）－受血浆者白蛋白水平（g/L）〕。静脉输入速度为 6～8mL/h，共输 6～8h，或直到血浆白蛋白＞20g/L。

新鲜冷冻血浆在－20℃，可保存 1 年左右。新鲜冷冻血浆在塑料袋中，置于 37℃温水中进行解冻，不要缓慢解冻，否则会出现沉淀。

4. 冷沉淀物（CRYO） 新鲜冷冻血浆在 1～6℃解冻时，将会产生一小部分不溶性冷球蛋白或冷沉淀物。在解冻过程中，通过离心机离心，能把形成的一些白色沉淀物和血浆分离。

冷沉淀物含有凝血因子Ⅰ（纤维蛋白原）、Ⅷ（抗血友病因子 A）、Ⅺ（抗血友病球蛋白 C）和ⅩⅢ（纤维蛋白稳定因子）和（冯）维勒布兰德氏因子。因此，冷沉淀物常用于治疗血友病 A、（冯）维勒布兰德氏病和纤维蛋白原缺乏症。用冷沉淀物治疗以上疾病的优点，比新鲜冷冻血浆用量少。治疗（冯）维勒布兰德氏病（血管性假血友病），可能促进止血。用冷沉淀物治疗犬（冯）维勒布兰德氏病和血友病 A（因子Ⅷ、C 缺乏），能避免因血管容积涨大而引发的危险。1 个单位冷沉淀物悬浮在 10～15mL 血浆中，开始输入量，为每 10kg 体重输入一个单位。临床上可用输入全血来代替输入血小板。

5. 输入血小板　输入血小板在动物临床上极少应用。在骨髓移植、猫遗传性 Chédiak-Higash 病和用长春新碱治疗免疫介导性血小板减少症时，需输入血小板。输入血小板不常应用原因有二。首先是获取血小板需要时间，需在室温下，不停地搅动，而血小板离体 24h 后，部分将破坏。其次是血小板减少到 20×10^9/L 以下，才有可能引起出血和需要输入血小板，如免疫介导性血小板减少症。这种疾病，输入的血小板象患病动物自己的血小板那样，很快被破坏掉。输入血小板悬液仅适用于抢救严重出血的病例，以及脾切除前准备或手术时采用，而不适用于一般治疗。从一个单位全血中获取的一个单位的血小板量，可输给 10kg 体重动物。临床上可用含血小板较多的相配全血，静脉输入。

6. 输入中性粒细胞　犬中性粒细胞缺乏时，可输入中性粒细胞。用细胞分离器获得中性粒细胞，推荐用量为每千克体重 1.5×10^9 个。用于分离中性粒细胞的全血，必须贮存在 $20 \sim 24 ℃$ 的环境中。中性粒细胞分离后，应在很短时间内输给动物，否则细胞将在 6h 后失去吞噬机能。在日常输血中，输入中性粒细胞不太实用。

7. 人类免疫球蛋白　人类免疫球蛋白（IgG）不是从犬血浆中产生，但它可作为一种辅助的免疫抑制治疗药物。治疗犬免疫介导性溶血性贫血，剂量为每千克体重 $0.5 \sim 1.0g$，在 $6 \sim 8h$ 内输入。人类 IgG 是从人类血浆通过冷乙醇分馏制取，做成冻干粉，贮存在冰箱，应用时再加入液体。人类 IgG 可通过诱导 Fc 分段受体，阻断或改变网状内皮细胞系统的机能，起到免疫抑制作用，其确切机理还不清楚。由于给犬注入人类蛋白，可能会发生严重的免疫反应，所以每条犬只能给一个剂量的 IgG。另外人类 IgG 的价钱也相当昂贵。

8. 携氧血红蛋白　从牛血红蛋白中提取的能够携带氧气的血红蛋白液体，适于治疗由于溶血或失血引起的贫血。静脉输入前，不需要进行配血试验。有效期为 2 年。

六、输血不良反应及预防方法

给动物输入血液或血制品时，要注意检查动物有没有输血反应。检查项目有黏膜颜色、红细胞压积、毛细血管再充盈时间、体温、呼吸、心跳频率及行为变化。

1. 输血不良反应　有免疫性和非免疫性两种（表 17-6）。

表 17-6　输血的不良反应

免疫性的	非免疫性的
(1) 溶血 　　急性：血管内/血管外溶血、 　　　　　弥散性血管内凝血、肾衰竭 　　慢性：血管外溶血和红细胞容积降低 (2) 发热：伴有或不伴有溶血 (3) 荨麻疹：过敏性反应	(1) 发热 　　热源性发热：非败血性 　　细菌性发热：败血性的，即细菌污染血液 (2) 呕吐 (3) 体温过低 (4) 枸橼酸盐中毒：发生低钙血症 (5) 凝血病：稀释凝血因子或微沉淀物栓塞

(1) 输血溶血　有急性的和慢性的。急性溶血可在输血开始的几秒钟或几分钟后发生。有的是自然发生的，是同种抗体对抗红细胞引起，如猫血型 A 和 B 不相合输血。有的是以前输过，诱导产生了抗体，再次输血时引起溶血，如给犬输第二次血时发生的溶血。急性溶血将产生血红蛋白血、血红蛋白尿、黄疸和体温升高，库姆斯氏试验阳性。犬和猫输血引发急性溶血的临床症状稍有不同。在犬出现不安、流口水、大小便失禁、呼吸困难、血压降低、惊厥和呕吐等，急性死亡不多见。在猫血型 A 血液输给血型 B 猫时，可发生急性死亡。猫输血后几秒钟可出现过敏反应，表现不安、鸣叫、排尿、呕吐、流口水、四肢伸直、瞳孔散大、呼吸和心搏增快，而后窒息。也可能发生休克、低血压和心脏传导阻滞。给动物输血一般不会发生少尿或无尿性肾衰竭。

慢性溶血可能在输血后 1～2 周发生，表现为贫血，一般无任何临床症状。

(2) 发热　犬和猫输血时，都有可能引起非溶血性体温升高 1℃ 或 1℃ 以上。其原因可能有热原性的、物理或化学溶血性的和细菌性的（表 17-6）。当动物体温升高到 40℃ 以上，应寻找原因，给予治疗。

(3) 荨麻疹　在输入全血或血浆时，有时可发生荨麻疹，这是受血动物抗体对抗输入全血或血浆中蛋白质的反应。临床上最典型表现为动物脸面部肿胀，有的肿胀的特别严重。

(4) 血液污染　采血时消毒不严格，会使血液被微生物污染。血液被污染后，颜色将变得发淡或变深。如果病原微生物在血液里大量繁殖和产生内毒素，将引起动物体温升高、败血症或休克。

(5) 紫癜　有报导犬输血后发生紫癜。此犬曾为治疗血液病输过血，再次输血后 5～8d，出现血小板减少和淤斑。其机理可能是血小板被破坏掉了。

（6）血流循环超载 给慢性贫血动物输血太快，能危及心血管或呼吸系统，临床上表现为咳嗽、结膜发绀和呼吸困难。胸部 X 线片可见血管充血和明显的肺水肿。

（7）代谢并发症 输血引起的代谢并发症有低钙血症和高钾血症，发生在动物大量输血时。低钙血症是由于输入过多的抗凝剂枸橼酸盐，表现为心电图上 Q-T 间期延长，但心率正常。严重的低钙血能引起急性死亡。高钾血症是由于输入大量贮存血液引起。在红细胞贮存时，细胞内钾离子漏到血浆里，输入此血液，可危及肾机能，引起钾中毒。秋田犬红细胞内含钾量多，故不能作为供血犬。

2. 输血不良反应的预防方法 临床上一旦发现输血反应，应立刻停止输血，改输电解质溶液，并迅速找其原因。输血引发的急性溶血、非溶血性发热、循环超载和微生物污染等，它们表现的临床症状有些类似，可遵循下列程序来区别和预防。

（1）来源血库的血液，检查血袋上的标记和报告有无差错。

（2）检查受血动物的血红蛋白血和血红蛋白尿，做输血后血样品的库姆斯氏试验。如果是阳性，表明输了不相合的血液；如果是阴性发生了溶血，可能是物理性红细胞损伤，如加热或机械性损伤。重做血型和交叉配血试验，以检查是否输了不相合的血液。

（3）不相合性输血或败血症引发弥散性血管内凝血时，需要对凝血项目进行检验。

（4）如果血液颜色变淡或变深，涂片革兰氏染色和温箱内培养，检查有无细菌污染。

（5）听诊心脏和肺脏，胸部拍 X 线片，以评价有无循环超载。测量血压或中心静脉压，如果两项均升高，表现有循环超载。

（6）检验血清钾和血清钙。也可做心电图来诊断高钾血症和低钙血症。由于肝脏疾病等，导致抗凝剂枸橼酸钠中毒，引起低钙血症时，心电图上 Q-T 间期延长。高钾血症时，心电图上 P 波峰降低或消失，QRS 综合波延长及 T 波增大。

（7）通过检验不能确定是输血急性溶血或细菌污染，输血还应继续进行。检查诊断为发热或非溶血性反应时，如果动物表现为不舒服，可应用退热药物治疗。发生荨麻疹等过敏时，可用抗组织胺药物（如地塞米松或扑尔敏）治疗，同时减慢输血速度。输血引起循环超载时，可给利尿剂和供氧，同时减慢输血速度，变为每小时少于 4mL/kg 体重。低钙血症时可用氯化钙或葡萄糖酸钙治疗。高钾血症时，用葡萄糖、胰岛素和生理盐水进行治疗。输血性紫癜通常发生较慢，可用免疫抑制性药物治疗，如皮质类固醇等。

受血动物被输入不相合或污染血液后，应马上进行静脉输液治疗，以维持动物血压，防止低血压发生，并促进尿液排出。如果输液不能够维持正常血压，需给予增压药物。血液涂片，革兰氏染色发现有细菌时，给予抗菌药物。如果未发现细菌，仍怀疑有污染时，需给予广谱抗菌药物。

附：人的血型及父母与子女血型的关系

人的血型也是由遗传因素决定的，父母各自遗传给子女一个血型等位基因，组成子女的血型，即每个人有两条决定血型的等位基因。

人常见的血型有 ABO 血型和 Rh 血型，也是与人类输血关系最为密切的两个血型系统。在 ABO 血型系统中，根据红细胞表面是否具有 A 抗原或/和 B 抗原，将血液分为 A、B、O 和 AB 型四种。A 型人可能的基因型为 AA 或 AO；B 型人可能的基因型为 BB 或 BO；O 型人可能的基因型为 OO；AB 型人可能的基因型为 AB。

A 型血的血浆中存在抗—B 抗体；B 型血的血浆中存在抗—A 抗体；O 型血的血浆中存在抗—A 和抗—B 抗体；AB 型血的血浆中不存在抗—A 和抗—B 抗体。由于各种血型抗原和抗体的不同，并且存在免疫反应，所以人输血时需相同型输血，还要进行交叉配血。人是最高等动物，了解人的血型，对动物血型会更加深入了解。

父母与子女血型的关系

父母血型	子女血型	子女不存在的血型
O＋O	O	A、B、AB
O＋A	A、O	B、AB
O＋B	B、O	A、AB
O＋AB	A、B	O、AB
A＋A	A、O	AB、B
A＋B	AB、A、B、O	
B＋B	B、O	A、AB
B＋AB	B、A、AB	O
A＋AB	A、B、AB	O
AB＋AB	AB、A、B	O

第十八章

················

犬猫临床病例分析

如何分析犬猫病例？

在小动物疾病临床上要想做好病例分析，首先要掌握一定量的兽医学科的基础知识，其次要有病例的尽可能详细的病史，临床症状和实验室检验资料等。患病动物死后的最后分析确诊，还要加上尸体剖解、组织切片和微生物检验等资料。

1. 掌握患病犬猫的主要病史、临床症状、实验室检验和特殊检查资料。

2. 找出所有检查的异常，例如实验室检验项目的异常项目。所谓检验项目异常是指检验项目数值升高或降低。把检验异常项目汇集在一起，然后查找它们异常所反映的共同疾病是什么疾病，再结合病史、临床症状和其他材料，即可初步诊断。为了确诊，再把初步诊断出的疾病，和在教科书或其他参考材料上的同一疾病的临床症状和实验室检验等内容，进行相应比较，如基本相同确诊，如不同，做进一步诊断。

3. 进一步诊断要从三个方面考虑。

①更深入的进行分析比较，确定到底是哪一种病。犬肾上腺皮质功能降低，虽有尿素氮、肌酐和血清磷增多的一些肾衰竭指标，但缺少血清钙减少和尿比重降低的肾衰竭指标，红细胞数也不减少，同时血清钠（132mmol/L）和血清钾（7.5mmol/L）之比为17.6∶1，小于27∶1，所以此患犬诊断为肾上腺皮质机能不全，而不是肾衰竭。

②患病动物同时患有两种或两种以上疾病，或还有其他继发疾病，临床症状和实验室检验复杂，诊断更难。此时首先要诊断出威胁动物生命的主要疾病，进行治疗。有能力把所有疾病都诊断出来，在治疗威胁犬猫生命的主要疾病时，兼顾治疗一下别的疾病，而又不影响治疗主要疾病或更有利于治疗主要疾病，这当然更好。

③现在教科书或其他书上有关某种疾病的资料，都是前人的科学总结。在临床上或科研中，发现某种犬猫疾病新的临床症状，新的实验室检

验项目异常，一时可能难以分析解释，你可研究一下，最后经科学证实后，这是你对动物医学的贡献。所以在临床上，一方面要继承前人的成果，另一方面还要有所发现，充实动物医学。另外，同一个项目，在不同病例中，其实验室检验项目参考值不完全相同，这是因为使用的检验仪器不同，不同仪器上列出的参考值不同。作者认为，如果购买的仪器说明书上，带有所测项目参考值，都应以本仪器说明书上为准。

病例一　猫恐惧或反感引起的血象变化

（一）猫恐惧引起的血象变化

某杂种猫，不到一岁。原为野猫，主人收养几天，精神很好，吃喝及拉屎撒尿正常，到动物医院打预防针。

动物医院检测体温、脉搏和呼吸都正常。血液检验呈现白细胞总数和分叶核中性粒细胞增多（表 18-1）。血液涂片检验，白细胞中以小淋巴细胞增多为主。猫泛白细胞减少病毒检验阴性，其他未见异常。因为白细胞总数和分叶核中性粒细胞增多，没有给此猫打预防针，几天后血液检验，结果基本相同。研究后决定给此猫打预防针，打后观察，一切正常。

表 18-1　血液检验

项目和单位	检验结果	参考值
RBC（$\times 10^{12}$/L）	6.78	5.0～10.0
HGB（g/L）	102	80～150
HCT（%）	29.8	24～45
MCV（fL）	44	39～55
MCH（pg）	15	13～17
MCHC（g/L）	342	300～360
RDW-CV（%）	19.4	12～21
WBC（$\times 10^9$/L）	19.82	5.5～19.5
Seg. NEU（$\times 10^9$/L）	13.15	2.5～12.5
Band. NEU（$\times 10^9$/L）	0	0～0.30
LYM（$\times 10^9$/L）	5.57	1.5～7.0
MONO（$\times 10^9$/L）	0.69	0～0.85
EOS（$\times 10^9$/L）	0.40	0～1.5
BASO（$\times 10^9$/L）	0.01	0～0.2
PLT（$\times 10^9$/L）	57.40	300～700

病例分析：

血液检验呈现白细胞总数稍增多，分叶核中性粒细胞增多，血小板减少。这是因为野猫胆小，由于害怕引起肾上腺素释放，导致边缘池中分叶核中性粒细胞释放（有的血糖水平也升高）。这种变化只是暂时的，一般在短时间内消失。此种表现不是应急反应，应急反应还应呈现淋巴细胞减少，此例淋巴细胞没有减少。假若是应激反应，检验血液里的糖化血红蛋白和果糖胺也应无变化。根据以上分析，此猫应是一个健康猫，打预防针后，仔细观察，无任何不良反应。

（二）猫反感引起的血象变化

某猫 5 岁，公猫去势。一直单独室内饲养，注射过疫苗。近来引进两只幼猫，发现此猫不愿在原便盆内撒尿了，在室内到处排尿，吃喝基本正常。主人带猫到动物医院诊治。兽医检查未发现什么异常，血液检验如下表 18-2，血液涂片检验可见小淋巴细胞增多。

表 18-2　血液检验

项　目	检验结果	猫参考值和单位	
WBC	25.18	$5.5\sim19.5$	$10^9/L^*$
HGB	112.0	$80\sim150$	g/L
RBC	8.76	$5.0\sim10.0$	$10^{12}/L$
PLT	17	$300\sim700$	$10^9/L$
NEUT%	7.62	$35\sim75$	%
LYMPH%	91.11	$20\sim55$	%
MONO%	1.10	$0\sim4$	%
EO%	0.20	$0\sim12$	%
BASO%	0	$0\sim0.2$	%
NEUT#	1.89	$2.5\sim12.5$	$10^9/L$
LYMPH#	22.95	$1.5\sim7$	$10^9/L$
MONO#	0.28	$0\sim0.85$	$10^9/L$
EO#	0.06	$0\sim0.75$	$10^9/L$
BASO#	0	$0\sim1.5$	$10^9/L$
HCT	32.94	$24\sim45$	%
MCV	37.64	$39\sim55$	fL
MCH	12.84	$13\sim17$	pg
MCHC	340.40	$300\sim360$	g/L
RDW-CV	25.84	$14\sim18.1$	%

病例分析：

血液检验见白细胞总数和淋巴细胞增多，血小板减少。到处乱撒尿，是对引进的两只幼猫反感，怕失去主人宠爱，导致肾上腺素释放。

病例二　猫应急反应
（Feline stress reaction）

某杂种猫，公，8岁，营养中等。主人住六层楼，饲喂猫粮。此猫一直室内饲养，近来引进一只幼猫，幼猫喜欢追逐玩耍。后来，此猫从家跑出去3d，3d后自己回来了。回来后不吃食，精神欠佳，故带到动物医院诊治。未跑出家门前一切正常，也从未闹过病。

动物医院检查，精神不振，皮温低，皮肤弹性差，其他未发现异常。

采血检验血液和生化结果，见表18-3和表18-4。

表 18-3　血液检验

项目和单位	检验结果	参考值
RBC（$\times 10^{12}$/L）	8.5	5.0～10.0
HGB（g/L）	142	8.0～150
HCT（%）	40	24～45
MCV（fL）	64	39～55
MCH（pg）	21	13～17
MCHC（g/L）	340	300～360
WBC（$\times 10^{9}$/L）	11.6	5.5～19.5
Seg. NEU（%）	86	35～75
Band. NEU（%）	2	0～3
LYM（%）	9	20～55
MONO（%）	2	0～4
EOS（%）	1	0～12
BASO（%）	0	少见
PLT（$\times 10^{9}$/L）	420	300～700

表 18-4　生化检验

项目和单位	检验结果	参考值
TP（g/L）	65	56～80

（续）

项目和单位	检验结果	参考值
ALB（g/L）	31	22～35
ALT（U/L）	28	1～64
ALP（U/L）	21	2.2～37.8
T-BIL（μmol/L）	3	2～10
CREA（μmol/L）	224	70～160
BUN（mmol/L）	18	5.4～10.7
GLU（mmol/L）	17.8	3.5～7.5

病例分析：

血液检验，白细胞总数正常，叶状中性粒细胞增多，淋巴细胞减少，血糖达 17.8mmol/L。又根据离家出走前，一切表现正常，故诊断为严重的应激反应。其理由是此猫原为家养，条件相当理想，由于引进新幼猫，产生嫉妒而离家出走。离家后失去了家庭的优越条件，离开了熟悉的主人，到了一个陌生环境，既少食又缺水，猫本身又痛苦不堪，所有这些因素造成了此猫极其复杂严重的应急反应，故血糖达 17.8mmol/L。应急反应时检验血液里的糖化血红蛋白和果糖胺无变化。

经静脉输入复方氯化钠注射液加氯化钾注射液治疗，又注射了胰岛素。2～3d 后开始吃食喝水，几天后血糖恢复正常。这样高血糖的猫，虽然血糖恢复了正常，但一定还要注意今后血糖的变化。

此猫尿素氮和肌酐有些增多，可能是在缺食少水的情况下，血液变得浓稠和消耗自己机体肌肉的原因。

病例三 猫特发性肝脂肪沉积症
（Feline idiopathic hepatic lipidosis）

某成年猫，较胖，过春节时（2月7日），主人带猫回老家几天，回来后就不爱吃食物了。主人又托人代管，3月17日诊治，用益生菌等药物治疗。3月30日黄疸严重，不吃不喝，经输液、抗生素和地塞米松等药物治疗，第2天少见好转，仍不吃不喝，出现了呕吐，见食物作呕。血液和生化检验见表18-5 和表18-6。

4月10日超声波检查提示：①肝大；②胆囊和胆管炎；③左肾有少量结晶；④膈下积液。

表 18-5　3 月 30 日和 4 月 9 日血液检验

项目和单位	检验结果		参考值
	3 月 30 日	4 月 9 日	
RBC（$\times 10^{12}$/L）	10.58	5.66	5.00～10.00
HGB（g/L）	148	76	80～150
HCT（%）	41.46	23.22	24～45
MCV（fL）	39	41	39～55
MCH（pg）	13.9	13.4	13～17
MCHC（g/L）	356	326	300～360
RDW-CV（%）	22.1	20.2	14～18
WBC（$\times 10^9$/L）	39.42	63.37	5.5～19.5
LYM（$\times 10^9$/L）	8.51	10.11	1.50～7.00
MID（$\times 10^9$/L）	3.43	0.37	<1.50
GRA（$\times 10^9$/L）	27.47	52.89	2.50～14.00
PLT（$\times 10^9$/L）	1911	36	300～700
PCT（%）	1.16	0.04	0.10～0.30
MPV（fL）	6.1	10.0	12.0～17.0

表 18-6　3 月 31 日生化检验

项目和单位	检验结果	参考值
TP（g/L）	49	56～80
ALB（g/L）	32	22～35
GLOB（g/L）	17	34～45
ALT（U/L）	64	1～64
ALP（U/L）	156	23～107
AMYL（U/L）	2 100	300～1843
T-BIL（μmol/L）	186.39	1.71～10.26
GLU（mmol/L）	5.61	3.5～7.5
BUN（mmol/L）	28.92	5.4～10.71
CREA（μmol/L）	256.36	70～160
Ca（mmol/L）	1.95	1.75～2.85
P（mmol/L）	1.94	1.09～2.74
Na（mmol/L）	144	142～164
K（mmol/L）	4.7	3.7～5.8

病例分析：

猫主人把猫带回老家过春节，回来后又托人代管，类似换了主人，一系列应激因素引起猫应激反应，再加上此猫较胖。应急反应导致猫不爱吃食喝水，进一步发展到不吃不饮，此时机体缺乏营养，猫本身动员机体储藏的脂肪到肝脏里进行代谢。由于猫肝脏机能差些，故一些脂肪便储存在肝脏里，不吃食物时间越长，肝脏储存脂肪越多，肝脏就变得重大，压迫肝脏内的胆管，胆汁难以排入胆囊，所以就出现了黄疸，生化检验 T-BIL 和 ALP 增多。凡胆红素增多的病例，一般白细胞（WBC）都增多，尤其是颗粒细胞（GRA）增多的最明显。由于饥饿使 4 月 9 日血液检验的 RBC、HGB、HCT 和 PLT 都减少了，BUN 和 CRE 增多可能与不吃食物和缺水，以及肝脏肿大有关。临床上曾遇多例病猫，光靠输液治疗，只能拖延时间，最终以死亡告终。

此病例用地塞米松治疗是不当的。该猫处于应激状态，本来肾上腺皮质激素分泌就增多，再用地塞米松就更不利了。另外，地塞米松对猫肝脏毒性也较大，更加重了肝脏的病变。临床上不少兽医喜欢应用地塞米松，但对此类病应特别提高警惕。

患此病的猫，治疗总原则是想方设法让猫吃食物。发病初期可口服地西泮（安定）或赛庚啶，此两种药物对猫有一定的促食欲作用。作者曾让有耐心的退休女主人，强制给病猫饲喂食物，并给予耐心关怀。曾有三例，一例经 20 多天，一例经 40 多天，另一例经 70 多天后，病猫才开始吃食物。现在国内给猫做胃瘘管，通过胃瘘管给猫灌食物，效果较好，尤其是在发病早期，效果更好。做胃瘘管方法可参考张海斌等主译的《小动物外科学》75～82 页。用鼻插管饲喂食物，因猫鼻孔狭小，用的管子太细，难以灌入浓稠食物，疗效较差。有人把商品粮，用豆浆机打成稀浆，再通过鼻饲管灌服。

病例四　猫糖尿病及其代谢性酸中毒

某杂种猫，13 岁，4kg 体重，母猫，摘除了卵巢。近一个月来，不爱吃食，也不爱活动。

临床检查，精神较差，营养中等，肛门温度 39.1℃。上午 9 时实验室检验血液和生化如表 18-7 和表 18-8。

治疗输液，注射短效胰岛素 2U 和地塞米松 5mg，12 点半钟测血糖为 6.7mmol/L。晚上 8 时，又打短效胰岛素 2U。第二天凌晨 2 时开始抽搐，3 时测血糖 3.6mmol/L。9 时检查，体温不到 36℃，精神极差，卧地不动，皮肤温度低又松弛。i-STAT 急诊仪（代血气）EC8＋检验结果如表 18-9。

表 18-7　血液检验

项目和单位	检验结果	参考值
RBC（$\times 10^{12}$/L）	5.21	5.0～10.0
HGB（g/L）	99.0	80～150
HCT（%）	33.9	24～45
MCV（fL）	65.1	39～55
MCH（pg）	19.01	13.0～17.0
MCHC（g/L）	292	300～350
RDW-CV（%）	18.0	14.0～18.0
WBC（$\times 10^9$/L）	19.53	5.50～19.50
NEU（$\times 10^9$/L）	17.34	2.5～12.5
LYM（$\times 10^9$/L）	0.72	1.50～7.00
MONO（$\times 10^9$/L）	0.92	0～0.85
EOS（$\times 10^9$/L）	0.55	0～1.50
BASO（$\times 10^9$/L）	0	0
PLT（$\times 10^9$/L）	11.40	300～700

表 18-8　生化检验

项目和单位	检验结果	参考值
TP（g/L）	81	57.0～80.0
ALT（U/L）	10	1～64
ALP（U/L）	28	2.2～37.8
GLU（mmol/L）	15.87	3.5～7.5
BUN（mmol/L）	38.25	5.4～10.7
CREA（μmol/L）	990	70～160

表 18-9　i-STAT 急诊仪（代血气）EC8＋检验

项目和单位	检验结果	参考值
GLU（mg/dL）	54（2.46mmol/L）	60～130（3.33～7.22）
BUN（mg/dL）	140（52.5mmol/L）	15～35（5.63～13.13mmol/L）
Na（mmol/L）	158	147～162

（续）

项目和单位	检验结果	参考值
K（mmol/L）	2.4	2.9~4.2
Cl（mmol/L）	129	112~129
TCO_2（mmol/L）	12	16~25
AnGap（mmol/L）	20	0~27
HCT（%）	29	24~40
Hb（HGB，g/dL）	9.9	8~13
pH	7.008	7.25~7.40
PCO_2（mmHg）	44.0	33~51
HCO_3^-（mmol/L）	11.1	13~25
BEecf（mmol/L）	−20	（−5）~（+2）

病例分析：

猫的糖尿病分两型。糖尿病 1 型（胰岛素依赖型）和糖尿病 2 型（非胰岛素依赖型）大约各占 50%。用降血糖药物治疗猫糖尿病 2 型，可视效果好坏，再决定是否应用胰岛素，一般来说应用胰岛素效果较好。

1. I-STAT 急诊仪（代血气）EC8＋检验可见 GLU、K、TCO_2、pH、HCO_3^-、BEecf 都减少，GLU 减少表明是低糖血；TCO_2、pH、HCO_3^-、BEecf 都减少，表明是代谢性酸中毒；K 值降低表明缺钾。按酸中毒补充碱（HCO_3^-）的计算公式：

$$缺碱量（mmol）=[20-11.1（测定值）]×4（体重 kg）$$
$$×0.4×0.5=7.2mmol$$

公式中 20 为健康猫 HCO_3^- 参考值，0.4 为细胞外液占的体重，0.5 为只补充计算量的一半。

5% 的碳酸氢钠溶液每毫升含碳酸氢钠 0.6mmol，所以 7.2÷0.6＝12mL，本猫应在 1~2h 内补充 5% 的碳酸氢钠溶液 12mL。然后再检测血液 HCO_3^-，如果还缺乏时，再补充另一半。实际补了 12mL 就见好了。

如果没有检测血液碳酸氢钠，可暂时按缺碱量（mmol）＝体重 4（kg）×2＝8mmol，8÷0.6＝13.3mL 5% 的碳酸氢钠溶液。

缺钾计算：缺钾量（mmol）＝（4−2.4）×4×0.4＝2.56mmol

1mmol 钾＝0.075g 氯化钾＝10% 氯化钾溶液 0.75mL，故补 10% 氯化钾溶液 0.75×2.56＝1.9mL。

因为猫昨天静脉输液后，排尿很好，所以今天才敢于静脉输入 10％氯化钾溶液，此液是和其他液体混合后输入的。

由于血糖减少，在静脉输液时，适量加入了一些葡萄糖（一般 50％葡萄糖 1～2mL/kg，也可以口服），输液过程中还不时地饲喂些营养膏。经过 4～5h 输液后，其体温达 37℃以上，也站立起来了。

此猫尿素氮达 52.5mmol/L，表明肾脏也有问题。

2. 本病猫治疗中存在两个问题。其一是用地塞米松，地塞米松是属于糖皮质激素，应用后能使血糖升高，所以糖尿病一般不能使用糖皮质激素类。其二是猫对胰岛素较敏感，每千克体重一般只用 0.25～0.5U。以后应用时，最好先测血糖，根据血糖水平再决定用量，避免像此猫一样引起低血糖。需要长期用胰岛素治疗时，应不断测定血糖水平和尿糖情况，找出一个能维持正常血糖水平的胰岛素用量，一般中效和超长效胰岛素，适用于无并发症糖尿病的维持和稳定，超长效胰岛素更适合猫糖尿病的维持，这需要主人和兽医密切配合进行。

（一）猫糖尿病发病初期

某猫 9 岁，公猫去势。已有 3d 不吃食物和饮水，肛门温度 36.4℃。实验室检验血液和生化如表 18-10 和表 18-11。

表 18-10　血液检验

项目和单位	检验结果	参考值
RBC（×10^{12}/L）	9.93	5.0～10.0
HGB（g/L）	184.0	80～150
HCT（％）	88.8	24～45
MCV（fL）	69	39～55
MCH（pg）	18.5	13.0～17.0
MCHC（g/L）	268	300～350
RDW-CV（％）	15.4	14.0～18.0
WBC（×10^9）	34.3	5.50～19.50
PLT（×10^9）	185	300～700
PCT（％）	0.16	0.01～2.90
MPV（fL）	8.5	6.1～10.1
PDW（％）	30.5	0.5～50.0

表 18-11　生化检验

项目和单位	检验结果	参考值
TP（g/L）	83	56～80
ALB（g/L）	35	22～35
GLOB（g/L）	48	34～45
ALT（U/L）	49	1～64
ALP（U/L）	64	14～111
AMYL（U/L）	1 046	300～1 843
T-BIL（μmol/L）	3	1.71～10.26
GLU（mmol/L）	14.62	3.5～7.5
CHOL（mmol/L）	3.70	1.68～5.81
BUN（mmol/L）	6.3	5.4～10.71
CREA（μmol/L）	91	70～160
Ca（mmol/L）	2.48	1.75～2.85
P（mmol/L）	1.20	1.09～2.74

尿液分析：pH6、尿糖（＋＋＋）、尿蛋白（＋）。

病例分析：

1. 3d 不吃不喝，RBC、HGB、HCT 和 TP 都增加，表明此猫脱水严重，血液浓稠，体温降低。

2. 生化检验只有血糖增多（14.62mmol/L），再配合尿糖（＋＋＋），可以诊断为糖尿病。生化检验的 ALT、ALP、T-BIL 和 CHOL 都正常，表明肝脏正常。检验的 BUN、CREA、Ca 和 P 正常，表明肾脏正常。检验猫 AMYL 的变化，一般对诊断猫的胰腺疾病无临床意义。

3. 根据以上肝脏和肾脏正常情况，可以判断此猫糖尿病发病不久。通过大量静脉输液，合理应用胰岛素和调整食物，此猫是可以治疗好的。但糖尿病是终身疾病，需要终身用药治疗。

（二）猫糖尿病并发肾脏疾病

某猫 13 岁，公猫去势，肥胖 6.5kg。已有 3d 不吃食物了，精神较差。静脉采的血液有脂血（LIP＋＋＋），实验室血液和生化检验如表 18-12 和表 18-13。

表 18-12　血液检验

项目和单位	检验结果	参考值
RBC（$\times 10^{12}$/L）	7.8	5.0~10.0
HGB（g/L）	113.0	80~150
HCT（%）	37.7	24~45
MCV（fL）	48.3	39~55
MCH（pg）	14.5	13.0~17.0
MCHC（g/L）	300	300~350
WBC（$\times 10^{9}$）	16.3	5.50~19.50
Seg. NEU（%）	90	35~75
LYM（%）	6	20~55

表 18-13　生化检验

项目和单位	检验结果	参考值
TP（g/L）	63	56~80
ALB（g/L）	38	22~35
GLOB（g/L）	25	34~45
ALT（U/L）	75	20~100
ALP（U/L）	41	14~111
AMYL（U/L）	886	300~1 100
LPS（U/L）	3 486	157~1 715
T-BIL（μmol/L）	29.07	1.71~10.26
GLU（mmol/L）	>38.85	3.5~7.5
BUN（mmol/L）	56.34	5.4~10.71
CREA（μmol/L）	486	70~160
Ca（mmol/L）	2.1	1.75~2.85
P（mmol/L）	3.46	0.84~2.97
Na（mmol/L）	142	143~164
K（mmol/L）	6.4	3.7~5.8
CHOL（mmol/L）	6.03	1.99~7.91
TG（mmol/L）	9.7	0.24~1.75

病例分析：

此猫以前未发现糖尿病，现在血糖>38.85mmol/L，即可诊断为糖尿病。虽然也有应急的因素（表现为 Seg. NEU 90%，LYM 6%），但主要是糖尿病引起的高血糖。病猫糖尿病已有一段时间了，并出现了糖尿病并发症，如肾脏病（BUN、CREA 和 P 增多）。由于肾脏问题，引起了LPS 增多。LPS 增多可能不是胰腺炎，如果是胰腺炎，白细胞应增多，但白细胞检验正常，故基本上可以排除胰腺炎。脂血和 TG 增多，表明肝脏有脂肪沉积，肝脏肿大，压迫肝脏内小的胆管，使胆汁排泄不畅，所以出现了 T-BIL 增多。

（三）猫糖尿病并发低血糖

某猫 12 岁，公猫去势，患糖尿病 1 年了，主人购买了人用测血糖仪和测尿糖试纸。通过摸索后，每天早晨给病猫注射长效胰岛素 1.2U，晚上注射短效胰岛素 1.4U，每天坚持测尿糖。主人治疗一年效果较好，一天测尿糖阳性，因未采到血液未检测血糖。主人早晨给猫增加长效胰岛素 0.06U，晚上增加短效胰岛素 0.08U，第二天猫精神变得差了，呼吸变快。到动物医院检验血糖为 2.2mmol/L（参考值 3.33～7.22mmol/L），变成了低血糖了。此病例说明今后改变胰岛素用量，一定在检验血糖和测尿糖的基础上进行，并再通过检验血糖和尿糖水平，来调整好胰岛素的用量。在病初选用胰岛素时，一定要考虑胰岛素的起效时间、达峰值时间和作用持续时间。

低血糖危害性很大。长时间低血糖，由于实质器官得不到营养，能引起实质器官损伤，可导致病动物昏迷、抽搐等严重后果。一般来说，低血糖的危害比高血糖还严重，它能引起动物很快死亡。

（四）猫糖尿病的成功治疗

某猫 11 岁，公猫去势，平时饲喂猫粮和猫罐头。一年前诊断为糖尿病，当时体重 6kg，用中效胰岛素（NPH）治疗，早晨用 3U，晚上用 2U，治疗 1 年，效果比较好。近 1 周来不爱吃食，不爱活动，也瘦些了，昨天还吐了 2～3 次。

临床检查精神一般，鼻端发干，营养中等。触摸肾脏不认异常。实验室检验血液和 i-STAT 急诊仪（代血气）EC8＋检验如表 18-14 和表 18-15。

表 18-14 血液检验

项目和单位	检验结果	参考值
RBC（$\times 10^{12}$/L）	7.10	5.00～10.00
HGB（g/L）	103	80～150
HCT（%）	33.47	24～45
MCV（fL）	47	39～55
MCH（pg）	14.5	13～17
MCHC（g/L）	308	300～360
RDW-CV（%）	22.4	14～18

（续）

项目和单位	检验结果	参考值
WBC（$\times 10^9$/L）	14.14	5.5～19.5
LYM（$\times 10^9$/L）	1.58	1.50～7.00
MID（$\times 10^9$/L）	1.33	<1.50
GRA（$\times 10^9$/L）	11.22	2.50～14.00
LYM（%）	11.2	22.0～55.0
MID（%）	9.4	1.0～3.0
GRA（%）	79.4	35.0～80.0
PLT（$\times 10^9$/L）	147	300～700
PCT（%）	0.23	0.10～0.30
MPV（fL）	15.5	12.0～17.0
PDW（%）	10.2	9～17

表 18-15　i-STAT 急诊仪（代血气）EC8＋检验

项目和单位	检验结果	参考值
GLU（mg/dL）	197（10.93mmol/L）	60～130（3.33～7.22）
BUN（mg/dL）	31（11.07mmol/L）	15～35（5.63～13.13mmol/L）
Na（mmol/L）	136	147～162
K（mmol/L）	2.0	2.9～4.2
Cl（mmol/L）	102	112～129
TCO_2（mmol/L）	27	16～25
AnGap（mmol/L）	10	10～27
HCT（%）	41	24～40
Hb（HCT，g/dL）	13.9	8～13
pH	7.447	7.25～7.40
PCO_2（mmHg）	37.4	33～51
HCO_3^-（mmol/L）	25.8	13～25
BEecf（mmol/L）	2	（-5）～（＋2）

病例分析：

1. 血液检验基本正常，虽然白细胞三分类的相对值有些异常，但绝对值都在参考值范围之内，故不认为异常。血小板虽少些，它不会发生不良影响。

2. i-STAT 急诊仪（代血气）EC8＋检验血糖增多，表明需要调整胰岛素用量，可适当增加一点胰岛素用量，然后再通过检验血糖，找出适合本猫的胰岛素用量。

用胰岛素已治疗1年了，此猫一直表现正常，说明治疗是成功的。近一周来表现异常，通过检验血糖增多，说明是需要调节胰岛素的用量了。

表 18-16 中的 pH、TCO_2、HCO_3^- 增多，Beecf 平了参考值上线，前一天又曾发生过呕吐，表明有些代谢性碱中毒。

病例五　犬糖尿病

（一）犬糖尿病引发的代谢性酸中毒并发呼吸性酸中毒

某犬严重的糖尿病，血糖达 37.5mmol/L，高出血糖参考值范围值 30mmol/L 以上，i-STAT 急诊仪（代血气）EC8＋检验如表 18-16。

表 18-16　i-STAT 急诊仪（代血气）EC8＋检验

项目和单位	检验结果	参考值
GLU（mg/dL）	576（37.5mmol/L）	60～115（3.33～6.38）
BUN（mg/dL）	19（7.1mmol/L）	10～26（3.57～9.28mmol/L）
Na（mmol/L）	147	142～150
K（mmol/L）	4.9	3.4～4.9
Cl（mmol/L）	116	106～127
TCO_2（mmol/L）	18	17～25
AnGap（mmol/L）	20	8～25
HCT（%）	46	35～50
Hb（HGB，g/dL）	15.6	12～17
pH	6.977	7.35～7.45
PCO_2（mmHg）	66.3	35～38
HCO_3^-（mmol/L）	15.5	15～23
BEecf（mmol/L）	−16	（−5）～（0）

病例分析：

犬糖尿病 95% 以上属于糖尿病 1 型（胰岛素依赖型），一般用降血糖药物治疗无效，必须使用胰岛素治疗。

严重的糖尿病（血糖达 37.5mmol/L）引发的严重酮酸中毒（BEecf 为−16，pH6.977），导致犬呼吸变慢。体内 CO_2 排不出去，引起 PCO_2 升高。体内 CO_2 增多，使 $CO_2＋H_2O＝H_2CO_3$ 增多。为了保持 HCO_3^-：$H_2CO_3＝20∶1$，所以 HCO_3^- 也增多了，但由于酮酸中毒，中和一部分 HCO_3^-，故 HCO_3^- 和 TCO_2 虽有减少，而其值仍在其参考值范围内，只是接近参考值的最低值。pH 明显降低、PCO_2 明显升高、HCO_3^- 和 TCO_2 值变化不大，这是代谢性酸中毒并发呼吸性酸中毒的特点。BEecf 只与代谢性酸中毒有关，BEecf 减少较多（BEecf 为−16），表明此犬糖尿病的酮酸中毒比较严重。

（二）犬糖尿病的成功治疗

某杂种犬，12 岁，母。半年前不爱吃食，精神欠佳，来动物医院诊治。经兽医检查，实验室检验血糖 17.2mmol/L（犬一般禁食后血糖达16.8mmol/L，便可诊断为糖尿病），诊断为糖尿病。治疗用速效胰岛素注射液，每次吃食前皮下注射 5U，治疗半年。此犬为早期糖尿病的治疗，效果较好。兽医告诉犬主人，一旦发现犬精神欠佳，食欲不好，应及时到动物医院检验血糖情况。犬主人也可购买血糖仪或尿糖试纸，随时检验患犬血糖或尿糖，以便调节胰岛素的用量。

（三）犬糖尿病并发细菌性趾间炎和腹膜炎

某杂种犬，10 岁，母，体重 6kg。一年前诊断为糖尿病，只饲喂犬糖尿病处方粮，未注射胰岛素。诊断出糖尿病一个月后，发现左后肢趾间破溃，经久不愈。平时食欲尚好，一年后发现腹围增大，来院诊治。

临床检查。未见精神异常，消瘦，腹围增大，可视黏膜再充盈时间大于 2s（正常 1s 稍多），皮肤弹性降低。体温、呼吸和脉搏正常。实验室血液和生化检验如表 18-17 和表 18-18。

表 18-17　血液检验

项目和单位	检验结果	参考值
RBC（$\times 10^{12}$/L）	5.53	5.5～8.5
HGB（g/L）	150	120～180
HCT（%）	34	37～55
MCV（fL）	65	60～77
MCH（pg）	21.2	19.5～24.5
MCHC（g/L）	330	320～360
WBC（$\times 10^9$/L）	9.2	6.00～17.00
Seg. NEU（%）	70	60～77
Band. NEU（$\times 10^9$/L）	4	0～3
LYM（%）	16	12～30
MONO（%）	5	3～10
EOS（%）	5	2～10
BASO（%）	0	0～0.3
PLT（$\times 10^9$/L）	358	200～900

表 18-18　生化检验

项目和单位	检验结果	参考值
TP（g/L）	75.25	54～78
ALB（g/L）	22.24	24～38
GLOB（g/L）	45	30～40
ALT（30℃，U/L）	75.32	4～66
AST（30℃，U/L）	44.71	8～38
ALP（30℃，U/L）	93.28	0～80
CK（30℃，U/L）	125.4	8～60
GGT（30℃，U/L）	6.0	1.2～6.4
T-BIL（μmol/L）	12.35	2～15
D-BIL（μmol/L）	4.21	2～5
GLU（mmol/L）	17.5	3.3～6.7
BUN（mmol/L）	8.09	1.8～10.4
CRE（μmol/L）	98.7	60～110
Na（mmol/L）	145	138～156
Cl（mmol/L）	116	104～116
Ca（mmol/L）	2.6	2.57～2.97
P（mmol/L）	1.32	0.81～1.87

腹水检验：腹水淡黄色，无异味，pH5.0，比重1.025。腹水离心沉渣检验，可见大量杆菌，一些中性粒细胞。腹水细菌药敏实验，头孢菌素敏感。

病例分析：

1. 血液检验，红细胞数接近参考值低限，红细胞压积减少，与消瘦有关。

2. 生化检验，主要是血糖增多是糖尿病的表现，白蛋白减少，也与消瘦有关。

3. 治疗切开腹腔，排除腹液，并用氨苄西林钠和庆大霉素混合液体冲洗腹腔，并配合胰岛素治疗，此犬疾病痊愈，趾间伤口也愈合了。

此病犬诊断为糖尿病并发细菌性趾间炎和腹膜炎。糖尿病时由于血糖升高，使机体破溃的任何伤口都难于愈合，还易并发细菌感染，此例既是一个证明。此例还表明服用犬糖尿病处方粮可起一定维持作用，降血糖还得应用胰岛素治疗。

（四）犬糖尿病并发白内障

某博美犬，母，3岁。主述此犬表现多饮、多尿和消瘦，突然发生白内障。生化检验：GLU＞25mmol/L（参考值3.3～6.7mmol/L）、ALT为110U/L（参考值4～66U/L）、AST为73U/L（参考值8～38U/L）、LDH为685U/L（参考值100U/L），采血时可见血液浓稠。

病例分析：

此犬因血糖过高，诊断为糖尿病。估计糖尿病的时间比较长了，所以突然发生了白内障。严重的糖尿病引起了肝脏损伤，使ALT、AST和LDH活性值都增加了。

附：犬猫糖尿病基本知识

一、什么是糖尿病？

糖尿病是一组病因和发病机理尚未完全阐明的内分泌代谢性疾病，以高血糖为其共同特征。因胰岛素分泌绝对或相对不足，以及靶细胞对胰岛素敏感性降低，引起糖、蛋白质、脂肪和继发的水、电解质代谢紊乱。

随着人糖尿病逐渐增多，犬猫糖尿病也在增多。王九峰报道，西方发达国家猫糖尿病发病率，占猫多发病的第四位，可达临床病例数的6％。英国猫发病率达0.43％。

二、人糖尿病的主要类型

不同类型糖尿病，胰岛素缺乏的原因并不相同。这是区分糖尿病类型的主要根据。按人类最新分类方法，人糖尿病主要可分为四类：

1.1型糖尿病　也叫胰岛素依赖性糖尿病（IDDM）或遗传性糖尿病。1型糖尿病是一种自身免疫性疾病，身体的免疫系统对体内生产胰岛素的β细胞做出攻击，最终导致体内胰岛素缺乏，患者需要终身注射外源性胰岛素来控制体内的血糖。我国1型糖尿病人至少有100万人。

2.2型糖尿病　也叫胰岛素非依赖性糖尿病（NIDDM）或后天性糖尿病，它是在体内的胰岛素不能发挥应有的作用（称为胰岛素抵抗）的基础上，出现胰岛素产生、分泌过程缺陷。

3. 特殊类型糖尿病　已经知道明确病因的糖尿病，包括基因突变糖尿病，药物所致糖尿病，如肾上腺皮质激素类药物，以及其他疾病导致的糖尿病等。

4. 妇女妊娠糖尿病　妊娠妇女发生的糖尿病。我国已批准只有诺和锐（属于速效人胰岛素类似物），可用于妇女妊娠糖尿病的治疗。

人糖尿病诊断主要依据三个方面：一是饥饿8～12h后，血糖＞6.1mmol/L；二是吃食后2h，血糖＞7.9mmol/L；三是糖化血红蛋白＞

7.0％（去年是＞6.5％），一般便可诊断为糖尿病。为了更进一步诊断，有的还需做口服葡萄糖耐量和胰岛素功能试验。

三、犬猫糖尿病

犬糖尿病几乎95％以上都是胰岛素依赖性糖尿病（1型糖尿病），非胰岛素依赖性糖尿病（2型糖尿病）极少见。4～14岁易发，母犬发病率一般是公犬的2倍。

1. 犬糖尿病发病原因

（1）遗传性因素 糖尿病多发的品种有肯斯猎犬（Keeshond）、普利克犬（Pulik）、凯恩㹴（Cairn terriers）和小型平斯彻犬（Miniature pinschers）。另外，贵妇犬（Poodles）、小型雪纳瑞犬（Miniature schnauzers）、拉布拉多犬（Labrador retrieres）、拉萨犬（Lhasa apsos）、西伯利亚哈士奇犬（Siberian huskies）和约克夏㹴（Yorkshire terriers）等品种，也容易发生糖尿病。

（2）其他发病原因 还有免疫介导性胰岛炎、胰腺炎、肥胖、感染、并发病、药物性（如肾上腺糖皮质激素）和胰岛淀粉样变性等。

2. 犬猫临床上引起高血糖的原因较多，诊断时一定要注意鉴别，详见表18-19。

表 18-19 引起犬猫高血糖的多种原因

糖尿病*

应激（尤其是猫多见）*

采食食物后，尤其是软而湿润的食物

肾上腺皮质机能亢进*

甲状腺机能亢进（猫）

肢端肥大症（猫）

发情间期（母犬）

嗜铬细胞瘤（犬）

胰腺炎

胰腺外分泌肿瘤

肾脏机能不足或降低

临床药物治疗*，最多见的有肾上腺糖皮质激素、孕激素和醋酸甲地孕酮

含糖液体的应用，特别是肠道外给的含糖营养混合物，如静脉输入糖液

实验室检验的错误

＊ 临床上相对多见。

3. 犬猫糖尿病的发病机理 糖尿病1型多由遗传因素决定，2型也受遗传因素影响，它们与感染、肥胖等环境因素相互作用，从而导致胰岛

素活性相对或绝对不足而发病。

目前提出 1 型糖尿病发病机理的自身免疫学说：环境因素，如病毒和/或化学毒素作用于 1 型糖尿病的遗传易感者，使其胰岛细胞表面异常地表达出某一抗原，导致胰岛 β 细胞表面自身抗原结构的改变，引起 T 淋巴细胞的自身激活。如抑制性 T 淋巴细胞数量减少或活性减低，即可诱发细胞的自身免疫过程，早期有胰岛素属感染性或中毒性反应，后期继以免疫反应。1 型糖尿病常因胰岛素分泌细胞的损害或完全缺如，导致内源性胰岛素的产量减少或消失。

糖尿病 2 型患者，胰岛素细胞损害轻，甚而增生，所以胰岛素的分泌是减少、正常或升高的。但经糖刺激后，与相应体重的非糖尿病病者相比，胰岛素分泌是低的。显示了胰岛素细胞分泌功能的潜在不足，即胰岛素活性的相对不足。但是 2 型糖尿病中的肥胖和超重者，表达出高胰岛素血症，这是因为长期高血糖刺激病者的 β 细胞分泌过多的胰岛素。

其次是胰高血糖素活性相对或绝对过多，但这种情况仅见于胰岛素缺乏较严重的患者，或控制甚差的酮血症酸中毒患者，若应用足够胰岛素时，胰高血糖素受抑制。因此，糖尿病的生理病理的主要问题仍然是胰岛素的缺乏。

4. 犬糖尿病临床症状　典型表现是三多：多饮、多尿、多食，并多伴有体重减轻，逐渐消瘦。严重者还有呕吐、脱水、体温降低、意识不清，甚至还有昏迷。实验室检验血糖浓度升高。犬血糖参考值 3.3～6.7mmol/L，犬应激时，有时血糖可达 9.7 mmol/L，但持续几小时或几天，便恢复正常；而犬禁食后血糖达 16.8 mmol/L（300mg/dL），以及空腹或食后血糖浓度持续分别达到 8.4 mmol/L 或 11.2 mmol/L，即可诊断为糖尿病。

犬糖尿病可分为无酮血症糖尿病和有酮血症糖尿病。

（1）无酮血症糖尿病　表现为多饮、多尿、多食和逐渐消瘦。实验室检验：血液血糖（GLU）、血液尿素氮（BUN）、丙氨酸氨基转移酶（ALT）、碱性磷酸酶（ALP）和胆固醇（CHOL）增多。尿液检验：葡萄糖阳性，酮体阴性。

（2）有酮血症糖尿病　表现为多饮、多尿、多食和逐渐消瘦、呕吐和呼出烂苹果味异味。实验室检验：血液血糖（GLU）、血液尿素氮（BUN）、丙氨酸氨基转移酶（ALT）、碱性磷酸酶（ALP）和胆固醇（CHOL）增多。钠（Na）、钾（K）和氯（Cl）减少，以及代谢性酸中毒。尿液检验：尿葡萄糖阳性，尿酮体阳性。

5. 犬糖尿病治疗　因为犬糖尿病多为1型，即使极少数是2型，临床上也难以区别，故在治疗初期选用人用中效胰岛素［中性精蛋白锌（NPH）胰岛素］较好，用量小型犬可用1 U/kg，大型犬可用0.5U/kg，皮下或肌内注射，每天2次，同时饲喂犬糖尿病处方粮，这样一般不易引起低血糖。第一次用胰岛素治疗，当血糖浓度降低到10mmol/L时，应适当输入5％葡萄糖溶液。血糖浓度降低到6mmol/L时，应停止应用胰岛素。患病动物不食食物时，还可以考虑继续应用胰岛素，直到动物吃食物。用胰岛素治疗犬糖尿病，最好保持血糖浓度在5.0～9.0mmol/L之间。

第一天用胰岛素治疗后，如果血糖浓度仍然高于10mmol/L，可继续适当增加胰岛素用量。增加胰岛素用量的多少，主要依据血糖浓度水平的高低，血糖浓度水平高，增加的多些；血糖浓度水平低，增加的少些（表18-13），一直到血糖浓度水平变得低于10mmol/L为止。如果第二天血糖浓度水平变得低于正常参考值水平时，就得减少胰岛素的用量。

（1）胰岛素治疗　犬猫严重糖尿病酮酸中毒用胰岛素治疗，可采用两种方法：

短效胰岛素（普通胰岛素，正规胰岛素）肌内注射：剂量0.2U/kg，然后每小时0.1U肌内注射，最好每30min测一次血糖，直到血糖水平＜13.75mmol/L（250mg/dL），再改为0.5U/kg，每6～8h皮下注射一次。

静脉注射短效胰岛素：0.05～0.1U（kg/h），将胰岛素稀释在生理盐水（0.9％Nacl溶液）中。可根据血糖降低的速度，调节静脉输入速度，等到血糖水平降到接近13.75mmol/L时，再改为0.5U/kg，每6～8h皮下注射一次。血糖水平降低的速度，一般每小时4.13mmol/L（75mg/dL）为好。但是，如果犬每次用胰岛素超过1.5U/kg（有的认为超过2.2U/kg），仍无作用时，表明胰岛素无作用或具有胰岛素抵抗。

（2）犬猫糖尿病　胰岛素无作用或抵抗的原因见表18-20。

表18-20　犬猫糖尿病胰岛素治疗无作用或抵抗的原因

胰岛素治疗原因	并发病原因
胰岛素无活性	致糖尿病药物（如肾上腺皮质药物）
胰岛素稀释过度	肾上腺皮质机能亢进
用药技术不当	母犬发情间期（即发情后）
剂量不当	猫肢端巨大症
索马吉（Somogyi）作用*	感染（尤见于口腔和尿道感染）
胰岛素治疗次数不当	犬甲状腺机能降低

（续）

胰岛素治疗原因	并发病原因
胰岛素吸收不良（尤其是长效胰岛素）**	猫甲状腺机能亢进
抗胰岛素抗体存在	肾脏机能不足
	心脏机能不足
	犬胰高血糖素瘤
	嗜铬细胞瘤
	慢性炎症（特别是慢性胰腺炎）
	胰腺外分泌不足
	严重肥胖和高脂血症
	肿瘤

　　* 索马吉作用：是指使用过量胰岛素，血糖急剧降低至 3.5mmol/L 后，激发诱导释放胰高血糖素、皮质醇和儿茶酚胺，引起的高血糖症，叫胰岛素诱导的高血糖。

　　** 如果动物脱水严重，皮下注射胰岛素，易发生吸收不良。所以第一次使用胰岛素时，可用部分胰岛素剂量，肌内注射或静脉注射（短效胰岛素），以利吸收；其余胰岛素剂量，皮下注射。

　　（3）动物临床上应用人用胰岛素注射剂的起效时间、达峰值时间和作用持续时间　见表 18-21。

表 18-21　人用胰岛素注射剂按作用时间长短分类 *

胰岛素制剂	起效时间	达峰值时间	作用持续时间
速效胰岛素类似物	10～15min	1～2h	4～6h
短效胰岛素	15～60min	2～4h	5～8h
中性精蛋白锌（NPH）胰岛素（中效胰岛素）	2.5～3h	5～7h	12～16h
长效胰岛素	3～4h	8～10h	长达 20h
长效胰岛素类似物（甘精胰岛素）	2～3h	无峰	24h
预混胰岛素（70/30）	0.5h	双峰	14～24h
精蛋白锌胰岛素（PZI）**	3～4h	12～24h	24～36h
精蛋白生物合成人胰岛素注射液（预混 30R）***	0.5h	2～8h	24h

　　* 此表数据来源于人的研究，犬猫的达峰时间和作用持续时间可能较短。

　　** 此胰岛素适用于人中、轻度糖尿病。本胰岛素来源于猪，较适用于犬，因为猪和人的胰岛素与犬的胰岛素非常相似；而牛的胰岛素与猫的胰岛素非常相似，一般用相似的胰岛素，治疗相应的犬或猫糖尿病，效果比较好。

　　*** 本品为可溶性中性胰岛素和低精蛋白锌胰岛素混悬液（NPH）的混合物，含短效胰岛素和中效胰岛素，一般用于犬猫糖尿病的初期治疗。

　　（4）用胰岛素治疗犬猫糖尿病时如何根据血糖水平来调整胰岛素用量　参见表 18-22。

表 18-22　犬猫糖尿病时如何根据血糖水平来调整胰岛素用量

血糖水平	每6～10h皮下注射胰岛素单位	
	小型犬	大、中型犬
＞22.4mmol/L	在原剂量上增1～2U	在原剂量上增2～4U
13.44～22.4mmol/	仍用原剂量	在原剂量上增1～2U
10.0～13.44mmol/L	在原剂量上减少2U	在原剂量上减少4U
10.0mmol/L	在4～6h内停用胰岛素	在4～6h内停用胰岛素

用胰岛素治疗犬糖尿病，又如何根据早晨犬尿中糖含量来调整胰岛素用量，可参考10kg体重犬的调整方法，详见表18-23。根据表18-23，早晨尿中含微量糖时，可不急于调整胰岛素用量，需继续测量尿糖2～4d后，再决定调整胰岛素用量。

表 18-23　犬 10kg 体重根据早晨尿糖量调整胰岛素用量方法

尿糖含量2％	增加应用1U（大型犬为2～3 U）
尿糖含量1％或0.5％	增加应用0.5U（大型犬2～3 U）
尿糖含量0.1％～0.5％	按前一天用量应用（也可增0.5U，大型犬增1～2 U）
尿糖阴性	减少应用1U（大型犬为2～4 U）

（5）胰岛素使用注意事项　尽管对犬猫及时使用胰岛素，可使血糖达标已成为所有兽医的共识，但犬猫糖尿病血糖达标率仍较低。而合理的胰岛素治疗方案，规范的注射技术及对注射笔和针头的正确选用，是胰岛素治疗的关键三要素。这三要素将直接影响到胰岛素剂量的准确性和胰岛素作用的发挥，对血糖达标至关重要。合理的胰岛素治疗方案就是筛选好胰岛素治疗剂量；规范的注射技术就是不要在同一体位内轮换注射，以免影响胰岛素吸收；对注射笔和针头的正确选用就是对注射针头不能重复使用，每次使用应换新针头，因为新旧针头对控制血糖有着密切的关系。此外，在临床上曾发现进口胰岛素用量比国产胰岛素用量要少，某犬用进口胰岛素10U降低血糖的作用和国产胰岛素30U降糖作用相当。因此，在国产和进口胰岛素互相转换应用时，注意血糖浓度的变化，并根据血糖浓度变化，调节胰岛素用量。

（6）治疗犬糖尿病除应用胰岛素外，还应根据血液和生化检验结果，补充液体（如生理盐水和乳酸林格氏液），缺钾补钾，低磷酸盐血症发生在严重糖尿病的酮酸中毒，此时应补充磷酸钾溶液。酮酸中毒还得用碳酸氢钠治疗。糖尿病酮酸中毒时，如有细菌感染，可考虑应用广谱抗生素治疗。犬猫严重糖尿病酮酸中毒时，开始的治疗和管理如表18-24。

表 18-24　犬猫严重糖尿病酮酸中毒开始的治疗和管理

①输液治疗：先静脉输入生理盐水，然后和乳酸林格氏液交替使用。如果血浆渗透压大于 350mOsm/kg，可改输 0.45％盐水，输时应注意动物反应。最初输液速度为 60～100mL/（kg·d），以后根据脱水状况、排尿多少和液体的继续失去，决定输液量。

②钾的供给：应根据血清钾的浓度；如果未测血清钾，可按每升液体里加入氯化钾 20 mmol 或磷酸钾 6.7 mmol（20 mEq），输入钾速度不超过 0.5mmol/（kg·h）。

③磷酸盐供给：当磷酸盐小于 0.5mmol/L 时，就该静脉输入含磷溶液。如果使用磷酸钾，可按每升液体里加入磷酸钾 6.7 mmol（20 mEq）即可，此时即供应了磷又供应了钾。磷的输入速度为 0.01～0.03mmol/（kg·h）。

④葡萄糖供给：输液治疗当中，当血糖低于 10 mmol/L 时，可适当静脉输入些 5％葡萄糖液。

⑤碳酸氢钠溶液治疗：血浆碳酸氢钠含量小于 12 mmol/L（或 pH<7 时），才可以补充碳酸氢钠溶液。如果不知道，可暂时不补充，如果病情特别严重，也可适当补充一些。补充量计算公式如下：

碳酸氢钠（mmol）＝体重（kg）×0.4×（20－病者 HCO_3^-）×0.5

此量为治疗头 6h 用量，6h 后，再测血浆碳酸氢钠，如果小于 12mmol/L，还应再补。公式中×0.5 为输入计算量的一半，输入多了怕引起高 HCO_3^- 血症。

⑥抗生素治疗：糖尿病酮酸中毒时，常常发生并发症，如果有细菌感染，需用广谱抗生素肌内注射或静脉注入。

四、猫糖尿病

猫 1 型糖尿病（胰岛素依赖性糖尿病）和 2 型糖尿病（胰岛素非依赖性糖尿病）各占约 50％；欧洲有的国家统计，2 型糖尿病占 80％，1 型糖尿病只占 20％。任何品种和年龄的猫都可发生，而老年猫（10 岁以上）和绝育公母猫多发，去势公猫最为易发，肥胖猫比正常猫发病率高 3.9 倍，临床上 70％的糖尿病猫是公猫。

1. 猫糖尿病发病原因　胰腺中胰岛淀粉样变性、肥胖、感染、并发病、药物（如醋酸甲地孕酮）和胰腺炎，可能还有遗传性因素和免疫介导性胰腺中胰岛炎有关。

2. 猫糖尿病临床症状　临床症状类似于犬，也是三多和一轻。猫血糖参考值 3.5～7.5mmol/L。而猫应激时，有人报道有时血糖可达 15.8～22.4mmol/L（300～400mg/dL），但无糖尿，而犬无此现象。血液糖化血红蛋白（GHb）和果糖胺（FRA）检验正常时，此时也不是糖尿病。

猫糖尿病时不但具有临床症状，在饥饿时还有持续的高血糖和尿糖。

3. 糖化血红蛋白和果糖胺　糖化血红蛋白是指红细胞中血红蛋白和葡萄糖结合了的那一部分，所占血红蛋白的百分数。果糖胺是血浆中蛋白质在葡萄糖非酶化过程形成的一种物质，单位用 μmol/L 表示。当血液中葡萄糖浓度升高一段时间后，动物体内所形成的糖化血红蛋白和果糖胺含量也会相对升高，糖化血红蛋白和果糖胺含量增多，见于各种类型未予控制的糖尿病。果糖胺半衰期比糖化血红蛋白短，果糖胺水平可以提供过去2～3个星期平均血糖浓度水平，糖化血红蛋白可以稳定可靠地反映出检测前2～3月的平均血糖浓度水平，并且不大会受抽血时间、是否空腹或饭后、是否抽血时使用降糖药物等因素的干扰。因此，患糖尿病的动物，在用药物降低血糖治疗期间，为了找到一个既能尽快将高血糖降下来，又不至于造成低血糖的治疗方案。最好每3个月检测一次糖化血红蛋白，或2～3个星期检测一次果糖胺，或每年检测2次糖化血红蛋白，以便调整血糖控制方案，达到理想控制血糖的目的。控制好的糖尿病患犬和猫，其糖化血红蛋白浓度，犬在4％～6％之间，猫在2％～2.5％；而控制不好的糖尿病患犬和猫，其糖化血红蛋白浓度，犬在7％以上，猫在3％以上。用亲和色谱法（Affinity chromatography）检验糖化血红蛋白和用自动显色定量分析（Automated colormetric assay）果糖胺，正常和患糖尿病的犬猫糖化血红蛋白和果糖胺值控制情况如表18-25。

表18-25　正常和患糖尿病的犬猫糖化血红蛋白和果糖胺值控制情况

项目和单位	犬		猫	
	GHb（％）	果糖胺（μmol/L）	GHb（％）	果糖胺（μmol/L）
正常平均值	3	310	1.7	260
正常最高值	4	370	2.6	340
患病控制最好的	<5	<400	<2	<400
患病控制较好的	5～6	400～475	2.0～2.5	400～475
患病控制一般的	6～7	475～550	2.5～3.0	475～550
患病控制差的	>7	>550	>3.0	>550

但是，如果一个患糖尿病动物经常发生低血糖或高血糖，由于糖化血红蛋白是反映一段时间血糖控制的平均水平，所以其糖化血红蛋白完全有可能维持在正常范围，在这种情况下，它的数值就不能反映真正的血糖变化了。糖化血红蛋白还受红细胞的影响，在影响红细胞质和量的疾病时，如肾脏疾病、溶血性贫血等，红细胞数量减少时，所测得的糖化血红蛋白值也减少；红细胞数量增多时，所测得的糖化血红蛋白值也增多。因此，在红细胞减少或增多时，所测得的糖化血红蛋白值，不能反映真正的血糖水平，这需要大家注意。

血液糖化血红蛋白和果糖胺含量，不受犬猫因应激引起的高血糖影响。另外，不同厂家不同型号的仪器，测定的血液糖化血红蛋白和果糖胺含量参考值也不完全相同，所以应用参考值时，应以随本仪器的参考值为准。

日前，拜耳医药保健有限公司宣布，即时掌上糖化血红蛋白检测仪——拜安时，在我国上市。此仪器仅需指血即可检测，5min 出结果，优点用血少、简便、快速而精准。

3. 猫糖尿病治疗。

(1) 猫血糖浓度水平升高、无尿酮体、身体相对健康时的 2 型糖尿病，开始可用降血糖药物，常用的降血糖药物有格列吡嗪（Glipizide）和格列本脲（Glyburide），其用量格列吡嗪为 2.5mg 口服，每天 2 次；格列本脲 0.625mg 口服，每天 1 次，可治疗两周，如无副作用和低血糖，可继续治疗；如不能降低血糖，血糖浓度水平大于 17mmol/L，还有尿酮体时，就得改用胰岛素治疗。猫糖尿病时，应用格列吡嗪治疗的副作用如表 18-26。用格列本脲治疗猫糖尿病，其反应和副作用类似格列吡嗪。

表 18-26　格列吡嗪治疗猫糖尿病的副作用

副作用	解决方法
用药 1h 后呕吐	一般治疗 2～5d 后，不再呕吐；如果呕吐严重，减少剂量或多次给药；呕吐超过 7d 的，应停止服药
血清肝脏酶活性增加	可继续治疗，每 1～2 周检验一次肝脏酶；如果猫嗜睡、无食欲和呕吐，丙氨酸氨基转移酶大于 500U/L，应停止治疗
黄疸	停止治疗；如果 2 周后，黄疸消失，可继续给予低剂量和多次给药；如果黄疸再次出现，须停止用此药物
低血糖	停止给药；一周后再检验血糖；如果高血糖又出现，可继续给予低剂量或多次用药

(2) 猫糖尿病胰岛素治疗：猫糖尿病治疗初期，选用人用长效胰岛素的甘精胰岛素（glargine）或精蛋白锌胰岛素（PZI）治疗较好，剂量为每只 1～2U，每天 2 次，同时饲喂猫糖尿病处方粮。也有治疗初期选用人用中效胰岛素的中性精蛋白锌胰岛素（NPH），用量为每只 1～2U，每天 2 次，同时饲喂猫糖尿病处方粮。如果血糖仍然高时，再改用人用甘精胰岛素或精蛋白锌胰岛素（PZI）治疗。但是，如果每只猫每次用胰岛素超过 6～8U，仍无作用时，表明胰岛素无作用或具有胰岛素抵抗，详见表 18-11。需要说明一点的是：猫对胰岛素比犬敏感，第一天用胰岛素治疗后，血糖浓度水平控制在 5～15 mmol/L（90～270mg/dL）就可以了。用胰岛素治疗糖尿病的高血糖，往往需要 1～3d，甚至更长时间，才能使血糖降下来。因此，如果血糖浓度水平依然高时，需小心逐渐少量增加胰岛素用量，增加胰岛素用量大时，易引起低血糖症。患猫低血糖时，无精神

嗜睡，严重的还有抽搐发生，甚至导致死亡。

（3）什么时候用胰岛素治疗猫糖尿病？猫患糖尿病初期，主人一般不易发现，等病情严重出现症状时，主人才带病猫看医生。另外，猫的1型和2型糖尿病通常也难以区分。因此，大多数宠物医生一旦诊断猫是糖尿病时，便开始应用胰岛素治疗。人医应用胰岛素治疗糖尿病的原则有六条，宠物医生在临床上治疗猫糖尿病时，也可借鉴参考。

①人1型糖尿病；

②人口服降血糖药物不能有效地控制血糖的2型糖尿病；

③有急性并发症时，如酮症酸中毒时；

④有糖尿病引发的肾脏、眼睛、心脏、神经、组织坏死等严重的慢性并发症；

⑤急性感染、外伤、手术等应急情况；

⑥糖尿病合并妊娠及妊娠糖尿病患者。

五、犬猫糖尿病的并发症

详见表18-27。

表18-27　犬猫糖尿病的并发症

常见的并发症	不常见的并发症
医源性的低血糖	外周神经病（犬）
持久性的多尿、多饮和体重减轻	肾小球性肾病和肾小球性肾硬化
白内障（犬）	视网膜病
细菌性感染，特别是泌尿道	胰腺外分泌不足
胰腺炎（犬和猫）	胃轻性麻痹
酮酸中毒	糖尿病性腹泻
肝脏脂肪沉积	糖尿病性皮肤病（犬，如表皮坏死性皮炎）
外周神经病（猫）	肾脏衰竭
子宫蓄脓	肾上腺皮质机能亢进
充血性心脏衰竭	

六、犬猫糖尿病预后

犬猫糖尿病预后取决于动物主人治疗的信心、血糖控制、并存病和并发病。有人统计患糖尿病的犬和猫，一般还可以分别生存2.7年和1.4年，有的还可以生存好几年。但由于患糖尿病的犬猫多是老年动物，一般相对生存时间较短，死亡原因常由于严重酮酸中毒、并发病（如肾脏衰竭）和主人放弃治疗，或胰岛素治疗无作用或抵抗，高血糖不能降下来。尤其是老年猫患糖尿病时，有时用很大量胰岛素，血糖浓度降不下来；有时又突然下降，发生低血糖症。所以老年猫糖尿病，临床上寻找合适的控制血糖浓度胰岛素用量，一般比较困难。

七、犬猫糖尿病防治展望

全世界人类糖尿病患者逐年增多，我国由于人民生活条件大大改善和提高，糖尿病发生人数也在迅速增多。因此，政府和医学界对糖尿病防治增加了投资和研究，也引进了一些国外新研究和开发的治疗糖尿病的医药，如引进丹麦诺和诺德公司的"精蛋白生物合成人胰岛素注射液（预混30R）"。本品是可溶性中性胰岛素和低精蛋白锌胰岛素混悬液（NPH）的混合物，含30％短效胰岛素和70％中效胰岛素，一般可借用于犬猫糖尿病的初期治疗。还有诺和诺德公司新开发的新一代胰岛素类似物"诺和平（地特胰岛素）"，我国已引进上市。此药不仅能有效提高长效胰岛素降糖治疗的安全性，而且每天只需使用一次，是口服降糖效果不佳的2型糖尿病患者，开始使用胰岛素的理想选择。它能使2型糖尿病患者的血糖，24h控制平稳，全天血糖波动明显小于其他中效或长效胰岛素，能显著改善糖尿病患者的生活质量和生活安全性。

美国研制成功，最新治疗人2型糖尿病药物"艾塞那肽注射液（Exenatide Injection）"，商品名"百泌达（Byetta）"：其优点不需要监测血糖，不需要剂量调整，不产生低血糖，不会增加体重。它能帮助患者机体产生适量胰岛素，主要用于2型糖尿病。此药来源于美国西南和墨西哥沙漠中"希拉巨蜥"，它成年后每年只食3～4次食物，它有一种特殊的血糖调节机制。从它唾液中发现一种多肽物质，叫胰高糖素样肽-1，它能改善正在丧失机能制造胰岛素的β细胞机能，增强胰岛素的分泌，降低血糖，但它又有很好的自控能力，阻止过多胰岛素的分泌而引起的低血糖。它有较长时间机能，每天注射2次，在早餐和晚餐前注射，一般在未使用胰岛素之前使用，其剂量是固定的。2009年8月在我国已上市，可在猫2型糖尿病上试用。

现在世界各国的科学家们，正在努力研制更新治疗人或动物糖尿病的药物，相信治疗糖尿病新药会不断出现。也有一些科学家设想研究利用胰岛细胞克隆一个类似胰腺物-人工胰腺，然后植入人体或动物体内，让其长久均衡地释放胰岛素，用以弥补人体或动物体内胰岛素需要量的不足，不用再天天吃降血糖药物或天天注射胰岛素，达到一治久安。

由美敦力推出的中国国内首款3C整合系统"722实时动态胰岛素泵系统"正式上市，它将实时动态血糖监测、胰岛素持续输注与糖尿病信息管理融合在一起，开创了糖尿病管理新纪元，也朝"人工胰腺"的方向迈出了主要一步。患者或医生可根据实时血糖信息，调整胰岛素用量。这样，实时的血糖信息和治疗调整的整合，保证了快速、安全、准确的血糖控制。其动态血糖监测临床准确率超过99％，据悉"722 实时动态胰岛素泵系统"已经在全世界 50 多个国家上市使用了。

参 考 文 献

北京市海淀区疾病预防控制中心．共同努力积极预防糖尿病［R］．北京：2009.

王林．糖尿病患者要注意日常护理足部［N］．北京：北京青年报，2010 年 3 月 17 日（C5 版）.

王九峰．慢性肾衰竭［Z］．第四届北京宠物医师大会，2008.

高得仪，韩博，等，编著．宠物疾病实验室检验与诊断［M］．北京：中国农业出版社，2003.

（美）Michael Schaer．林德贵，主译．犬猫临床疾病图谱［M］．沈阳：辽宁科技出版社，2004.

叶力森，主编．小动物急诊加护手册［M］．第二版．台北：艺轩图书出版社，2000.

刘振轩，林中天，林永昌，等．犬疾病诊断与防治指引［M］．第二版．台北：农委会动植物防疫检疫局出版，2007.

陈杰，主编．家畜生理学［M］．第四版．北京：中国农业出版社，2005.

《宠物医生手册》编写委员会，编．宠物医生手册［M］．第二版．沈阳：辽宁科学技术出版社，2009.

祝俊杰，主编．犬猫疾病诊疗大全［M］．北京：中国农业出版社，2005.

（美）Rhea V. Morgan．施振声，主译．小动物临床手册［M］．第四版．北京：中国农业出版社，2005.

（美）Alleice Summers．刘钟杰，主译．伴侣动物疾病速查［M］．北京：中国农业大学出版社，2004.

韩博，主编．犬猫疾病学［M］．第三版．北京：中国农业大学出版社，2011.

侯加法，主编．小动物疾病学［M］．北京：中国农业出版社，2002.

尚善．糖尿病人有了新一代长效要［N］．北京：北京青年报，2010 年 3 月 19 日（D8 版）.

预防＋教育阻止糖尿病蔓延［N］．北京：北京青年报，2009 年 11 月 13 日（D9～15 版）.

周自水，王世祥，主编．新编常用药物手册［M］．北京：金盾出版社，1999.

王小龙，主编．兽医临床病理学［M］．北京：中国农业出版社，1995.

陈卫华．血糖的稳态调节不仅仅靠胰岛素［N］．北京：北京青年报，2010 年 3 月 25 日（C5 版）.

曲秋涵．"动态胰岛素泵系统"走出"人工胰腺"第一步［N］．北京：北京青年报，2012 年 5 月 8 日（C5 版）.

Stephen J. Ettinger, Edward C. Feldman. Textbook of Veterinary Internal Medicine-diseases of the Dog and Cat［M］.5th edition，W. B. Saunders，2000，p1438～1460

Kirk CA，et al. Diagnosis of naturally acquired type-Ⅰ and type-Ⅱ diabetes mellitus in cats（J）.Am J Vet Res，1993，54：463

Michael D. Willard，Harold Tvedten. Small animal clinical diagnosis by laboratory methods（M）.USA：Saunders，2004，214～215

Goossens M. Et al. Response to insulin treatment and survival in 104 cats with diabetes melliyus（1985—1995）（J）.J Vet Intern Med，1998，12：1

J. Robert Duncan，Keith W. Prasse. Veterinary laboratory medicine clinical pathology （M）.second edition，USA：The Iowa State University Press，1986，87～105

Clark CM，lee DA. Prevention and treatment of the complications of diabetes mellitus （J）.N Engl J Med，1995，332：1210

Panciera DL，et al. Epizootiologic patterns of diabetes mellitus in cats：333 cases （1980—1986）（J）.JAVMA，1990，197：1504

Michael S. Hand，Craig D. Thatcher，Rebecca L. Remillard，etal. Small Animal Clinical Nutrition（M）.4th Edition，Mark Morris Institute，2000，p851～860

Mattheeuws D. et al. Diabetes mellitus in dogs（J）.Relationship of obesity to glucose tolerance and insulin reponse. Am J Vet Res，1984，45：98

Claudia Reusch. feline diabetes mellitus（J）.Veterinary Focus，2011，21.1：9～16

病例六　猫和犬呼吸性碱中毒

（一）猫呼吸性碱中毒

波斯猫 4 岁，公猫去势。6 月 15 日体温 41℃，不吃食物，也不喝水。经几天静脉输液和应用抗生素，19 日体温 39℃，也有些食欲了。i-STAT 急诊仪（代血气）EC8＋检验，其检验值如表 18-28。

表 18-28　i-STAT 急诊仪（代血气）EC8＋检验

项目和单位	检验结果	参考值
GLU（mg/dL）	172（9.55mmol/L）	60～130（3.33～7.22）
BUN（mg/dL）	22.4（8mmol/L）	15～35（5.63～13.13mmol/L）
Na（mmol/L）	135	147～162
K（mmol/L）	2.6	2.9～4.2
Cl（mmol/L）	103	112～129
TCO$_2$（mmol/L）	22	16～25
AnGap（mmol/L）	13	10～27
HCT（%）	26	24～40
Hb（HGB，g/dL）	8.8	8～13

（续）

项目和单位	检验结果	参考值
pH	7.447	7.25～7.40
PCO_2 （mmHg）	31.2	33～51
HCO_3^- （mmol/L）	21.5	13～25
BEecf （mmol/L）	－3	（－5）～（＋2）

病例分析：

1. i-STAT 急诊仪（代血气）EC8＋检验，PCO_2 减少表示呼吸增快，使体内 CO_2 减少。由于 H_2CO_3 分解产生 $H_2O＋CO_2$，CO_2 减少也就是体内 H_2CO_3 减少了，pH 升高了。而 CO_2 减少了，为了保持正常 HCO_3^- / $H_2CO_3＝1/20$，故 HCO_3^- 和 TCO_2 基本正常，而不升高。由呼吸增快引起的 pH 升高，所以叫呼吸性碱中毒。

2. 由于不吃食物，所以 Na、K 和 Cl 都减少了。

3. 血糖增多可能是由于害怕、应急反应的原因。

（二）犬呼吸性碱中毒

某京巴犬，母，11 岁。在天气炎热的夏天（已连续 3d 气温 37℃ 以上），上午外出活动 30min 多后，发生严重喘息，然后到动物医院治疗。

检查：精神较差，喘息厉害，舌头有些发紫，皮肤温热，测体温达 41℃。实验室检验血液项目检验基本正常，i-STAT 急诊仪（代血气）EC8＋检验结果如表 18-29。

表 18-29　i-STAT 急诊仪（代血气）EC8＋检验

项目和单位	检验结果	参考值
GLU （mg/dL）	110 （6.1mmol/L）	60～115 （3.33～6.38）
BUN （mg/dL）	12 （4.3mmol/L）	10～26 （3.57～9.28mmol/L）
Na （mmol/L）	146	142～150
K （mmol/L）	4.6	3.4～4.9
Cl （mmol/L）	118	106～127
TCO_2 （mmol/L）	14	17～25
AnGap （mmol/L）	20	8～25
HCT （%）	50	35～50
Hb （HGB, g/dL）	17	12～17
pH	7.645	7.35～7.45
PCO_2 （mmHg）	12.4	35～38
HCO_3^- （mmol/L）	13.5	15～23
BEecf （mmol/L）	－7	（－5）～（0）

病例分析：

1. i-STAT 急诊仪（代血气）EC8＋检验，PCO_2 减少是由于喘息，把体内 CO_2 排出过多的原因。

2. 由于 CO_2 从体内排出过多，使 $CO_2＋H_2O＝H_2CO_3$ 减少了，故 pH 升高了。体内 H_2CO_3 减少了，为了保持正常 $HCO_3^-：H_2CO_3＝20：1$，所以 HCO_3^- 也减少了。HCO_3^- 减少，由于 HCO_3^- 占 $TCO_2$95% 以上，当然 TCO_2 也就减少了。

3. BEecf 一般和代谢性酸碱平衡失调有关，也就是与 HCO_3^- 有关。在代谢性酸中毒时，HCO_3^- 减少，BEecf 也减少，所以此病历中 BEecf 减少是跟着 HCO_3^- 减少的原因。

4. 根据以上分析，诊断此犬为中暑。

病例七　犬过敏引发的呼吸性酸中毒和并发代谢性碱中毒

某杂种犬，10 岁，母犬。饲喂以狗粮为主。3 年前因饲喂一次鸡肉，导致咳嗽和喘息，咳嗽时还吐白沫，多处求医不见好转。后用复方维生素 B、维生素 B_{12}、普鲁卡因、庆大霉素和地塞米松治疗，效果较好。3 个月后，本次又饲喂一次大虾，咳喘病又复发了，咳喘厉害，注射肾上腺素后，咳喘很快好转。X 光片显示肺门处纹理变粗，血液检验嗜酸性粒细胞增多（$1.41×10^9$ 个/L，参考值为 $0.1～1.25×10^9$ 个/L）。i-STAT 急诊仪（代血气）EC8＋检验结果如表 18-30。

表 18-30　i-STAT 急诊仪（代血气）EC8＋检验

项目和单位	检验结果	参考值
GLU（mg/dL）	90（5mmol/L）	60～115（3.33～6.38）
BUN（mg/dL）	16（5.71mmol/L）	10～26（3.57～9.28mmol/L）
Na（mmol/L）	143	142～150
K（mmol/L）	4.3	3.4～4.9
Cl（mmol/L）	111	106～127
TCO_2（mmol/L）	33	17～25
An Gap（mmol/L）	6	8～25
HCT（%）	50	35～50
Hb（HGB, g/dL）	17	12～17
pH	7.373	7.35～7.45
PCO_2（mmHg）	53.7	35～38
HCO_3^-（mmol/L）	31.2	15～23
BEecf（mmol/L）	6	（－5）～（0）

病例分析：

i-STAT 急诊仪（代血气）EC8＋检验显示，pH 接近参考值低限，表明血液近似酸性。PCO_2 升高，说明机体内 CO_2 排不出去，蓄积了较多 CO_2，$CO_2＋H_2O＝H_2CO_3$，血液中 H_2CO_3 多了，引起了轻型呼吸性酸中毒。代谢性酸中毒时，血液中碱性物质减少，而呼吸性酸中毒时，由于血液中 CO_2 增多，使 H_2CO_3 也增多，为了保持 HCO_3^-／$H_2CO_3＝20/1$，所以 BEecf、TCO_2 和 HCO_3^- 都增多了，为并发性代谢性碱中毒。

根据病史、嗜酸性粒细胞增多和注射肾上腺素后，治疗咳喘效果较好，诊断为过敏性咳喘。由于过敏引起呼吸系统气体流通不畅，体内 CO_2 排不出去，使 PCO_2 升高，机体又缺氧，所以发生了喘息。

病例八　犬泌尿系统结石引发的代谢性酸中毒并发呼吸性碱中毒

（一）犬尿道结石引发的急性代谢性酸中毒并发呼吸性碱中毒

某杂种犬，10 岁，雄性。排不出尿液已有 2d 了。精神不振，肚腹较大。用手触压腹部，可感知膀胱很大。用导尿管导出多量深棕色尿液后，采血实验室检验血液和生化如表 18-31、表 18-32 和表 18-33。

表 18-31　血液检验

项目和单位	检验结果	参考值
RBC（$\times 10^{12}$/L）	5.49	5.5～8.50
HGB（g/L）	116	120～180
HCT（%）	48.1	37～55
MCV（fL）	88	60～80
MCH（pg）	21.1	19～32
MCHC（g/L）	241	320～260
RDW-CV（%）	17.3	12～21
WBC（$\times 10^9$/L）	19.0	6～17
LYM（$\times 10^9$/L）	3.4	1.00～4.80
MID（$\times 10^9$/L）	0.5	0.20～1.50
GRA（$\times 10^9$/L）	15.1	3.00～12.00
LYM（%）	17.8	12～30
MID（%）	2.7	2.0～4.0
GRA（%）	79.5	60～80
PLT（$\times 10^9$/L）	130	200～500
PDW-CV（%）	19.2	0.5～50
MPV（fL）	6.4	6.1～10.1

表 18-32　生化检验

项目和单位	检验结果	参考值
TP（g/L）	76	54～78
ALB（g/L）	31	24～38
GLOB（g/L）	45	30～40
ALT（U/L）	17	21～102
ALP（U/L）	356	20～156
AMYL（U/L）	534	740～1 670
T-BIL（μmol/L）	8	2～15
GLU（mmol/L）	7.12	3.3～6.7
BUN（mmol/L）	46.4	1.8～10.4
CRE（μmol/L）	448	60～150
CHOL（mmol/L）	6.35	3.9～7.8
Ca（mmol/L）	2.08	2.10～2.80
P（mmol/L）	4.21	0.81～1.87

表 18-33　i-STAT 急诊仪（代血气）EC8＋检验

项目和单位	检验结果	参考值
GLU（mg/dL）	116（6.44 mmol/L）	60～115（3.33～6.38mmol/L）
BUN（mg/dL）	＞140（＞49.98mmol/L）	10～26（3.57～9.28mmol/L）
Na（mmol/L）	140	142～150
K（mmol/L）	3.8	3.4～4.9
Cl（mmol/L）	104	106～127
TCO_2（mmol/L）	20	17～25
AnGap（mmol/L）	20	8～25
HCT（%）	47	35～50
Hb（HHB，g/dL）	16	12～17
pH	7.407	7.35～7.45
PCO_2（mmHg）	30.6	35～38
HCO_3^-（mmol/L）	19.3	15～23
BEecf（mmol/L）	－5	（－5）～（0）

病例分析：

1. 由于尿排不出去，憋尿、疼痛和尿血（深棕色尿液），使血液白细胞稍增多，红细胞、血红蛋白和血细胞比容稍减少，以及血小板减少。

2. 憋尿和疼痛使生化尿素氮、肌酐、磷、葡萄糖和碱性磷酸酶水平升高，钙水平稍微降低。因为是肾后性（尿道堵塞）尿素氮、肌酐和磷增多，所以只要疏通尿道后，它们会很快降下来的。但是，如果是肾性尿素氮高于 46.4 mmol，肌酐高于 448μmol 和磷达 4.21 mmol，又具有严重贫血，一般预后不良。

3. 憋尿和疼痛使机体代谢稍增加，产酸稍增多，引起轻度代谢性酸中毒（BEecf 靠近参考值下限）。由于疼痛和代偿作用，使呼吸增快，排出多量二氧化碳，使 PCO_2 降低，产生呼吸性碱中毒。又由于呼吸性碱中毒稍重些，故 pH 接近参考值上限（基本正常），BEecf 靠近参考值下限，而使 HCO_3^- 和 TCO_2 处于参考值范围内。此犬经疏通尿道治疗而痊愈。

（二）犬慢性肾脏衰竭（肾结石）引发的代谢性酸中毒并发呼吸性碱中毒

某斑点犬，公，11 岁。不爱吃食，能喝水排尿，逐渐出现呕吐，消瘦。X 线拍片显示肾脏结石。实验室 i-STAT 急诊仪（代血气）EC8＋检验，如表 18-34 所示。

表 18-34　i-STAT 急诊仪（代血气）EC8＋检验

项目和单位	检验结果	参考值
GLU（mg/dL）	91（5.05 mmol/L）	60～115（3.33～6.38mmol/L）
BUN（mg/dL）	＞140（＞49.98mmol/L）	10～26（3.57～9.28mmol/L）
Na（mmol/L）	126	142～150
K（mmol/L）	3.3	3.4～4.9
Cl（mmol/L）	101	106～127
TCO_2（mmol/L）	16	17～25
AnGap（mmol/L）	14	8～25
HCT（％）	21	35～50
Hb（HHB，g/dL）	7.1	12～17
pH	7.3	7.35～7.45
PCO_2（mmHg）	30.7	35～38
HCO_3^-（mmol/L）	15.1	15～23
BEecf（mmol/L）	－11	（－5）～（0）

第二天检验 BUN 72.38mmol/L，CRE 774.00mmol/L。

病例分析：

1. 实验室检验 pH、BEecf、TCO_2 减少，HCO_3^- 接近参考值低限，表明为代谢性酸中毒。由于代谢性酸中毒较重，出现了呼吸性代偿，使 PCO_2 减少，整个机体表现为代谢性酸中毒并发呼吸性碱中毒。

2. 实验室检验 BUN 和 CRE 增加很多，HCT 和 Hb 减少（HCT 和

Hb 减少是因为肾脏长期机能降低，产生促红细胞生成素减少的原因），再加上 X 线拍片显示肾脏结石，膀胱无尿，故诊断为慢性肾脏衰竭。此病犬难于治愈，建议实施安乐死。

病例九　犬肺心病和子宫蓄脓治疗与酸碱平衡失调

北京犬，雌性（未生育），8 岁，营养中下，体重 8kg。2009 年 10 月 29 日就诊，主诉近 2d 精神不佳，呼吸急促，食欲不好，两后肢无力，不爱活动，近 3d 未见大便。

临床检查：体温 38.5℃，心率 120 次/min。口腔黏膜稍发绀，阴门外有黄色黏稠分泌物。肺部听诊有湿性啰音。X 线拍片可见心脏扩大，肺脏变小，诊断为肺心病和子宫蓄脓。治疗原则为治疗心脏病，应用抗生素治疗子宫蓄脓，治疗后有好转。

11 月 3 日病情加重，体温 37.1℃，心率 140 次/min，精神沉郁，卧地不愿动。从阴门流出红色脓样分泌物，呼吸仍急促。口色发绀，毛细血管再充盈时间延长。

实验室血液、生化和 i-STAT 急诊仪（代血气）EC8＋检验，如表 18-35、表 18-36 和表 18-37。

表 18-35　血液检验

项目和单位	检验结果	参考值
RBC（×10^{12}/L）	4.52	5.5～8.50
HGB（g/L）	112	120～180
HCT（%）	38.6	37～55
MCV（fL）	85	60～80
MCH（pg）	24.8	19～32
MCHC（g/L）	290	320～260
RDW-CV（%）	18.8	12～21
WBC（×10^9/L）	11.9	6～17
LYM（×10^9/L）	2.9	1.00～4.80
MID（×10^9/L）	0.6	0.20～1.50
GRA（×10^9/L）	8.3	3.00～12.00
LYM（%）	24.5	12～30
MID（%）	5.4	2.0～4.0
GRA（%）	70.1	60～80
PLT（×10^9/L）	502	200～500
PCT（%）	0.48	0.01～2.9
PDW-CV（%）	20.8	0.5～50
MPV（fL）	9.5	6.1～10.1

表 18-36　生化检验

项目和单位	检验结果	参考值
TP（g/L）	76	54～78
ALB（g/L）	20	24～38
GLOB（g/L）	57	30～40
ALT（U/L）	10	21～102
ALP（U/L）	801	20～156
AMYL（U/L）	523	740～1 670
T-BIL（μmol/L）	76	2～15
GLU（mmol/L）	2.04	3.3～6.7
BUN（mmol/L）	17.0	1.8～10.4
CRE（μmol/L）	82	60～150
CHOL（mmol/L）	4.37	3.9～7.8
Ca（mmol/L）	2.08	2.10～2.80
P（mmol/L）	1.95	0.81～1.87

表 18-37　i-STAT 急诊仪（代血气）EC8＋检验

项目和单位	检验结果	参考值
GLU（mg/dL）	40（2.22 mmol/L）	60～115（3.33～6.38）
BUN（mg/dL）	46（16.42mmol/L）	10～26（3.57～9.28mmol/L）
Na（mmol/L）	137	142～150
K（mmol/L）	4.9	3.4～4.9
Cl（mmol/L）	110	106～127
TCO_2（mmol/L）	21	17～25
AnGap（mmol/L）	11	8～25
HCT（%）	26	35～50
Hb（HGB，g/dL）	8.8	12～17
pH	7.347	7.35～7.45
PCO_2（mmHg）	36.8	35～38
HCO_3^-（mmol/L）	20.1	15～23
BEecf（mmol/L）	－6	（－5）～（0）

实验室检验分析：

从表 18-35 血液检验结果可见红细胞、血红蛋白和血细胞比容减少，表示此犬贫血。

从表 18-36 生化检验结果可见白蛋白和葡萄糖减少，表示此犬营养较差；碱性磷酸酶和总胆红素增多，表示肝脏肿大，胆汁排泄不畅，但丙氨酸氨基转移酶没增多，说明肝细胞无损伤；丙氨酸氨基转移酶减少，一般无意义；球蛋白增多表明机体有炎症存在；尿素氮稍增多表示肌体脱水；血液有些浓稠，一般肾脏严重损伤，尿素氮可超过 36mmol/L。本病尿素氮增多，但肌酐仍在参考值范围内，故认为肾脏无大损伤。

从表 18-37 i-STAT 急诊仪（代血气）EC8＋检验结果可见，pH 和 BEecf 稍低，PCO_2 接近参考值低限，表明又有轻度的代谢性酸中毒和呼吸性碱中毒。由于两种中毒都很轻，所以 TCO_2 和 HCO_3^- 仍然正常。

依据临床症状和实验室检验结果，对病犬静脉输液、强心利尿和抗生素治疗，该犬精神转好。当日（11 月 3 日）主人要求手术，手术摘除了子宫，切开子宫可见暗红色脓血。

手术后静脉输液加葡萄糖，10％碳酸氢钠溶液按每千克体重 1.6mL，连用 3d；呋塞米每千克体重 2mg，连用 6d；地塞米松连用 6d，前 3d 按每千克体重 1mg 应用，后 3d 减半应用。

11 月 6 日和 8 日血液和 i-STAT 急诊仪（代血气）EC8＋检验如表 18-38 和表 18-39。

表 18-38　血液检验

项　目	检验结果		参考值
	6 日结果	8 日结果	
RBC（$\times 10^{12}$/L）	2.71	2.88	5.5～8.50
HGB（g/L）	65	77	120～180
HCT（%）	23.6	27.7	37～55
MCV（fL）	87	96	60～80
MCH（pg）	24.0	26.7	19～32
MCHC（g/L）	275	278	320～260
RDW-CV（%）	18.2	17.3	12～21
WBC（$\times 10^9$/L）	53.2	21.0	6～17
LYM（$\times 10^9$/L）	5.7	5.7	1.00～4.80
MID（$\times 10^9$/L）	7.8	7.8	0.20～1.50
GRA（$\times 10^9$/L）	33.4	33.4	3.00～12.00
LYM（%）	12.2	13.2	12～30
MID（%）	16.6	10.0	2.0～4.0
GRA（%）	71.2	76.8	60～80
PLT（$\times 10^9$/L）	93	113	200～500
PCT（%）	0.05	0.07	0.01～2.9
PDW-CV（%）	12.3	19.9	0.5～50
MPV（fL）	4.7	6.0	6.1～10.1

表 18-39　i-STAT 急诊仪（代血气）EC8＋检验

项　　目	检验结果		参考值
	6 日结果	8 日结果	
GLU（mg/dL）	118（6.55mmol/L）	128（7.10）	60～115（3.33～6.38）
BUN（mg/dL）	8（2.96mmol/L）	9（3.21）	10～26（3.57～9.28mmol/L）
Na（mmol/L）	144	139	142～150
K（mmol/L）	2.6	2.3	3.4～4.9
Cl（mmol/L）	103	97	106～127
TCO_2（mmol/L）	36	40	17～25
AnGap（mmol/L）	9	6	8～25
HCT（%）	19	21	35～50
Hb（HGB, g/dL）	6.5	7.1	12～17
pH	7.463	7.593	7.35～7.45
PCO_2（mmHg）	48.8	39.8	35～38
HCO_3^-（mmol/L）	34.9	38.4	15～23
BEecf（mmol/L）	11	17	（－5）～（0）

病例分析：

1. 依然贫血（RBC、HGB、PCT 减小）。由于手术造成 PLT 减少，MCV 增大，MCHC 减小，表明骨髓有再生作用，新生 RBC 个体大了，相对含 HGB 少些。手术使 WBC 和各类白细胞都增多了，手术初 WBC 增多非常明显，随伤口逐渐愈合，WBC 逐渐减少。

2. pH、TCO_2、HCO_3^-、BEecf 都增多，标明是代谢性碱中毒。PCO_2 增多则表示呼吸性酸中毒。本病例因静脉输入 HCO_3^- 和葡萄糖，又长期使用呋塞米和地塞米松利尿，引起了代谢性碱中毒，由于机体代偿作用，又发生了呼吸性酸中毒。呋塞米和地塞米松的利尿作用，使钾、氯和钠随尿排出而减少，尤其是钾减少得最厉害，当然钾减少还与吃食物少和伤口愈合有关。血液里钾减少使细胞内钾离子移到细胞外，细胞外的氢离子作为交换进入细胞内，又由于肾小管对 HCO_3^- 的重吸收，便发生了代谢性碱中毒。呋塞米和地塞米松的应用时间越长，代谢性碱中毒就越厉害。

手术后一般规则，不宜应用肾上腺皮质激素类和利尿类药物。

3. 由于实验室检验发现了问题，及时纠正了使用药物，此病犬恢复良好。

病例十　幼年猫冠状病毒感染

　　母猫生 6 只仔猫，死亡 2 只，其中 1 只眼睛发病，不呕吐也不拉稀，白细胞 $0.8×10^9$ 个/L，在其他动物医院按猫瘟（猫泛白细胞减少症）治疗，不见好转而死亡。现另外 2 只 3 个月龄幼猫又发病，体温 40℃以上，不吃不喝，都患有眼病。其中 1 只雄性花猫有腹水，另 1 只雌性花猫没有。实验室血液和生化检验如表 18-40。

表 18-40　血液和生化检验（雄性花猫）

项目和单位	检验结果		参考值
	雄性花猫	雌性花猫	
RBC（$×10^{12}$个/L）	5.35	5.2	5.0～10.0
HGB（g/L）	78	68	80～150
HCT（%）	19.8	16.9	24～45
MCV（fL）	37	32.6	39～55
MCH（pg）	14.7	13.1	13.0～17.0
MCHC（g/L）	397	403	300～360
RDW-CV（%）	19.2	20.1	12～21
WBC（$×10^9$）	9.1	12.6	5.50～19.50
Seg. NEU（%）	83	90	35～75
Band. NEU（%）	3	6	0～3
LYM（%）	7	4	20～55
MONO（%）	5	0	0～4
EOS（%）	1	0	0～12
BASO（%）	0	0	0
TP（g/L）	65	94	52～82
ALB（g/L）	19	25	22～39
GLOB（g/L）	46	69	28～48

　　雄性花猫腹水蛋白质检验，总蛋白 54g/L，其中白蛋白 16g/L，球蛋白 39g/L。

　　猫冠状病毒感染快速试剂盒检验，阳性。

　　病例分析：

　　猫冠状病毒感染临床表现有三种。湿性（渗出性）、干性（非渗出性）和混合性（干湿性并存），其中湿性的也叫猫传染性腹膜炎。两只幼猫中雄性花猫既有眼病又有腹水，可称为混合性，可见腹水中蛋白质和球蛋白增多。因为年幼其红细胞、血红蛋白和血细胞比容都少些。叶状中性粒细胞增多和淋巴细胞减少，是应急反应的表现。

雌性花猫只有眼病无腹水，呈现干性表现。它的特点是血清总蛋白和球蛋白都增多，其他血液变化类似于雄性花猫。

通过以上病例分析和诊断，又可以看出实验室检验，在确诊疾病上的重要性。需要掌握每个疾病的特点，然后选择适当检验项目进行检验，最后根据病史、临床症状和实验室检验等，综合分析，做出诊断。如果其他医院在早期做猫泛白细胞减少症和猫冠状病毒感染检验，就不会盲目地按猫泛白细胞减少症治疗了。

病例十一　幼猫缺钙引发的骨骼变形和巨结肠症

在临床上不时见到幼猫，尤其是断奶后的幼猫，由于完全饲喂动物肝脏，一个月以后便发生腰部凹陷，排便困难。时间越长，便秘越厉害，腰部凹陷越严重，进而发展成巨结肠症。原因是动物肝脏里钙磷比例不当，磷多钙极少（湿肝脏钙和磷比＝1：36）。长期饲喂肝脏，由于缺钙引起骨骼变形和肠迟缓，进而引起便秘，时间长了导致巨结肠症（megacolon）。

某猫，六个月，公猫。断奶后饲喂动物肝脏。刚开始还好，以后逐渐排便困难，越来越严重。结肠内粪便越积越多，进而发展成巨结肠症，结肠内存积大量粪便，几乎占满腹腔（图 18-1）。此病是缺钙引起，实验室检验血钙离子，一般都在参考值范围内，即使这样也是缺钙，不要因钙离子检验值在参考值范围内而误诊。犬只有在严重缺乏钙离子的情况下，才

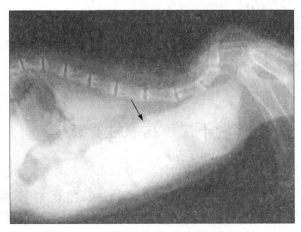

图 18-1　猫巨结肠症和腰部凹陷的 X 线片

出现临床症状，如母犬产后缺钙引发的产后抽搐。而犬猫慢性肾衰竭生化检验时，即使低血钙也无临床症状。

诊断此病并不难。

①病史，大量饲喂动物肝脏。

②现症状，表现精神差，便秘排便困难，一般都较瘦，腰部凹陷（图18-2）。手触摸腹腔，可触到结肠内有多量或大量粪便。

③X线拍片，可见腰椎凹陷（图18-3）和结肠内大量积粪便。股骨腔增大，骨质变得非常薄。

 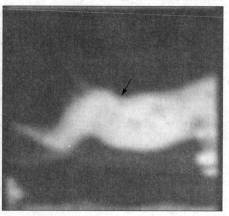

图18-2　猫腰部凹陷和后肢屈曲　　　　图18-3　猫腰椎凹陷的X线片

治疗方法。

①便秘轻的可用开塞露或温肥皂水灌肠排便。

②静脉输入钙制剂，隔天一次，可输4~5次。

③用10d左右时间，逐渐改变成饲喂猫粮。饲喂方法把猫粮拌入肝脏，猫粮逐渐增多，肝脏逐渐减少，直到完全饲喂猫粮。

④严重的巨结肠症（图18-1），可考虑手术切除巨结肠。

病例十二　猫急性肾衰竭

病猫8月龄，雄性，平时饲喂猫食品。主人因事离家10d，给猫备足了猫粮和饮水，让其自己吃喝。10d回来后，发现猫粮和饮水减少不多，再饲喂猫不爱吃食，但喝水撒尿。又过几天，此猫不吃食物还呕吐，到动物医院治疗。

临床检查，精神不振，鼻端发干，触摸两肾脏稍增大。实验室检验如表 18-41 和表 18-42。

表 18-41 血液检验

项目和单位	检验结果	参考值
RBC（×10¹²个/L）	10.54	5.0～10.0
HGB（g/L）	140	80～150
HCT（%）	36.8	24～45
MCV（fL）	34.9	39～55
MCH（pg）	13.3	13.0～17.0
MCHC（g/L）	380	300～360
WBC（×10⁹）	7.0	5.50～19.50
Seg.NEU（%）	86	35～75
Band.NEU（%）	0	0～3
LYM（%）	12	20～55
MONO（%）	2	0～4
EOS（%）	0	0～12
BASO（%）	0	0

表 18-42 生化检验

项目和单位	检验结果	参考值
TP（g/L）	90	56～80
ALB（g/L）	38	22～35
GLOB（g/L）	52	34～45
ALT（U/L）	72	1～60
ALP（U/L）	49	2.2～37.8
AMYL（U/L）	1 054	300～1 843
T-BIL（μmol/L）	10	2～10
GLU（mmol/L）	10.19	3.5～7.5
BUN（mmol/L）	46.4	5.4～10.7
CREA（μmol/L）	1 282	70～160
CHOL（mmol/L）	3.23	1.9～6.98
Ca（mmol/L）	2.84	1.75～2.85
P（mmol/L）	5.19	1.29～2.26
Cl（mmol/L）	114.9	117～123
Na（mmol/L）	151.5	147～156
K（mmol/L）	4.12	3.5～5.2

病例分析：

1. 此猫的 BUN、CREA 和 P 都增加的特别多，RBC、TP 和 GLOB 也增多，再加上两个肾脏稍肿大，表明它患了缺液性急性肾衰竭。

2. 血液中 Seg. NEU 增多，LYM 减少，生化 GLU 增多，说明此猫具有应急反应，这也是急性肾衰竭的表现。ALT 和 ALP 活性增加，表明肝脏细胞有些损伤。

3. 治疗是静脉输注复方氯化钠，保护肝脏药物，口服地西泮（安定）促食欲，口服营养膏和强迫饲喂其他食物。强迫让猫吃食物和饮水是治好本病的关键。

4. 地西泮和赛庚啶都有促进猫食欲的作用。临床上应用因猫个体不同，其促进食欲的作用不完全相同，有的好，有的差。此猫经治疗痊愈。

附：急性肾衰竭和慢性肾衰竭实验室检验的区别

1. 急性肾脏衰竭实验室检验
(1) 血液和生化检验
①BUN 和 CRE 增多；
②血钾（少尿、无尿或严重酸中毒时）和血磷增多；
③代谢性酸中毒（HCO_3^- 减少）；
④血糖增多；
⑤HCT 正常或升高，不贫血；
⑥WBC 增多，淋巴细胞减少。
(2) 尿液检验
尿比重正常或增大，尿沉渣可见肾上皮细胞、白细胞、红细胞及有时可见细菌。

2. 慢性肾脏衰竭实验室检验
(1) 血液和生化检验
①贫血；
②BUN 和 CRE 增多；
③高磷血；
④血钙正常、升高或降低（钙离子减少）；
⑤低钾血。
(2) 尿液检验
①尿比重减小；

②蛋白尿。

病例十三　猫慢性肾衰竭

去势猫，12 岁。发病已有 1 周了，不爱吃食物，只喝点水。

精神颓废，消瘦。触摸腹部，可感知左肾变小，如小鸽蛋大小，表面凹凸不平；右肾比正常肾稍微小些。血液和生化检验见表 18-43 和表 18-44。

表 18-43　血液检验

项目和单位	检验结果	参考值
RBC（×10^{12}个/L）	3.69	5.0～10.0
HGB（g/L）	64	80～150
HCT（%）	19.8	24～45
MCV（fL）	53.8	39～55
MCH（pg）	17.5	13.0～17.0
MCHC（g/L）	326	300～360
RDW－CV（%）	24.3	14.0～18.0
WBC（×10^{9}个）	32.9	5.50～19.50
Seg. NEU（%）	79	35～75
Band. NEU（%）	2	0～3
LYM（%）	12	20～55
MONO（%）	6	0～4
EOS（%）	1	0～12
BASO（%）	0	0
PLT（×10^9）	842	300～700
MPV（fL）	7.6	7.5～15.0

表 18-44　生化检验

项目和单位	检验结果	参考值
TP（g/L）	86	56～80
ALB（g/L）	32	22～35
GLOB（g/L）	54	34～45

（续）

项目和单位	检验结果	参考值
ALT（U/L）	<10	1～60
ALP（U/L）	<50	5～80
CK（U/L）	>2 000	50～100
LDH（U/L）	1 850	63～273
GGT（U/L）	<10	0～10
AMYL（U/L）	>800	300～1 843
T-BIL（μmol/L）	33	2～10
GLU（mmol/L）	3.7	3.5～7.5
BUN（mmol/L）	68.8	5.4～10.7
CRE（μmol/L）	1 241	70～160
CHOL（mmol/L）	4.59	1.9～6.98
TG（mmol/L）	1.6	0.1～0.9
Ca（mmol/L）	1.77	1.75～2.85
P（mmol/L）	>6.64	1.29～2.26
Na（mmol/L）	139.7	147～156
K（mmol/L）	3.19	3.5～5.2
UA（μmol/L）	<59	<60

病例分析：

1. 临床检查左右肾都变小，说明肾脏有问题。血液检验 RBC、HCT 和 HGB 减少，表明肾脏有问题时间较长了，这是较长时间肾脏分泌促红细胞生成素减少的原因。生化检验 BUB、CRE 和 P 增多，Ca 和 K 减少也都是肾脏衰竭的表现。综合以上分析，可以看出此猫是慢性肾衰竭。

2. RDW 增大是由于此病带来 RBC 大小差异较大。WBC 和 Seg. NEU 增多和 LYM 减少与猫应急反应，以及 WBC 吞噬红细胞碎片有关系。PLT 增多是红细胞破坏，细胞碎片增多类似 PLT 的原因。T-BIL 增多也与红细胞破坏增多有关。GLU 和 K 减少与不爱吃食物有关。

慢性肾衰竭由于肾脏实质发生了变性，所以通常难以治愈。法国 Ve'toquinol Signe de Passiov 生产的一种 IPAKITINE，其成分是 10％碳酸钙、8％聚氨基葡萄糖和 82％乳糖，主要作用是排除磷酸盐，减少血液中磷的浓度和保护肾脏。三种成分混合后，猫每 5kg 体重用量 1g，每天 2 次口服。此药用于治疗猫慢性肾衰竭效果好于治疗犬慢性肾衰竭。治疗猫慢性肾衰竭，可以使猫存活时间延长数月，甚至数年。

病例十四 犬慢性肾衰竭

杜宾犬，雄性，2.5 岁。平时表现一切正常，配种后开始吃食减少。配种后 15d 某趾断了，出血较多，来院诊治。

精神一般，营养中下。实验室检验结果如表 18-45 和表 18-46。

表 18-45 血液检验

项目和单位	检验结果			参考值
	21 日	24 日	29 日	
RBC（×10^{12}/L）	2.36	2.10	3.21	5.5～8.5
HGB（g/L）	45	62	65	120～189
HCT（%）	16.52	21.45	21.03	37～55
MCV（fL）	70	70	66	60～77
MCH（pg）	19.0	19.5	20.1	19.5～24.5
MCHC（g/L）	271	298	294	320～360
RDW-CV（%）	14.3	15.0	14.5	12～21
WBC（×10^9）	14.95	10.49	7.19	6.00～17.00
LYM（×10^9）	0.94	0.82	1.29	1.00～4.80
MID（×10^9）	0.93	0.62	0.47	0.20～1.50
GRA（×10^9）	13.08	9.04	5.43	3.00～12.00
PLT（×10^9）	336	295	267	200～500
MPV（fL）	6.6	9.4	6.5	3.9～11.1

表 18-46 生化检验

项目和单位	检验结果			参考值
	21 日	24 日	29 日	
TP（g/L）	67	69	64	52～82
ALB（g/L）	28	26	28	23～40
GLOB（g/L）	39	43	36	25～45
ALT（U/L）	21	43	34	10～100
ALP（U/L）	73	70	85	32～212

（续）

项目和单位	检验结果			参考值
	21 日	24 日	29 日	
AMYL （U/L）	1 545	855	1 009	500～1 500
T-BIL （μmol/L）	6	5	4	0～15
GLU （mmol/L）	11.44	7.03	12.77	4.11～7.94
BUN （mmol/L）	44.4	44.6	44.4	2.5～9.6
CRE （μmol/L）	632	559	574	44～159
CHOL （mmol/L）	5.76	5.53	6.41	2.84～8.27
Ca （mmol/L）	0.98	1.33	0.83	1.98～3.00
P （mmol/L）	5.19	4.22	5.19	0.81～2.19

病例分析：

1. RBC、HGB、HCT 和 MCHC 都减少，表明此犬贫血。BUN、CRE 和 P 增多，Ca 减少，说明肾脏有问题。把以上血液和生化异常变化，进行综合分析，说明此犬是慢性肾衰竭。由于慢性肾衰竭，肾脏产生促红细胞生成素减少或不产生，所以生成红细胞减少了。由于肾脏代偿机能较强，故此犬一直未显现出任何症状，又由于配种劳累才有发作，表现不爱吃食。通过实验室检验诊断出此病，说明了实验室检验在临床上诊断疾病的重要性。

2. 为了挽救此病犬，犬主人曾用家养的同品种犬，通过配血实验，符合输血犬。曾三次给此病犬输血，还用人促红细胞生成素治疗，这些都能使血液和生化有些变化。但是，其 RBC、HGB、HCT、MCHC 和 Ca 依然减少，而 BUN、CRE 和 P 依然增多，始终保持异常变化。越治疗越消瘦，最终死亡。

病例十五 犬淋巴细胞白血病

比格犬，雄性，7 岁，饲喂犬粮。年初发现逐渐消瘦，但吃食还可以。1 月 16 日发现前肢有些跛行，吃了些止痛药物就好了。血液检验见表 18-47，白细胞特别多。2 月 24 日计划打疫苗，因 1 月 16 日检验白细胞过多，又进行血液检验，白细胞又特别多，生化检验见表 18-48。因白细胞和几种酶活性增加，又未打疫苗。3 月 29 日检验血液见表 18-47。血液涂片染色检验，可见大量的淋巴细胞，极少看到中性粒细胞。后通过稀

释血液，用细胞计数板计数白细胞为 $170 \times 10^9/L$。X 线片上显示脾脏
肿大。

表 18-47　血液检验

项目和单位	检验结果			参考值
	1 月 16 日	2 月 24 日	3 月 29 日	
RBC（$\times 10^{12}$个/L）	3.6	3.91	4.41	5.5～8.5
HGB（g/L）	78	67	73	120～189
HCT（%）	23.5	25.2	28.5	37～55
MCV（fL）	65.3	64.6	64.8	60～77
MCH（pg）	21.7	17.2	16.5	19.5～24.5
MCHC（g/L）	332	266	255	320～360
RDW-CV（%）		21.7	21.5	12～21
WBC（$\times 10^9$/L）	过多	过多	170	6.00～17.00
Seg. NEU（%）	12	13	15	60～70
Band. NEU（%）	0	0	0	0～3
LYM（%）	88	87	85	12～30
MONO（%）	0	0	0	3～10
EOS（%）	0	0	0	2～10
BASO（%）	0	0	0	0 或少见
PLT（$\times 10^9$/L）		115	84	200～900
MPV（fL）		8.1	7.9	6.1～10.1

表 18-48　生化检验（3 月 24 日）

项目和单位	检验结果	参考值
TP（g/L）	72	54～78
ALB（g/L）	12	24～38
GLOB（g/L）	60	30～40
ALT（U/L）	42	4～66
AST（U/L）	23	8～38
ALP（U/L）	250	0～80
CK（U/L）	302	8～60

（续）

项目和单位	检验结果	参考值
LDH（U/L）	576	100
GGT（U/L）	56	1.2～6.4
AMYL（U/L）	800	185～700
T-BIL（μmol/L）	10	2～15
GLU（mmol/L）	5.7	3.3～6.7
BUN（mmol/L）	2.5	1.8～10.4
CRE（μmol/L）	61	60～110
CHOL（mmol/L）	2.97	3.9～7.8
TG（mmol/L）	0.41	<1.47
Ca（mmol/L）	2.53	2.57～2.97
P（mmol/L）	0.76	0.81～1.87
Cl（mmol/L）	112.8	104～116
Na（mmol/L）	143.7	138～156
UA（μmol/L）	63	<70

病例分析：

LYM 大量增多，ALP 和 LDH 活性增加，GLOB 增多，RBC、HCT、HGB 和 PLT 减少，脾肿大，以及跛行，都是淋巴细胞白血病的表现。ALB、和 CHOL 减少，GGT 活性增加，表明肝脏功能慢性降低。逐渐消瘦，消耗机体肌肉，使 CK 活性增加。

此犬淋巴细胞白血病几经周折才诊断出来，后经长春新碱和泼尼松治疗，均不见效，于 5 月 10 日死亡。该病例给大家的教训是诊断还欠认真，如果第一次治疗跛行时，检验白细胞过多时，就应该涂血液玻片染色，进行显微镜检验，能及早诊断出此病、及早治疗，也可能有治愈的希望。今后凡发现血液细胞仪检验异常的，都应用血液涂玻片，染色后进行显微镜检验。

病例十六 犬洋葱中毒

某人饲养多只藏獒。自己配饲料饲喂，饲料中加入一些洋葱。其中一只不太纯的藏獒，1 岁，母犬，近几天不爱吃食物，来医院就诊。

临床检查可见精神不佳，营养较差，贫血，尿液较黄。血液和生化检验见表 18-49 和表 18-50。

表 18-49　血液检验

项目和单位	检验结果	参考值
RBC（$\times 10^{12}$个/L）	1.31	5.5～8.5
HGB（g/L）	25	120～189
HCT（%）	9.1	37～55
MCV（fL）	69.4	60～77
MCH（pg）	19.3	19.5～24.5
MCHC（g/L）	278	320～360
RDW-CV（%）	27.3	12～21
WBC（$\times 10^9$）	41.7	6.00～17.00
Seg. NEU（%）	85	60～70
Band. NEU（%）	5	0～3
LYM（%）	3	12～30
MONO（%）	3	3～10
EOS（%）	1	2～10
BASO（%）	0	0 或少见
PLT（$\times 10^9$）	223	200～900
MPV（fL）	8.6	6.1～10

血液涂片染色镜检，有核 RBC 占 5%。

表 18-50　生化检验

项目和单位	检验结果	参考值
TP（g/L）	60	54～78
ALB（g/L）	21	24～38
GLOB（g/L）	39	30～40
ALT（U/L）	128	4～66
AST（U/L）	55	8～38
LDH（U/L）	150	100
T-BIL（μmol/L）	5	2～15
BUN（mmol/L）	4.3	1.8～10.4
CRE（μmol/L）	83	60～110

病例分析：

1. RBC、HCT、HGB、MCH 和 MCHC 都减小，可看出此犬贫血和血红蛋白减少。

2. RDW 值增大，并检出有核 RBC，表明 RBC 大小差异较大，骨髓仍有造血功能。

3. 叶状中性粒细胞增多，淋巴细胞和嗜酸性粒细胞减少，表明此犬处于应激状态。

4. 贫血和尿黄，但不排红色尿液。虽然 ALT、AST 和 LDH 活性增大，表明肝脏功能依然正常。由于 RBC 大量破坏，刺激肝脏，肝脏需要处理破坏的 RBC，故 ALT、AST 和 LDH 活性都增大了。

5. 贫血说明 RBC 破坏较多，WBC 为了处理 RBC 碎片，所以也大量增多。

由于饲料中长期加入洋葱，洋葱能破坏红细胞。可能由于加入洋葱量不大，其他犬反应不明显，只是此犬有反应。这也说明对洋葱毒性的反应，不同犬个体之间有差异。

病例十七　犬营养不良引起的抽搐

某杂种犬，雄，7 岁。此犬平时以吃面食和米饭为主。几年前有时激动，卧地头后倾，不抽搐，舌发紫，过一会儿就好了。昨天激动突然发作 4 次。另外，此犬在吃食前后，爱吃墙皮或花盆中的土。

临床检查精神正常，鼻端湿润，营养中下。听诊心脏，节律正常无杂音。血液和生化检验如表 18-51 和表 18-52。

表 18-51　血液检验

项目和单位	检验结果	参考值
RBC（$\times 10^{12}$/L）	1.72	5.5～8.5
HGB（g/L）	41.2	120～189
HCT（%）	16.74	37～55
MCV（fL）	97.14	60～77
MCH（pg）	23.84	19.5～24.5
MCHC（g/L）	246.4	320～360
RDW-CV（%）	27.04	12～21
WBC（$\times 10^9$/L）	9.41	6.00～17.00

（续）

项目和单位	检验结果	参考值
NEU（×10⁹/L）	7.58	3～11.5
LYM（×10⁹/L）	1.11	1～4.8
MONO（×10⁹/L）	0.67	0.15～1.35
EOS（×10⁹/L）	0.04	0.1～1.25
BASO（×10⁹/L）	0.01	0～0.2
PLT（×10⁹/L）	41.4	200～900

表 18-52　生化检验

项目和单位	检验结果	参考值
TP（g/L）	73	52～82
ALB（g/L）	24	23～40
GLOB（g/L）	49	25～45
ALT（U/L）	10	10～100
ALP（U/L）	99	23～212
T-BIL（μmol/L）	5	0～15
BUN（mmol/L）	4.3	2.5～9.5
CRE（μmol/L）	107	44～159
GLU（mmol/L）	5.4	4.11～7.94
CHOL（mmol/L）	5.94	2.84～8.27
Ca（mmol/L）	2.45	1.98～3.00

病例分析：

此患犬 RBC、HGB、HCT、MCHC、PLT 和 ALB 都减少，表明其营养不良。MCV 和 RDW-CV 值增大，说明 RBC 大小差异较大，骨髓有造血功能，由于缺乏营养使其造血不良。造血不良缺少红细胞，当然缺少氧气，故极易由于缺氧引起抽搐。

治疗主要增加营养，避免激动和大量运动。如果还发生抽搐，可用些镇静药物。本病例说明实验室检验是多么重要。如果只给镇静药物，治标不治本，难以彻底治好此病。

病例十八　犬气管塌陷

博美犬，雄性，5.5kg。此犬从幼年开始就体弱，奔跑速度慢，耐力也差。近 1 个月来开始发胖，并发生喘息，夜间常常因喘息而难以入睡。多个动物医院应用抗生素、地塞米松和输液等治疗，均未见好转。

临床检查人工诱咳阴性，其他不认为有明显异常。实验室血液和生化检验如表 18-53 和表 18-54。

表 18-53　血液检验

项目和单位	检验结果	参考值
RBC（$\times 10^{12}$/L）	7.54	5.5～8.5
HGB（g/L）	179	120～189
HCT（%）	49	37～55
MCV（fL）	65	60～77
MCH（pg）	23.7	19.5～24.5
MCHC（g/L）	365	320～360
RDW-CV（%）	17.5	12～21
WBC（$\times 10^9$/L）	16	6.00～17.00
Seg. NEU（%）	90	60～70
Band. NEU（%）	4	0～3
LYM（%）	4	12～30
MONO（%）	2	3～10
EOS（%）	0	2～10
BASO（%）	0	0 或少见
PLT（$\times 10^9$/L）	332	200～900
MPV（fL）	8.2	6.1～10

表 18-54　生化检验

项目和单位	检验结果	参考值
TP（g/L）	65	52～82
ALB（g/L）	28	23～40
GLOB（g/L）	37	25～45
ALT（U/L）	1 000	10～100
AST（U/L）	205	1～50
LDH（U/L）	920	23～212
T-BIL（μmol/L）	3	0～15
BUN（mmol/L）	5	2.5～9.5
CRE（μmol/L）	89	44～159

颈胸部 X 线片显示：从第 3 肋骨向前，气管变得狭窄，只有正常气管直径的四分之一。

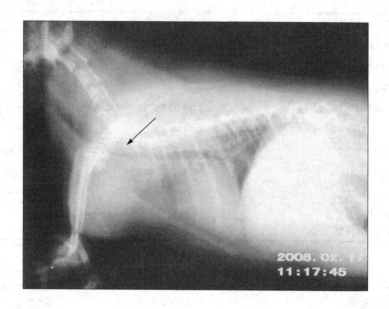

病例分析：

1. 从 X 线片上诊断出是气管塌陷，故难以治愈。其他动物医院未诊断出此病，可能是拍 X 线片只重视胸部，未发现气管的问题。这个问题值得今后注意。

2. ALT、AST 和 LDH 活性增加，可能是长期或大量应用地塞米松，损伤了肝细胞，释放出来的结果。肝细胞虽有损伤，但未影响到肝脏机能，所以 T-BIL 值未有变化。地塞米松应用，呈现出人造应急反应，出现了 Seg.NEU 增多，LYM 减少的情况。此病例说明今后应用地塞米松一定要慎重，防止滥用。

3. 犬气管塌陷难以治愈，国外用支架放入气管，将塌陷的气管扩大，使其呼吸流畅。

病例十九　犬急性胰腺炎

小型贵妇犬，母，5 岁，体稍胖。近来发现呕吐、厌食，腹部紧张，触摸腹部敏感躲闪，似有肚痛。临床检查有一定程度脱水。实验室检验血液、生化和尿液如表 18-55、表 18-56 和表 18-57。

表 18-55 血液检验

项目和单位	检验结果	参考值
RBC（$\times 10^{12}$/L）	6.8	5.5～8.5
HGB（g/L）	139	120～180
HCT（%）	42	37～55
WBC（$\times 10^9$/L）	27.30	6.00～17.00
Seg. NEU（$\times 10^9$/L）	21.29（78%）	3.00～11.50（60%～77%）
Band. NEU（$\times 10^9$/L）	4.91（18%）	0～0.30（0～3%）
LYM（$\times 10^9$ 个/L）	0.55（2%）	1.00～4.80（12%～30%）
MONO（$\times 10^9$/L）	0.55（2%）	0.15～1.35（3%～10%）
EOS（$\times 10^9$/L）	0	0.10～1.25（2%～10%）

白细胞有中毒变化
血浆有脂血现象

表 18-56 尿分析（自排尿）

项目和单位	检验结果	参考值
颜色、透明度	黄色、清亮	淡黄色到黄色、清亮
比重	1.030	1.015～1.045
pH	6.5	5.5～7.5
其他化学成分检验	正常	
尿沉渣白细胞（/HPF）♯	3～4	0～5
尿沉渣红细胞（/HPF）	1～2	0～5
尿沉渣磷酸铵镁结晶	有	有

♯ HPF：每个高倍显微镜视野里。

表 18-57 血清生化检验

项目和单位	检验结果	参考值
SP（g/L）	67	54～78
ALB（g/L）	31	24～38
ALT（U/L）	78	5～80
ALP（U/L）	101	10～120
AMYL（U/L）	2 802	1 000

（续）

项目和单位	检验结果	参考值
LPS（U/L）	1 600	0～258
BUN（mmol/L）	6.1	3.6～8.9
GLU（mmol/L）	4.65	3.3～6.7
Ca（mmol/L）	2.55	2.10～2.80
P（mmol/L）	1.23	0.87～2.10
Na（mmol/L）	137.5	138～156
K（mmol/L）	3.3	3.8～5.8
Cl（mmol/L）	115	100～115
HCO_3^-（mmol/L）	23	18～24

病例分析：

1. 高 AMYL 和 LPS 活性，并有脂血，以及 WBC、Seg. NEU 和 Band. NEU 显著增多，白细胞有中毒变化，结合临床症状，表明胰腺有炎症或坏死。

2. 鉴别诊断。

①肾衰竭。肾脏对 AMYL 和 LPS 有降解和排除作用，肾衰竭时，由于失去降解和排除作用，能使此二酶活性增大，但实验室检验的尿和 BUN 值正常，可排除肾衰竭。

②GLU 正常可以排除糖尿病，ALT 和 ALP 正常表明肝脏无损伤，可以排除胰腺炎的炎症未扩延到肝脏和胆管。

3. 钠和钾减少，与患犬厌食、呕吐和脂血症有关。脂血症时，血清钠和钾一般都减少。WBC 大量增加，尤其是分叶核中性粒细胞增多，再加上淋巴细胞和嗜酸性粒细胞减少，是动物由于疼痛应激反应，出现的血细胞相变化。

4. 本病又是一例根据实验室检验才诊断出的疾病，可见实验室检验在诊断犬胰腺炎上是多么重要。现在有了犬胰腺炎快速检测试剂，能快速准确地诊断犬胰腺炎。

病例二十　犬蛋白丢失性肠病

杂种犬，母，4 岁。腹泻已有 2 个多月了，体重逐渐减轻，皮下水肿，腹腔和胸腔均有积液。实验室检验如表18-58至表18-62。

表18-58 血液检验

项目和单位	检验结果	参考值
RBC（×10^{12}/L）	6.5	5.5～8.5
HGB（g/L）	134	120～180
HCT（L/L）	0.41	0.37～0.55
WBC（×10^9/L）	12.4	6.00～17.00
Seg. NEU（×10^9/L）	11.41（92%）	3.00～11.50（60～77）
Band. NEU（×10^9/L）	0.25（2%）	0～0.30（0～3%）
LYM（×10^9/L）	0.12（1%）	1.00～4.80（12%～30%）
EOS（×10^9/L）	0	0.10～1.25（2%～10%）

表18-59 血清生化检验

项目和单位	检验结果	参考值
SP（g/L）	26	54～78
ALB（g/L）	9	24～38
α-GLOB（g/L）	7	5～16
β-GLOB（g/L）	8	6～12
γ-GLOB（g/L）	2	5～18
ALT（U/L，30℃）	9	5～80
ALP（U/L，30℃）	2	10～120
BSP（%）	1.5	＜5
BUN（mmol/L）	6.9	3.6～8.9
GLU（mmol/L）	6.1	3.3～6.7
CHOL（mmol/L）	2.2	3.9～7.8
Ca（mmol/L）	1.8	2.10～2.80

表18-60 尿分析（自排尿）

项目和单位	检验结果	参考值
颜色、透明度	黄色、清亮	淡黄色到黄色、清亮
比重	1.027	1.015～1.045
pH	6.5	4.5～7.5
其他化学成分检验	正常	
尿沉渣检验	正常	

表 18-61 腹腔液检验

项目和单位	检验结果	参考值
颜色、透明度	无色、清亮	无色、清亮
蛋白质（g/L）	>10	<25
有核细胞（未变性中性粒细胞和内皮细胞，$\times 10^9$/L）	0.15	<0.50

表 18-62 其他试验

项目和单位	检验结果	参考值
1. 粪便检验：		
粪便漂浮虫卵检验	—	—
胰蛋白酶检验	+	+
脂肪检验	—	极少
肌纤维检验	—	
淀粉检验	—	
2. 脂肪吸收试验：		
饲喂脂肪前	血浆清亮	血浆清亮
饲喂脂肪后 1h	血浆清亮	血浆稍混浊
饲喂脂肪后 2h	血浆清亮	血浆混浊
3. D-木糖吸收试验：		
口服前血浆（mmol/L）	0.08	一般口服后 30～
口服后 30min	1.48	90min 值是 3.00
口服后 1h	1.96	
口服后 2h	1.60	
口服后 3h	1.19	

病例分析：

1. 粪便中含有脂肪。D-木糖吸收试验，肠道吸收 D-木糖较少。脂肪吸收试验血浆不变混浊，血清胆固醇水平较低，表明肠道不能吸收脂肪，出现了粪便中含有脂肪，称为"脂肪痢"（Steatorrhea）。粪便中胰蛋白酶检验阳性，以及无肌肉纤维和淀粉，说明此犬的胰腺还有外分泌消化酶功能，胰腺无问题。

2. 血清生化检验。BUN、ALT、ALP 和 BSP 清除试验正常，说明肝脏无损伤，肝脏功能正常。尿液分析正常（无蛋白丢失性肾病），腹腔液检验未有出血，粪便检验无虫卵（无寄生虫寄生）等，表明机体没有出血或血液丢失。血清蛋白严重减少，同时白蛋白和球蛋白都减少，通常说明是肠道问题。从肠道丢失了蛋白，肝脏和肾脏引起的蛋白减少，都是以白蛋白减少为特征。肠道蛋白丢失常常有淋巴液丢失，引起了血液淋巴细胞减少。

3. 由于血液蛋白大量从肠道流失，血清蛋白含量严重减少，血液渗透压降低，导致腹腔和胸腔有积液，此液为露出液。尤其是血清白蛋白低于 10g/L 时，不但体腔有露出液，还会出现皮下水肿。

4. 血清钙有三种。离子钙（Ca^{++}），与白蛋白结合的非离子钙，及与枸橼酸盐和磷酸盐形成的复合物。低白蛋白血症时，和白蛋白结合钙将减少，血清总钙量也随之减少，但离子钙一般不减少。因此，此犬无离子钙减少症状，可以认为血清钙减少是和白蛋白结合钙量减少。在低白蛋白动物，血清钙减少可用下面公式进行计算调整，用计算出的血清钙量多少，来衡量此动物是真缺钙，还是假缺钙（血清白蛋白减少性缺钙）。

公式如下：调整血清钙量＝检验血清钙量（mg/dL）－0.4×［血清蛋白（g/dL）］＋3.3。

此犬血清总蛋白 2.6g/dL，血清钙 7.1mg/dL，代入公式，求得血清钙 9.4mg/dL，换算后是 2.35mmol/L，在正常水平，此犬不缺钙。

5. 血液淋巴细胞减少、血清钙减少、血清总蛋白减少和血清胆固醇减少，为肠壁上淋巴管扩张的特征，此患犬具有以上四个减少，初诊为肠壁上淋巴管扩张。后取空肠活组织检查，证明是小肠淋巴管扩张，引起蛋白丢失性肠病。

病例二十一　犬肾盂肾炎

Samoyed 犬，7 岁，卵巢摘除。临床表现厌食、呕吐、尿频和口腔黏膜上有溃疡。实验室检验见表 18-63、表 18-64。

表 18-63　血液和血清生化检验

项目和单位	检验结果	参考值
RBC（$\times 10^{12}$/L）	6.6	5.5～8.5
HGB（g/L）	137	120～180
HCT（L/L）	0.43	0.37～0.55
MCV（fL）	65	60～77

（续）

项目和单位	检验结果	参考值
MCH（pg）	21	19～24
MCHC（G/L）	320	320～360
PP（g/L）	91	56～82
WBC（$\times 10^9$/L）	42.20	6.00～17.00
Seg. NEU（$\times 10^9$/L）	37.56	3.0～11.50
Band. NEU（$\times 10^9$/L）	0.84	0～0.30
LYM（$\times 10^9$/L）	1.69	1.00～4.80
MONO（$\times 10^9$/L）	2.11	0.15～1.35
EOS（$\times 10^9$/L）	0	0.10～1.25
BASO（$\times 10^9$/L）	0	0
BUN（mmol/L）	54.4	3.6～8.9
CREA（μmol/L）	210	60～150
Ca（mmol/L）	1.86	2.10～2.80
P（mmol/L）	4.60	0.87～2.10

表 18-64　尿 分 析

项目和单位	检验结果	参考值
颜色	黄色	淡黄色到黄色
外貌	含絮状物	清亮
比重	1.016	1.015～1.045
pH	6	4.5～7.5
蛋白质	＋＋＋	微量
亚硝酸盐	＋＋	＋
血红蛋白	＋＋＋	－
WBC/HPF	＞200	0～5
RBC/HPF	10～15	0～5
移行上皮细胞	＋＋	少量
结晶体	＜30	不定
细菌	＋＋＋	无

病例分析：

1. 白细胞增多，尤其是中性粒细胞数大量增多，表明动物机体内有严重炎症存在。从尿分析得知，尿中含有较多的细菌、白细胞和尿蛋白，以及亚硝酸盐检验阳性（＋＋）和尿液呈絮状，表明是泌尿系统有炎症存在。

2. 血液 RBC、HGB、HCT 都没有减少，此病是最近发生的，不是慢性疾病。

3. 血液尿素氮、肌酐和无机磷量增多，血清钙减少和尿比重降低，综合起来分析，说明肾功能降低。无机磷高达 4.60mmol/L，通常表明有较严重肾衰竭发生。结合有较多移行上皮细胞（肾盂上皮细胞）存在，说明此犬既有肾衰竭，又有肾盂感染。

4. 兽医用抗生素、输液、皮质类固醇和多种维生素治疗，效果不理想，继而出现了贫血，肾功能进一步恶化，建议安乐死。死后尸体剖解为肾盂肾炎。

病例二十二　猫泌尿系统综合征

杂种猫，4 岁，公猫去势。主人发现此猫排尿困难、尿频和痛苦性尿淋漓，不爱吃食，有时呕吐。临床表现精神不振，喜卧，有 5％脱水。体温正常，呼吸和心搏稍快，用手触摸腹部，可触到一个膨大而坚硬的膀胱。实验室检验如表 18-65、表 18-66 和表 18-67。

表 18-65　血液检验

项目和单位	检验结果	参考值
RBC（$\times 10^{12}$/L）	6.5	5.0～10.0
HGB（g/L）	126	80～150
HCT（L/L）	0.39	0.24～0.45
WBC（$\times 10^9$/L）	18.40	5.50～19.50
Seg. NEU（$\times 10^9$/L）	16.93	2.50～12.50
Band. NEU（$\times 10^9$/L）	0	0～0.30
LYM（$\times 10^9$/L）	1.45	1.50～7.00
MONO（$\times 10^9$/L）	0	0～0.85
EOS（$\times 10^9$/L）	0	0～1.50
PLT（$\times 10^9$/L）	适量	300～700

表 18-66　血清生化检验

项目和单位	检验结果	参考值
BUN（mmol/L）	63.4	5.4～10.7
CREA（μmol/L）	1 202.2	70～160
SP（g/L）	69	56～80
ALB（g/L）	29	22～35
GLOB（g/L）	40	28～48
ALT（30℃，U/L）	16	1～64
ALP（30℃，U/L）	17	2.2～37.8
GLU（mmol/L）	9.8	3.7～7.5
Ca（mmol/L）	2.25	1.75～2.50
P（mmol/L）	3.62	1.29～2.26
Na（mmol/L）	138	147～156
K（mmol/L）	7.9	3.8～4.6
Cl（mmol/L）	102	117～123
HCO_3^-（mmol/L）	13	17～24

表 18-67　尿分析（导出的尿液）

项目和单位	检验结果	参考值
颜色、透明度	棕红色、云雾状	黄色、清亮
比重	1.031	1.035～1.060
pH	7.2	4.5～7.5
蛋白质	+++	—
潜血	++++	—
其他化学检验	—	
尿沉渣检验：		
红细胞（/HPF）	很多	0～5
白细胞（/HPF）	15～20	0～5
磷酸铵镁	+	不定
细菌	+++	—

病例分析：

1. 尿分析可以看出尿中蛋白增多，潜血强阳性，尿沉渣中含有大量红细胞，表明泌尿系统有出血。尿液中血液是由于导尿创伤引起，还是由于膀胱大量积尿胀大，使膀胱黏膜毛细血管破裂出血引起？如果尿液中含血液过多，尿液和血液混合均匀，尿液颜色一致，多为膀胱出血。临床上凡长时间难以排出尿液，膀胱长时间大量充积尿液的，也多为膀胱出血。用导尿管导尿，也可造成尿道创伤性出血。创伤引起的出血，一般血液和尿液混合不均匀。尿中还有较多细菌，pH 碱性（也表明有感染），说明泌尿系统有感染。尿中细菌来源有两种，一种可能是导尿时污染，另一种是泌尿道以前感染所为。因此，平时导尿一定要注意消毒，防止污染泌尿道引起感染。即使导尿为了检验，也一定要注意消毒和防止污染尿液。此猫尿中细菌是怎样感染的，难以确定。

2. 血清 BUN、CREA、血磷、血钾等升高，是由于尿道阻塞，尿液排泄不出去的原因。血钙正常，可以表明肾脏功能无大损伤。尿道阻塞，常使机体有机酸（尿酸）积蓄过多，引起代谢性酸中毒，HCO_3^- 减少。钾离子从细胞内被氢离子置换出来，血钾增多。体内有机酸中毒，还表现出阴离子间隙增大 [AG＝（138＋7.9）－（102＋13）＝30.9mmol/L（正常 20mmol/L）]。体内有机酸中毒，血钠减少时，也常伴有血氯减少。

3. 叶状核中性粒细胞增多，无核左移，淋巴细胞和嗜酸性粒细胞减少。血糖升高，是尿道堵塞，引起疼痛，内源性皮质类固醇释放，产生应激反应的结果。

4. 治疗时首先疏通尿道。难以疏通时，可考虑体外穿刺排尿。其次是补充体液和消除酸中毒，应用抗菌药物治疗尿道感染等。在难以疏通尿道时，可考虑手术清除结石。

5. 治疗泌尿感染，一般急性需 10～14d，慢性的需 4～6 周。最好是尿液细菌培养，无菌时才停药。

病例二十三　犬胆管癌

可卡猎犬，9 岁，公犬去势。近 3～4 周来，食欲不振，体重减轻消瘦，有明显黄疸。X 线片，胆管处密度增加。实验室检验如表 18-68 和表 18-69。

表 18-68　血液检验

项目和单位	检验结果	参考值
RBC（×10¹²/L）	6.5	5.5～8.5
HGB（g/L）	141	120～180
HCT（L/L）	0.40	0.37～0.55

（续）

项目和单位	检验结果	参考值
MCV（fL）	62	60～77
MCH（pg）	22	19～24
MCHC（g/L）	350	320～360
PP（g/L）	79	56～82
WBC（$\times 10^9$/L）	28.40	6.00～17.00
Seg. NEU（$\times 10^9$/L）	21.58	3.00～11.50
Band. NEU（$\times 10^9$/L）	0.57	0～0.30
LYM（$\times 10^9$/L）	1.70	1.00～4.80
MONO（$\times 10^9$/L）	2.27	0.15～1.35
EOS（$\times 10^9$/L）	1.42	0.10～1.25
NRBC（$\times 10^9$/L）	0.85	0

表 18-69 生化检验

项目和单位	检验结果	参考值
T-BIL（μmol/L）	151	2～15
SP（g/L）	77	54～78
ALB（g/L）	19	24～38
GLOB（g/L）	58	28～42
Na（mmol/L）	138	138～156
K（mmol/L）	4.7	3.8～5.8
Cl（mmol/L）	107	100～115
HCO_3^-（mmol/L）	17	18～24
BUN（mmol/L）	5.8	3.6～8.9
CREA（μmol/L）	100	60～150
Ca（mmol/L）	2.33	2.10～2.80
P（mmol/L）	1.84	0.87～2.10
ALT（U/L）	65	5～80
AST（U/L）	85	10～80
ALP（U/L）	366	10～120
CK（U/L）	180	50～400
LDH（U/L）	70	50～400
GLU（mmol/L）	2.6	3.3～6.7
CHOL（mmol/L）	1.4	3.9～7.8
UA（mmol/L）	0.19	0～0.12

病例分析：

1. 血液检验，WBC、分叶核和杆状核中性粒细胞、单核细胞（慢性炎症和肿瘤时增多）等，都呈现出不同程度增多，球蛋白增多，表明机体内有慢性炎症存在。嗜酸性粒细胞和尿酸增多及有核红细胞的出现，说明机体内很可能有肿瘤存在。ALT、AST（增多不明显）和 LDH 值都正常，表明肝脏细胞无大损伤。血清白蛋白、胆固醇和葡萄糖减少，表明肝脏功能有较长时间降低，主要是食欲差的影响。血液中尿素氮含量正常，又表明肝脏机能降低不大。血液检验出现大量胆红素，以及球蛋白和 ALP 增多，表明胆管有损伤或坏死，胆汁流通不畅，再加上 X 光片上发现胆管密度增加，又不像结石那样密度，故决定腹腔手术探查。

2. 腹腔手术探查，发现胆管肿瘤，做组织切片检验，证实是胆管癌。实行安乐死。尸体剖解发现肝脏外形稍有不规律，其肿瘤已侵入了不少肝组织，但还没有超过 3/4 肝脏，达到较大影响肝脏机能的程度。

病例二十四　犬肾上腺皮质功能降低

Poodle 犬，3 岁，卵巢摘除。近 2 周此犬有间断性的精神不振、厌食、发抖和虚弱无力。实验室检验如表 18-70 和表 18-71。

表 18-70　血液检验

项目和单位	检验结果	参考值
RBC（$\times 10^{12}$/L）	6.3	5.5～8.5
HGB（g/L）	152	120～180
HCT（L/L）	0.41	0.37～0.55
MCV（5L）	65	60～77
MCH（Pg）	24	19～24
MCHC（g/L）	370	320～360
PP（g/L）	72	56～82
WBC（$\times 10^9$/L）	14.90	6.00～17.00
Seg. NEU（$\times 10^9$/L）	5.36	3.00～11.50
Band. NEU（$\times 10^9$/L）	0	0～0.30
LYM（$\times 10^9$/L）	8.34	1.00～4.80
MONO（$\times 10^9$/L）	0.89	0.15～1.25
EOS（$\times 10^9$/L）	0.30	0.10～1.25
薄红细胞	＋	0

表 18-71　生化检验

项目和单位	检验结果	参考值
T-BIL（μmol/L）	3	2～15
TP（g/L）	66	54～78
ALB（g/L）	35	24～38
GLOB（g/L）	31	28～42
Na（mmol/L）	132	138～156
K（mmol/L）	7.5	3.8～5.8
Cl（mmol/L）	99	100～115
HCO_3^-（mmol/L）	15	18～24
BUN（mmol/L）	51.1	3.6～8.9
CREA（μmol/L）	390	60～150
Ca（mmol/L）	2.65	2.10～2.80
P（mmol/L）	3.02	0.87～2.10
ALT（U/L）	12	5～80
AST（U/L）	41	10～80
ALP（U/L）	18	10～120
CK（U/L）	221	50～400
LDH（U/L）	171	50～400
GLU（mmol/L）	未测	3.3～6.7
CHOL（mmol/L）	6.5	3.9～7.8
UA（mmol/L）	0.06	0～0.12

尿分析：比重 1.045（参考值 1.015～1.045）。

病例分析：

1. 血液检验只有淋巴细胞异常增多和出现薄红细胞，其他血细胞项目正常。血清钠、氯和 HCO_3^- 减少，血清钾、尿素氮、肌酐和血磷增多，钠：钾为 17.6：1，小于 27：1，表明是肾上腺皮质机能降低。肾上腺皮质分泌糖皮质激素和盐皮质激素减少，促使肾脏排出钠、氯和水分增多，血容量减少，血液浓稠，从而产生了肾前性氮血症（尿素氮，肌酐和血清磷增多）和代谢性酸中毒（HCO_3^- 减少）。一般肾上腺皮质机能降低引起的尿素氮和肌酐增多得比较明显，所以在分析诊断时需特别注意。

2. 肾脏衰竭时，也出现尿素氮、肌酐和血清磷增多，同时还有血清钙减少和尿比重降低到 1.015 以下。在慢性肾脏衰竭时，还有红细胞、血红蛋白和血细胞比容减少。此犬尿比重 1.045，又无血清钙减少，故排除了肾脏衰竭或肾脏疾病的可能性。血清钠 132mmol/L，血清钾 7.5mmol/L，两者之比为 17.6∶1，大小于 27∶1。诊断此犬患有肾上腺皮质机能降低。

3. 用氢化可的松（皮质醇）补充替代治疗 4 天后，血液和生化检验的异常指标基本上恢复正常，进一步证实了此犬患的是肾上腺皮质功能降低。

病例二十五　犬肾上腺皮质功能亢进

某西施母犬，11 岁，已绝育。近半年来多饮多尿，肚腹逐渐增大，呈现壶腹状，全身逐渐出现对称性脱毛，无精神，嗜睡。

实验室检验血液和生化如表 18-72 和表 18-73。

表 18-72　血液检验

项目和单位	检验结果	参考值
RBC（×10^{12}/L）	8.03	5.5～8.5
HGB（g/L）	156	120～180
HCT（L/L）	0.56	0.37～0.55
MCV（fL）	66	60～77
MCH（Pg）	19.4	19～24
MCHC（g/L）	295	320～360
WBC（×10^9/L）	19.0	6.00～17.00
Seg.NEU（%）	85	60～77
Band.NEU（%）	3	0～3
LYM（%）	7	12～30
MONO（%）	5	3～10
EOS（%）	0	2～10
BASO（%）	0	罕见
PLT（×10^9/L）	466	200～900

表 18-73 生化检验

项目和单位	检验结果	参考值
TP（g/L）	74	52～82
ALB（g/L）	29	23～40
GLOB（g/L）	45	25～45
CREA（μmol/L）	51	60～150
Ca（mmol/L）	2.79	2.10～2.80
P（mmol/L）	2.18	0.87～2.19
ALT（U/L）	217	10～100
AST（U/L）	14	0～50
ALP（U/L）	586	23～212
LDH（U/L）	163	40～499
GGT（U/L）	46	0～7
AMYL（U/L）	587	500～1500
GLU（mmol/L）	7.6	3.3～6.7
CHOL（mmol/L）	10.58	3.9～7.8

尿液检验：尿比重 1.016，尿蛋白阳性。

X 线检查可见肝脏肿大。

病例分析：

肾上腺皮质机能亢进分泌肾上腺皮质激素过多，肾上腺皮质激素长期刺激，可引起以下临床表现、血液和生化变化。

1. 临床表现可见多饮多尿，肚腹增大呈壶腹状，全身对称性脱毛，嗜睡。X 线检查可见肝脏肿大。

2. 血检验可见白细胞总数、中性分叶核粒细胞增多，淋巴细胞和嗜酸性粒细胞减少，尿液检验比重降低。

3. 生化检验：血糖增加和肌酐减少。胆固醇增多，表示血脂增多。有脂肪肝，肝脏肿大。由于肾上腺皮质激素长期刺激，引起肝细胞损伤，使丙氨酸氨基转移酶（ALT）活性增加。肝脏肿大压迫胆管，胆管有损伤，其表现是碱性磷酸酶和 γ-谷氨酰转移酶活性增加。

病例二十六 猫传染性腹膜炎

泰国猫，2 岁，摘除卵巢。临床表现体温稍高、厌食、不爱活动、消瘦和腹部增大有腹水。实验室检验血液、血清生化和腹腔液检验如表 18-74、表 18-75 和表 18-76。

表 18-74　血液检验

项目和单位	检验结果	参考值
RBC（×10^{12}个/L）	4.9	5.0～10.0
HGB（×10^{12}/L）	8.3	8.0～15.0
HCT（L/L）	0.24	0.24～0.45
MCV（fL）	48	39～55
MCH（pg）	17	13～17
MCHC（g/L）	340	300～360
RETIC（%）	0	0.1～1.6
PP（g/L）	95	58～84
WBC（×10^9/L）	7.90	5.50～19.50
Seg. NEU（×10^9/L）	6.87	2.50～12.50
Band. NEU（×10^9/L）	0.16	0～0.30
LYM（×10^9/L）	0.79	1.50～7.00
EOS（×10^9/L）	0	0～1.50
BASO（×10^9/L）	0	0

表 18-75　血清生化检验

项目和单位	检验结果	参考值
TP（g/L）	93	56～80
ALB（g/L）	19	22～35
GLOB（g/L）	74	34～45
α-GLOB（g/L）	5	6～18
β-GLOB（g/L）	5	7～15
γ-GLOB（g/L）	64	17～27

表 18-76　腹水检验

项目和单位	检验结果	参考值
颜色	黄绿色	无色
浊度	云雾状	透明
黏滞度	发黏	不黏不凝
有核细胞*	5008 个/μL	<500 个/μL
其中中性粒细胞占 90%*		
巨噬细胞占 10%		
蛋白质（g/L）	60	25
白蛋白（g/L）	15	
GLOB（g/L）	45	
α-GLOB（g/L）	2	
β-GLOB（g/L）	3	
γ-GLOB（g/L）	40	

＊　主要是非变性的中性粒细胞和巨噬细胞，另外还有些纤维蛋白颗粒。

病例分析：

猫感染冠状病毒得病后，临床分为干性、湿性和干湿性三种。此病例为湿性的，也叫猫传染性腹膜炎。其特点为慢性的体温升高、厌食、消瘦和腹部增大，有腹水。实验室检验特点是血清和腹水中含有蛋白质量增多，蛋白质电泳、染色和扫描显示，血清和腹水中球蛋白增多，球蛋白中 γ-球蛋白量增多最为明显。腹腔液里无细菌，中性粒细胞未变性，只是有核细胞和蛋白质较多，故为非腐败性渗出液。此病例的临床表现和实验室检验，均符合猫传染性腹膜炎湿性的特点。再用猫冠状病毒快速检测试剂检验为阳性，就诊断为猫传染性腹膜炎。目前在临床上检查，怀疑是猫冠状病毒感染时，不管是干性、湿性或干湿性的，都可用猫冠状病毒快速检测试剂检验。检验为阳性的，基本上就诊断为猫冠状病毒感染。当然，再配合血液、生化和腹水检验，更好确诊。

病例二十七　犬急性肺出血和水肿（鹦鹉热）

德国牧羊犬，母，2 岁。曾经和鹦鹉有过接触，开始呕吐，呼吸变得快而深。在别的动物医院治疗过，前后 20 个小时内，静脉输入乳酸林格氏液 4 700mL，另又加入氯化钾 39mmol（等于 2.8g 氯化钾）。因治疗效果不佳，转院治疗。实验室检验如表 18-77 和表 18-78。

表 18-77 血液和血清生化检验

项目和单位	检验结果	参考值
HCT（L/L）	0.53	0.37～0.55
WBC（×10^9/L）	16.8	6.00～17.00
BUN（mmol/L）	20.7	3.6～8.9
GLU（mmol/L）	6.7	3.3～6.7
Na（mmol/L）	127	138～156
K（mmol/L）	2.8	3.8～5.8
Cl（mmol/L）	78	100～115
HCO_3^-（mmol/L）	26.8	18～24

表 18-78 血气分析（动脉血液）和尿比重（导的尿液）

项目和单位	检验结果	参考值
PaO_2（mmHg）	52.0	85～95
$PaCO_2$（mmHg）	32.8	29～42
pH	7.515	7.31～7.42
HCO_3^-（mmol/L）	25.5	17～24
尿比重	1.015	1.015～1.045

病例分析：

1. 动脉血液氧分压降低，机体缺氧反射性地引起呼吸加快和加深。虽然呼吸加快和加深了，但动脉血液氧分压仍然降低。二氧化碳分压基本正常，表明肺脏可能存在肺炎、肺水肿或肺脏气管阻塞，气体疏通不畅，故可初步诊断肺脏有病变。

大量静脉输液，仍不能缓解机体有轻度脱水（HCT 增大），说明此犬可能有多尿。多尿仍有高尿素氮血，说明肾脏可能有些病变。肾脏有病变机能降低，就可能发生高尿素氮血和尿比重降低。

2. 呕吐可产生代谢性碱中毒。但由于肺脏有病变，虽有呼吸加快加深代偿，仍难使动脉血液氧分压升高，不能使动脉二氧化碳分压降低，更进一步说明了肺脏病变严重，机能降低。代谢性碱中毒再加上机体内二氧化碳含量不减少，才使血液 HCO_3^- 增多，pH 升高。

3. 血细胞比容在参考值范围内偏高，血钠、血钾、血氯都减少，表明呕吐使这三种元素丢失较多。另外，低钾血还由于碱中毒时，血钾进入红细胞内，多尿时钾随尿液排出体外，这与大量静脉输入液体治疗有关。血钠和血氯减少，也说明了静脉输入了大量液体，其液体内含的钠、氯、钾是不适当的。最好检验血清中这三种元素。根据检验结果，计算出输液和输入这三种元素的量。然后根据需要的液体和三种元素量，进行治疗。

本犬病重，治疗无效而死亡。死后尸体剖检，发现肺出血和水肿，肾脏有病变。根据和鹦鹉有接触后发病，以及临床症状，实验室检验和尸体剖检变化，诊断为衣原体病，也叫鹦鹉热。通过本病的诊断和治疗，说明综合诊断疾病的重要性。所谓综合诊断就是了解病史、临床症状、实验室检验等，先作出个初步诊断，如果动物死亡，尽量要做尸体剖检。对所有材料进行综合分析，最后确诊。

病例二十八　犬组织胞浆菌病

爱尔兰塞特犬，4岁，公犬。发病已有几周，体重逐渐减轻，精神欠佳，但食欲尚好。临床检查，除发现体质虚弱外，其他没有多大异常。此犬养在室外。实验室检验，血液学：①HCT0.22L（正常0.37～0.55L），红细胞着色正常，可见红细胞碎片。8个有核红细胞/100WBC。②单核细胞增多，中性粒细胞轻度增多。淋巴细胞和单核细胞胞浆变蓝有反应。还发现有浆细胞。③血小板数目增多，个体变大，似未完全成熟。

血清生化检验、粪便检验和尿分析都正常。

病例分析：

1. 红细胞着色正常，HCT减少很多，通常为非再生性贫血，表明骨髓再生能力降低。单核细胞增多有反应，淋巴细胞有反应，中性粒细胞轻度增多，血检时发现红细胞碎片，都表明机体内存在有慢性疾病或慢性炎症，并影响到外周血液。

2. 外周血液里发现浆细胞，以及非再生性贫血和红细胞碎片，说明此犬可能患有浆细胞骨髓瘤。因此，吸取骨髓检查，发现骨髓颗粒细胞呈适当增生，有核红细胞不像中毒或慢性炎症时减少的那么明显。外周血液里还有有核红细胞，表明不完全是非再生性贫血。最明显的骨髓变化是巨噬细胞增多，有些细胞内含酵母样真菌，浆细胞也增多，可能是真菌引起的免疫反应。

采抗凝血液离心，取白细胞层涂片，瑞氏染色检验，发现外周血液里的巨噬细胞，其胞浆里含有酵母样真菌。综合分析，诊断为全身性组织胞浆菌病，不是浆细胞骨髓瘤。

病例二十九 犬弥散性血管内凝血

杂种㹴犬，8.5 岁，卵巢摘除。主人突然发现此犬倦怠无神，带犬来诊治。临床检查黏膜苍白，腹部下有淤血伤，检测体温的温度计，从肛门拿出，上有血迹。因此，实验室着重做了凝血项目检验。实验室检验结果如表 18-79 和表 18-80。

表 18-79 血液检验

项目和单位	检验结果	参考值
RBC（×10^{12}/L）	4.4	5.5～8.5
HGB（g/L）	101	120～180
HCT（L/L）	0.30	0.37～0.55
MCV（fL）	68	60～77
MCH（pg）	23	19～24
MCHC（g/L）	340	320～360
PP（g/L）	61	56～82
RETIC（%）	1	0～1.5
WBC（×10^9/L）	14.50	6.00～17.00
Seg. NEU（×10^9/L）	11.02	3.00～11.50
Band. NEU（×10^9/L）	1.31	0～0.30
LYM（×10^9/L）	0.58	1.00～4.80
MONO（×10^9/L）	0.73	0.15～1.35
EOS（×10^9/L）	0	0.10～1.25
BAS（×10^9/L）	0	0
NRBC（%）	0.85	0

表 18-80 血凝项目检验

项目和单位	检验结果	参考值
PLT（×10^9/L）	32	200～500
FIB（g/L）	3	2～4
PT（sec）	56	8～15
PTT（sec）	39	18～30
FDP（μg/mL）	＞40	＜10

病例分析：

1. 黏膜苍白，腹部下有淤血伤，温度计从肛门取出带血，表明此犬有内出血性贫血，很可能呈现全身弥散性出血。RBC、HGB 和 HCT 减少，又一次证明了有血液丢失。由于有血液丢失，骨髓向外周血液里释放各种细胞，外周血液里出现了杆状核中性粒细胞和有核红细胞。再加上血浆蛋白较少，说明了贫血是再生性贫血。

2. 实验室凝血项目检验，血小板数减少，凝血酶原时间延长、部分凝血活酶时间延长及血纤维蛋白（原）降解产物等增多，综合表明此犬是弥散性血管内凝血。

3. 鉴别诊断：

①注意与血友病 A、B 和假血友病的区别。血友病 A、B 和假血友病因是遗传性疾病，幼年时即有发病表现。此犬已 8.5 岁了。另外，这三种遗传性疾病的血小板数、凝血酶原时间和血纤维蛋白（原）降解产物都正常，只有部分凝血活酶时间延长，因此可以排除这三种遗传性疾病。

②双香豆素类杀鼠药中毒时，一般是凝血时间和凝血酶原时间延长，血小板数和血纤维蛋白（原）降解产物正常。只有广泛性内出血，血纤维蛋白（原）降解产物才可能会增多。

病例三十　犬全身红斑狼疮

某可卡犬。4 岁，公犬。2 岁时发现两侧髋骨发育不良，走路跛行。此次就诊的 4 个月前，发现腕关节和跗关节为糜烂性非化脓性关节炎。抗核抗体（ANA）检验，在 1∶100 稀释下是阳性（参考值低于 1∶20）。曾用阿司匹林治疗 4 个月。

临床检查精神不振，结膜苍白，在腹部和阴茎口周围皮肤上，有多个隆起的色素病灶和点状小血斑。多个关节肿大，按压关节有痛感。体温正常。

实验室检验血液和生化见表 18-81。

尿液检验，比重 1.042，尿胆红素阳性中度。

肿胀关节液涂片检验，可见中性粒细胞和巨噬细胞增多。

病例分析：

抗核抗体（ANA）检验和红细胞凝集试验发生凝集，HCT 和 PLT 减少，血液涂片染色镜检可见球形红细胞和尿中出现胆红素，见于犬免疫介导性溶血性贫血或犬免疫介导性血小板减少症。犬免疫介导性溶血性贫血和犬免疫介导性血小板减少症同时出现，叫做"EVANS 综合征"。

Band. NEU、RETIC 和 NRBC 增多，以及出现了红细胞大小不一、多染性红细胞和豪-若氏小体等，都表明是再生性贫血的反应。Seg. NEU 增多，LYM 减少，一般为应急反应。GLOB、Seg. NEU 和 Band. NEU 增多，说明机体有炎症存在，如非化脓性多发性关节炎。

犬免疫介导性溶血性贫血、犬免疫介导性血小板减少症、非化脓性多发性关节炎、抗核抗体（ANA）检验和红细胞凝集试验发生凝集，可初步诊断为全身性红斑狼疮。

用地塞米松和环磷酰胺治疗一周后，病犬关节疼痛减轻，皮肤病灶有好转。血液检验，HCT 达 27%，PLT（×10^9/L）达 120，更加证明了此患犬也患有犬免疫介导性血小板减少症。

表 18-81　血液检验

项目和单位	检验结果	参考值
NRBC（×/μL）	500	少见
RETIC（×10^3/μL）	184 000	0～60
HCT（%）	23	37～55
MCV（fL）	74	60～77
MCHC（g/L）	330	320～360
WBC（×10^9/L）	14.69	6.00～17.00
Seg. NEU（×10^9/L）	12.19	3.0～11.5
Band. NEU（×10^9/L）	0.6	0～0.3
LYM（×10^9/L）	0.7	1.0～4.8
MONO（×10^9/L）	0.2	0.15～1.38
EOS（×10^9/L）	1.0	0.1～1.25
PLT（×10^9/L）	0.8	200～900
PP（g/L）	82	56.0～82.0
FIB（g/L）	0.4	1.5～3.0
血液涂片染色镜检，可见有红细胞大小不一、多染性红细胞、球形红细胞和豪-若氏小体。		
SP（g/L）	78	55.6～81.6
GLOB（g/L）	56	15～35
ANA	＞1∶320	＜1∶20
红细胞凝集试验	凝集	不凝集

病例三十一 犬红白血病

红白血病（Erythroleukemia）是一种红细胞增多性骨髓增生（eryth-remic myelosis），也叫骨髓增殖性紊乱（myeloproliferative disorder）。它是急性骨髓白血病中分型中的 M6，其特征是骨髓中红细胞系前体占有核细胞 50% 以上，原粒细胞和原单核细胞等于或大于非红细胞系细胞 30%。另外还有一亚种叫 M6Er，其原红细胞占 30% 以上。此病猫较多发，这与猫白血病病毒感染有关。犬罕见。下面是一例犬红白血病。

1. 病史 某可卡犬，棕色，母，6 岁。2008 年 4 月 17 日就诊。主诉此犬一直健康，无既往病史，每年按时防疫。平时饲喂犬粮，也喂少量瓜果、蔬菜、牛肉条和甜点等零食。这次发病前数日，曾饲喂西红柿，发生腹泻，之后食欲减退，后来发展到不吃食物，仅饮用少量水。尿发黄。病初每天排便两次，褐色成形。精神欠佳，近日发现眼结膜发黄，舌头发黄。

2. 临床检查 体温 38.5℃，脉搏 120 次/min，呼吸不到 30 次/min。精神沉郁，鼻端干凉，皮肤发黄。听诊心脏节律不齐，腹部触诊肝肾肿大。

3. 实验室检查 表 18-82、表 18-83、表 18-84。

表 18-82 血常规检验结果

血液项目和单位	结 果	参考值
红细胞（RBC）×10^{12}/L	1.43	5.5～8.5
血细胞比容（HCT）%	15.7	37～55
血红蛋白（HGB）g/L	40	120～180
平均红细胞容积（MCV）fL	109.5	60～77
平均红细胞血红蛋白（MCH）pg	28.5	19.5～24.5
平均细胞血红蛋白浓度（MCHC）g/L	260	320～360
红细胞分布宽度百分比（RDW）%	30.8	12.0～21.0
白细胞（WBC）×10^9/L	65.7（非红细胞计数 36.7）	6.00～17.00
中性叶状核粒细胞（Seg neutr）%	18	60～77
中性杆状核粒细胞（Band neutr）%	62	0～3
单核细胞（Mon）%	7	3～10
淋巴细胞（Lym）%	7	12～30
中性晚幼粒细胞%	1	0
其他	在计数 100 个白细胞的视野里，同时看到 24 个中幼红细胞 55 个晚幼红细胞	
血小板（p）×10^9/L	223	200～900
平均血小板体积（MPV）fL	8.6	6.1～10.1

血常规检验单结果：

①从 RBC，HCT 和 HGB 减少可看出造血功能极差。

②由于外周血出现大量的幼稚红细胞，MCV，MCH 值增大。MCHC 值变小是由于幼稚红细胞增多，幼稚红细胞含血红蛋白少的原因。RDW 值增大表明红细胞大小不均。

③血液分析仪检验 WBC 总数为 65.7×10^9 个/L。血液涂片染色镜检计数 100 个白细胞的视野里，同时看到 24 个中幼红细胞和 55 个晚幼红细胞。其中纯白细胞 65.7×10^9 个/L $\times 100/179 = 36.7 \times 10^9$ 个/L，中性杆状核粒细胞占 62%，也极大的超出了正常范围（6.0%～17.0%）。

血液检验除上表变化外，显微镜下外周血涂片可见有核红细胞系的原红细胞（Rubriblast）、早幼红细胞（Prorubricyte）、中幼红细胞（Rubricyte）、晚幼红细胞（Metarubricyte）等幼稚红细胞。部分中幼红细胞和晚幼红细胞个体增大，少数晚幼红细胞胞核呈双核或花瓣样异形变，可见核分裂。成熟红细胞明显大小不等，可见豪-若氏小体。粒细胞系可见原粒细胞（Myeloblast）、早幼粒细胞（Promyelocyte）、中幼粒细胞（Myelocyte）、晚幼粒细胞（Metamyelocyte）、杆状核粒细胞（Band granulocyte）等幼稚类细胞。其中中性杆状核粒细胞占白细胞总数的62%。还看到网状细胞（Reticulum cell）及网状细胞空泡变性。详见图18-4 至图18-15。

表 18-83　生化检验结果

项　　目	结果	单位	参考值
总蛋白 TP	69	g/L	54～78
白蛋白 ALB	11	g/L	24～38
丙氨酸氨基转移酶 ALT	982	U/L	4～66
天门冬氨酸氨基转移酶 AST	634	U/L	8～38
碱性磷酸酶 ALP	328	U/L	0～80
肌酸激酶 CK	848	U/L	8～60
乳酸脱氢酶 LDH	1 878	U/L	100
淀粉酶 Amy	655	U/L	185～700
γ-谷氨酰转移酶 GGT	84	U/L	1.2～6.4
葡萄糖 GLU	2.9	mmol/L	3.3～6.7
总胆红素 T. Bili	232	μmol/L	2～15
尿素氮 BUN	13.6	mmol/L	1.8～10.4

（续）

项　目	结果	单位	参考值
肌酐 CRE	189	μmol/L	60～110
胆固醇 CHOL	7.64	mmol/L	3.9～7.8
钙 Ca	2.84	mmol/L	2.57～2.97
磷 P	3.06	mmol/L	0.82～1.87
氯 Cl		mmol/L	104～116
钠 Na	148.9	mmol/L	138～156
钾 K	4.2	mmol/L	3.8～5.8
甘油三酯 TG	1.93	mmol/L	<1.47
尿酸 UA	148	mmol/L	<70

从表 18-83 中可见 ALT、AST、ALP、CK、LDH、GGT、T. Bili 升高，白蛋白，葡萄糖减少，表明肝脏受损。BUN、CRE、P、TG、UA 升高表明肾脏受损。

表 18-84　骨髓检验细胞分类

细胞名称（参考值%）	分类检验结果（%）
原粒细胞（0.0）	0.5
早幼粒细胞（1.3）	5.0
中幼粒细胞（9.0）	4.5
晚幼粒细胞（9.9）	5.5
杆状核粒细胞（14.5）	14.5
分叶粒核细胞（18.7）	5.5
原红细胞（0.2）	1.0
早幼红细胞（3.9）	6.5
中幼红细胞（27）	37.0
晚幼红细胞（15.3）	11.5
淋巴细胞	5.5
网状细胞	1.5
单核细胞	1.0
浆细胞	0.5

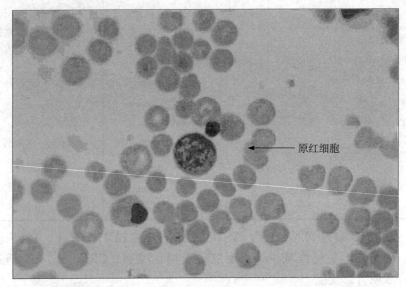

图 18-4　外周血液涂片，瑞-吉氏染色，原红细胞，1 000×

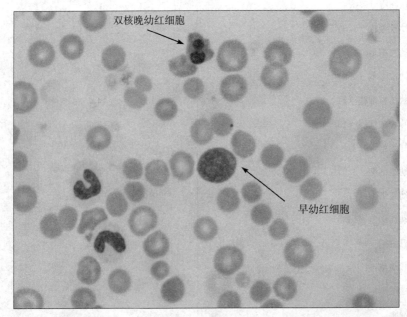

图 18-5　外周血液涂片，瑞-吉氏染色，早幼红细胞及双核晚幼红细胞，1 000×

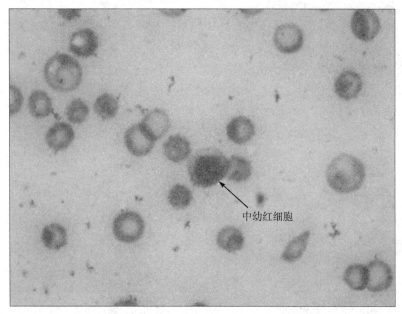

图 18-6 外周血液涂片，瑞-吉氏染色，中幼红细胞，1 000×

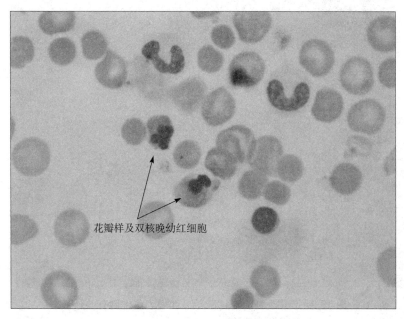

图 18-7 外周血液涂片，瑞-吉氏染色，花瓣样及双核晚幼红细胞，1 000×

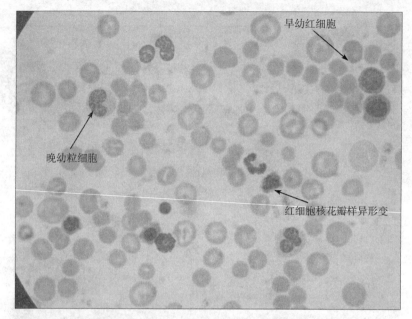

图 18-8　外周血液涂片，瑞-吉氏染色，早幼红细胞、晚幼粒细胞、
红细胞核花瓣样异形变，1 000×

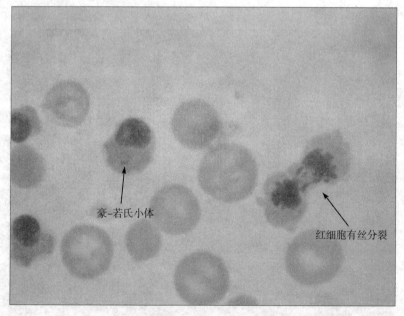

图 18-9　外周血液涂片，瑞-吉氏染色，红细胞有丝分裂、
有核红细胞内豪-若氏小体，1 000×

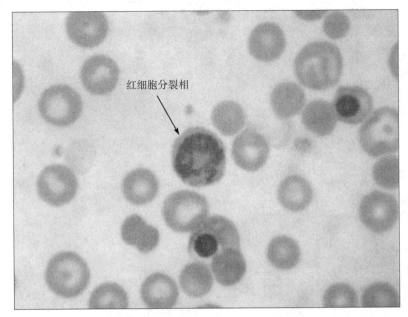

图 18-10 外周血液涂片，瑞-吉氏染色，红细胞分裂相，1 000×

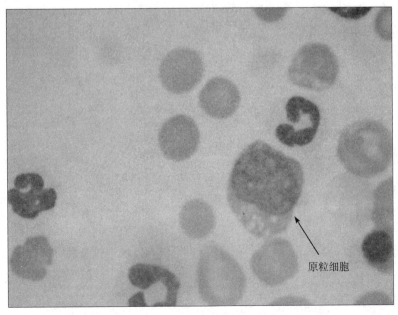

图 18-11 外周血液涂片，瑞-吉氏染色，原粒细胞，1 000×

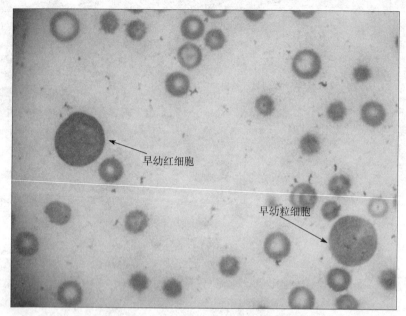

图 18-12　外周血液涂片，瑞-吉氏染色，早幼粒细胞、早幼红细胞，1 000×

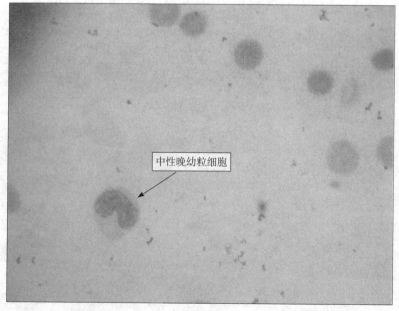

图 18-13　外周血液涂片，瑞-吉氏染色，中性晚幼粒细胞，1 000×

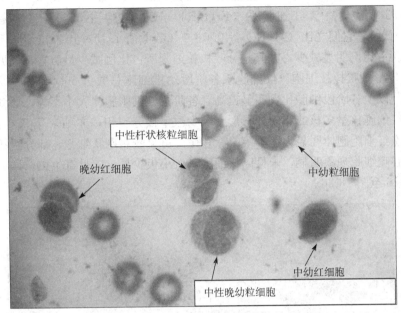

图 18-14 外周血液涂片，瑞-吉氏染色，中幼粒细胞、中幼红细胞、
中性晚幼粒细胞、晚幼红细胞，1 000×

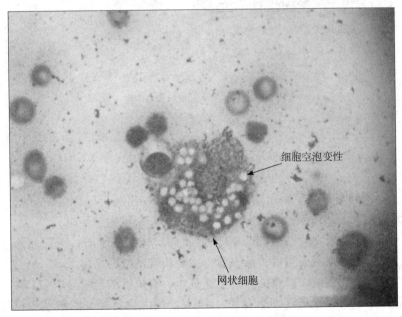

图 18-15 外周血液涂片，瑞-吉氏染色，网状细胞及细胞空泡变性，1 000×

骨髓增殖异常明显，粒细胞系（Myeloid，M）细胞占 35.5%（参考值 53.4%），有核红细胞系（Erythroid，E）细胞占 56.0%（参考值 46.4%），它们之比（M∶E）＝0.6∶1（参考值 1.15∶1）。粒细胞系细胞所占比例明显减少，尤其是分叶核粒细胞所占比例减少最厉害，偶见中性 O 形杆状核粒细胞。红细胞系各阶段幼稚细胞总数占 56.0%，中幼红细胞以上各阶段细胞比例明显偏高，各阶段红细胞胞体大小不等，部分晚幼红细胞核呈多核或花瓣样异形变，少数呈核分裂相，亦见豪-若氏小体。成熟红细胞胞体明显大小不等。涂片尾部可见较多网状细胞，部分网状细胞吞噬细胞现象明显，未见巨核细胞，血小板少见，未见寄生虫。详见图 18-16 至图 18-26。

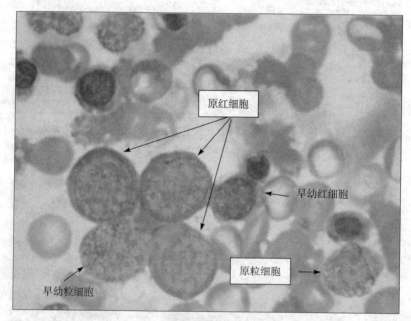

图 18-16　骨髓涂片，瑞-吉氏染色，原粒细胞、早幼粒细胞、
原红细胞、早幼红细胞，1 000×

4. 治疗与尸检　采用输液，保肝利尿，控制感染等疗法。3d 抢救治疗无效死亡。尸体剖检可见肝脏和肾脏肿大，未见内脏肿瘤。

5. 分析与诊断　从病史、临床症状和尸体剖解上看，无任何诊断意义。实验室的血液及骨髓检验来看。主要表现的红白血病。

（1）外周血液。严重的非再生性贫血，有核红细胞明显增多，红细胞明显大小不均，平均红细胞容积（MCV）增大。出现红细胞系和粒细胞系各阶段幼稚细胞。

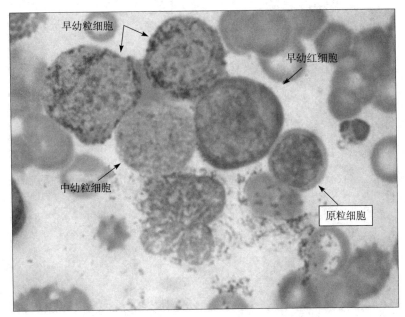

图 18-17　骨髓涂片，瑞-吉氏染色，原粒细胞、早幼粒细胞、中幼粒细胞、早幼红细胞，1 000×

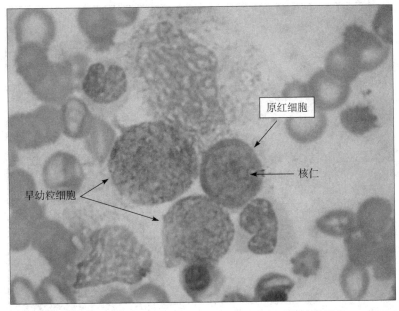

图 18-18　骨髓涂片，瑞-吉氏染色，原红细胞及核仁、早幼粒细胞，1 000×

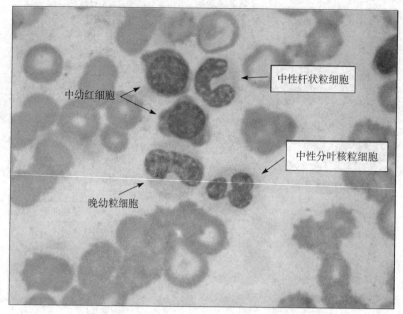

图 18-19　骨髓涂片，瑞-吉氏染色，中幼红细胞、晚幼粒细胞、
中性分叶核粒细胞和中性杆状核粒细胞，1 000×

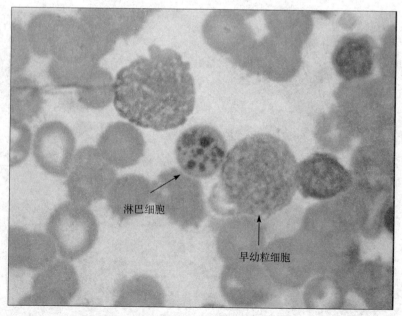

图 18-20　骨髓涂片，瑞-吉氏染色，淋巴细胞、早幼粒细胞，1 000×

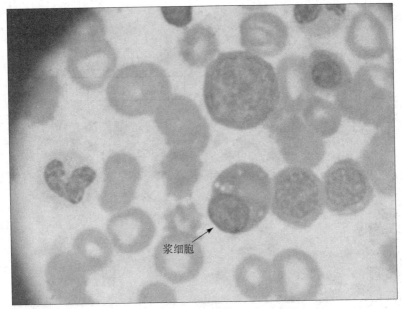

图 18-21　骨髓涂片，瑞-吉氏染色，浆细胞，1 000×

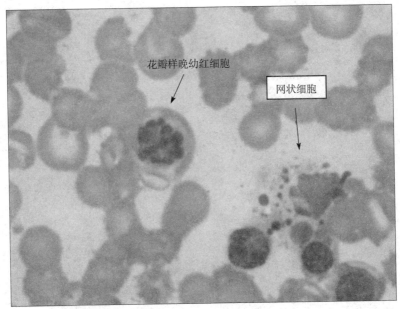

图 18-22　骨髓涂片，瑞-吉氏染色，网状细胞、花瓣样核晚幼红细胞，1 000×

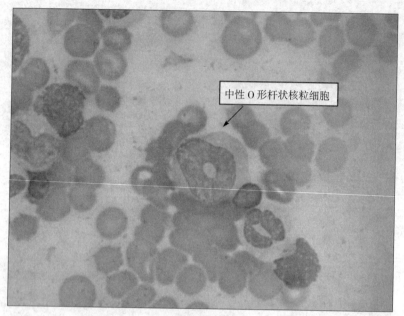

图 18-23　骨髓涂片，瑞-吉氏染色，中性 O 形杆状核粒细胞，1 000×

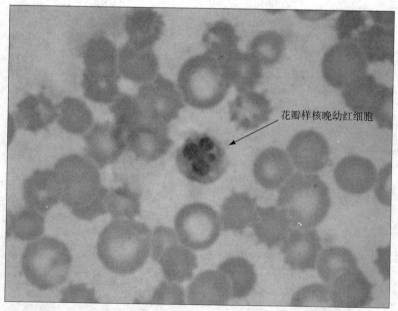

图 18-24　骨髓涂片，瑞-吉氏染色，花瓣样核晚幼红细胞，1 000×

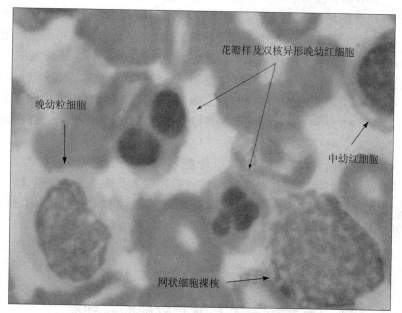

图 18-25　骨髓涂片，瑞-吉氏染色，网状细胞裸核、花瓣样及双核异形
晚幼红细胞、中幼红细胞、晚幼粒细胞，1 000×

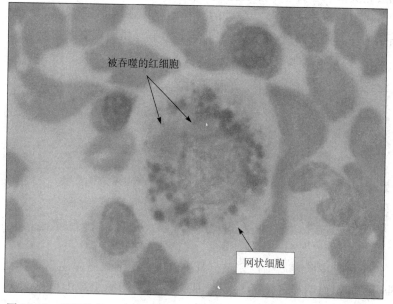

图 18-26　骨髓涂片，瑞-吉氏染色，网状细胞及被吞噬的红细胞，1 000×

（2）骨髓。细胞增生异常明显，主要是红细胞系中幼红细胞以上各阶段幼稚红细胞增生明显，红细胞系有核红细胞占骨髓有核细胞分类的56.0%，大于50%（红白血病诊断标准），其中早幼红细胞和中幼红细胞所占比例明显偏高。粒细胞系各阶段细胞占总数35.5%，从粒细胞系各阶段比例来看，粒细胞系中原粒细胞和早幼粒细胞有增多。据文献报导犬红白血病初期，骨髓里以红细胞系前体为多数，随着病情进展可发展成以粒细胞类前体为主。此骨髓细胞相是以红细胞系前体为多数，为红白血病发病的前期。

人类红白血病时，除骨髓中红细胞系前体所占比例大于50%以外，还可看到多个网状细胞有吞噬红细胞和碎片现象及中性O形杆状核粒细胞。此次也看到犬红白血病骨髓中，也出现了多个网状细胞有吞噬红细胞和碎片现象和中性O形杆状核粒细胞，这在以前文献中未见报道。

综上所述诊断为犬急性红白血病的前期——红血病期。

（此病例来自北京仁仁动物医院韦振宇等）

病例三十二　犬右前肢趾部鳞状细胞癌

蓝狸，15岁，雌性。数月前右前肢指部外伤，久治不愈，近来发现右前肢趾关节以下开始肿胀，指部变形腐烂，分泌恶臭脓汁。主人同意右趾关节以下施行手术截肢。截肢的病标本在10%福尔马林固定一周。常规石蜡切片，切片厚度2μm，HE染色，数码显微镜观察并拍照。

低倍镜观察结果：

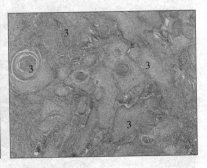

（HE，100×）

镜下可见皮肤表皮结构完整。真皮内可见毛细血管增生（见标注1），结缔组织间出血明显（见标注2）。肌肉深层的结缔组织中可见大小不一的圆形、椭圆形、索状的癌巢（见标注3）。

中、高倍镜观察结果：

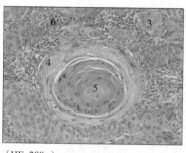 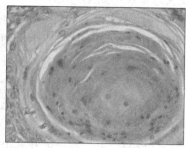

（HE，200×）　　　　　　（HE，400×）

镜下可见癌巢分化程度不一，边缘细胞出现角质化（见标注4），有的中心角化形成癌珠（见标注5和右图）。多数癌珠周围的癌细胞异型性大，细胞核的分裂相较明显（见标注6），可达到3.5～4级。细胞排列如同复层扁平上皮的层次。癌珠周围同心圆状的结构正在形成（见标注5）。

根据组织切片，诊断为指部鳞状细胞癌，恶性程度3.5～4级。犬猫肿瘤病性质的确诊，现在较好的方法就是做组织切片，此病例就是一个最好的范例。

（选自北京观赏动物医院）

病例三十三　犬瘟热和寄生虫等感染

某杂种母犬，1岁，1.75kg。咳嗽、拉稀和不爱吃食物已有3周了。精神不振，人工诱咳阳性，肺部听诊没有明显异常。

实验室检验：

1. 血液检验。红细胞 4.32×10^{12}/L，血红蛋白 76g/L，红细胞压积25％、白血病 4.8×10^9/L、血小板 51×10^9/L。

2. 犬瘟热病毒抗原和犬冠状病毒抗原快速检测都呈阳性。

3. 粪便检验可见球虫卵囊和裂殖子、毛滴虫，详见粪便涂片1。

诊断：

1. 犬瘟热和犬冠状病毒感染。

2. 犬球虫和毛滴虫感染。

病例分析：

1. 因实验室检测犬瘟热病毒抗原和犬冠状病毒抗原都是阳性，故诊断是犬瘟热和犬冠状病毒感染。

2. 粪便涂片检验，显微镜下可看到球虫卵囊和裂殖子、毛滴虫，故诊断是犬球虫和毛滴虫感染。

3. 粪便片子中可看到许多弓样体，它们是球虫的裂殖子，有的裂殖子体内还有黑色的细胞核（片中大圆体右上方）；片子下方正中稍偏左是一个毛滴虫。新鲜粪便涂片上，还可看到快速游动的毛滴虫。犬感染球虫后，如果不拉稀，肠道中的裂殖子，通常不会随粪便排出体外的，粪便检验时，只可以看到球虫卵。但犬肠道较短，在拉稀时才有可能看到球虫的裂殖子。

实验室检验发现：在犬瘟热和犬冠状病毒感染拉稀时，时常可以看到球虫和毛滴虫感染。因此，在治疗时还需注意治疗球虫和毛滴虫感染。

附：另一病例犬瘟热和寄生虫等感染

日本柴犬，3月龄。精神沉郁、腹泻已有3d多了，有少量呕吐，不爱饮水。

实验室检验：

1. 实验室快速检测犬瘟热病毒抗原和犬冠状病毒抗原都呈阳性。

2. 粪便中检验到球虫卵囊和裂殖子、毛滴虫。详见粪便涂片2，片子正中圆形的是球虫卵囊，卵囊下方稍偏右是一个毛滴虫，片中弓形样体是裂殖体。

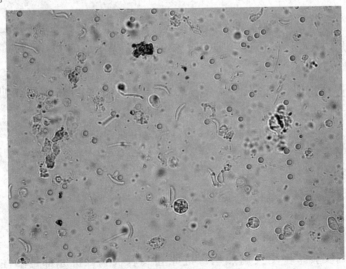

粪便涂片1

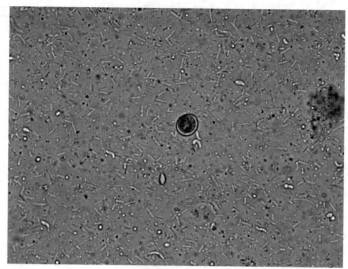

粪便涂片 2

病例三十四　猫泛白细胞减少病引发的血小板减少症

　　猫泛白细胞减少病（猫瘟热）引起的血小板减少症，在猫病临床上罕见，曾遇一例如下：某猫主人饲养三只猫，一只母猫及两只所生的年轻猫，两只年轻猫同窝一岁多，三只猫从未注射过任何疫苗。主人见一只室外流浪母猫带两只幼猫，幼猫发病后，主人曾照顾两只病幼猫，两只病幼猫先后死亡，主人掩埋了它们的尸体。掩埋尸体 10 多天后，发现自家两只年轻猫发病，不吃食物，精神不振。到动物医院实验室检验为猫泛白细胞减少病［猫细小病毒抗原（FPV Ag）阳性］，检验猫免疫缺乏病病毒抗原（FIV Ag）和猫白血病毒抗原（FeLV Ag）均呈阴性。在医院治疗 3d 后，一只有好转，再经 2d 治疗后痊愈；另一只叫小白的猫，精神极差，不爱吃食，流涎，呕吐。小白猫实验室检验结果如下：

血液检验结果

项目和单位	检验结果		猫参考值
WBC（$\times 10^9$/L）	0.20	↓ *	5.5～19.5
HGB（g/L）	113.00		80～150
RBC（$\times 10^{12}$/L）	7.72		5.0～10.0
PLT（$\times 10^9$/L）	4.00	↓	300～700

（续）

项目和单位	检验结果		猫参考值
NEUT（%）	5.04	↓	35～75
LYMPH（%）	55.04	↑	20～55
MONO（%）	15.04	↑	0～4
EO（%）	25.04	↑	0～12
BASO（%）	0.04		0～0.2
NEUT（$\times 10^9$/L）	0.01	↓	2.5～12.5
LYMPH（$\times 10^9$/L）	0.11	↓	1.5～7
MONO（$\times 10^9$/L）	0.03		0～0.85
EO（$\times 10^9$/L）	0.05		0～0.75
BASO（$\times 10^9$/L）	0		0～1.5
HCT（%）	30.04		24～45
MCV（%）	38.94	↓	39～55
MCH（pg）	14.64		13～17
MCHC（g/L）	377.40	↑	300～360
RDW-CV（%）	22.34	↑	14～18.1

两猫细小病毒抗原检验强阳性（＋＋＋＋）。

* 箭头↑表示增多，↓表示减少。

病例分析：

从血液检验和猫细小病毒抗原检验结果可以看出。

1. 白细胞和血小板减少的最厉害。

2. 白细胞五分类中的相对值（%）中，中性粒细胞减少（NEUT），而淋巴细胞（LYMPH）、单核细胞（MONO）和嗜酸性粒细胞（EO）都增多，只有嗜碱性粒细胞（BASO）正常。白细胞五分类中的绝对值（$\times 10^9$/L）中，只有中性粒细胞和淋巴细胞减少，而单核细胞、嗜酸性粒细胞和嗜碱性粒细胞都正常。以上数据可以说明白细胞五分类中的绝对值，其诊断意义较大；白细胞五分类中的相对值只能作为诊断参考。

3. 平均红细胞血红蛋白浓度（MCHC）增多，表明血液有些浓稠；红细胞体积分布宽度－变异系数（RDW－CV）增大，表示骨髓仍能生产红细胞，初生红细胞个体较大，红细胞个体差异较大；平均红细胞体积稍小，一般临床意义不大。

4. 猫免疫缺乏病病毒和猫白血病病毒都能引起猫血小板减少，但实验室检验这两种病毒都是阴性。所以，根据猫细小病毒抗原检验强阳性，确诊是猫泛白细胞减少病无疑。猫细小病毒抗原检验呈强阳性，表明疾病的严重性。

5. 治疗给予猫瘟热病毒单克隆抗体、猫干扰素冻干粉、巨力肽注射液（促白细胞生成）和静脉输液等治疗后，晚上便开始便血 2～3 次。第二天来院治疗，除仍然便血外，检查口腔可见多处黏膜下出血瘀斑。除仍治疗猫瘟热外，建议进行静脉输血治疗，可能有些效果（因无猫单纯血小板可输）。主人找来他家同窝体另一只壮母猫，进行配血试验，结果产生絮状浑浊而未输血。第三天晚上虽经治疗，仍未挽救生命而死亡。

几点启示：

1. 血液检验血小板少于 $20 \times 10^9 / L$ 时，一般易引起黏膜出血，此猫为 $4 \times 10^9 / L$，当然引起了便血和口腔黏膜下出血。今后，凡血液检验血小板少于 $20 \times 10^9 / L$ 时，应及早输血和采取相应的治疗，以利挽救生命。

2. 因猫血型特殊，即便是同窝猫，甚至猫父母或猫子女相互静脉输血时，最好先做配血试验，配血试验适合时，才能静脉输血；配血试验不适合时，不能输血。

3. 室外流浪猫可能身体里带有病毒，它们可能不发病，但仍有可能传染给它们繁殖的幼猫，在直接或间接接触家养猫后，传染给家养猫。因此，家养猫一定要打预防疾病的疫苗，以防被传染发病。

病例三十五　犬尿崩症

尿崩症是一种以多尿、多饮、尿比重降低为特征的水代谢紊乱疾病。在临床上并不多见，现见一例犬尿崩症病例如下：

基本情况：

博美泰迪犬，2 岁，雄性，体重 6kg，常规免疫和驱虫。主诉：此犬最近 2 个月表现烦渴，多尿，几乎看见水就喝，喝后不久就排尿，吃食正常。在几家医院就诊，未诊断出是什么疾病，遂转院诊治。

临床检查：

精神状态良好，鼻端湿润，营养状况中等，腹部触诊未见异常，心率偶有节律不齐。

实验室检验：

见下表。

血液检验

项目和单位	结果	参考值
红细胞（RBC，$\times 10^{12}$/L）	4.96 ↓	5.50～8.50
红细胞压积（HCT，%）	34.3 ↓	37.0～55.0
白细胞（WBC，$\times 10^{9}$/L）	7.7	6.0～16.9
淋巴细胞（LYM，$\times 10^{9}$/L）	1.59	0.70～5.10
单核细胞（MON，$\times 10^{9}$/L）	0.54	0.20～1.70

* 箭头 ↓ 为减少，↑ 为增多。

生化检验

项目和单位	结果	参考值
碱性磷酸酶（ALP，U/L）	80	20～150
γ-谷氨酰转移酶（GGT，U/L）	9 ↑	0～7
天门冬氨酸氨基转移酶（AST，U/L）	39	14～45
丙氨酸氨基转移酶（ALT，U/L）	63	10～118
肌酸激酶（CK，U/L）	132	20～200
淀粉酶（AMLY，U/L）	230	200～1200
尿素氮（BUN，mmol/L）	3.1	2.5～8.9
肌酐（CREA，μmol/L）	77	27～124
尿酸（UA，μmol/L）	<59	<70
葡萄糖（GLU，mmol/L）	5.53	3.30～6.10
胆固醇（CHOL，mmol/L）	4.1	3.2～7.0
总胆红素（T-BIL，μmol/L）	1	0～10
总蛋白（T-PRO，g/L）	59	54～82
白蛋白（ALB，g/L）	31	25～44
球蛋白（GLOB，g/L）	28	23～52
磷（PHOS，mmol/L）	1.51	0.94～2.13
钙（Ca，mmol/L）	2.63	2.15～2.95

尿色比正常尿发白。尿比重：用临床折射仪检测是 1.002（犬参考值 1.015～1.045）。

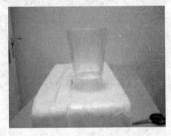

患犬尿液

正常犬尿液

病例分析：

1. 诊断。临床检查、血液和生化检验都基本正常，而尿比重值很小。初步诊断为尿崩症。然后给予垂体后叶素，按每千克体重 0.5U，肌内注射，10min 后，患犬烦渴症状缓解，不再到处找水。20min 后，给患犬提供饮水没有喝，与给药前见水就想喝形成鲜明对比。大约 30min 后患犬排尿，用临床折射仪检测尿比重为 1.008。诊断为中枢性尿崩症。

2. 鉴别诊断。治疗用垂体后叶素，可以有效地治疗中枢性尿崩症，但对肾性尿崩症无效果。在本病例诊断时，几次检测尿比重均为 1.002，说明此犬基本上已无尿浓缩能力了。给予垂体后叶素后，动物很快就止住了烦渴与多尿，且尿比重上升至 1.008，说明肾尿浓缩能力提高。可以判定此犬为中枢性尿崩症。

引发犬多饮多尿症的其他原因还很多，如：糖尿病、肾衰竭、子宫蓄脓、慢性肝脏疾病、甲状腺机能亢进、低血钾等。从此犬的临床症状、血液和生化检验结果看，除有轻度贫血及 r-谷氨酰转移酶略高外，无其他异常，所以可以排除以上疾病。

3. 尿崩症分为两类。第一类是由于垂体后叶加压素（抗利尿激素）合成或释放完全或部分障碍引起，此类称为中枢性尿崩症；第二类是由于肾小管对加压素的反应完全或部分丧失引起的，称为肾性尿崩症。这两种类型的尿崩症既有先天性的，也有后天获得性的。中枢性尿崩症也可能与脑肿瘤或脑部创伤有关，但在犬猫以先天性的居多。肾性尿崩症可能是继发于各种肾病，以及代谢性疾病，如慢性肾衰，高钙血症，子宫蓄脓等，也有先天形成的可能。对于先天性的中枢性尿崩症，通过药物治疗可以取得理想的效果，但对于垂体肿瘤等引发的，预后不良；对于由于脑部创伤造成的，可能会自愈。而肾性尿崩症则预后不良。

附一　发达国家犬猫最常见的五种疾病

发达国家因老年犬猫较多，有人统计犬临床上最常见的五种疾病为癌症（47%）、心脏病（12%）、肾病（7%）、肝病（4%）、癫痫病（4%）。猫临床上最常见的五种疾病为癌症（32%）、肾病和泌尿道病（23%）、心脏病（9%）、糖尿病（6%）、猫传染性腹膜炎（5%）。我国目前犬猫临床上最常见的疾病与此不同。这是由于我国饲养犬猫历史较短，老年犬猫相对较少的原因。但随着老年犬猫增多，犬猫常见病发病规律也可能与发达国家的有相似之处。

附二　人畜共患传染病简介

1. 人畜共患传染病概述

是指在人类和动物之间自然感染和传播的疾病。按病原体分类，人畜共患传染病分为病毒病、细菌病、衣原体病、立克次氏体病、真菌病和寄生虫病等，世界各国共发现人畜共患传染病400多种；我国发现有200来种。

2. 人畜共患传染病名录

根据《中华人民共和国动物防疫法》的有关规定，农业部会同卫生部制定了《人畜共患传染病名录》。名录中共列举了26种我国主要人畜共患传染病，分别是牛海绵状脑病、高致病性禽流感、狂犬病、炭疽、布鲁氏菌病、弓形虫病、棘球蚴病、钩端螺旋体病、沙门氏菌病、牛结核病、日本血吸虫病、猪乙型脑炎、猪Ⅱ型链球菌病、旋毛虫病、猪囊尾蚴病、马鼻疽、野兔热、大肠杆菌病（O157：H7）、李氏杆菌病、类鼻疽、放线菌病、肝片吸虫病、丝虫病、Q热、禽结核病和利什曼病等。这26种主要人畜共患传染病是人和畜禽共患传染病。

3. 人和犬猫共患传染病

农业部会同卫生部制定的我国《人畜共患传染病名录》，共列举了26种主要人畜共患传染病，其实人和犬猫共患传染病远不止这些。作者在这里列举的56种人和犬猫共患传染病，其中有10多种疾病可在《人畜共患传染病名录》中看到，而由犬猫咬伤引发的狂犬病对人类危害最大，可见了解人和犬猫共患传染病，对人类预防人畜共患传染病是多么主要。

人和犬猫共患主要传染病

病　　名	病　　原	传播途径	患病动物
1. 狂犬病*	狂犬病毒	咬伤、呼吸道和消化道	犬猫及温血动物
2. 流行性乙型脑炎	流行性乙型病毒	蚊子叮咬	犬猫和畜禽
3. 传染性脓疱（羊口疮）	口疮病毒	接触感染	猫、羊、犬
4. 猫抓病（猫抓热）	巴尔通氏体	猫抓、咬	猫
5. 北亚蜱传斑疹伤寒	西伯利亚立克次体	蜱叮咬	犬、动物和鸟类
6. 鹦鹉热	衣原体	空气传播	犬猫、兽和鸟类
7. 布鲁氏菌病*	犬布鲁氏菌	接触感染	犬猫和家畜等
8. 沙门氏菌病*	沙门氏菌	接触感染	犬猫和畜禽

（续）

病　名	病　原	传播途径	患病动物
9. 耶尔森氏菌小肠结肠炎	肠炎耶氏菌	接触感染	犬猫和畜禽
10. 伪结核病	伪结核耶氏菌	接触感染	犬猫和家畜
11. 弯曲菌病	空肠弯曲菌	接触感染	犬猫和畜禽
12. 鼻疽*	鼻疽假单胞菌	接触感染	犬猫和马、骆驼等
13. 炭疽*	炭疽杆菌	接触和食入	犬猫和家畜
14. 巴氏杆菌病	巴氏杆菌	咬或抓伤	犬猫和家畜
15. 李氏杆菌病*	产单核细胞李氏杆菌	消化、呼吸和破伤	犬猫和畜禽
16. 大肠杆菌病	大肠杆菌	消化道	犬猫和家畜
17. 破伤风	破伤风梭菌	伤口	犬猫和家畜
18. 嗜皮菌病	刚果嗜皮菌	损伤和蝇叮咬	犬猫和家畜
19. 钩端螺旋体病*	钩端螺旋体	接触感染	犬猫和畜禽
20. 放线菌病	放线菌	接触	犬猫和家畜
21. 兔热病	土拉杆菌	接触或昆虫	兔和鼠类
22. 莱姆病	博氏疏螺旋体	蜱叮咬	犬猫和多种动物
23. 埃利体病	立克次体	蜱叮咬	犬等动物
24. Q热（贝氏柯克斯-立克次体）	立克次体	接触或吸入	犬猫等
25. 斑疹伤寒立克次体病	立克次体	蚤咬	猫等
26. 落基山斑疹热	立克次体	蜱叮咬	犬等
27. 皮肤真菌病	小孢子菌和毛癣菌	接触感染	犬猫和畜禽
28. 组织胞浆菌病	荚膜组织胞浆菌	吸入或食入	犬猫和家畜
29. 隐球菌病	新型隐球菌	吸入或伤口	犬猫和畜禽
30. 念珠菌病	白色念珠菌	经口和接触	犬猫和家畜
31. 孢子丝菌病	伸克氏孢子丝菌	伤口、消化道和呼吸道	犬猫和畜禽
32. 利什曼病（黑热病）*	杜氏利什曼原虫	白蛉叮咬	犬、狐和狼等
33. 贾第虫病	蓝氏贾第鞭毛虫	经食物和饮水	犬猫和家畜
34. 弓形虫病*	龚地弓形虫	经胎盘、消化、呼吸和伤口	犬猫和多种动物
35. 隐孢子虫病	鼠隐孢子虫	经食物和饮水	犬猫和家畜、鼠类
36. 阿米巴病	溶组织内阿米巴原虫	经食物和饮水	犬猫和猪、鼠
37. 小袋虫病	结肠小袋虫	经食物和饮水	犬、猪、猿和鼠
38. 分体吸虫病（血吸虫病）*	日本分体吸虫	经皮肤和胎盘	犬猫和多种动物
39. 并殖吸虫病（肺吸虫病）	卫氏并殖吸虫	生吃虾蟹	犬猫和食肉动物

（续）

病　名	病　原	传播途径	患病动物
40. 华支睾吸虫病	中华支睾吸虫	生吃鱼	犬猫和多种动物
41. 片形吸虫病*	肝片形吸虫	经食物和水	犬猫和牛羊猪
42. 异形吸虫病	异形吸虫	生吃淡水鱼	犬猫和猪等
43. 后睾吸虫病	猫后睾吸虫	生吃淡水鱼	犬猫等
44. 绦虫病	犬复孔绦虫 阔节裂头绦虫	跳蚤和吃生鱼	犬猫和吃生鱼动物
45. 棘球蚴病（包虫病）*	细粒棘球蚴绦虫和棘球蚴	接触和吃生肉	犬猫和牛羊狼狐狸
46. 裂头蚴病	孟氏迭宫绦虫	生吃甲壳动物	犬猫和食肉动物
47. 蛔虫病	弓首蛔虫	经食物和饮水	犬猫和多种动物
48. 旋毛虫病*	旋毛虫	吃生肉或未煮熟的肉	犬猫和多种动物
49. 类圆线虫病	粪类圆线虫	经皮肤和黏膜	犬猫和狐狸
50. 钩虫病	犬钩虫等	经口和皮肤	犬猫和多种动物
51. 吸吮线虫病（眼虫病）	结膜吸吮线虫	蝇等	犬猫和兔鼠马
52. 颚口线虫病	棘颚口线虫	生吃淡水鱼	犬猫和鸡鸭等
53. 犬恶心丝虫病	犬恶心丝虫	蚊子咬	犬猫等
54. 巨吻棘头虫病	蛭形巨吻棘头虫	金龟子	犬猫和猪
55. 疥螨病	犬疥螨、猫背肛螨、耳螨	直接接触	犬猫和多种动物
56. 跳蚤病	犬猫栉首蚤	直接接触	犬猫和多种动物

*　可在《人畜共患传染病名录》中看到。

第十九章

实验室检验常用的仪器
设备功能及参数介绍

一、兽医专用血细胞分析仪

(一) IDEXX VetAutoRead™干式血细胞分析仪

1. 功能及用途　目前市场上唯一一台能够提供网织红细胞参数的三分类血细胞分析仪。

2. 系统参数

(1) 电源要求：220V AC，50～60Hz。

(2) 环境温度及湿度：20～32℃，相对湿度为10％～95％。

(3) 主机尺寸：高×宽×深　340mm×240mm×100mm。

(4) 重量：3.6kg。

3. 技术指标

(1) 技术原理：采用荧光染色、离心和干式技术，配套毛细管内包含有吖啶橙染料，该染料可以和细胞内的核酸和细胞质等成分结合，并在不同波长的激发光的激发下，发出不同颜色的光。根据这个原理，在毛细管内加入浮标，在浮标和离心管之间形成可以容纳1～2个细胞的间隙，离心后，细胞一个一个的排列在浮标周围，然后机器会夹住毛细管在光源下反复扫描8次，并取平均值作为最终报告，而且可以形成白膜层（Buffy coat）图，供医生参考。荧光染色的技术避免仅依靠大小来进行白细胞计数和分类带来由于血小板凝集等因素对白细胞计数的影响。

(2) 样本来源：EDTA抗凝全血。

(3) 检测速度：1min完成一个测试。

(4) 检测项目：包括红细胞，白细胞以及网织红细胞在内的13个参数，为血细胞分析提供一个详尽而全面的结果，尤其是网织红细胞和有核红细胞的参数可以帮助医生进行贫血原因的诊断。

(5) 参考值：提供犬猫马牛四个物种的专用参考值。

检验报告项目表			检验报告项目表		
1	HCT	红细胞压积	8	EOS	嗜酸性粒细胞
2	HGB	血红蛋白	9	L/M	非颗粒细胞
3	MCHC	平均红细胞血红蛋白浓度	10	L/M%	非颗粒细胞百分比
4	WBC	白细胞	11	PLT	血小板
5	GRANS	颗粒细胞	12	Retic%	网织红细胞百分比
6	GRAN%	颗粒细胞百分比	13	nRBC	有核红细胞（提示值）
7	NEUT	中性粒细胞			

（6）检测报告：仪器内可以与 IDEXX VetTest ®生化仪连接打印血常规、生化检查项目整合报告。也可以与 IDEXX 实验室管理系统连接。

（7）质控与校正：仪器配备有原厂提供的专用校正工具；客户可自行进行校正，每日进行一次校正即可，校正时间只需要 1min，校正工具也是可以反复使用的，期间没有任何其他的费用支出。

（8）联机：可以和实验室管理系统，医院管理系统进行联机。

（二）IDEXX Procyte Dx ®兽医专用全自动细胞分析仪

1. 功能及用途

可以自动完成 EDTA 抗凝全血的血细胞五分类分析与结果的自动打印。

2. 系统参数

（1）电源要求：100～240V AC，50～60Hz。

（2）环境温度及湿度：19～27℃，相对湿度为 30%～85%。

（3）主机尺寸：长×深×高　320mm×410mm×400mm。

（4）重量：25kg。

3. 技术指标

（1）技术原理：采用激光流式细胞化学荧光染色仪和经典库尔特原理进行血细胞的分析，红细胞和血小板采用库尔特原理进行细胞计数，网织红细胞和白细胞采用的激光流式细胞仪及荧光染色的原理。在鞘液的带动下，让染色过白细胞在石英流动室里一个个排队经过激光检测点，根据细胞内部结构的不同与染色结合以后发出不同强度的荧光，而进行白细胞的五分类。同时还有网织红专用染剂染料，可以对网织红细胞进行染色，完成网织红细胞的绝对计数。

（2）样本来源：EDTA 抗凝全血、胸水、腹水、脑脊液及其他体液。

（3）样本使用量：每个检测需要 30uL 样本。

（4）检测项目：共 24 项血常规项目，体液检测数据包括有核细胞（数目及百分比）、颗粒细胞（数目及百分比）、非颗粒细胞（数目及百分比）、红细胞（数目及百分比）。

检验报告项目表			检验报告项目表		
1	RBC	红细胞计数	13	MONO	单核细胞计数
2	HCT	红细胞压积	14	EOS	嗜酸性粒细胞计数
3	HGB	血红蛋白	15	BASO	嗜碱性粒细胞计数
4	MCV	红细胞平均体积	16	%NEU	中性粒细胞百分比
5	MCH	平均红细胞血红蛋白含量	17	%LYM	淋巴细胞百分比
6	MCHC	平均红细胞血红蛋白浓度	18	%MONO	单核细胞百分比
7	RDW	红细胞分布宽度	19	%EOS	嗜酸性粒细胞百分比
8	Retic	网织红细胞计数	20	%BASO	嗜碱性粒细胞百分比
9	%Retic	网织红细胞百分比	21	PLT	血小板计数
10	WBC	白细胞计数	22	MPV	平均血小板体积
11	NEU	中性粒细胞计数	23	PDW	血小板分布宽度
12	LYM	淋巴细胞计数	24	PCT	血小板压积

（5）参考值：仪器内部可以提供犬猫马牛貂猪兔沙鼠豚鼠等动物的参考值范围；

（6）检测报告：可自动或者根据客户的要求打印报告，检测报告可提供检测值、参考值范围散点图以及根据检测结果建议追加检查项目、疾病建议诊断等多种信息；

（7）质控与校正：仪器配有原厂专业质检品，可以在操作软件的控制下，自动进行日常维护与校正，客户无需进行任何操作；

（8）联机：仪器本身就是配置有 window 系统下的实验室管理，可以和生化仪、内分泌仪、尿液检测仪、血气分析仪、血凝检测仪等多种实验室的检测仪器联机，整合为一个实验管理系统。管理系统可以通过触摸屏进行操作，下达指令给联机的各种检验仪器，同时可以整合系统内的各种检验仪器的报告。还可以在同一个病历号码下，进行检验结果的趋势分析，便于临床医师进行临床监测与疗效分析；

二、兽医专用干式生化分析仪

（一）IDEXX VetTest ®生化分析仪

1. 功能及用途　全套设备可完成加样到自动样本分析、结果自动打印等全过程的生化检查。

2. 系统参数

（1）电源要求：100～240V AC，50～60Hz。

（2）环境温度及湿度：19～27℃，相对湿度为30％～85％。

（3）主机尺寸：长×深×高　456mm×360mm×200mm，包括滴注管高245mm。

3. 技术指标

（1）技术原理：采用多层膜干化学技术，而且多层膜中含有特殊的过滤层，消除干扰物质对化学反应的影响。

（2）样本来源：血清、血浆、尿液。

（3）检测速度：120个测试/h；一批次可以测试12个项目；每批次检测需要6min。

（4）样本使用量：每个检测项目需要10uL样本。

（5）检测项目：可以提供26个检测项目的独立试剂片，且检测项目可以根据用户的需求自由组合，同时还提供不同需求的检验套组。

检验报告项目表			检验报告项目表		
1	ALB	白蛋白	14	LDH	乳酸脱氢酶
2	ALKP	碱性磷酸酶	15	LIPA	脂肪酶
3	ALT	丙氨酸氨基转移酶	16	Mg	镁
4	AMYL	淀粉酶	17	NH$_3$	氨
5	AST	天门冬酸氨基转移酶	18	PHOS	无机磷
6	UREA（BUN）	血清尿素氮	19	TBIL	总胆红素
7	Ca	钙	20	TP	总蛋白
8	CHOL	胆固醇	21	TRIG	甘油三脂
9	CK	肌酸肌酶	22	*UPRO	尿蛋白
10	CREA	肌酐	23	*UCREA	尿肌酐
11	GGT	伽马谷氨酰胺转肽酶	24	URlC	尿酸
12	GLU	血糖	25	**UPRO/UCREA	尿蛋白/尿肌酐比
13	LACT	乳酸	26	*GLOB	球蛋白
					*计算值

（6）参考值：仪器内部可以提供39种动物的参考值范围。

宠物：犬、猫、马、貂、牛、鸟禽类。

家畜：骆马、绵羊、山羊、猪。

实验动物：兔、大鼠、小鼠、猴。

爬虫类：蜥蜴、蛇、龟。

（7）检测报告：仪器内配置有热敏打印机，也可以外接打印机，自动或者根据客户的要求打印报告，检测报告可提供检测值、参考值范围及根据检测结果建议追加检查项目、疾病建议诊断等多种信息。

（8）质控与校正：仪器配备有原厂提供的专用质控品；客户无需日常维护与校正。

（9）联机：可以与干式血球仪联机，也可以和实验室管理系统，医院管理系统进行联机。

（10）耗材：提供 24 种单项试剂片和 7 种组合试剂片，每片试剂片都采用独立锡箔纸包装，根据要求冷冻或者冷藏保存。使用时，无需回温到室温，即开即用。

（二）Catalyst One™全自动生化分析仪

1. 功能及用途　全套设备可完成从血清或者血浆制备到自动样本分析、结果自动打印等全过程的生化检查。

2. 系统参数

（1）电源要求：100～240V，240VDC，2A/50～60Hz。

（2）环境温度及湿度：19～27℃，相对湿度为 15％～17％。

（3）主机尺寸：高×宽×深　356mm×254mm×376mm。

（4）重量：11.34kg。

3. 技术指标

（1）技术原理：采用多层膜干化学技术，而且多层膜中含有特殊的过滤层，消除干扰物质对化学反应的影响。

（2）样本来源：血清、血浆、尿液。

（3）检测速度：每批次全血可以检测 18 个项目，检测时间从离心到报告打印共 8min。

（4）自动化：机器内部有配置离心机，可以自动实现全血到血浆的制备，无需人工干预，而且还可以自动进行样本的稀释等操作，避免人为操作误差。

（5）样本使用量：每个检测项目需要 10uL 样本。

（6）检测项目：既可以提供生化和电解质项目的检测，也可以进行果糖胺、苯巴比妥和 TT4 等特殊项目的检测。一共可以提供 30 个检测项目的独立试剂片，提供 34 个检测结果，且检测项目可以根据用户的需求自由组合，同时还提供不同需求的检验套组：

生化检测项目	ALB、ALKP、ALT、AMYL、AST、BUN、Ca、CHOL、CK、Cl、CREA、FRU、GGT、GLU、K、LAC、LDH、LIPA、Mg、Na、NH₃、PHBR、PHOS、TBIL、TT4、TP、TRIG、UCRE、UPRO、URIC
内分泌检测项目	TT4 及未来新推项目

（7）参考值：仪器内部可以提供 39 种动物的参考值范围。

宠物：犬、猫、马、牛、貂、牛、鸟禽类。

家畜：骆马、绵羊、山羊、猪。

实验动物：兔、大鼠、小鼠、猴。

爬虫类：蜥蜴、蛇、龟。

（8）检测报告：可自动或者根据客户的要求打印报告，检测报告可提供检测值、参考值范围及根据检测结果建议追加检查项目、疾病建议诊断等多种信息。

（9）质控与校正：仪器配备有原厂提供的专用质控品；客户只需简单的日常维护与保养。

（10）联机：仪器本身就是配置有 window 系统下的实验室管理，可以和生化仪、内分泌仪、尿液检测仪、血气分析仪、血凝检测仪等多种实验室的检测仪器联机，整合为一个实验管理系统。管理系统可以通过触摸屏进行操作，下达指令给联机的各种检验仪器，同时可以整合系统内的各种检验仪器的报告。还可以在同一个病历号码下，进行检验结果的趋势分析，便于临床医师进行临床监测与疗效分析。

（11）耗材：提供 30 种单项试剂片，和 8 种组合试剂片，每片试剂片都采用独立锡箔纸包装，根据需求可以冷冻或者冷藏保存。使用时，无需回温到室温，即开即用。

三、兽医专用干式血液电解质与气体分析仪

IDEXX VetStat ® 兽医专用电解质与血液气体分析仪

1. 功能及用途　可以自动完成全血、血浆、血清样本的电解质和血液气体（静脉和动脉气体分压）的分析检测，报告打印等检测全过程。

2. 系统参数：

（1）电源要求：120/240AC/16VDC，2.8A/50～60Hz。

（2）环境温度及湿度：10～32℃，相对湿度为 5%～95%（非冷凝状

态）。

（3）主机尺寸：高×宽×深 124mm×362mm×230mm。

（4）重量：4kg（不含电池）、5kg（含电池）。

3. 技术指标

（1）技术原理：采用光学荧光技术，干式技术；封闭式检测，血液气体不受环境影响，检测时，样本不进入仪器内部，排除样本间的交叉污染的可能性。

（2）样本来源：血清、血浆、肝素钾抗凝全血。

（3）检测速度：2min 完成一个测试。

（4）样本使用量：每个检测需要 125uL 样本。

（5）检测项目：可以提供 5 种不同项目组合的试剂片，检测项目可以根据温度的差异，进行校正，其检测项目如下：

	检验报告项目表				检验报告项目表	
1	pH	酸碱度	8	Cl	氯
2	P_{CO_2}	二氧化碳分压	9	PO_2	氧分压
3	HCO_3	碳酸氢根离子	10	S_{O_2}	氧饱和度
4	AnGap	阴离子间隙	11	base excess	碱剩余
5	tCO_2	总二氧化碳	12	Ca	游离钙
6	Na	钠	13	GLU	血糖
7	K	钾			

（6）参考值：仪器内部可以提供犬、猫、马的参考值范围。

（7）检测报告：仪器内配置有热敏打印机，可自动或者根据客户的要求打印报告，检测报告可提供检测值、参考值范围以及根据检测结果建议追加检查项目、疾病建议诊断等多种信息；同时仪器内部可以储存 200 笔检测报告；

（8）质控与校正：仪器配备有原厂提供的专用质控品；客户可自行进行校正，客户无需日常维护；

（9）手提便携：交直流两用，内置充电电池，可在无交流电源情况下运行 4 小时；彩色触摸屏操作，界面有文字和图形引导，操作简单；

（10）联机：可以和实验室管理系统，医院管理系统进行联机；

（11）耗材：提供 5 种试剂片，每片试剂片都采用独立锡箔纸包装，4～30℃保存，即开即用。

四、兽医专用血凝分析仪

IDEXX Coag Dx™兽医专用血凝分析仪

1. 功能及用途 完成全血或者是柠檬酸钠抗凝血的血液凝固时间的检测与自动输出报告。

2. 系统参数

（1）电源要求：120/240AC/16VDC，2.8A/50～60Hz。

（2）环境温度：15～30℃。

（3）主机尺寸：高×宽×深 190mm×90mm×60mm。

（4）重量：0.5kg。

（5）计时范围：0～500s。

（6）温育温度：37℃±1℃。

（7）电池寿命：反复充电 500 次。

3. 技术指标

（1）样本来源：全血、柠檬酸钠抗凝全血。

（2）检测速度：数秒内完成。

（3）样本使用量：每个检测需要 50uL 样本。

（4）检测项目：

	检验报告项目表	
1	aPTT	部分活化凝血酶原时间
2	PT	凝血酶原时间
3	Citrated aPTT	柠檬酸钠抗凝血部分活化凝血酶原时间
4	Citrated PT	柠檬酸钠抗凝血凝血酶原时间

（5）参考值：仪器内部可以提供犬猫马的参考值范围。

（6）校正：仪器在开机时进行时间与温度的自行校正；客户无需日常维护。

（7）手提便携：交直流两用，可在无交流电源情况下运行 4h。

（8）联机：可以和实验室管理系统，医院管理系统进行联机。

（9）耗材：提供 4 种试剂片，每片试剂片都采用独立锡箔纸包装，常温保存，即开即用。

五、兽医专用尿液分析仪

IDEXX VetLab® UA™兽医专用尿液分析仪

1. 功能及用途 可以完成尿液的分析检测，报告打印等全过程。

2. 系统参数：

（1）电源要求：100～240V AC，50～60Hz，800mA。

（2）环境温度及湿度：20～32℃，相对湿度为10％～95％。

（3）主机尺寸：高×宽×深 190mm×300mm×90mm。

（4）重量：0.8kg。

3. 技术指标

（1）技术原理：采用光源折射的原理进行检测，仪器配置有6个LED光源，同时试剂条也设置有补偿色块、碘化物的过滤层、尼龙网层等特殊装置，保证检测结果不受各种干扰物质的影响。

（2）样本来源：尿液。

（3）检测速度：70s完成一个测试。

（4）检测项目：

检验报告项目表		
1	LEU	白细胞
2	UBG	尿胆原
3	KET	酮体
4	BLD	血细胞
5	pH	pH值
6	GLU	尿糖
7	BIL	尿胆红素
8	PRO	尿蛋白

（5）检测报告：仪器内配置有热敏打印机，可自动或者根据客户的要求打印报告，检测报告可提供检测值，或者加号等多种报告方式，另外还可以根据检测结果建议追加检查项目、疾病建议诊断等多种信息；同时仪器内部可以储存100笔检测报告。

（6）质控与校正：仪器配备有原厂提供的专用校正片；客户可自行进行校正，客户无需日常维护。

（7）联机：可以和实验室管理系统，医院管理系统进行联机。

六、兽医专用内分泌分析仪

IDEXX SNAPSHOT Dx ® 内分泌及快速检测试剂分析仪

1. 功能及用途 可以自动完成甲状腺素、可的松、胆汁酸，以及相关快速检测试剂盒等项目的检测。

2. 系统参数

(1) 电源要求：100～240VAC，50～60Hz。

(2) 环境温度及湿度：20～32℃，相对湿度为 10％～95％。

(3) 主机尺寸：长×深×高　200mm×290mm×320mm。

(4) 重量：4kg。

3. 技术指标

(1) 技术原理：采用 ELISA 的检测原理，对样本中的 T4、可的松、胆汁酸等项目进行检测。

(2) 样本来源：血清、血浆、全血。

(3) 样本使用量：根据每个检测项目的不同，使用的样本量不同，但是最多不超过 100uL。

(4) 检测速度：15min 以内。

(5) 检测通量：可以同时进行两个不同样本不同项目的检测。

(6) 检测项目：甲状腺素、可的松、胆汁酸、犬/猫特异性脂肪酶检测试剂盒、猫二合一检测试剂盒、犬四合一加检测试剂盒、猫 BNP 检验试剂盒等。

SNAPshot Dx ® 内分泌及快速检测试剂分析仪使用耗材		检验报告项目表	
	内分泌项目：甲状腺素（专用）、胆汁酸、皮质醇试剂盒	T4 Bile Acids Cortisol	甲状腺素 胆汁酸 皮质醇
	SNAP Tests 快速检测试剂：犬胰腺炎、猫胰腺炎、犬四合一加、猫二合一、犬/猫心丝虫、猫心脏病试剂盒等	cPL fPL 4Dx plus Combo HeartwormRT Feline proBNP	犬胰腺炎 猫胰腺炎 犬四合一加 猫二合一 犬/猫心丝虫 猫心脏病

(7) 检测报告：可自动或者根据客户的要求打印报告，检测报告可提供检测值，或者阳性/阴性等多种报告方式，另外还可以根据检测结果建

议追加检查项目结果参考说明、疾病建议诊断等多种信息。

（8）质控与校正：日常无需校正和保养。

（9）联机：仪器本身就是配置有 window 系统下的实验室管理，可以和生化仪、血常规分析仪、尿液检测仪、血气分析仪、血凝检测仪等多种实验室的检测仪器联机，整合为一个实验管理系统。管理系统可以通过触摸屏进行操作，下达指令给联机的各种检验仪器，同时可以整合系统内的各种检验仪器的报告。还可以在同一个病历号码下，进行检验结果的趋势分析，便于临床医师进行临床监测与疗效分析。

七、常见检测项目的参考值

1. 参考值范围：幼犬

项目	美国单位		国际单位	
ALB	2.1～3.6	g/dl	21～36	g/L
ALKP	46～337	U/L	46～337	U/L
ALT	8～75	U/L	8～75	U/L
AMYL	300～1300	U/L	300～1300	U/L
AST	0～50	U/L	0～50	U/L
BUN	7～29	mg/dl	2.5～10.4	mmol/L
Ca^{2+}	7.8～12.6	mg/dL	1.95～3.15	mmol/L
CHOL	100～400	mg/dL	2.6～10.3	mmol/L
CK	99～436	U/L	99～436	U/L
CREA	0.3～1.2	mg/dL	27～106	umol/L
GGT	0～2	U/L	0～2	U/L
GLU	85～159	mg/dL	5～8	mmol/L
LDH	0～273	U/L	0～273	U/L
LIPA	100～1500	U/L	100～1500	U/L
Mg^{2+}	1.2～2.04	mg/dL	0.50～0.85	mmol/L
NH_3	0～99	umol/L	0～99	umol/L
PHOS	5.1～10.4	mg/dL	1.65～3.35	mmol/L
TBIL	0～0.8	mg/dL	0～14	umol/L
TP	4.8～7.2	g/dL	48～72	g/L
TRIG	0～33	mg/dL	0.00～0.37	mmol/L
URIC	0～1	mg/dL	0～60	umol/L
GLOB	2.3～3.8	g/dL	23～38	g/L
Na^+	145～157	mmol/L	145～157	mmol/L
K^+	3.5～5.5	mmol/L	3.5～5.5	mmol/L
Cl^-	105～119	mmol/L	105～119	mmol/L

2. 参考值范围：成犬

项目	美国单位		国际单位	
ALB	2.2～3.9	g/dl	27～38	g/L
ALKP	23～212	U/L	23～212	U/L
ALT	10～100	U/L	10～100	U/L
AMYL	500～1500	U/L	500～1500	U/L
AST	0～50	U/L	0～50	U/L
BUN	7～27	mg/dl	2.5～9.6	mmol/L
Ca^{2+}	7.9～12.0	mg/dL	1.98～3.00	mmol/L
CHOL	110～320	mg/dL	2.84～8.27	mmol/L
CK	100～200	U/L	100～200	U/L
CREA	0.5～1.8	mg/dL	44～159	umol/L
GGT	0～7	U/L	0～7	U/L
GLU	74～149	mg/dL	4.28～6.94	mmol/L
LDH	40～400	U/L	40～400	U/L
LIPA	200～1800	U/L	200～1800	U/L
Mg^{2+}	1.40～2.38	mg/dL	0.58～0.99	mmol/L
NH_3	0～98	umol/L	0～98	umol/L
PHOS	2.5～6.8	mg/dL	0.81～2.19	mmol/L
TBIL	0～0.9	mg/dL	0～15	umol/L
TP	5.2～8.2	g/dL	52～82	g/L
TRIG	10～100	mg/dL	0.11～1.13	mmol/L
URIC	0～1	mg/dL	0～60	umol/L
GLOB	2.5～4.5	g/dL	25～45	g/L
Na^+	144～160	mmol/L	144～160	mmol/L
K^+	3.5～5.8	mmol/L	3.5～5.8	mmol/L
Cl^-	109～122	mmol/L	109～122	mmol/L

3. 参考值范围：老犬

项目	美国单位		国际单位	
ALB	2.2～3.9	g/dl	2.7～38	g/L
ALKP	23～212	U/L	23～212	U/L
ALT	10～100	U/L	10～100	U/L
AMYL	500～1500	U/L	500～1500	U/L
AST	0～50	U/L	0～50	U/L
BUN	7～27	mg/dl	2.5～9.6	mmol/L
Ca^{2+}	7.9～12.0	mg/dL	1.98～3.00	mmol/L
CHOL	110～320	mg/dL	2.84～8.27	mmol/L
CK	44～200	U/L	44～200	U/L
CREA	0.5～1.8	mg/dL	44～159	umol/L

（续）

项目	美国单位		国际单位	
GGT	0～7	U/L	0～7	U/L
GLU	74～149	mg/dL	4.28～6.94	mmol/L
LDH	40～400	U/L	40～400	U/L
LIPA	200～1800	U/L	200～1800	U/L
Mg^{2+}	1.40～2.38	mg/dL	0.58～0.99	mmol/L
NH_3	0～98	umol/L	0～98	umol/L
PHOS	2.5～6.8	mg/dL	0.81～2.19	mmol/L
TBIL	0～0.9	mg/dL	0～15	umol/L
TP	5.2～8.2	g/dL	52～82	g/L
TRIG	10～100	mg/dL	0.11～1.13	mmol/L
URIC	0～1	mg/dL	0～60	umol/L
GLOB	2.5～4.5	g/dL	25～45	g/L
Na^+	144～160	mmol/L	144～160	mmol/L
K^+	3.5～5.8	mmol/L	3.5～5.8	mmol/L
Cl^-	109～122	mmol/L	109～122	mmol/L

4. 参考值范围：幼猫

项目	美国单位		国际单位	
ALB	2.2～3.9	g/dl	22～39	g/L
ALKP	14～192	U/L	14～192	U/L
ALT	12～115	U/L	12～115	U/L
AMYL	500～1400	U/L	500～1400	U/L
AST	0～32	U/L	0～32	U/L
BUN	16～33	mg/dl	5.7～11.8	mmol/L
Ca^{2+}	7.9～11.3	mg/dL	1.98～2.83	mmol/L
CHOL	62～191	mg/dL	1.6～5.0	mmol/L
CK	0～394	U/L	0～394	U/L
CREA	0.6～1.6	mg/dL	53～141	umol/L
GGT	0～1	U/L	0～1	U/L
GLU	84～161	mg/dL	4.7～7.2	mmol/L
LDH	0～1128	U/L	0～1128	U/L
LIPA	40～500	U/L	40～500	U/L
Mg^{2+}	1.62～2.23	mg/dL	0.68～0.93	mmol/L
NH_3	0～95	umol/L	0～95	umol/L
PHOS	4.5～10.4	mg/dL	1.45～3.35	mmol/L
TBIL	0～0.9	mg/dL	0～15	umol/L
TP	5.2～8.2	g/dL	52～82	g/L
TRIG	8～54	mg/dL	0.09～0.61	mmol/L
URIC	0～1	mg/dL	0～60	umol/L
GLOB	2.3～4.8	g/dL	23～48	g/L
Na^+	150～165	mmol/L	150～165	mmol/L
K^+	3.7～5.9	mmol/L	3.7～5.9	mmol/L
Cl^-	115～126	mmol/L	115～126	mmol/L

5. 参考值范围：成猫

项目	美国单位		国际单位	
ALB	2.2～4.0	g/dl	26～39	g/L
ALKP	14～111	U/L	14～111	U/L
ALT	12～130	U/L	12～130	U/L
AMYL	500～1500	U/L	500～1500	U/L
AST	0～48	U/L	0～48	U/L
BUN	16～36	mg/dl	5.7～12.9	mmol/L
Ca^{2+}	7.8～11.3	mg/dL	1.95～2.83	mmol/L
CHOL	65～225	mg/dL	1.7～5.8	mmol/L
CK	0～314	U/L	0～314	U/L
CREA	0.8～2.4	mg/dL	71～212	umol/L
GGT	0～1	U/L	0～1	U/L
GLU	75～166	mg/dL	4.0～8.0	mmol/L
LDH	0～798	U/L	0～798	U/L
LIPA	100～1400	U/L	100～1400	U/L
Mg^{2+}	1.5～3.0	mg/dL	0.63～1.25	mmol/L
NH_3	0～95	umol/L	0～95	umol/L
PHOS	3.1～7.5	mg/dL	1.00～2.42	mmol/L
TBIL	0～0.9	mg/dL	0～8.55	umol/L
TP	5.7～8.9	g/dL	57～89	g/L
TRIG	10～100	mg/dL	0.11～1.13	mmol/L
URIC	0～1	mg/dL	0～60	umol/L
GLOB	2.8～5.1	g/dL	28～51	g/L
Na^+	150～165	mmol/L	150～165	mmol/L
K^+	3.5～5.8	mmol/L	3.5～5.8	mmol/L
Cl^-	112～129	mmol/L	112～129	mmol/L

6. 参考值范围：老猫

项目	美国单位		国际单位	
ALB	2.2～4.0	g/dl	26～39	g/L
ALKP	14～111	U/L	14～111	U/L
ALT	14～130	U/L	12～130	U/L
AMYL	500～1500	U/L	500～1500	U/L
AST	0～48	U/L	0～48	U/L
BUN	16～36	mg/dl	5.7～12.9	mmol/L
Ca^{2+}	7.8～11.3	mg/dL	1.95～2.83	mmol/L
CHOL	65～225	mg/dL	1.7～5.8	mmol/L
CK	0～314	U/L	0～314	U/L
CREA	0.8～2.4	mg/dL	71～212	umol/L

（续）

项目	美国单位		国际单位	
GGT	0～1	U/L	0～1	U/L
GLU	75～166	mg/dL	4.0～8.0	mmol/L
LDH	0～798	U/L	0～798	U/L
LIPA	100～1400	U/L	100～1400	U/L
Mg^{2+}	1.5～3.0	mg/dL	0.63～1.25	mmol/L
NH_3	0～95	umol/L	0～95	umol/L
PHOS	3.1～7.5	mg/dL	1.00～2.42	mmol/L
TBIL	0～0.9	mg/dL	0～8.55	umol/L
TP	5.7～8.9	g/dL	57～89	g/L
TRIG	10～100	mg/dL	0.11～1.13	mmol/L
URIC	0～1	mg/dL	0～60	umol/L
GLOB	2.8～5.1	g/dL	28～51	g/L
Na^+	150～165	mmol/L	150～165	mmol/L
K^+	3.5～5.8	mmol/L	3.5～5.8	mmol/L
Cl^-	112～129	mmol/L	112～129	mmol/L

附　　录

附录一　血液学参考值

项　目	单　位	犬	猫	牛	马
RBC（红细胞）	$\times 10^{12}/L$	5.5～8.5	5.0～10.0	5.0～10.0	6.0～12.0
HGB（血红蛋白）	g/L	120～180	80～150	80～150	100～180
HDW（血红蛋白分布宽度）	g/L	16～27	18.9～27.3	ND*	ND
HCT（血细胞比容）	L/L	0.37～0.55	0.24～0.45	0.24～0.46	0.32～0.48
RETIC（网织红细胞）	%	0～1.5	0～1.0	0	0
MCV（平均红细胞容积）	fL	60～77	39～55	40～60	34～58
MCH（平均红细胞血红蛋白）	Pg	19.5～24.5	13.0～17.0	11.0～17.0	13.0～19.0
MCHC（平均红细胞血红蛋白浓度）	g/L	300～369	300～369	310～370	300～360
RDW-CV（红细胞体积分布宽度变异系数）	%	12～21	14～20	ND	ND
RDW-SD（红细胞体积分布宽度标准差）	fL	20～70	25～80	ND	ND
PLT（血小板）	$\times 10^{9}/L$	175～500	175～500	100～600	100～800
PCT（血小板比容）	%	0.10～0.30	0.08～10.0	ND	ND
MPV（平均血小板容积）	fL	3.9～11.1	7.5～15.0	ND	ND
PDW-SD（血小板体积分布宽度标准差）	fL	9～17	ND	ND	ND
P-LCR（大血小板比率）	%	14～41	ND	ND	ND
WBC（白细胞）	$\times 10^{9}/L$	6.0～16.90	5.0～18.90	4.00～12.00	6.00～12.00
NEU（中性粒细胞）	%	60～77	35～75	15～47	30～76
	$\times 10^{9}/L$	2.8～10.5	2.5～12.5	0.6～4.12	2.7～6.80
Seg NEU（中性分叶核粒细胞）	%	6.00～77	35～75	15～45	30～75
	$\times 10^{9}/L$	3.00～11.40	2.50～12.50	0.60～4.00	2.70～6.70
Band NEU（中性杆状核粒细胞）	%	0～3	0～3	0～2	0～1
	$\times 10^{9}/L$	0～0.30	0～0.30	0～0.12	0～0.10

（续）

项　目	单　位	犬	猫	牛	马
LYM（淋巴细胞）	%	12～30	20～55	45～75	25～60
	$\times 10^9/L$	1.1～6.30	1.50～7.80	2.50～7.50	1.50～5.00
MONO（单核细胞）	%	3～10	0～4	2～7	0～8
	$\times 10^9/L$	0.15～1.35	0～0.85	0.025～0.85	0～0.60
EOS（嗜酸性粒细胞）	%	2～10	0～12	0～20	0～10
	$\times 10^9/L$	0.10～1.25	0～1.50	0～2.40	0～0.80
BASO（嗜碱性粒细胞）	%	0	0	0～2	0～3
	$\times 10^9/L$	0	0	0～0.20	0～0.30
LUC（未着色大细胞）	%	2～9	ND	ND	ND
	$\times 10^9/L$	0.26～2.09	ND	ND	ND
PP（血浆蛋白质）	g/L	53.0～84.5	58.0～91.5	60.0～80.0	60.0～85.0
FIB（纤维蛋白原）	g/L	1.0～2.5	1.0～2.5	1.00～6.00	1.60～2.90

ND：无资料。

附录二　血清生化参考值

项　目	单　位	犬	猫	牛	马
ALT（GPT）（丙氨酸氨基转移酶）	U/L	10～100	12～130	14～38	3～23
AST（GOT）（天门冬氨酸氨基转移酶）	U/L	0～50	0～48	0～150	0～150
ALP（ALK）（碱性磷酸酶）	U/L	23～212	14～111	0～488	143～395
ACP（酸性磷酸酶）	U/L	0～4.2	0.3～2.1	ND	ND
LDH（乳酸脱氢酶）	U/L	40～400	0～798	250	200
Amy（淀粉酶）	U/L	90～527	ND	75～150	20～150
LPS（酯酶）	U/L	200～1800	100～1400	ND	ND
CK（肌酸激酶）	U/L	10～200	0～314	<200	<200
SDH（山梨醇脱氢酶）	U/L	8～12	4～8	30～1850	10～260
GGT（γ-谷氨酰转移酶）	U/L	0～7	0～1	12～29	5～22

（续）

项　目	单　位	犬	猫	牛	马
PK（丙酮酸激酶）	U/L	38～78	50～100	ND	ND
T-BIL（总胆红素）	μmol/L	0～15	0～15	0.17～17.10	3.42～50.00
D-BIL（直接胆红素）	μmol/L	2.00～5.00	0～2.00	0～5	3～12
BA（fasting）胆汁酸（饥饿12h）	μmol/L	0～15.3	0～7.6	ND	ND
BA（postprandial）胆汁酸（食后2h）	μmol/L	0～20.3	0～0～10.9	ND	ND
BSP（磺溴酞钠）	％	0～5％	0～5％	ND	ND
TP（总蛋白）	g/L	52～82	57～89	67～75	50～79
ALB（白蛋白）	g/L	23～40	22～40	30～36	23～38
GLOB（球蛋白）	g/L	25～45	28～51	ND	ND
α_1-GLOB	g/L	2～5	3～9	7～9	1～7
α_2-GLOB	g/L	3～11	3～9	ND	3～13
β_1-GLOB	g/L	6～16	4～9	8～12	4～16
β_2-GLOB	g/L	3～7	3～6	4～10	3～9
γ-GLOB	g/L	5～18	17～27	17～23	6～19
A/B（白蛋白）		0.89～2.68	0.80～1.68	ND	ND
BUN（血液尿素氮）	mmol/L	2.5～9.6	5.7～12.9	3.6～7.1	3.6～7.1
CREA（肌酐）	μmol/L	44～159	53～141	60～120	70～140
GLU（葡萄糖）	mmol/L	4.11～7.94	4.11～8.83	2.6～4.3	3.6～5.8
CHOL（胆固醇）	mmol/L	3.25～7.8	1.95～5.20	2.07～8.28	1.55～3.36
TG（甘油三酯）	mmol/L	0.11～1.65	0.055～1.1	ND	ND
HDL（高比重脂蛋白）	mg/dL	0～48	0～72	ND	ND
UA（尿酸）	μmol/L	0～70	0～60	0～12	5～7
Na（钠）	mmol/L	144～160	150～165	132～145	134～142
Cl（氯）	mmol/L	109～122	112～129	96～105	94～106
K（钾）	mmol/L	3.5～5.8	3.5～5.8	3.6～5.1	2.1～4.2
TCO₂（二氧化碳总量，与离子同测值）	mmol/L	16.9～26.9	12.5～24.5	ND	ND
Ca^{2+}（钙）	mmol/L	1.98～3.00	1.95～2.83	1.95～2.83	2.72～3.22
PHOS（磷）	mmol/L	0.81～2.19	1.00～2.42	1.19～2.65	0.74～1.39
Mg（镁）	mmol/L	0.58～0.99	0.62～1.25	0.79～1.19	0.66～0.95

（续）

项　目	单　位	犬	猫	牛	马
pH（动脉）		7.36～7.44	7.36～7.44	7.35～7.50	7.32～7.44
pH（静脉）		7.32～7.40	7.28～7.41	ND	ND
PaCO$_2$（动脉二氧化碳分压）	mmHg	36～44	28～32	35～44	38～46
PCO$_2$（静脉二氧化碳分压）	mmHg	33～50	31～45	ND	ND
PaO$_2$（动脉氧分压）	mmHg	90～100	90～100	92	94
PO$_2$（静脉氧分压）	mmHg	24～48	35～45	ND	ND
TCO$_2$（A）（二氧化碳总量，动脉血血气测定值）	mmol/L	25～27	21～23	ND	ND
TCO$_2$（N）（二氧化碳总量，静脉血血气测定值）	mmol/L	21～31	27～31	ND	ND
HCO$_3^-$（A）（碳酸氢根，动脉血血气测定值）	mmol/L	18～24	17～24	20～30	24～30
HCO$_3^-$（N）（碳酸氢根，静脉血血气测定值）	mmol/L	18～26	17～23	ND	ND
BE（A）（碱过剩，动脉血）	mmol/L	−5～0	−5～+2	ND	ND
AG（阴离子间隙）	mmol/L	12～24	13～27	ND	6.6～14.7
NH$_4$（resting）血氨（休息）	μmol/L	11～71	17～58	59～88	7.6～63
NH$_4$（acting）血氨（活动）	μmol/L	0～99	0～95	ND	ND
LAC 乳酸	mmol/L	0.50～2.50	0.5～2.50	0.56～2.22	1.11～1.7
Cortisol（resting）皮质醇（休息）	nmol/L	50～250	30～300	30～220	50～640
T$_4$（resting）（甲状腺素，休息）	nmol/L	18～40	1.3～32	54～110	11.6～36.0
T$_3$（三碘甲腺原氨酸）	nmol/L	1.5～3.0	0.5～2.0	ND	ND
Fe（铁）	μmol/L	17～22	12～38	14～37	15～41
TIBC（总铁结合力）	μmol/L	47～61	31～75	48～80	57～88
P-Osmolality Calculated（血浆渗透压，计算值）	mOsm/kg	202～325	319～371	276～296	279～296
Determined（血浆渗透压，测定值）	mOsm/kg	202～325	290～320	ND	ND
P-Osm gap（血浆渗透压间隙）	mOsm/kg	293～321	10～27	ND	10～20

* ND：无资料。

附录三 一些血清酶的检验温度校正系数

温度（℃）	ALP	CK	LDH	SDH	ALT 和 AST
20	2.61	2.05	2.10	1.48	2.29
21	2.37	1.82	1.96	1.42	1.85
22	2.15	1.70	1.80	1.37	1.71
23	1.95	1.59	1.67	1.32	1.59
24	1.77	1.49	1.55	1.27	1.45
25	1.61	1.39	1.45	1.22	1.37
26	1.46	1.31	1.33	1.17	1.29
27	1.33	1.23	1.26	1.12	1.21
28	1.21	1.15	1.16	1.08	1.12
29	1.10	1.07	1.07	1.04	1.05
30	1.00	1.00	1.00	1.00	1.00
31	0.90	0.93	0.93	0.96	0.95
32	0.81	0.87	0.86	0.93	0.89
33	0.73	0.81	0.80	0.89	0.85
34	0.66	0.75	0.74	0.85	0.80
35	0.59	0.70	0.68	0.82	0.77
36	0.53	0.65	0.64	0.79	0.73
37	0.48	0.50	0.59	0.76	0.70

注：以 30℃为标准，在 20～37℃的情况下，检验酶的结果乘以校正系数，得数为 30℃时的酶检验结果。ALP=碱性磷酸酶，CK=肌酸激酶，LDH=乳酸脱氢酶，SDH=山梨醇脱氢酶，ALT=丙氨酸氨基转移酶，AST=天门冬氨酸氨基转移酶。

附录四　各种血清酶的贮藏稳定性

酶名称	25℃	4℃	−25℃
丙氨酸氨基转移酶（ALT）	2d	1周	不稳定
天门冬氨酸氨基转移酶（AST）	3d	1周	1月
碱性磷酸酶（ALP）	2～3d	2～3d	1月
酸性磷酸酶（ACP）	4h	3d	3d
乳酸脱氢酶（LDH）	1周	1～3d	1～3d
肌酸激酶（CK）	2d	1周	1月
淀粉酶（AMYL）	1月	7月	2月
脂肪酶（LPS）	7d	21d	—
山梨醇脱氢酶（SDH）	不稳定	1d	2d
谷氨酸脱氢酶（GDH）	2d	1周	1月
异枸橼酸脱氢酶（ICD）	5h	3d	3周
胆碱酯酶（CHE）	1周	1周	1周
醛缩酶（ALD）	2d	2d	不稳定
亮氨酸氨基肽酶（LAP）	1周	1周	1周
鸟氨酸氨基甲酰转移酶（OCT）	1d	1周	3月

注：在这已定时间内，其酶活性不低于原有活性的90%。

附录五　新鲜尿液检验参考值

项目和单位	犬	猫
颜色	淡黄色或黄色	淡黄色或黄色
透明度	清亮	清亮
比重	1.015～1.045	1.015～1.060
尿渗透压（mOsm/kg）	50～2 800	50～3 000
尿量［mL/（kg·d）］	24～40	16～20
pH	5.5～7.5	5.5～7.5
葡萄糖	—	—
酮体	—	—
蛋白质	微量（<15mol/dL）#	微量（<15mol/dL）
潜血	—	—
血红蛋白	—	—
肌红蛋白	—	—
胆红素	微量至＋（浓缩尿）	—
尿胆素原	微量（<16μmol/L）	微量（<16μmol/L）
红细胞/HPF##	0～5	0～5
白细胞/HPF	0～5	0～5
管型/LPF###	偶见透明管型	偶见透明管型
上皮细胞/HPF	有时看到	有时看到
脂肪滴/HPF	不多见	时常看到
细菌/HPF	—	—
结晶/HPF	变化不定	变化不定

＃　用试条法检验尿为阴性。

＃＃　HPF 为每个高倍显微镜视野里（40×）。

＃＃＃　LPF 为每个低倍显微镜视野里（10×）。

附录六　正常值与参考值

许多年来，对长期以来动物疾病诊断学上普遍使用的"正常值"或"正常范围"的科学性提出了质疑，现在人们已普遍地接受了"参考值"（Reference values）这个概念。"正常"一词在统计学上指的是正态分布，而在动物医学上指的则是动物良好的健康状态。诊断学上的"正常值"多是根据常态分布原理，由平均数＋2标准差（X＋2SD）组成的观测值，它包括了95％的健康动物，而另外的5％健康动物未计算在内。

另外，动物疾病的发生与不发生，健康与不健康等，都只能是相对的和变化的。一个由量变到质变的变化过程是逐步而连续进行的，很难或不可能找到一个判断正常或异常的分布界限。而且，过去对"正常值"调查的动物对象选择得不甚严格，代表性可疑，大多数资料都不是正态分布的。根据上述理由，"正常值"概念含糊不清，极易造成误解，故而必须避免应用。

"参考值"一词被越来越多的人所接受。但是，"参考值"必须附有明确的依附条件，其条件主要内容是：

1. 参考动物的性别、年龄、体重、遗传、品种、地理环境及受调查动物数目等；

2. 标本采集的条件和要求，包括动物是空腹，还是食后的具体时间、紧张、运动、姿势、什么食物、住院或门诊、内分泌与生殖或性腺活动情况（如发情、妊娠）等；

3. 标本搜集和储存方法，包括血液来源（如静脉、动脉、毛细血管、是否使用止血带等）、是否抗凝、抗凝剂种类和用量、采血和分离血样时间、标本运输、冰冻、融化、溶血，以及尿量、防腐剂种类和用量等；

4. 测量方法及其准确性、精密度、质量控制情况等；

5. 统计计算方法，如数据的分布形式，局外值排除方法，参考值范围的划定方法等。

参考值可分为个体参考值和群体参考值两种。在诊断学上，个体参考值随个体的年龄、环境等诸多因素的影响而波动，但与群体参考值比较，判定是否"正常"的意义大得多。然而，实际上很难得到健康良好时的一系列数据。群体参考值可以来源于文献报告，但是应用时一定要慎重。仪器厂商和商品试剂盒提供的参考值不可轻易引用，但可作为一般参考。各个检验室最好都拥有自己的参考值，并给出参考值的限定条件和要求。

由于要获得一些比较完整的参考值是很不容易的，故而在条件不允许自己建立参考值的情况下，也可以移植其他检验室或其他国家和地区的参考值。但移植的条件一定要注意从严。从理论上讲要满足下列条件：

①移植的和应用的群体相同；

②你的检验室具有相同效能的分析测量水平；

③标本来源和处理与制定参考值者应完全相同；

④数据对比应包括第25、50、75百分位的数值，如果一致，然后方

可移植他人的参考值；

⑤用于对比的检验动物对象，最好选用青壮年雄性动物（有性别差异时例外），其他年龄组动物的数据，可根据青壮年雄性动物组的抽样结果推算或实际测定数据。

参考值的表达方式有多种，而目前较普遍的现象是仅仅把"正常值"改为"参考值"。名字变了，而内容实质并没有改变。以前的"正常值"数据仍是可以应用的，但至少要求给出下列依附条件或说明：

①参考值的可用动物对象的年龄和性别；

②该参考值的测定方法和标本搜集、处理及储存等方面的具体要求；

③数据用国家认可的法定单位表示。我国应贯彻《中华人民共和国法定计量单位》；

④参考值最好用 X±2SD 表示，特殊情况应有说明；

⑤必要时，同时给出动物医学决定水平的数据与临床意义。

附录七　用于构成十进倍数和分数单位的词头

所表示的因子	词头名称	词头符号
10^{18}	艾（克萨）	E
10^{15}	拍（它）	P
10^{12}	太（拉）	T
10^{9}	吉（咖）	G
10^{6}	兆	M
10^{3}	千	k
10^{2}	百	h
10^{1}	十	da
10^{-1}	分	d
10^{-2}	厘	c
10^{-3}	毫	m
10^{-6}	微	μ
10^{-9}	纳（诺）	n
10^{-12}	皮（可）	p
10^{-15}	飞（母托）	f
10^{-18}	阿（托）	a

附录八　血液和生化某些检验项目的惯用单位和法定单位的转换系数

化学名称	惯用单位	转换系数	法定单位
乙酰乙酸盐（acetoacetate）	mg/dL	0.098	mmol/L
丙酮（acetone）	mg/dL	0.172	mmol/L
白蛋白（albumin）	g/dL	10.0	g/L
氨（ammonia）	μg/dL	0.587 2	μmol/L
重碳酸盐（bicarbonate）	mEq/L	1.0	mmol/L
胆汁酸（bile acid）	μg/mL	2.45	μmol/L
胆红素（bilirubin）	mg/dL	17.1	μmol/L
钙（calcium）	mg/dL	0.25	mmol/L
氯（chloride）	mEq/L	1.0	mmol/L
氯化物（chloride）	mg/dL	0.282	mmol/L
胆固醇（cholesterol）	mg/mL	0.026	mmol/L
钴（cobalt）	μg/dL	0.169 7	μmol/L
皮质醇（cortisol）	μg/dL	27.59	nmol/L
二氧化碳总量（total CO_2）	mEq/L	1.0	mmol/L
二氧化碳分压（PCO_2）	mmHg	0.133	kPa
二氧化碳结合力（血浆，CO_2-CP）	Vol%	0.449	mmol/L
铜（copper）	μg/dL	0.157 4	μmol/L
肌酐（creatinine）	mg/dL	88.40	μmol/L
叶酸盐（folate）	ng/mL	2.27	nmol/L
纤维蛋白原（fibrinogen）	mg/dL	0.01	g/L
葡萄糖（glucose）	mg/dL	0.055 5	mmol/L
血红蛋白（hemoglobin）	g/dL	10.0	g/L
β-羟丁酸盐（β-hydroxybutyrate）	mg/dL	0.096	mmol/L
碘（iodine）	μg/dL	78.8	nmol/L
胰岛素（insulin）	μU/mL	7.175	pmol/L
胰岛素（insulin）	μU/mL	0.041 7	μg/L
铁（iron）	μg/dL	0.179	μmol/L
乳酸盐（lactate）	mg/dL	0.111	mmol/L
铅（lead）	μg/dL	0.048 3	μmol/L
镁（magnesium）	mg/dL	0.411	mmol/L

（续）

化学名称	惯用单位	转换系数	法定单位
锰（manganese）	μg/dL	0.182	μmol/L
汞（mercury）	μg/L	4.985	nmol/l
钼（molybdenum）	μg/dL	0.104 2	μmol/L
肌红蛋白（myoglobin）	mg/dL	0.594 9	μmol/L
钠（natrium）	mEq/L	1.0	mmol/L
钠（sodium）	mg/dL	0.435	mmol/L
氮（nitrogen）	mg/dL	0.713 8	mmol/L
氧分压（O_2 pressure）	mmHg	0.133 3	kPa
磷（phosphorus）	mg/dL	0.322 9	mmol/L
无机磷	mg/dL	59.5	mmol/L
钾（potassium）	mEq/L	1.0	mmol/L
钾（kalium）	mg/dL	0.255 8	mmol/L
蛋白质（protein）	g/dL	10	g/L
硒（selenium）	μg/dL	0.126 6	μmol/L
甘油三酯（Triglycerides）	mg/dL	0.011 3	mmol/L
甲状腺素（thyroxine）	μm/dL	12.87	nmol/L
三碘甲腺原氨酸（triiodothyronine）	ng/dL	0.015 4	nmol/L
尿酸盐（urate）	mg/dL	59.48	μmol/L
尿素氮（urea nitrogen）	mg/dL	0.357	mmol/L
尿素（urea）	mg/dL	0.166 5	mmol/L
尿胆素原（urobilinogen）	mg/dL	16.90	μmol/L
尿卟啉（uroporphyrin）	μg/dL	12.00	nmol/L
维生素 A（vitamin A）	μg/dL	0.034 9	μmol/L
木糖（xylose）	mg/dL	0.066 6	mmol/L
锌（zine）	μm/dL	0.153	μmol/L
红细胞（red blood cells）	$\times 10^6$/μL（mm^3）	1.0	$\times 10^{12}$/L
红细胞（erythrocytes）	百万单位/μL	0.01	$\times 10^{12}$/L
白细胞（white blood cells）	细胞/μL	0.001	$\times 10^9$/L
白细胞（leukocytes）	细胞/μL	10^6	$\times 10^6$/L
血小板（platelet）	个数/μL	0.001	$\times 10^9$/L
血小板（platelet）	$\times 10^3$/μL	1.0	$\times 10^9$/L
酶（enzymes）	U/L	0.017	μkat/L*

* 1kat＝1 mol/s，1U/L＝1μmol/min。

附录九　卫生部淘汰 35 项临床检验项目

1. 完全淘汰的检验项目

（1）麝香草酚絮状试验

（2）硫酸锌浊度试验

（3）脑磷脂胆固醇絮状试验

（4）酚四溴酞磺酸钠潴留试验

（5）马尿酸试验

（6）高田氏反应试验

（7）尿蓝母试验

（8）血清肌酸试验

（9）脑脊液胶金试验

2. 淘汰及相应替代的检验项目和方法

淘汰项目和方法	替代的项目和方法
1. 血清蛋白结合碘和测定	T_3 T_4 及其甲状腺功能测定
2. 黄疸指数测定	总胆红素测定
3. 凡登白试验	直接胆红素测定
4. 血清 B-脂蛋白测定	甘油三酯总胆固醇高比重脂蛋白测定
5. 血清非蛋白氮测定	血清尿素氮测定
6. 血红蛋白硫酸铜比重试验	血红蛋白测定
7. 尿胆红素碘环试验	重氮法、尿试纸法、Harrison 法
8. 血清（浆）葡萄糖酮还原测定法	葡萄糖还原酶测定法、己糖激酶邻甲苯胺法测定
9. 血清丙氨酸氨基转移酶（ALT/GPT）金氏测定法	赖氏比色法、酶法测定
10. 血清丙氨酸氨基转移酶（ALT/GPT）酮体粉测定法	赖氏比色法、酶法测定
11. 血清门冬氨酸氨基转移酶（AST/GOT）金氏测定法	赖氏比色法、酶法测定
12. 血清白蛋白盐析测定法	溴甲酚绿结合法
13. 血、尿淀粉酶温氏测定法	碘淀粉比色测定法、苏木杰比色测定法

（续）

淘汰项目和方法	替代的项目和方法
14. 血清梅毒克氏试验	性病研究实验室试验（VDRL）
15. 血清梅毒康氏试验	不加热血清反应素试验（USR）
16. 血清梅毒瓦氏补体结合试验	快速血浆反应素环状卡片实验（RPR）
17. 尿妊娠蟾蜍试验	免疫学方法测定（HCG）
18. 血清钾四苯硼钠必浊测定法	火焰法、电极法测定
19. 血清钠比浊、比色测定法	火焰法、电极法测定
20. 血清甲胎蛋白对流免疫电泳法	酶标法
21. 血清甲胎蛋白单扩散法	酶标法
22. 乙型肝炎表面抗原对流免疫电泳法	酶标法
23. 乙型肝炎表面抗原单扩散法	酶标法
24. 国际上已废除的细菌名称	"全国临床检验操作规程"中规定的细菌名称
25. 药敏试验中"轻度敏感"和"重度敏感"的报告方式	采用"耐药（Resistant）"、"中介度敏感（Morderate sensitive）"、"敏感（Sensitive）"三个等级报告方式
26. 血红蛋白沙比利目测法（县及县级以上医院淘汰）	氰化高铁血红蛋白测定法

短评：《卫生部淘汰 35 项临床检验项目》大部分项目与动物医学有关，少部分项目与动物医学无关。本书将它们按原文抄录下来，警示大家今后无论在什么地方，都不应再应用已淘汰的项目和方法，因为它们已无再应用价值了。

附录十　显微镜的构造和使用

检验各种细胞和微生物标本，都需要使用显微镜。比较多用的显微镜是普通光学显微镜。另外，可根据不同要求，使用暗视野显微镜、相差显微镜、荧光显微镜和电子显微镜。前几种显微镜用可见光线或紫外线作照明光源，它们都属于光学显微镜。电子显微镜则是利用电子流替代照明光源，这与光学显微镜不同。

一、普通光学显微镜的构造和使用

普通光学显微镜有多种型号，但其基本构造大致相同，构造包括机械部分和光学部分。下面将以普通型复式显微镜（图 18-27）为例，介绍其结构和使用方法。

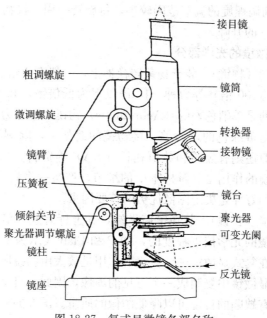

接目镜

粗调螺旋

镜筒

微调螺旋

转换器

接物镜

镜臂

压簧板

镜台

倾斜关节

聚光器

聚光器调节螺旋

可变光阑

镜柱

镜座

反光镜

图 18-27　复式显微镜各部名称

1. 光学显微镜的机械部分

（1）镜座和镜柱。它们是支持和稳定整个镜体的主要部分，一般都用铸铁制造。

（2）镜臂。它是连在镜柱上端的弯曲部分。镜臂与镜柱之间有倾斜关节，可使显微镜向后作一定角度的倾斜，以方便使用者观察。

（3）载物台。为放置检验标本的平台，平台的中央有圆孔，可透过光线。平台上附有一对弹簧夹，用以夹持标本载玻片，还安有可使载玻片前后左右移动的推片器。

（4）镜筒。附于镜臂上端前方的圆筒，长度一般约 160 毫米，它是成像光柱的通道，镜筒上端装有接目镜，其下端装有接物镜转换器。

（5）接物镜转换器。其上有 3～4 个接物镜孔，可装接物镜于装换器上。装接物镜于转换器时，按顺时针方向安装，依次从低倍、高倍、更高倍到油渍镜，以便于使用。接物镜孔的螺纹和口径是国际统一标准，以便换用任何国家生产的接物镜。

（6）调焦螺旋。分粗调螺旋和细调螺旋。旋转螺旋时，有的是调动镜筒（如图示显微镜），有的是调动载物台，用以调节焦距，使物体像更清晰。粗调螺旋调节焦距范围较大，每旋转一周可使镜筒或载物台升降10mm左右。细调螺旋的调节范围较小，每旋转一周，接物镜或载物台仅有0.1～0.2mm的升降。

2. 光学显微镜的光学部分

（1）接物镜（物镜）。装于物镜转换器上，一般有4倍、10倍、40倍和油渍镜（90～100倍）等数种。10倍以下为低倍镜，40倍左右为高倍镜。一般常用的是单消色差的（Achromatic）物镜，意思为只校正了一种颜色的，一般是黄绿色的球面差。接物镜的筒架上，除刻有Achromatic等字样外，一般还刻有焦距和数值孔径（NA）等资料。NA值越大，分辨率越高。物镜的作用是分辨标本中的细节，产生一个有效的初级图像。因此，其质量的好坏是决定图像优劣的首要因素。

（2）接目镜（目镜）。装在镜筒上端，其上标有放大倍数，还有一些符号是表示透镜的光学校正程度的，如P和Plan表示为平场，即视野弯曲已被校正。在复式显微镜中，目镜的作用是放大由物镜所产生的初级图像，并使其在显微镜中复制成一个可见的虚像，因此，目镜虽然不能提高分辨能力，但有缺陷的目镜可以降低图像的质量。图像的放大倍数＝目镜放大倍数×物镜放大倍数。

（3）聚光器。装在载物台之下，它能集聚反光镜所反射的光线，通过载物台的中央孔，再通过标本。聚光器也有调节螺旋，可使其在一定的距离内升降，从而调节光线进入物镜的聚散程度。升降聚光器，使光线透过标本后，所形成的光斑正好充满物镜的孔径，这样才能充分发挥物镜的分辨能力。聚光器一般都配备有可变光阑，可随意开大或缩小，具有调节进入聚光器透镜光束的作用。光线的聚散和受节制，都会改变光线的强弱，合适的视野照明有助于调节图像的反差。有些聚光器还配有滤光片支持框，可以向内外移动，以便放置滤光片。

（4）反光镜。为聚光镜下方的圆镜，有平凹两面，一般来说，强光时用平面镜，弱光时用凹面镜。

二、显微镜的使用和其注意事项

（1）搬运和安装。搬运时，右手持镜臂，左手托镜座，保持镜体的垂直。放置时，显微镜靠近身体胸前略偏左，以便右手作记录或绘图。

（2）调节照明。转动物镜转换器，使低倍镜对准聚光器，两眼睁开，用左眼注视目镜。如果是双镜筒显微镜，左右眼各注视一个目镜。把反光镜朝向窗口或人工光源，打开可变光阑，上升聚光器，使光线引入接物镜。要求视野全部照明，并且要亮度均匀，光强度适宜。调节照明时，应根据外来光线的强弱，标本的具体情况和所用物镜的不同，灵活应用聚光器、可变光阑和反光镜。如在观察未经染色或染色较浅的标本时，要升高聚光器和缩小可变光阑，以增加物体的明暗对比。用高倍镜和油镜时，要升高聚光器和开大光阑，使视野明亮。

（3）放置标本。将载玻片的盖片面向上，放置于载物台上，用推片器或弹簧夹固定。注意用过厚的盖片封盖的标本，不宜用高倍镜或油镜观察。原因是物镜的放大倍数越大，工作距离越小，过厚的盖片将无法用高倍镜对被检验物聚焦。放反了的标本，实际上是将较厚的载玻片变成了盖片，也会无法聚焦。因此，粗心大意时会压碎标本，甚至损坏镜头。

（4）调焦。将标本移至物镜下方，一边从目镜中观察，一边转动粗调螺旋，直至找到观察目标，并把物像调整清晰为止。低倍镜视野较大，观察时便于了解标本的全面情况。如需观察标本中某一部分的细节，可将这一部分移至视野的中心，再转换高倍镜观察。一般显微镜如已调好低倍镜的焦距，换高倍镜后，只需用细调螺旋调焦即可。

（5）油镜的使用。检验细胞或细菌标本时，多使用油镜进行，油镜是一种高倍放大的物镜，一般都标有放大倍数（如 90 或 100 等）和特别标记以便识别。国产镜多用"油"字表示。国外产品则常用"Oil"／（Oil-Immersion）或"HI"（Homogeneous immersion）作记号。油镜上还常漆有黑环或红环，而且油镜镜身比高倍镜和低倍镜长，而镜片最小，这也是识别的另一个标志。

油镜的镜片细小，进入镜中的光量也较弱，其视野比用高倍镜时为暗。当油镜头和载玻片之间为空气层所隔绝时，因为空气的折光指数与玻璃的不同，故有一部分光线被折射而不能进入镜头之内，使视野更暗，如若在镜头与载玻片之间，放上与折光指数一样的油类，如香柏油等，使光线不至于因折射而大为损失，则可使视野充分照明，就能使操作者清楚地进行观察和检验。

进行油镜检验时，应先对好光线，但不可直对阳光。采取最强光度（升高聚光器、开大光圈和调好反光镜等）。然后在载玻片标本上滴加香柏油一滴（切勿过多），将载玻片标本放置或移至载物台的中心。转换油镜头，从显微镜侧面边看镜头，一边升高载物台或向下调节镜筒，使油镜头浸入油内，紧贴载玻片，使其几乎与载玻片标本面相接触（但不应接触）。用单眼或双眼由接目镜注视镜内，同时慢慢转动粗螺旋使油镜上调（此时严禁用粗螺旋下调油镜），若能模糊看到物像时，再调节细调螺旋，直至物像看清晰为止，随后进行检验观察。检验观察完后，移开油镜头，先用擦镜纸从油镜头上擦去香柏油，再用蘸有乙醚和酒精（7∶3）混合物的擦镜纸，擦干净油镜头和载玻片标本。也可先用擦镜纸从油镜头上擦去香柏油，再用擦镜纸蘸少许二甲苯，溶解并擦去香柏油，然后用擦镜纸再擦净镜头。

（6）显微镜的保养和收藏。显微镜是一种结构精密的仪器，在使用时必须要小心爱护。显微镜的任何零件不得随意拆卸，也不要任意取下目镜，要谨防灰尘落入镜筒。显微镜的光学玻璃有污垢时，可用擦镜纸或绸布轻轻擦净，切勿用手指、粗纸或手绢去擦拭，以免损坏镜面。其机械部分可用纱布擦拭。显微镜使用完后，应落下载物台或镜筒，将物镜转成八字形垂于镜筒下。收藏显微镜应避免潮湿和灰尘，避免与化学试剂或药品接触。最好是收藏在显微镜箱内，一般还需在显微镜箱内放置防潮硅胶，并定时更换，用以保持干燥。这样，可以防止显微镜的光学部分长霉和金属部分生锈。

三、显微镜照相

想要对普通光学显微镜下的图像作进一步观察或留作保留纪录，可进行显微镜照相（或称显微摄影）。其原理与普通照相技术是一样的，但需要与显微镜技术相配合。显微镜照相装置，一般有两种类型。一类由安装附加套筒或接管，连接显微镜和照相机而成，可以适用于任何光学显微镜。套筒或接管有各种形式的定型产品配套，可以任意选用。其中有一种套筒具有对焦观察镜（或称对光镜），所见图像与将要保留图像相同，可以据此决定拍摄。这种套筒又有固定式和活动近摄器两种。另一种套筒没有对焦观察装置，只适用于具有对焦观察镜的照相机。后一种套筒结构简单，可以自己制备，主要应使套筒长度合适，图像能恰当地照下来即可。

在进行显微镜照相时，应使用强灯光和适当滤光片，按常规将标本片图像选好，并调好焦点至最清晰处，即可拍摄。如果用照相机镜头拍摄，则需要加接适当的接管，使焦距缩短，便于准确近摄。

显微摄影时，光圈、距离都已经固定，一般只需掌握曝光时间。但这与标本情况、光线强度、滤光片性质、照相机性能，以及室温等有关。可先行试拍，然后再做选择或校正，以后即可参照情况，按其经验操作。

另一类显微镜照相装置，是显微照相显微镜。此种镜可作普通光学显微镜用，也可作显微摄像用。照相装置安装在镜臂之内，设有对焦观察（对光镜）、快门等部件，按常规操作调节好光线，并在显微镜下选好标本图像，调节焦距，即可关闭目镜观察通路，打开摄影通路（一般将斜筒目镜座转动180°，或拉动特设遮光转换轴）。此时在对焦观察中，可见与目镜所见相同的标本图像。如焦点清晰（经再调整至清晰），可关闭对焦观察镜，按动快门进行拍摄。曝光时间的掌握与上面所述相同。

当前，国内外比较先进的显微照相装置，均装有自动设备，能够自动控制曝光时间，自动定时连续照相或摄像，便于拍摄活体的连续或阶段性活动过程，其效果更为良好。现在数码照相机的应用，更有利于拍摄显微镜里的标本图像。

四、暗视野显微镜的使用

暗视野显微镜，是在普通光学显微镜中除去明视野聚光器，换上一个暗视野聚光器而成。暗视野聚光器的构造，能使光线不能由中央直接向上进入镜头，只能从四周边缘斜射通过载玻片标本。同时，在有些接物镜油镜头中还配有光圈，用1阻挡从边缘漏入的直射光线（如镜头无光圈装置时，可在镜头内另加适当套管代用）。由于光线不能直接进入物镜，因此视野背景是黑暗的。如果在标本中有颗粒物体存在，并被斜射光照着，则能引起光线散射，一部分光线就会进入物镜。此时可看到在黑暗的视野背景中，有发亮明显的物体，犹如观看黑夜天空中被探照灯照射的飞机，观察得比较清楚。必须注意，由于物体折光的关系，显微镜下所看到的实际上只是物体散射出来的光线，只能呈现出物体的轮廓，比实际要大。暗视野显微镜多用于活体微生物的检验，特别适用于观察螺旋体的运动和形态。

暗视野显微镜的使用方法，基本上与普通光学显微镜相同，但也有其特点。

1. 制作标本时，所用的载玻片和盖玻片都应认真清洗干净，必须使用薄玻片（载玻片厚度 1.0～1.1mm、盖玻片厚度约 0.1mm），否则将会影响暗视野聚光器对斜射光焦点的调整。如果载玻片太厚，焦点只能落在载玻片内，就不能看到物像。当然，标本也不易过厚。

2. 采用的光线宜强，一般都用强光灯照明，光线暗则物像不清楚。

3. 调节光源，使光线集中在暗视野聚光器上，先用低倍物镜观察，移动暗视野聚光器，使其中央的一个圆圈恰好处在视野的中央，如暗视野聚光器已准确固定好了，则可免去这一步骤。

4. 先在暗视野的聚光器上加香柏油一滴，然后将标本载玻片放在载物台上，暗视野聚光器向上移，使其上的香柏油与标本片的底面相接触，中间不能有气泡。

5. 在标本载玻片上再加香柏油一滴，降下镜筒，使油镜浸在香柏油内，再用粗、细螺旋调节油镜的焦距，有时还需稍微升降暗视野聚光器，用一调节斜射光焦点，使之正好落在标本上。并且调节油镜头中的光圈，相互配合，直到物像清晰，即可开始检验。也可用低倍或高倍物镜进行检验，这就不必要在标本片上滴加香柏油了。

五、相差显微镜

当光波遇到物体时，其波长（颜色）和振幅（亮度）发生变化，于是就能看到物体。但当光线通过透明的物体时，虽然物体内部不同结构会有厚度和折光率不同的差异，而波长和振幅是不会发生改变的，不易看清楚这些不同的结构。用普通光学显微镜观察一些活的微生物或其他细胞等透明物体时，也就不易看清楚其内部的细微结构。但是，光线透过厚度不同的透明物体时，其相位却会发生改变而形成相差，相差不表现为明暗和颜色的差异。利用光学原理，可以把相差改变为振幅差，这样就能使透明的不同结构，表现出明暗的不同，能够较清楚地予以区别。相差显微镜就是根据这些原理而制成的，适用于观察透明的活微生物或其他细胞体的内部结构。

相差显微镜的构造，以普通光学显微镜为基础。但它有三个不同的部分，即相差物镜，相差环（环状光圈）或相差聚光器，以及合轴调整望远镜。

相差物镜在物镜的后焦点处加一环状相板。相板由光学玻璃制成，具有改变相位的作用。放大倍数不同的物镜，其相板也不同。相差环则是一块环状光圈，放置在光源通路，使光线只能由环状部分通过，环状光圈的大小可由聚光器的数值口径（N、A）来调节。有些显微镜的环状光圈和相差聚光器装在一起。环状光圈的大小由不同大小的环状孔控制。使用不同的相差物镜时，应配合相应的环状光圈，并用合轴调节望远镜观察环状光圈和相板，调节至环状光圈的亮环与相板的暗环完全重合。这样，光线通过标本时，就必须经过相板而发生相位的改变，造成明暗差别的影像。环状光环、相差物镜配合与调节好后，其他操作方法与普通光学显微镜相同。

六、荧光显微镜

荧光显微镜是用来观察荧光性物质的，特别是供免疫荧光技术应用的专门显微装置。荧光物质包括荧光色素，它受到一定波长的短波光（通常是紫外线）照射时，能够激发出较长波长的可见荧光。利用这一现象，把荧光色素与抗体结合起来，即荧光抗体，进行免疫荧光试验，可以在荧光显微镜下观察荧光出现的位置大小，做出判断。

荧光显微镜的构造，也是以普通光学显微镜为基础的。其显微部分也为一般的复式显微镜系统，但其光源与滤光部分等则有所不同。

1. 光源。荧光显微镜必须有发出高能量紫外线的光源，一般使用超高压水银灯。这种光源灯的亮度大，除紫外线外，还具有可见光。

2. 滤光片。为了只让紫外线等特定激发光线通过，能阻止其他光线通过，以免影响标本中的荧光影像，在光源灯与反光镜之间安装一种激发滤光片（或称一次滤片）。为了只让荧光通过，同时阻止紫外线通过，以保护观察者的眼睛，在目镜与物镜之间（或目镜内），安装另一种吸收滤光片，也叫做保护滤光片（或称二次滤片）。滤光片有各种型号，各有一定的滤光范围，两种滤光片必须配合适当，这应根据所用荧光色素吸收光波（吸收光谱）和激发出的荧光光波（荧光光谱）的特性去选择使用。

3. 反光镜。普通光学显微镜所用镀银反光镜，对紫外线反射不好。荧光显微镜的反光镜，多用镀铝制成，可以较好地反射紫外线。

进行荧光显微镜镜检时，应先将光源调节好，能使最强光线通过标本，将反光镜和聚光镜与光源互相配合，即可达到目的。然后升高聚光器，并在其上滴加一滴不会产生荧光的镜油（普通香柏油会发生荧光，不能使用，常用 PBS 甘油缓冲液）。在载物台上放上标本，使其底面和镜油接触，与聚光器连在一起，即可进行低倍镜或高倍镜检验，如用油镜观察，在标本上也要滴加不会产生荧光的镜油，其操作方法同暗视野显微镜。由于照射在标本上的光线为肉眼看不见的紫外线，如果无荧光物质，肉眼就不能看见呈现出的黑暗背景。只有有了荧光物质，才能发出荧光，在黑暗背景中发亮，才容易观察到。荧光物质受紫外线照射时间过长，荧光会逐渐消失。因此，在镜检时应抓紧时间观察，不宜在同一部位观察时间过长。也可以采用转换视野或间歇开光源观看，再关闭光源停看的方法，作为调节。

专门的荧光显微镜结构配合恰当，透镜系统质量优良，或以石英代替玻璃，使更多紫外光能通过，效果较好。但也可用普通光学显微镜替代，使用明视野聚光器，或者为了减少可见光的干扰，使用暗视野聚光器都可以。只要将光源和滤光装置等安装好，也能得到很好的观察效果。

七、电子显微镜

电子显微镜是利用电子流来观察细微结构的显微装置。由于电子流的波长远较光波为短，就可以得到更大的分辨能力和放大能力。目前的电子显微镜，其分辨能力已能达 0.3nm，甚至达 0.14nm 的水平（可以直接看到原子），放大倍数≥250 000 倍以上，再利用显微摄影技术放大 10 倍，就能得到 2 500 000 倍放大的图像。电子显微镜的构造原理与普通光学显微镜相似，在电子显微镜的顶端，装有由钨丝制成的电子枪。钨丝经高压电流通过，发生高热，放出电子流，这就相当于光学显微镜的光源。电子流向下通过第一磁场（叫做电磁场，相当于光学显微镜的聚光器），电子流的焦点被控制集中到标本上。电子流通过标本形成差异，再经过第二磁场（叫做接物磁场，相当于接物镜），被放大成一个居间像。居间像再往下去，被第三磁场（叫做放映圈，相当于接目镜）放映在荧光屏上，变成肉眼可见的光学影像，就可在观察窗看到。光学影像也可以在电子显微镜内摄于照相底片上，供冲洗成片或放大观看。

电子显微镜的电压越高，电子流速度越快，其分辨能力也就越强。电子流的通路上不能有游离气体分子存在，否则可与电子碰撞而使电子偏转，改变通路，引起物象散乱。因此，电子显微镜的内部必须高度真空。而高压装置和真空装置就是电子显微镜的重要组成部分。由于在高度真空的环境中，直接暴露在电子流之下，标本必须干燥，否则就会引起标本内的微生物或细胞体发生收缩或变形。当然了，电子显微镜不能观察活的微生物体，这是电子显微镜的一大缺点。电子流的穿透能力是很弱的，不能穿透过玻璃片和较厚的物质，一般用火棉胶制成薄片来做支持膜（相当于载玻片），其上放置被检物。按情况使用各种制片方法（如摄影或造影法、超薄切片法、复型法、负染色法、铁蛋白抗体法、超微放射自显术法等）做成标本，即可进行镜检。电子显微镜所形成的物像，是由于标本中各物体的厚度与比重不同，引起电子流发生拆散与穿透差异而造成的，因此没有颜色的区别，只表现为黑白的影像。

电子显微镜在兽医微生物学、细胞学科研和实验室检验上的应用越来越多，特别在动物病毒学上已成为不可缺少的工具。在小动物临床上，不久也将用于疾病的诊断上。

附录十一　临床折射仪在动物临床实验室的应用

临床折射仪（Clinical refractometer），或叫总固体仪（TS meter），它是根据光的折射原理制成的。临床折射仪的视野里右侧测尿比重，左侧测血清蛋白，中间的 1.333 为水的折射度，或叫屈光度（N_D）。临床折射仪在动物临床实验室可以用来测定尿液比重（Urine SG）或牛奶比重、血浆蛋白（PP）或血清蛋白（SP，g/100mL）、渗出液或漏出液蛋白、血纤维蛋白原等。这种仪器操作简单，用样品少，测定数据较准确，越来越被小动物临床实验室采用。

1. 尿比重测定。用原来尿比重仪测定尿比重，用尿量大（15mL 以上），准确性稍差，不适用于尿量小的小动物如鼠类、兔、猫或犬等。临床折射仪测定，只需1~2滴尿液即可。

2. 血浆或血清蛋白测定。用临床折射仪测定血浆或血清蛋白，实际上不单单是其中的蛋白质，还有血浆或血清蛋白外的其他固体物质。血浆中蛋白质只占血浆的7%，占血浆中固体物质的85%以上。临床折射仪在制造过程中，已对血浆或血清中其他固体物质进行了校正和补偿，所以测出的正常血浆或血清中蛋白质量还是比较准确的。一般说来用临床折射仪测定血浆或血清中蛋白，比用其他方法测定的值要稍微小一些。如果血浆或血清中其他固体物质含量发生改变，对临床折射仪是有些影响的。

用临床折射仪检验血浆或血清蛋白质（PP or SP）浓度，再结合血细胞比容（HCT），其临床意义如下。

（1）HCT值增大。

①PP值减小，见于脾脏收缩、红细胞增多、脱水和低蛋白质血症。

②PP值正常，见于脾脏收缩、原发或继发性红细胞增多症，低蛋白血症脱水后出现的血浆蛋白正常。

③PP值增大，各种原因引发的机体脱水。

（2）HCT值减小。

①PP值减小，长期或近期发生的血液丢失、水分过多、贫血＋低蛋白血症。

②PP值正常，各种原因引起的红细胞破坏增多、红细胞生成减少或慢性失血。

③PP值增大,各种炎症性反应性贫血、多发性骨髓瘤和淋巴增生性疾病。

（3）HCT值正常。

①PP值减小,肠道性蛋白质丢失症、蛋白尿、严重的肝脏疾病和血管炎。

②PP值正常，动物正常、急性大出血。

③PP值增大，机体球蛋白生成增多，动物贫血时发生的脱水。

3. 血纤维蛋白原测定。有许多方法可以测定血纤维蛋白原。用临床折射仪测定，方法较简单又快，也比较准确。对于大动物，可采两份血液，一份加抗凝剂，另一份不加抗凝剂。用临床折射仪分别检测血浆和血清蛋白，血浆和血清蛋白之差，就是血纤维蛋白原。

另一种方法，是用微量比容管或温氏比容管加热法。具体操作是先测血浆蛋白，然后把盛血浆管放入56~60℃水浴锅里，加热2~3min。再后把加热的盛血浆管放入离心机里，以3 000r/min，离心5min。取出盛血浆管，用临床折射仪测定其上清液（即血清）蛋白。最后，血浆和血清蛋白之差，是血纤维蛋白原。但是，如果血纤维蛋白原减少，用此法测定血纤维蛋白原，准确性较差。

4. 牛奶比重测定。正常新鲜牛奶在 15℃ 时，其比重为 1.028 0～1.032 0。牛奶的温度每升高或降低1℃，其比重数值增加或减少1.000 2。牛奶的比重与牛奶的成分密切相关，牛奶中无脂干物质越多，其比重越大，如牛奶中加入盐类（食盐等），则比重增加。牛奶中含脂肪量越多，其比重越小，如脱脂牛奶的比重为 1.034～1.040，而全脂牛奶的比重则为 1.028～1.034。刚挤出的牛奶，其比重比静置 2～4h 后的牛奶比重低。牛奶加入水后，其比重也降低。用临床折射仪可以检查牛奶中有没有加入水分，这是一个比较简单又较好的方法。

附录十二　犬体重与体表面积的关系

体重（kg）	体表面积（m²）	体重（kg）	体表面积（m²）
0.5	0.06	26.0	0.88
1.0	0.10	27.0	0.90
2.0	0.15	28.0	0.92
3.0	0.20	29.0	0.94
4.0	0.25	30.0	0.96
5.0	0.29	31.0	0.99
6.0	0.33	32.0	1.01
7.0	0.36	33.0	1.03
8.0	0.40	34.0	1.05
9.0	0.43	35.0	1.07
10.0	0.46	36.0	1.09
11.0	0.49	37.0	1.11
12.0	0.52	38.0	1.13
13.0	0.55	39.0	1.15
14.0	0.58	40.0	1.17
15.0	0.60	41.0	1.19
16.0	0.63	42.0	1.21
17.0	0.66	43.0	1.23
18.0	0.69	44.0	1.25
19.0	0.71	45.0	1.26
20.0	0.74	46.0	1.28
21.0	0.76	47.0	1.30
22.0	0.78	48.0	1.32
23.0	0.81	49.0	1.34
24.0	0.83	50.0	1.36
25.0	0.85		

*　①体表面积主要便于治疗犬猫肿瘤疾病时计算用药量。此表也可用于猫。体表面积（m²）计算公式如下：

体表面积（m²）＝K×（W）$^{2/3}$÷10^4 或 m²＝0.1×体重$^{2/3}$（体重为 kg）

K：犬为 10.1，猫为 10.0；W：为克（gm）表示的体重；m²：米²。

②体表面积还便于计算每日动物基础能量需要（RER）。RER 为每米² 体表面积约 4 186kJ；动物维持能量需要为 RER×1.5；患病动物可保持与 RER 相同。

附录十三　英汉兽医学实验室常用略语和名词缩写

(A)

A cell：(Accessory cell) A 细胞，辅佐细胞

A-aDO$_2$：(Partial pressure of O$_2$ between alveolar and ateries) 肺泡气-动
脉血氧分压差

Ab：(Antibody) 抗体

AB：(Actual bicarbonate) 实际碳酸氢盐

ACD：(Acid，citrate and dextroe) 枸橼酸盐葡萄糖

ACP：(Acid phosphatase) 酸性磷酸酶

ACHE：(Acetyl-cholinesterase) 乙酰胆碱酯酶

ACT：(Activated coagulation time) 活化凝血时间

ACTH：(Adrenal certicotropic hormone) 促肾上腺皮质激素

Ag：(Antigen) 抗原

AG：(Anion gap) 阴离子间隙

A/G：(Albumin/globulin ratio) 白蛋白/球蛋白比值

AIDS：(Acquired immunodeficiency syndrome) 艾滋病，全称获得性免
疫缺陷综合征

AKP：同 ALKP

δ-ALA：(δ-Aminolaevulinic acid) δ-氨基乙酰丙酸或 γ-酮基-δ-氨基戊酸

ALB：(albumin) 白蛋白

ALD：(Aldolase) 醛缩酶

ALK：同 ALKP

ALKP：(Alkaline phosphatase) 碱性磷酸酶 aminotransferase

ALP：同 ALKP

ALT：(Alanine aminotransferase) 丙氨酸转氨酶，同旧用 GPT

AMY：(Amlylase) 淀粉酶

ANA：(Antinuclear antibody) 抗核抗体

ANF：(Antinuclear factor) 抗核因子，同 ANA

AnGap：(Anion gap) 阴离子间隙，同 AG

APTT：(Activated partial thromboplastin time) 活化部分凝血致活酶
时间

ARDS：(Acute respiratory distress syndrome) 急性呼吸窘迫综合征

ARG：（Arginase）精氨酸酶

AST：（Aspartate aminotransferase）天门冬氨酸转氨酶，同旧用 GOT

ACTH：（Adrenal corticotropic hormone）促肾上腺皮质激素

ATP：（Adenosine triphosphate）三磷酸腺苷

(B)

B-cell：（B-lymphocyte）B-细胞（B-淋巴细胞）

BA：（Bile acid）胆汁酸

Band：杆状核

BASO：（Basophil granulocyte）嗜碱性粒细胞

BB：（Buffer base）缓冲碱

BBb：（Blood buffer base）全血缓冲碱

BBp：（Plasma buffer base）血浆缓冲碱

BE：（Base excess）碱过剩

BEb：（Blood base excess）全血碱过剩

BEecf：（Buffer base of extracellular fluid）细胞外液缓冲碱

BID：（Bis in die）每天 2 次

BIL：（Bilirubin）胆红素

BLST：（Blastocyte）原细胞，母细胞

BM：（Bone marrow）骨髓

BMBT：（Buccal mucosal bleeding time）颊黏膜出血时间

BSP：（Bromsulphalein）磺溴酞钠

BT：（Bleeding time）出血时间

BUN：（Blood urea nitrogen）血液尿素氮

(C)

C：（Celsius）摄氏（温度单位）

C_3：（Complement）补体

Ca：（Calcium）钙

CaO_2：（Oxygen conten in artery）动脉血氧含量

CAPD：（Continuous ambulatory peritoneal dialysis）连续可活动腹膜透析法

CAV：（Canine adenovirus）犬腺病毒

CBC：（Complete blood count）全血细胞计数

CBT：（Cuticle-bleeding time）角趾出血时间

CCV：（Canine coroavirus）犬冠状病毒

CD：（Canine distemper）犬瘟热

CDV：（Canine distemper virus）犬瘟热病毒

CHE：（Cholinesterase）胆碱酯酶

CH_{50}：（Fifty percent hemolytic unit of complement）50%补体溶血单位

CHOL：（Cholesterol）胆固醇

CHV：（Canine herpesvirus）犬疱疹病毒

CHW：（Canine heart worm）犬心丝虫

Cl：（Chlorine）氯

CK：（Creatine kinase）肌酸激酶

CK-BB：（Brain creatine kinase isoenzyme）肌酸激酶同工酶（脑型）

CK-MB：（Muscle-brain hybrid CK isoenzyme）肌酸激酶同工酶（心型）

CK-MM：（Muscle CK isoenzyme）肌酸激酶同工酶（肌型）

CLAD：（Canine leukocyte adhesion protein deficiency）犬白细胞粘连蛋白缺乏

CLIA：（Chemical light immunologic test）化学发光免疫试验

cm：（Centimeter）厘米

CM：（Chylomicron）乳糜微粒

CNP：（Circulating neutrophil pool）中性粒细胞循环池

CO_2-CP：（Carnon dioxide combining power）二氧化碳结合力

Coomb's test：抗人球蛋白试验（分直接和间接两种），也叫库姆斯试验

COP：（Colloid oncotic pressure）胶体膨胀压

COPV：（canine oral papillomavirus）犬口腔乳头状瘤病毒

CPD：（Citrate-phosphate-dextrose）枸橼酸盐磷酸盐葡萄糖

CPDA：（Citrate-phosphate-dextrose-adenine）枸橼酸盐磷酸盐葡萄糖腺嘌呤

CPIV：（Canine parainfluenza virus）犬副流感病毒

CPL：（Canine pancreatitis lipase）犬胰腺炎检测试剂

CPMV：（Canine paramyxovirus）犬副黏病毒

CPV：（Canine parvovirus）犬细小病毒

CRC：（Concentration red cell）浓缩红细胞

CREA：（Creatinine）肌酐

CRI：（Constant-rate infusion）恒定速度输入

CRP：(Corrected reticulocyte percentage) 正确网织细胞百分数

CRT：(Capillary refill time) 毛细血管再充盈时间

CRV：(Canine rotavirus) 犬轮状病毒

CRYO：(Cryoprecipitate) 冷沉淀物

CSF：(Cerebrospinal fluid) 脑脊液

CSF：(Colony-stimulating factor) 集落刺激因子

CT：(Coagulation time) 凝血时间

Cu：(Copper) 铜

CV：(Coefficient of variation) 变异系数

CVP：(Central venous pressure) 中心静脉血压

(D)

D 或 d：(Day) 天或日

D-BIL：(Direct-BIL) 直接胆红素

D cell：(Dendritic cell) D 细胞，树突状细胞

DC：(Differential count) 白细胞分类

DEA：(Dog erythrocyte antigen) 犬红细胞抗原

DEX：(Dextran) 右旋糖酐

DHP：(Diagnostic health profile) 疾病诊断项目

dL：(Deciliter) 分升

DIC：(Disseminated intravascular coagulation) 弥散性血管内凝血

DNA：(Deoxyribonucleic acid) 脱氧核糖核酸

(E)

eCG：(Equine chorionic gonadotropin) 马绒毛膜促性腺激素

ECG：(Electrocardiogram) 心电图

EDTA：(Ethylenediamine tatra-acetic acid) 乙二胺四乙酸

EDTA-K_2：(Ethylenediamine tatra-acetate-K_2) 乙二胺四乙酸二钾（血液抗凝剂）

EDTA-Na_2：(Ethylenediamine tatra-acetate-Na_2) 乙二胺四乙酸二钠（血液抗凝剂）

ELISA：(Enzyme - linked immunosorbent assay) 酶联免疫吸附试验

EOS (E)：(Eosinophilic granulocyte) 嗜酸性粒细胞

EPO：(Erythropoietin) 促红细胞生成素或红细胞生成素

ER：(Erythrocyte refractile) 红细胞折光

ERS：(Erythrocyte sedimentation rate) 红细胞沉降率

(F)

F：(Fahrenheit) 华氏（温度单位）

FA：(Folic acid) 叶酸

FCV：(Feline calicivirus) 猫杯状病毒

FCoV：(Feline coronavirus) 猫冠状病毒

FDPs：(Fibrin degredation products) 纤维蛋白（原）降解产物

Fe (Ferrum，Iron) 铁

FECV：(Feline entestinal coronavirus) 猫肠道冠状病毒

FeHW：(Feline heart worm) 猫心丝虫

FeLV：(Feline leukemia virus) 猫白血病病毒

FeSV：(Feline sarcoma virus) 猫肉瘤病毒

FIP：(Fibrinogen) 纤维蛋白原

FIPV：(Feline infectious peritonitis) 猫传染性腹膜炎病毒

FIV：(Feline immunodeficiency virus) 猫免疫缺乏病病毒

fL：(Femtoliter) 飞升（10^{-15}升）

FPL：(Feline special lipase) 猫特异性脂酶

FPV：(Feline parvovirus) 猫细小病毒

FRA (Fructosamine) 果糖胺

FSE：(feline spongiform encephalopathy) 猫海绵状脑病

FSH：(Follicle-stimulating hormone) 促卵泡素或卵泡刺激素

ft：(foot) 英尺

(G)

g：(Gram) 克

G：(Giga) 10^9 的前缀

G-CSF：(Granulocyte colony stimulating factor) 粒细胞集落刺激因子

GDH：(Glutamate dehydrogenase) 谷氨酸脱氢酶

GGT：(Gamma-glutamyltransferase) γ-谷氨酰转移酶

γ-GT：同 GGT

GHb：(Glycosylated hemoglobin) 糖化血红蛋白

GHP：(General health peofile) 全身健康检验项目

GI：（Glycemic index）血糖生成指数

GLDH：谷氨酸脱氢酶

GLOB：（Globulin）球蛋白

GLU：（Glucose）葡萄糖

GM-CSF：（Granulocyte-macrophage colony stimulating factor）粒细胞-巨噬细胞集落刺激因子

Gn-RH：（Gonadotropin – releasing hormone）促性腺激素释放激素

GOT：（Glutamic oxalacetic yransaminase）谷氨酸草酰乙酸转氨酶，同AST，AST 的旧称

GPT：（Glutamic pyruvic transaminase）谷氨酸丙酮酸转氨酶，同ALT，ALT 的旧称

GRAN，GRA，GR：（Granulocyte count）粒细胞数目（白细胞三群分法的一种）

GRF：（ Gonadotropin-releasing factor）促性腺激素释放因子，同GnRH

GSH-Px（Giutathione peroxidase）谷胱甘肽过氧化物酶

GTT：（Glucose tolerance test）葡萄糖耐量试验

（H）

H 或 h：（Hour）小时

H/A：（Headache）头痛

Hb：(hemoglobin)血红蛋白，同HGB

α-HBD：（ α-hydroxybutyrate dehydrogenase）羟丁酸脱氢酶

HBDH：同 α-HBD

hCG：（Human chorionie gonadotropin）人绒毛膜促性腺激素

HCO_3^-（Bicarbonate）碳酸氢根

HCT：（Hematocrit）血细胞压积，同PCV（红细胞比容）

HDL-C：（High density lipoproptein-cholesteril）高比重脂蛋白-胆固醇

HDW：（Hemoglobin distribution width）血红蛋白分布宽度

HES：（Hetastarch）六淀粉

HGB：（Hemoglobin）血红蛋白，同Hb

HI：（Hemagglutination inhibition）血细胞凝集抑制

HIV：（Human immunodeficiency virus）人类免疫缺陷病毒（也叫艾滋病病毒）

HK：（Hexokinase）乙糖激酶

HPF：(High power field) 每个高倍显微镜视野

（I）

IA：(Intraarterial) 动脉内的

IBC：(Iron binding capacity) 铁结合力

I-BIL：(Inddirect bilirubin) 间接胆红素

IC：(Intracavitary) 腔内的

IC：(Intracutaneous) 皮内的

ICD：(Isocitrate dehydrogenase) 异枸橼酸脱氢酶

ICH：(Infectious canine hepatitis) 犬传染性肝炎

IDDM：(Insulin dependent diabetes mellitus) 胰岛素依赖型糖尿病

IFA：(Immunofluorescence assay) 免疫荧光测定

IFN：(Interferon) 干扰素

Ig：(Immunoglobulin) 免疫球蛋白

IgA、E、G、M：(Immunoglobulin A、E、G、M) 免疫球蛋白 A、E、
　　　　　　 G、M

IG：(Immature granulocyte) 未成熟粒细胞

IGF-1 (Insulin-like growth factor-1) 类胰岛素生长因子-1

IGT：(Impair glucose tolerance) 葡萄糖耐量受损

IGTT (Intravenous glucose tolerance test) 静脉注射葡萄糖耐量试验

IH：(Inhibiting hormone) 抑制激素

IIT：(Indirect immunofluorescent testing) 间接免疫荧光试验

IL：(Interleukin) 白细胞介素

IMHA：(Immune-mediated hemolytic anemia) 免疫介导性溶血性贫血

IMT：(Immune-mediated thrombocytopenia) 免疫介导性血小板减少症

IP：(Intraperitoneal) 腹腔内的

IPD：(Intermittent peritoneal dialysis) 间歇性腹膜透析法

IRMA：(Immediate response mobile analysis) 即刻反应流动分析

ITP：(Idiopathic thrombocytopenic purpura) 自发性（或特发性）血小板
　　减少性紫癜

IO：(Intraosseous) 骨髓输入

IT：(Intratracheal) 气管内的，(Intratheal) 鞘内的，(Intrathoracic) 胸
　　腔内的

IV：(Intravenous) 静脉输入

IWL：(Insensible water loss) 不显性水分丢失

（K）

K：(kalium，potassium，Kilo) 钾、千

Kat：(Katal) 开特（酶单位，$1Kat=16.67\times10^9 IU$）

KET：(Ketobodies) 酮体

K cell：(Killer cell) 杀伤细胞或 K 细胞

kg：(Kilogram) 千克

Kpa：(Kilopascal) 千帕（斯卡）

（L）

L cell：(Langerhans cell) L 细胞，朗格罕氏细胞

μL（μl）：(Microliter) 微升（10^{-6}升）

LAC：(Lactic acid) 乳酸

LAP：(Leucine aminopeptidase) 亮氨酸氨基肽酶

LD：同 LDH

LDH：(Lactate dehydrogenase) 乳酸脱氢酶，同 LD

LDL-C：(Low density lipoprote-cholesteril) 低比重脂蛋白－胆固醇

LE：(Lupus erythematosus) 红斑狼疮

LEU：(leukocyte) 白细胞

LIPA：脂酶同 LPS

LH：(Luteinizing hormone) 促黄体素或促黄体生成素

LPF：(Low power field) 每个低倍显微镜视野

LPS：(Lipase) 脂酶，同 LIPA

LTH：(Lactogenic hormone) 促黄体分泌素

LUC：(Large unstain cell) 未着色大细胞

LYM：(Lymphocyte) 淋巴细胞

LYMPH，LYM，LY：(Lymphocyte count) 淋巴细胞数目（白细胞三群
　　　　　　　　　　细胞分法的一种）

（M）

μm：(Micron) 微米（10^{-6}米）

MAP：(Mean arterial blood pressure) 平均动脉血压

Mb 或 Mg：(Myoglobulin) 肌红蛋白

MC：(Mast cell) 肥大细胞

MCH：(Mean corpuscular hemoglobin) 平均红细胞血红蛋白

MCHC：(Mean corpuscular hemoglobin concentration) 平均红细胞血红蛋白浓度

M-CSF：巨噬细胞-集落刺激因子

MCV：(Mean corpuscular volume) 平均红细胞容积

MDS：(Myelodysplastic sydrome) 骨髓增生异常综合征

M/E：(Myeloid/erythroid rate) 粒细胞系统/有核红细胞系统

Mg：(Magnesium) 镁

MIC：(Minimal inhibitory concentration) 抗生素最低抑菌浓度

MID：(Mid cell count) 中间细胞数目 (白细胞三群细胞分法的一种)

min：(Minute) 分钟

ml (或 mL)：(Milliliter) 毫升

mm：(Millimeter) 毫米

mm^3 (Cubic millimeter) 立方毫米

MM：(Mucous membrane color) 黏膜颜色

mmHg：(Millimiter of mercury) 毫米水银柱

mmol：(Millimolecule) 毫摩尔

μmmol：(Micromolecule) 微摩尔 (10^{-6}摩尔)

nmol：(Nanomolecule) 纳摩尔 (10^{-9}摩尔)

MNP：(Marginal neutrophil pool) 中性粒细胞边缘池

MON：(Monocyte count) 单核细胞数目 (白细胞三群细胞分法中，MID 有的写成 MON)

MONO (Monocyte) 单核细胞

mOsm：Milliosmolar) 毫渗透压

MPV：(Mean platelet volume) 平均血小板容积

(N)

Na：(Natrium, sodium) 钠

NBB：(Normal buffer base) 正常缓冲碱

ND：(Number diopter) 多少折光度

ND：(No data) 无资料

Neg：(Negative) 阴性

NEU：(Neutrophils) 中性粒细胞

NH$_3$：（Ammonia）氨

NIDDM：（Non-insulin dependent diabetes mellitus）非胰岛素依赖型糖尿病

NIT：（Nitrite）亚硝酸盐

NK cell：（Natural killer cell）自然杀伤细胞或 NK 细胞

NMB：（New methylene blue）新亚甲蓝

NPO：（Non per os）禁食

NRBC：（Nucleated red blood cell）有核红细胞

NRIMA：（Nonregenerative immune-mediated anemia）非再生性免疫介导性贫血

NSAID：（Non-steroidal anti-inflsmmatory drugs）非类固醇类抗炎药物

(O)

OB：（Occulte blood）潜血

OCT：（Ornithine carbamoyltransferase）鸟氨酸氨基甲酰转移酶

O$_2$CT：（Oxygen content）氧含量

OGTT：（Oral glucose tolerance test）口服葡萄糖耐量试验

mOsm：（Mlliosmoles）毫渗透压

OSPT：（One-stage prothrombin time）一期凝血酶原时间

OT：（Oxytocin）催产素

OXY：（Oxypolygelgtin）氧基聚明胶

(P)

P：（Inorganic phosphate）无机磷，同 PHOS

PA：（Prealbumin）前白蛋白

P$_{(A-a)}$O$_2$：肺泡气-动脉血氧分压差，同 A-aDO$_2$

PaCO$_2$：（arterial partial pressure of carbon dioxide）动脉血二氧化碳分压

PaO$_2$：（Arterial partial pressure of oxygen）动脉血氧分压

P$_A$O$_2$：（Alveolar PO$_2$）肺泡氧分压

Pb：（Plumbum, lead）铅

P$_A$CO$_2$：（Alveolar PCO$_2$）肺泡二氧化碳分压

P$_n$CO$_2$：（Venous partial pressure of carbon dioxide）静脉二氧化碳分压

PCR：（Polymerase chain reaction）聚合酶链反应

PCT：（Plateletcrit）血小板压积

PCV：（Packed cell volum）红细胞比容，基本同 HCT

PD：（Polydipsia）饮水多

PDGF：（Platelet derived growth factor）血小板衍生生长因子

PDW：（Platelet distribution width）血小板体积分布宽度

PDW-CV：（Platelet distribution width-CV）血小板体积分布宽度-变异系数（%）

PDW-SD：（Platelet distribution width-SD）血小板体积分布宽度-标准差（fL）

PF-3：（The platelet factor 3）血小板第三因子

PFK：（Phosphofructokinase）磷酸果糖激酶

Pg：（Picogram）皮克（10^{-12}克）

PGs：（Prostaglandins）前列腺素

pH：（Hydrogen ion concentration）氢离子浓度（酸碱度）

PHOS：（Inorganic phosphorus）无机磷，同 P

PIF：（Prolactin-inhibiting factor）促乳素释放抑制因子

PK：（Pyruvate kinase）丙酮酸激酶

P-LCR：（Platelet-large cell rate）大血小板比率

PLT：（platelet）血小板

PMSG：（Pregnant mare serum gonadotropin）孕马血清促性腺激素，同 eCG

PO（Per os）口服

PP：（plasma protein）血浆蛋白质

PPB：（Part per billion）十亿分之一（10^9）

PPM：（Parts per million）百万分之一（10^5）

PRAP：（Preanesthetic panel）麻醉前检验项目

PRCA：（Pure red blood cell aplasia）单纯红细胞发育不全

PRF：（Prolactin releasing factor）促乳素释放因子

PRL：（Prolactin）催乳素

PRN：（Pro re nata）必要时或偶尔

PRO：（protein）蛋白质

PRV：（Pseudorabies virus）伪狂犬病毒

PSP：（phenolsulfonphthalein）酚红

PSS：（Portosystemic shunt）门脉系统支路

PT：（prothrombin time）凝血酶原时间

PTH：（parathormone）甲状旁腺激素

PTT：（partial thromboplastin time）部分凝血活酶时间

PU（Polyuria）排尿多

P_VO_2：（mixed venous partial oxygen pressure）混合静脉血氧分压

（Q）

QBC：（Quantitative buffy coat）定量淡黄层

QC：（Quality control）质量控制

QD：（Quaqua die）每天 1 次

QID：（Quarter in die）每天 4 次

QOD：（Quaque omni die）隔天 1 次

（R）

RA：（Rotavirus）轮状病毒

RBC：（Red blood cells）红细胞

RCC：（Red cell copcentrate）浓缩红细胞

RDW：（Red blood cell distribution width）红细胞体积分布宽度

RDW-CV：红细胞体积分布宽度-变异系数

RDW-SD：红细胞体积分布宽度-标准差

RETIC：（Reticulocytes）网织红细胞

RF：Rheumatoid factor）类风湿因子

RH：（Releasing hormone）释放激素

RI：（Respieatory index）呼吸指数

RI：（Reticulocyte index）网织细胞指数

RNA：（Ribonucleic acid）核糖核酸

RPI：（Reticulocyte production index）网织红细胞生产指数

RT：（Routine）常规

RTA：（Renal tubule acidosis）肾小管性酸中毒

RT-PCR：（Reverse transcription PCR）反转录聚合酶链反应

RV：（Rabies virus）狂犬病毒

（S）

s：（Second）秒

SaO_2：（Arterial oxygen saturation）动脉血氧饱和度

SC：（Subcutaneous）皮下注射

SCHE：（Pseudocholinesterase）假胆碱酯酶

Sec：（second）秒

SD：（Standard deviation）标准差

SD：（Sorbitol dehydrogenase）山梨醇脱氢酶

SDH：同 SD

Seg：（Segmented）分叶核

SG：同 SP GR

SI：（Serum iron）血清铁

SID：（Single in die）每天 1 次

SIRS：（Systemic inflammatory response syndrome）全身炎症反应综合征

SLE：（systemic lupus erythematosus）全身红斑狼疮

SP：（Serum protein）血清蛋白

SP GR：（Specific gravity）比重

SQ：（Subcutaneous）皮下注入

(T)

T：（Tera）10^{12} 的前缀

T-cell：T 细胞

T_3：（Triiodothyronine）三碘甲腺原氨酸

T_4：（Thyroxine）甲状腺素

TAT：（Testtube agglutination test）试管凝集试验

TB：（Tuberculosis）结核病

T-BIL：（Total bilirubin）总胆红素

TBNP：（Total blood neutrophil pool）全血液中性粒细胞池

$T\text{-}CO_2$：（Total CO_2 content）二氧化碳总量

TCT：（Trombin clotting time）凝血酶凝血时间

TF：（Transfer factor）转移因子

TG：（Triglycerides）甘油三酯，同 TRIG

T_H：（T-helper）辅助性细胞

TIBC：（Total iron binding capacity）总铁结合力

TID：（Ter in die）每天 3 次

TNF：（Tumor necrosis factor）肿瘤坏死因数

TP：（Total protein）总蛋白

TPD：（Tidal peritoneal dialysis）潮式腹膜透析法

TPP：（Total plasma protein）血浆总蛋白

TRIG：同 TG

TS：（Total solids）总固体

TSH：（Thyroid-stimulating hormones）促甲状腺素

TT：（Trombin time）凝血酶时间

TTP：（Thrombotic thrombocytopenic purpura）血栓性血小板减少性紫癜

(U)

UA：（Uric acid）尿酸

UA：（Unmeasured anions）未测定阴离子

U-BIL：（Urine-bilirubin）尿胆红素

UC：（Unmeasured cations）未测定阳离子

UG：（Urine gravity）尿比重

UPC ratio（Urine protein：creatinine）尿液蛋白质与肌酐比率

UROB（Urobilinogen）：尿胆素原

(V)

VARL：（Variation lymphocytes）异形淋巴细胞

VD：（Venous drops）静脉滴注

VLDL-C：（Very low density lipoprotein-cholesterol）极低比重脂蛋白-胆固醇

vWD：（Von Willebrand's disease）遗传性假血友病［也叫（冯）维勒布兰德氏病或血管性血友病］

vWf：（Von Willebrand factor）（冯）维勒布兰德因子

(W)

WBC：（White blood cell）白细胞

参 考 文 献

高得仪、韩博等．2003．宠物疾病实验室检验与诊断彩色图谱——附病历分析 [M]．北京：中国农业出版社．

侯加法主编．1996．小动物外科学 [M]．北京：中国农业出版社．

李健强、李六金主编．1999．兽医位生物学实验实习指导 [M]．西安：陕西科学技术出版社．

林德贵，主译．2004．犬猫临床疾病图谱 [M]．沈阳：辽宁科技出版社．

刘海，主编．2008．动物常用药物及科学配伍手册 [M]．北京：中国农业出版社．

刘志洁、宗英，主编．2002．野生动物血液细胞学图谱 [M]．北京：科学出版社．

施振声，主译．2005．小动物临床手册 [M]．北京：中国农业出版社．

王复，等．抗菌药物临床应用指导原则 [M]．北京：人民卫生出版社．

王小龙，主编．1995．兽医临床病理学 [M]．北京：中国农业出版社．

张海彬、夏兆飞、林德贵，主译．2008．小动物外科学 [M]．北京：中国农业大学出版社．

Alan H. Rebar, Peter S. MacWilliams, and Bernad F. Feldman, et al. 2002. A Guide to Hematology in Dogs and Cats [M]．Teton NewMedia.

A. H. Andrews, K. W. Blowey, et al. 2004. Bovine Medicine Diseases and Husbandry of Cattle [M]．2nd edition, Blackwell.

Bull RW. 1982. Antigens, graft reaction, and Transfution [J]．J. Am Vet Med Assoc, 181: 1115.

Carolyn A. Sink, Bernard F. Feldman. 2004. Laboratory Urinalysis and Hematology for the Small Animal Practitioner [M]．Teton NewMedia.

Denny J. Meyer, John W. Harvey. 2004. Veterinary Laboratory Medicine-Interpretation and Diagnosis [M]．3d, W. B. Saunders company.

H. B. Lewis and A. H. Rebar. 1979. Bone Marrow Evaluation in Veterinary practice [M]．Ralstion purina Company, p38～39.

Michael D. Willard, Harold Tvedten. 2004. Small Animal Clinical Diagnosis by Laboratory Methods [M]．4th edition saunders, W. B. Saunders Company.

Michael J. Day, Andrew Mackin, et al. 2000. Manual of Canine and Feline Hematology and Transfusion Medicine [M]．UK, BSAVA.

Michael S. Hand, Craig D. Thatcher, Rebecca L. Remillardetal, et al. 2000. Small Animal Clinical Nutrition ［M］. 4th，Walsworth Publishing Company.

Rose B D. 2000. Clinical Physiology Of Acid-Base And Electrolyte Disorders ［M］. 5th edition，New York，McGraw-Hill.

Stephen J. Ettinger，Edward C. Feldman. 2000. Textbook of Veterinary Internal Medicine-diseases of the Dog and Cat ［M］. 5th edition，W. B. Saunders.

William R. Fenner. Quick Reference to Veterinary Medicine ［M］. 3rd edition.

（一）显微镜下的寄生虫及虫卵形态

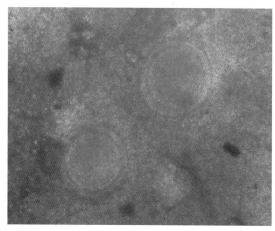

彩图1　蛔虫卵

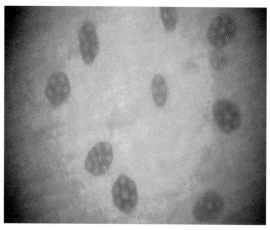

彩图2　新鲜粪便中的绦虫卵片

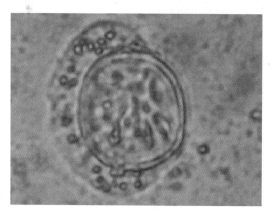

彩图3　在夏季，新鲜粪便中的绦虫节片经过
1周的发育后，成为蚴

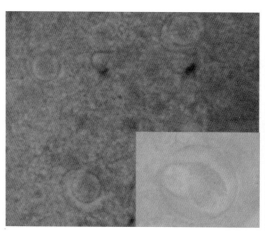

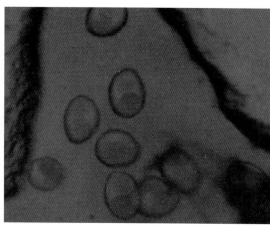

彩图4　新鲜粪便中的等孢子球虫

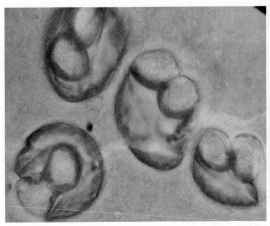

彩图5　新鲜粪便中的等孢子球虫经过1d
发育后的形态

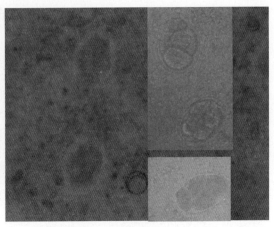

彩图6　新鲜粪便中的钩虫卵

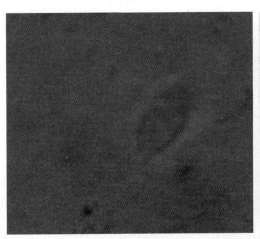

彩图7　新鲜粪便中的毛滴虫呈浅灰色，体形类似蝌蚪，一端有鞭毛，活泼运动

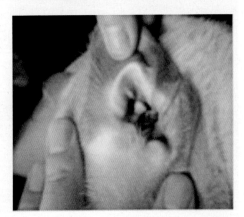
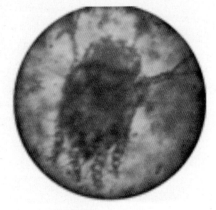

彩图8　取耳内渗出物或皮屑，可见到耳痒螨

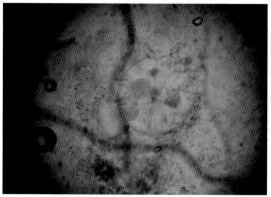

彩图9　产卵期的疥螨

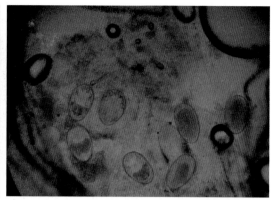

彩图10　由卵发育成疥螨，不同阶段的形态

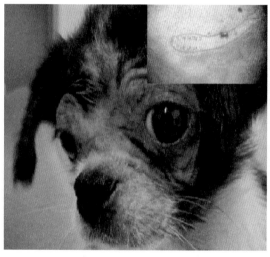

彩图11　生活在犬毛囊中的蠕形螨，引起皮肤瘙痒，在混合细菌感染的情况下，造成犬脓皮病

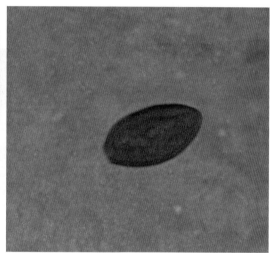

彩图12　新鲜粪便中的华支睾吸虫卵

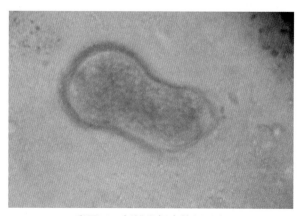

彩图13　新鲜粪便中的纤毛虫

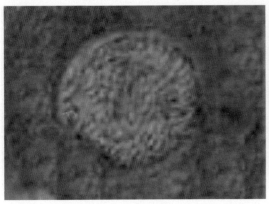
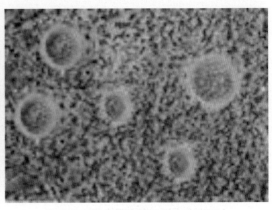

彩图14　弓形虫感染动物的脑组织、骨髓或者是淋巴结穿刺物涂片，可以检查到弓形虫包囊、假包囊

彩图15　猫粪便中的弓形虫卵囊形态

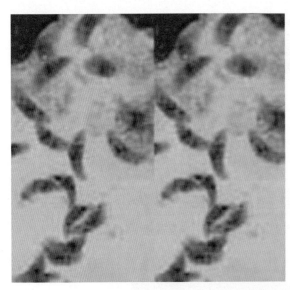

彩图16　急性发病期的动物淋巴结、脑积液、肺等组织切面涂片，经瑞姬氏或姬姆萨染色后可以看到月牙形状的弓形虫滋养体

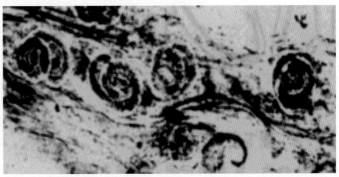

彩图17　旋毛虫幼虫寄生于横纹肌内，并形成包囊。压片法检查膈肌，可以检查到旋毛虫

彩图18 粪便中常见的
植物细胞

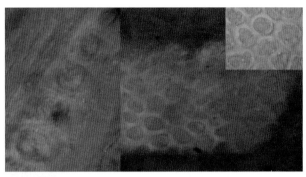

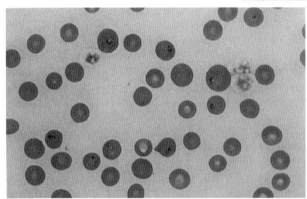

彩图19 猫血涂片。焦虫寄生于细胞
内，是一种原虫。该寄生虫
可导致家猫的非再生性贫血，
红细胞内出现圆形、椭圆形
或者安全别针形状的嗜碱性
寄生虫（自夏兆飞主译《犬
猫血液学手册》）

彩图20 犬血涂片。犬巴贝斯虫是
寄生在细胞内的原虫，呈
梨形。该寄生虫可导致红
细胞在血管内和血管外破
坏，引起溶血，在红细胞
外也可以见到虫体（自夏
兆飞主译《犬猫血液学手
册》）

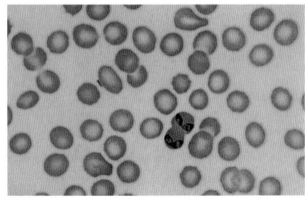

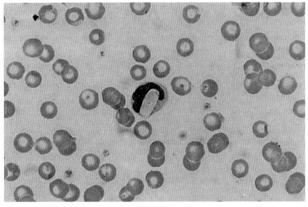

彩图21 中性粒细胞中的犬肝
簇虫（斜长条状）

（二）常见的病原微生物形态

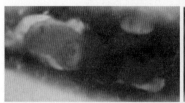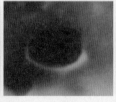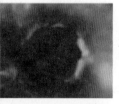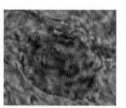

彩图22 经过革兰氏染色的马拉色菌，形态清晰。马拉色菌大多菌体含脂酶，以镶嵌形式存在于富含葡聚糖的细胞壁或细胞膜系统，脂酶将脂质分解为脂肪酸，常见其引发毛囊炎

彩图23 未经过染色的马拉色菌

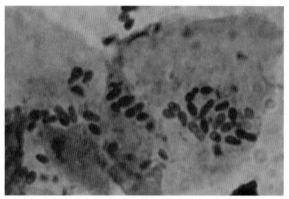

彩图24 经过瑞姬氏染色的马拉色菌

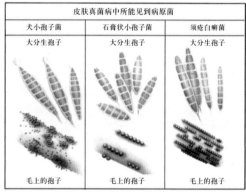

皮肤真菌病中所能见到病原菌		
犬小孢子菌	石膏状小孢子菌	须疮白癣菌
大分生孢子	大分生孢子	大分生孢子
毛上的孢子	毛上的孢子	毛上的孢子

彩图25 皮肤真菌的大分生孢子和被毛上的小分生孢子（小野宪一郎等《犬病图解》）

FUNGASSAY®
Dermatophyte Test Medium

石膏样小孢子菌14d菌落　　　犬小孢子菌14d菌落　　　须毛癣菌14d菌落

彩图26 皮肤真菌病病原的培养基及菌落的鉴别（商品真菌培养基培养14d后的不同真菌，其菌落的不同形状，可用于诊断）

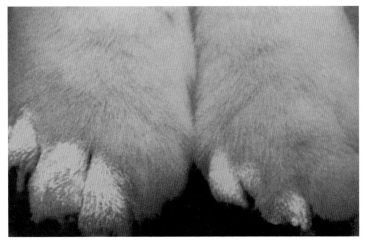

彩图27　犬、猫小孢子菌趾部感染，伍德氏灯照射时
发出的黄绿色荧光

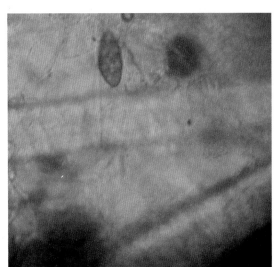

彩图28　犬小孢子菌感染被毛上的小分生孢子

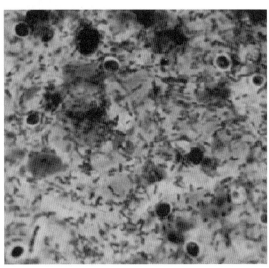

彩图29　粪便中的酵母菌

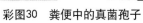

彩图30　粪便中的真菌孢子

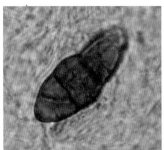

彩图31　链格孢霉

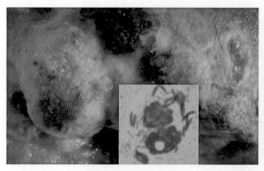

彩图32　由多种菌混合感染引起的犬皮肤坏死

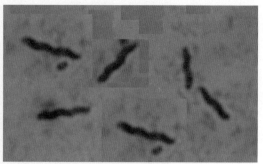

彩图33　犬粪便中的螺旋体（革兰氏染色阴性菌）。在消化道内有大量的螺旋体繁殖生存的情况下，引起犬肠炎症状

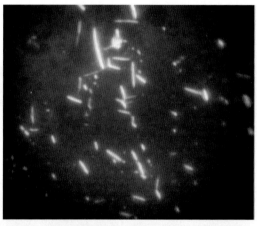

彩图34　钩端螺旋体是有螺旋结构的纤细微生物，长4～20μm，宽0.1～0.2μm，一端或两端呈钩状。暗视野下的钩端螺旋体菌体为多形状，呈杆状或者是小珠链状。用镀银法和姬姆萨染色法检查效果较好（此图由毛开荣提供）

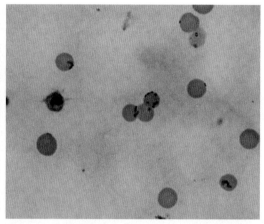

彩图35　猫血涂片。巴尔通氏体（猫抓热病原体）经过姬姆萨染色，呈紫色或蓝色，位于红细胞表面。该病原导致红细胞被巨噬细胞吞噬，引起病猫严重贫血（自夏兆飞主译《犬猫血液学手册》）

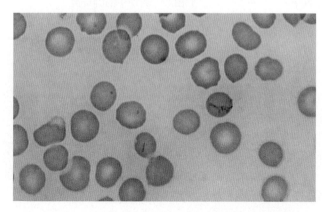

彩图36　犬血涂片。经过姬姆萨染色，巴尔通体呈紫色或蓝色，位于红细胞表面。该病原导致红细胞被巨噬细胞吞噬，可引起犬轻度溶血性贫血（自夏兆飞主译《犬猫血液学手册》）

（三）正常和异常的细胞形态

1.正常的细胞形态

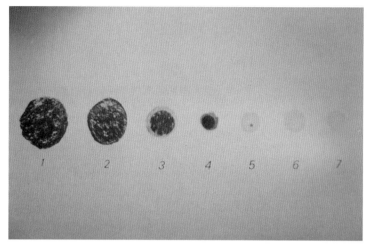

彩图37　骨髓红细胞系分化生成红细胞发展图

1.原红细胞（Rubriblast）　2.早幼红细胞（Prorubricyte）　3.中幼红细胞（Rubricyte）　4.晚幼红细胞（Metarubricyte）　5.嗜碱性红细胞与豪－若氏小体（Basophilic erythrocyte with Howll－Jolly body）　6.嗜碱性红细胞（Basophilic erythrocyte）　7.成熟红细胞（Mature erythrocyte），1200×

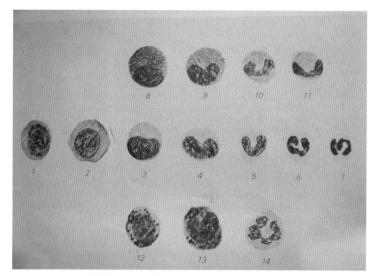

彩图38　粒细胞系分化生成白细胞发展图

1.原粒细胞（Myeloblast）　2.早幼粒细胞（Promyelocyte）　3.中幼中性粒细胞（Neutrophilic myelocyte）　4.晚幼中性粒细胞（Neutrophilic metamyelocyte）　5.杆状核中性粒细胞（Neutrophilic band）　6.单叶核中性粒细胞（Monolobed neutrophil）　7.分叶核中性粒细胞（Segmented neutrophil）　8.中幼嗜酸性粒细胞（Eosinophilic myelocyte）　9.晚幼嗜酸性粒细胞（Eosinophilic metamyelocyte）　10.杆状核嗜酸性粒细胞（Eosinophilic band）　11.单叶核嗜酸性粒细胞（Monolobed eosinophil）　12.中幼嗜碱性粒细胞（Basophilic myelocyte）　13.晚幼嗜碱性粒细胞（basophilic metamyelicyte）　14.单核嗜碱性粒细胞（Basophil－nucleus），1200×

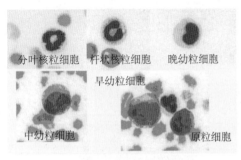

分叶核粒细胞　　杆状核粒细胞　　晚幼粒细胞

早幼粒细胞

中幼粒细胞　　　　　　　　　原粒细胞

彩图39　骨髓中的粒细胞

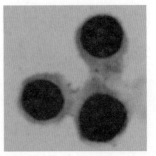

彩图40　有核红细胞（瑞姬氏染色）

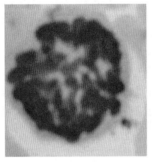

彩图41　有丝分裂中的细胞（瑞姬氏染色）

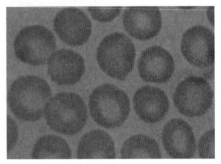

彩图42　红细胞（瑞姬氏染色）

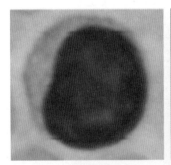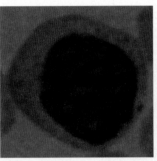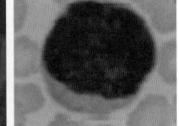

彩图43　淋巴细胞（瑞姬氏染色）

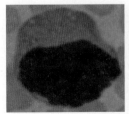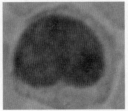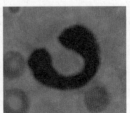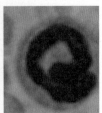

彩图44　单核细胞（瑞姬氏染色）

彩图45 嗜酸性粒细胞（瑞姬氏染色）　　　彩图46 嗜碱性粒细胞
（瑞姬氏染色）

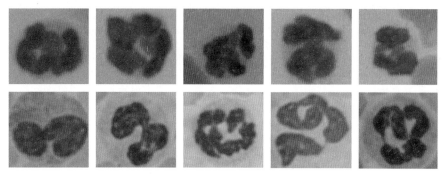

彩图47 中性粒细胞（瑞姬氏染色）

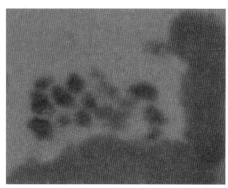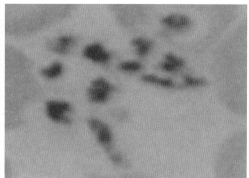

彩图48 血小板（瑞姬氏染色）

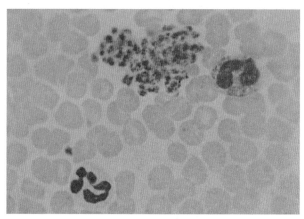

图49 正常血涂片中可见红细胞、血小板、嗜酸性
粒细胞、中性粒细胞（瑞姬氏染色）

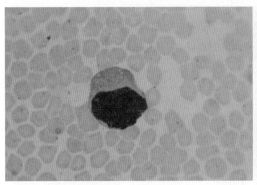 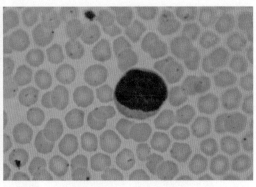

彩图50 正常血涂片中可见红细胞、单核细胞 （瑞姬氏染色） 彩图51 正常血涂片中可见红细胞、淋巴细胞 （瑞姬氏染色）

2.异常的细胞形态

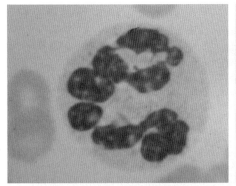 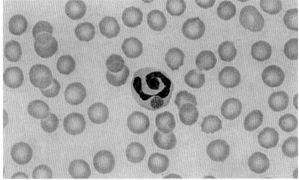

彩图52 多分叶核中性粒细胞 彩图53 中性粒细胞中的埃立希氏体（在胞核的下方）

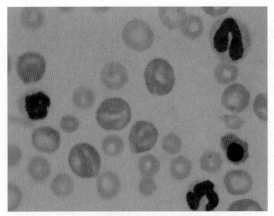

彩图54 慢性溶血性贫血，红细胞多染、大小不等、大红细胞症，外周循环血液中出现有核红细胞（瑞姬氏染色）

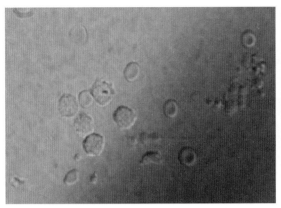

彩图55　犬潜血的粪便中含有红细胞、白细胞

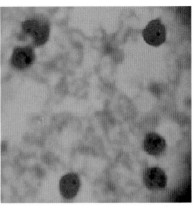

彩图56　炎性分泌物涂片。经革兰氏染色后，置于油镜下观察，可见到大量吞噬了革兰氏阳性菌的白细胞

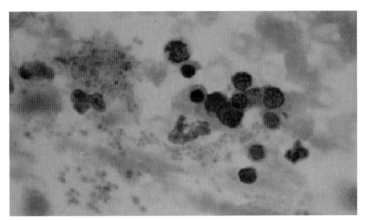

彩图57　瑞姬氏染色犬骨髓涂片。骨髓内存在大量的胚细胞，包括有核红细胞、未成熟粒细胞和成熟粒细胞等

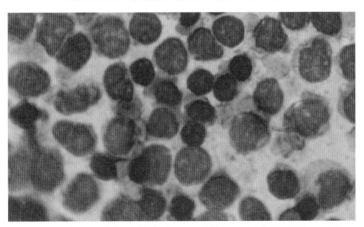

彩图58　瑞姬氏染色猫的脾脏切面涂片，可见大量的淋巴细胞、单核细胞

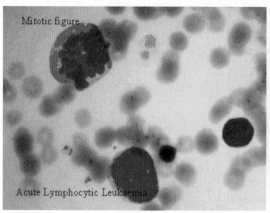

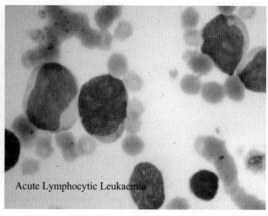

彩图59 急性淋巴白血病。下边是淋巴白血病的病淋巴细胞，其上是细胞有丝分裂

彩图60 急性淋巴白血病。外周血液中可见大量的、异常形态的淋巴细胞

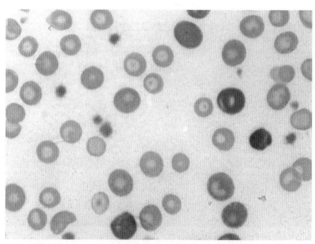

彩图61 大小不均的红细胞、多染性红细胞、淡染性红细胞、血小板

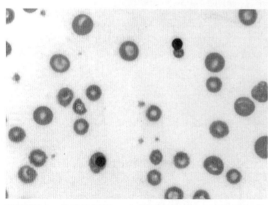

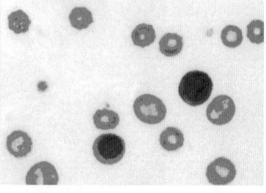

彩图62 有核红细胞、多染性红细胞、口形红细胞（左下角）、大小不一的红细胞

彩图63 有核红细胞、大小不一的红细胞

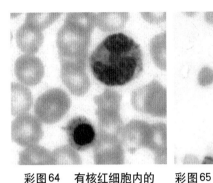

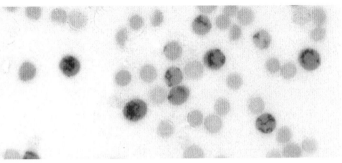

彩图64　有核红细胞内的　　　彩图65　上1个和下横排3个是"集聚状网织红细胞（Aggregates）"。
　　　　嗜碱性点彩　　　　　　　　　　中间上下排列的2个是"点状网织红细胞（Punctates）"。猫
　　　　　　　　　　　　　　　　　　　网织红细胞的新亚甲蓝染色

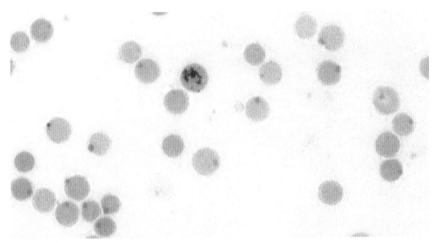

彩图66　新亚甲蓝染色的海恩茨小体（Heinz bodies，红细胞上的深蓝点）和
　　　　集聚状网织红细胞（图中大红细胞）

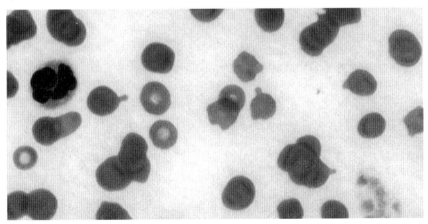

彩图67　海恩茨小体（Heinz bodies，红细胞上的凸出小棒）和分叶核中性粒细胞

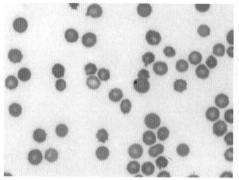
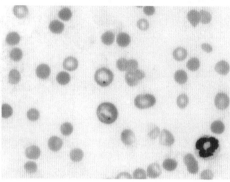

彩图68　红细胞上带的蓝点，叫豪－若氏小体（Howell—Jolly bodies）；其红细胞上凸出的是海恩茨小体

彩图69　球形红细胞（小而圆深染的红细胞）、多染性红细胞、豪－若氏小体（多染性红细胞上的蓝点）

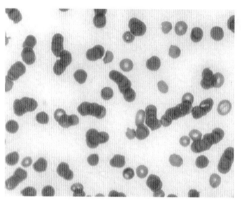
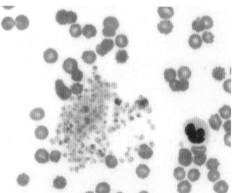

彩图70　钱串状红细胞

彩图71　棘红细胞（Echinoctyes）和血小板

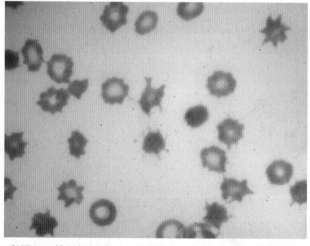

彩图72　棘形红细胞（Acanthocytes），红细胞上凸起较长

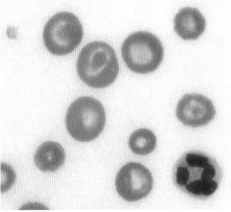

彩图73　靶形红细胞（Target cells，Codocytes，右、中间红细胞）、口形红细胞（左上角红细胞）、多染性红细胞和分叶核中性粒细胞

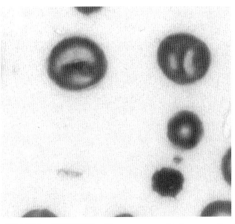

彩图74　薄红细胞（Leptocytes，Knizocytes），大个多染性红细胞

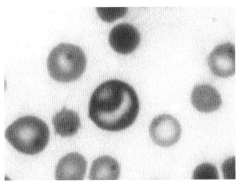

彩图75　口形红细胞（大个多染性红细胞）、球形红细胞

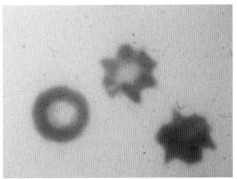

彩图76　中心淡染红细胞或叫中心穿孔状红细胞（Torocytes，Punched out centers）

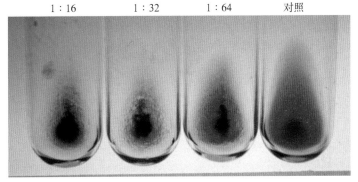

1∶16　　　1∶32　　　1∶64　　　对照

彩图77　库姆斯氏试验（Coombs' test）阳性

（四）尿沉渣异常

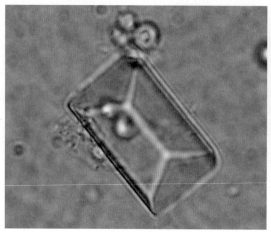

彩图78　尿液中的磷酸铵镁结晶

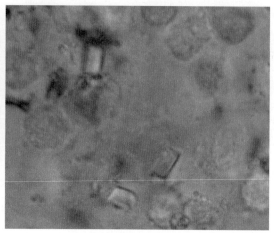

彩图79　尿液中含大量的磷酸铵镁结晶、变性粒细胞和非变性粒细胞等

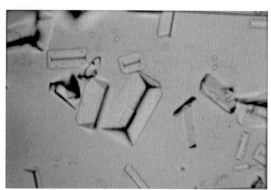

彩图80　尿沉渣中磷酸铵镁（鸟粪石）结晶，菱形

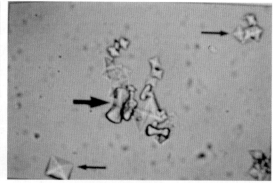

彩图81　尿沉渣中草酸钙结晶。大箭头指的是一水草酸钙结晶，哑铃样；小箭头指的是二水草酸钙结晶，八面体样

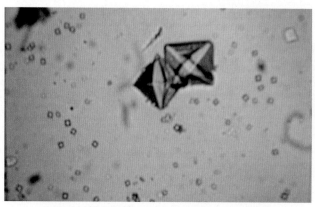

彩图82　尿沉渣中二水草酸钙结晶，八面体样

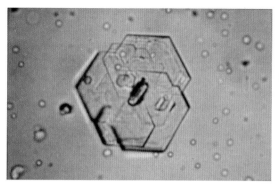

彩图83　尿沉渣中胱氨酸结晶，无色扁平，六边形盘状

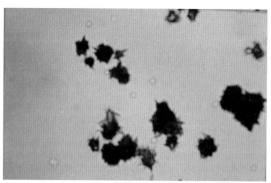

彩图84　尿沉渣中尿酸铵结晶，曼陀罗样

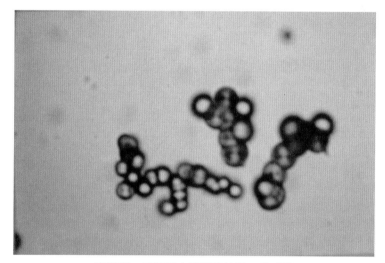

彩图85　尿沉渣中黄嘌呤结晶，似球形